建设工程

招标投标实务

主　编　宋　波　李一周

副主编　姚　昌　吴文博　刘　刚　肖　雯

编　委　（按姓氏笔画排序）

万　建　邓书丽　王　豪　王　谦　田旖旎

田　健　田　翠　朱　越　刘　舟　刘　诚

刘　鑫　李华聪　李君妍　李祥峰　邹　逸

张　琪　周　宇　林东林　罗　宽　胡致远

高　翔　徐毓威　宿光普　程　毅　彭　翔

蔡瑞东

华中科技大学出版社
http://press.hust.edu.cn
中国·武汉

内 容 简 介

本书以《招标投标法》及《招标投标法实施条例》为核心,结合最新政策文件,系统梳理了建设工程招标投标全流程中的关键问题与操作要点。全书共分六章,内容涵盖综合政策解读、招标、投标、开标和评标、定标和合同签订、异议和投诉等核心环节,精选156个典型问题和31个代表性案例进行深入剖析,提供解决方案与法律依据。内容注重实用性与时效性,以帮助读者规避法律风险,提升招标投标合规管理水平。

本书既可作为实务操作指南,又可为政策研究提供参考,是建设工程招标人、投标人、招标代理机构、评标专家、监管部门等不可或缺的工具书。

图书在版编目(CIP)数据

建设工程招标投标实务 / 宋波,李一周主编 . -- 武汉 : 华中科技大学出版社,2025.6(2025.7重印). -- ISBN 978-7-5772-1924-0

Ⅰ . TU723.2

中国国家版本馆 CIP 数据核字第 202573AJ44 号

建设工程招标投标实务　　　　　　　　　　　　　　　　　　　　　　　宋　波　李一周　主编
Jianshe Gongcheng Zhaobiao Toubiao Shiwu

策划编辑:张　玲
责任编辑:张　玲
封面设计:何　轩　刘　洋
责任监印:曾　婷
出版发行:华中科技大学出版社(中国·武汉)　　　　电话:(027)81321913
　　　　　武汉市东湖新技术开发区华工科技园　　　　邮编:430223
录　　排:孙雅丽
印　　刷:武汉科源印刷设计有限公司
开　　本:787mm×1092mm　1/16
印　　张:30.75　　插页:1
字　　数:549千字
版　　次:2025年7月第1版第2次印刷
定　　价:99.00元

随着我国工程建设市场的快速发展，招标投标作为工程建设项目发包、承包的主要方式，其规范性和公平性对保障工程质量、提高投资效益、维护市场秩序具有重要意义。《招标投标法》及《招标投标法实施条例》的颁布、实施，为招标投标活动提供了基本法律遵循的依据。近年来，随着《关于严格执行招标投标法规制度进一步规范招标投标主体行为的若干意见》《关于创新完善体制机制推动招标投标市场规范健康发展的意见》等政策的出台，进一步推动了招标投标制度的完善，强化了市场主体的责任意识，为营造公开、公平、公正的市场环境提供了有力支撑。

然而，在招标投标实践中，由于工程项目的复杂性及市场环境的多变性，招标人、投标人、招标代理机构、评标专家及监管部门等各方主体仍面临诸多疑难问题。这些问题若不能妥善解决，不仅会影响招标投标活动的顺利进行，还可能引发法律风险，甚至导致项目延误或失败。

为帮助招标投标从业人员更好地理解和运用相关法律法规，解决实际工作中的疑难问题，我们组织编写了《建设工程招标投标实务》一书。本书以《招标投标法》及《招标投标法实施条例》为核心，结合最新政策文件，系统梳理了建设工程招标投标全流程中的关键问题与操作要点，精选了156个典型问题和31个代表性案例进行深入剖析。本书的特点主要体现在以下几个方面。

1.全面覆盖，重点突出

本书内容涵盖招标投标的综合政策解读、招标、投标、开标和评标、定标和合同签订、异议和投诉等核心环节，既包括对法律法规的解读，也涉及实务操作方面的细节。例如，针对"依法必须进行招标的项目"的界定、投标人资格条件的设置、评标委员会的职责、中标无效的处理等问题，书中均提供了清晰的分析和解答。

2.立足实践，注重实用

本书的编写团队全部由长期从事招标工作的一线人员组成，大多数问题和案例均来源于实际工作。书中不仅回答了"是什么""为什么"，还重点解决了"怎么办"的问题。例如，对于招标过程中招标人发生变化、投标文件解密失败、评标委员会成员有应回避未回避情形、评标结果复核、合同签订后发现评审错误等复杂情形，书中提供了可操作的处理建议。

3.案例引导，以案释法

本书精选的31个案例均具有典型性和代表性，通过案例分析，读者可以更直观地理解法律法规的适用性，掌握争议解决的思路和方法。例如，分别立项的工程项目合并招标、招标文件前后表述不一致、未按招标文件规定格式填写、IP地址相同和投标文件雷同、有效投标数量不足3个而否决全部投标、合同内容变更是否需要另行招标等案例，均从法律依据和实务操作两个层面进行了深入剖析。

此外，本书还结合最新招标投标政策，对"集中采购""评标报告复核""评定分离""电子招标投标"等创新机制进行了详细解读，帮助读者适应行业发展的新要求。

招标投标是一项系统性、专业性极强的工作，既需要扎实的法律知识，也需要丰富的实践经验。希望本书能够为招标投标从业人员、监管部门、法律工作者及相关研究人员提供有价值的参考，助力提升招标投标活动的规范性和效率，推动工程建设市场的高质量发展。

由于编者水平和经验有限，书中难免存在疏漏或不当之处，再加上建设工程招标投标领域政策更新快、实践复杂，部分观点也可能存在局限性。恳请广大读者和专家批评、指正，以便我们在后续修订中不断完善。

编者

2025 年 6 月

目录

第一章　综　合

第二章 招 标

第三章　投　　　标

第四章 开标和评标

第五章　定标和合同签订

第六章　异议和投诉

1. 什么是依法必须进行招标的项目？

　　依法必须进行招标的项目是指依据招标投标法律法规规定，必须采用招标方式进行采购的项目。这些项目通常涉及公共利益、公众安全或使用国有资金。

【问题分析】

　　根据《中华人民共和国招标投标法》（简称《招标投标法》）及《必须招标的工程项目规定》，判断一个项目是否属于依法必须进行招标的项目，应从项目类型、项目性质或资金来源、项目规模三个方面来界定。

　　首先，需要明确项目类型，根据《招标投标法》第三条规定，在中华人民共和国境内进行工程建设的项目，包括项目的勘察、设计、施工、监理以及与工程建设有关的重要设备、材料等的采购，必须进行招标。该条规定将依法必须进行招标的项目类型限定为工程建设项目。其次，要判定工程建设项目的项目性质或资金来源是否满足以下三个条件之一：一是大型基础设施、公用事业等关系社会公共利益、公众安全的项目；二是全部或者部分使用国有资金投资或者国家融资的项目；三是使用国际组织或者外国政府贷款、援助资金的项目。其中，大型基础设施和公用事业范围按照《必须招标的基础设施和公用事业项目范围规定》确定。全部或者部分使用国有资金投资或者国家融资的项目是指使用预算资金200万元人民币以上，并且该资金占投资额10%以上的项目；或者使用国有企业事业单位资金，并且该资金占控股或者主导地位的项目。使用国际组织或者外国政府贷款、援助资金的项目是指使用世界银行、亚洲开发银行等国际组织贷款、援助资金的项目，或者使用外国政府及其机构贷款、援助资金的项目。最后，在符合上述条件的前提下，再判断项目规模是否满足：施工单项合同估算价在400万元人民币以上；重要设备、材料等货物的采购，单项合同估算价在200万元人民币以上；勘察、设计、监理等服务的采购，单项合同估算价在100万元人民币以上。

需要说明的是，一是同一项目中可以合并进行的勘察、设计、施工、监理以及与工程建设有关的重要设备、材料等的采购，合同估算价合计达到上述规定标准的，必须进行招标。该条规定的目的是防止建设单位通过化整为零的方式规避招标。其中"同一项目中可以合并进行"，是指根据项目实际，以及行业标准或行业惯例，符合科学性、经济性、可操作性要求，同一项目中适宜放在一起进行采购的同类采购项目，强调"同类合并"。二是《招标投标法》规范的主要是工程建设项目，其他法律或者国务院对其他项目有招标规定的从其规定。例如，《中华人民共和国政府采购法》（简称《政府采购法》）规定的政府采购项目、《科技项目招标投标管理暂行办法》规定的科技项目、《经营性公路建设项目投资人招标投标管理规定》规定的经营性公路项目投资人招标。

《中华人民共和国招标投标法实施条例》（简称《招标投标法实施条例》）第二条明确了工程建设项目是指工程以及与工程建设有关的货物和服务，并进一步指出工程是指建设工程，包括建筑物和构筑物的新建、改建、扩建及其相关的装修、拆除、修缮等；所称与工程建设有关的货物，是指构成工程不可分割的组成部分，且为实现工程基本功能所必需的设备、材料等；所称与工程建设有关的服务，是指为完成工程所需的勘察、设计、监理等服务。

根据《民用建筑通用规范》规定，新建是指建设新建筑物的行为或项目；或是指将既有建筑物全部拆除后重新建设的行为或项目。扩建是指对既有建筑进行扩大建设规模或体量的建设行为或项目。改建是指对既有建筑将其一部分拆除，在建设规模或体量不变的情况下，进行重新建设的行为或项目；或因建筑使用性质、结构体系改变而进行的建设行为或项目。与工程建设有关的货物需要同时满足两个要件：一是与工程不可分割；二是为实现工程基本功能所必需。同时满足以上两个条件的货物，属于与工程建设有关的货物。尽管如此，由于什么是"不可分割"、什么是"基本功能"，实践中有时也难以判断。在此情况下，可以从设计施工上进行判断。需要与工程同步进行整体设计、施工的货物属于与工程建设有关的货物，可以与工程分别进行设计、施工，或者不需要与工程同步进行整体设计、施工的货物属于与工程建设无关的货物。依法必须进行招标的工程服务范围，根据国家发展改革委办公厅《关于进一步做好〈必须招标的工程项目规定〉和〈必须招标的基础设施和公用事业项目范围规定〉实施工作的通知》规定，依法必须进行招标的工程服务仅包括勘察、设计、监理。需要说明的是，建设工程并不仅限于构筑物和建筑物。根据《建设工程质量管理条例》和《建设工程安全生产管理条例》，建设工程是指土木工程、建筑工程、线路管道和设备安装工程及装修工程。从这一定义可以看出，工程是指所有通过设计、施工、制造等建设活动形成的有形固定资产。国家发展改革委在其官网"互动交流-留言选登"中答复"装修工程是否属于固定资产投资项目"的咨询时，明确在项目管理实践中，一般不将单独的装修活动作为固定资产投资项目进行管理。

新建和扩建的概念比较容易理解。而在项目实践中，对改建和装修容易混淆。改建工程通常是为了改变建筑的使用功能、结构体系或空间布局等，以满足新的使用要求或适应建筑性能提升的需要。按照《民用建筑通用规范》定义，改建是基于既有建筑，在不改变原有建筑规模和体量的前提下，涉及拆除部分结构、改变使用性质、改变结构体系的建设行为。例如，将既有建筑的一部分拆除后重新布局内部空间，且建筑整体的规模和体量没有变化；把原本的办公楼改为医院，改变了使用性质；或者通过增加钢结构体系将原有的混凝土框架结构体系进行改变，这些都属于改建工程的范畴。装修工程主要是为了美化建筑室内环境，提高其舒适性和美观性，侧重于表面装饰和空间氛围的营造。根据《建筑装饰装修工程质量验收规范》及《建筑装修装饰工程专业承包资质标准》规定，装修施工包括抹灰工程、外墙防水工程、门窗工程、吊顶工程、轻质隔墙工程、饰面板工程、饰面砖工程、幕墙工程、涂饰工程、裱糊与软包工程、细部工程，以及不改变主体结构的前提下的水、暖、电及非承重墙的改造。

值得讨论的是，一栋建筑除装修外，如果还有消防系统、中央空调系统、电梯改造等，那么这项工程是否属于改建工程要视项目具体情况而定。如果这些工程在既有建筑上进行，且符合上述提到的改建工程的定义，即改变了建筑的使用功能、结构体系或空间布局等，那么可归为改建工程范畴。若只是对建筑进行一般性的维护、设备更新和装修，不涉及重大结构或功能改变，则不属于改建工程。例如，一般的装修工程主要是对建筑表面进行装饰处理，不涉及建筑结构、使用功能或空间布局的重大改变，不属于改建工程。但如果装修过程中改变了建筑的使用性质，如将商场改为写字楼，对建筑结构进行了改动，拆除承重墙，改变建筑的空间布局等，则属于改建工程。需要强调的是，单独的装修工程通常不需要办理建设工程规划许可证，而改建工程需要办理建设工程规划许可证，涉及用地性质改变的，还需要办理用地性质变更手续。

需要提醒的是，在项目实践中，不应将强制招标范围混同于《招标投标法》及《招标投标法实施条例》的适用范围，尽管《招标投标法》适用于在中华人民共和国境内进行招标投标活动的所有项目，但《招标投标法》及《招标投标法实施条例》对非依法必须进行招标的项目、依法必须进行招标的项目、国有资金占控股或者主导地位的依法必须进行招标的项目等在多个方面实行了差别化管理，主要体现在以下几点。

一是招标程序要求。依法必须进行招标的项目，需要履行严格的审批、核准手续，其招标范围、招标方式、招标组织形式应当报项目审批和核准部门审批、核准。国有资金占控股或者主导地位的依法必须进行招标的项目，应当公开招标，且提交资格预审申请文件的时间，自资格预审文件停止发售之日起不得少于5日；自招标文件开始发出之日起至投标人提交投标文件截止之日止，最短不得少于20日。非依法必须进行招标的项目通常没有强制的审批、核准要求，招标人可根据项目具体情况和自身意愿，在法律允许的范围内自主决定招标程序和方式，包括提交资格预审申请文件的时间、投标文件编制时间等，只要不违反法律法规的一般性规定即可。

二是信息公开程度。依法必须进行招标的项目必须按照《招标投标法》及《招标投标法实施条例》的规定发布招标公告、编制招标文件。指定媒介发布依法必须进行招标的项目的境内资格预审公告、招标公告，且不得收取费用。非依法必须进行招标的项目，虽然也可以发布招标公告，但没有强制要求必须在指定媒介发布，招标人可以根据自身需求选择发布媒介。

三是投标保证金规定。依法必须进行招标的项目的境内投标单位，以现金或者支票形式提交的投标保证金应当从其基本账户转出。非依法必须进行招标的项目对提交投标保证金的账户没有限制，通常只要是对公账户即可。

四是资格审查要求。国有资金占控股或者主导地位的依法必须进行招标的项目，招标人应当组建资格审查委员会审查资格预审申请文件。资格审查委员会及其成员应当遵守《招标投标法》和《招标投标法实施条例》有关评标委员会及其成员的规定。非依法必须进行招标的项目和依法必须进行招标的项目（非国有资金占控股或者主导地位的项目）对是否需要组建资格审查委员会没有要求，招标人可根据项目具体情况和内部管理制度自主选择。

五是评标委员会组成。依法必须进行招标的项目，其评标委员会由招标人的代表和有关技术、经济等方面的专家组成，成员人数为5人以上单数，其中，技术、经济等方面的专家不得少于成员总数的2/3。非依法必须进行招标的项目，对评标委员会的组成没有严格的法定要求，招标人可以根据项目的规模、复杂程度等因素自行决定评标委员会的人数和成员构成，不一定要满足专家占比的要求。

六是中标候选人公示要求。依法必须进行招标的项目，招标人应当自收到评标报告之日起3日内公示中标候选人，公示期不得少于3日。非依法必须进行招标的项目是否公示中标候选人由招标人自主决定，但基于公开透明的要求，宜公示中标候选人。

七是确定中标人原则。国有资金占控股或者主导地位的依法必须进行招标的项目，招标人应当确定排名第一的中标候选人为中标人（例外情形除外）。非依法必须进行招标的项目和依法必须进行招标的项目（非国有资金占控股或者主导地位的项目）没有要求招标人必须确定排名第一的中标候选人为中标人，但在确定中标人时，需要综合考虑《招标投标法》第四十一条规定的两项中标条件。

【法律依据】

1)《中华人民共和国招标投标法》

第三条　在中华人民共和国境内进行下列工程建设项目包括项目的勘察、设计、施工、监理以及与工程建设有关的重要设备、材料等的采购，必须进行招标：

（一）大型基础设施、公用事业等关系社会公共利益、公众安全的项目；

（二）全部或者部分使用国有资金投资或者国家融资的项目；

（三）使用国际组织或者外国政府贷款、援助资金的项目。

前款所列项目的具体范围和规模标准，由国务院发展计划部门会同国务院有关部门制订，报国务院批准。

法律或者国务院对必须进行招标的其他项目的范围有规定的，依照其规定。

2）《中华人民共和国招标投标法实施条例》

第二条　招标投标法第三条所称工程建设项目，是指工程以及与工程建设有关的货物和服务。

前款所称工程，是指建设工程，包括建筑物和构筑物的新建、改建、扩建及其相关的装修、拆除、修缮等；所称与工程建设有关的货物，是指构成工程不可分割的组成部分，且为实现工程基本功能所必需的设备、材料等；所称与工程建设有关的服务，是指为完成工程所需的勘察、设计、监理等服务。

3）《必须招标的工程项目规定》

第二条　全部或者部分使用国有资金投资或者国家融资的项目包括：

（一）使用预算资金 200 万元人民币以上，并且该资金占投资额 10% 以上的项目；

（二）使用国有企业事业单位资金，并且该资金占控股或者主导地位的项目。

第三条　使用国际组织或者外国政府贷款、援助资金的项目包括：

（一）使用世界银行、亚洲开发银行等国际组织贷款、援助资金的项目；

（二）使用外国政府及其机构贷款、援助资金的项目。

第四条　不属于本规定第二条、第三条规定情形的大型基础设施、公用事业等关系社会公共利益、公众安全的项目，必须招标的具体范围由国务院发展改革部门会同国务院有关部门按照确有必要、严格限定的原则制订，报国务院批准。

第五条　本规定第二条至第四条规定范围内的项目，其勘察、设计、施工、监理以及与工程建设有关的重要设备、材料等的采购达到下列标准之一的，必须招标：

（一）施工单项合同估算价在 400 万元人民币以上；

（二）重要设备、材料等货物的采购，单项合同估算价在 200 万元人民币以上；

（三）勘察、设计、监理等服务的采购，单项合同估算价在 100 万元人民币以上。

同一项目中可以合并进行的勘察、设计、施工、监理以及与工程建设有关的重要设备、材料等的采购，合同估算价合计达到前款规定标准的，必须招标。

4)《必须招标的基础设施和公用事业项目范围规定》

第二条 不属于《必须招标的工程项目规定》第二条、第三条规定情形的大型基础设施、公用事业等关系社会公共利益、公众安全的项目，必须招标的具体范围包括：

（一）煤炭、石油、天然气、电力、新能源等能源基础设施项目；

（二）铁路、公路、管道、水运，以及公共航空和A1级通用机场等交通运输基础设施项目；

（三）电信枢纽、通信信息网络等通信基础设施项目；

（四）防洪、灌溉、排涝、引（供）水等水利基础设施项目；

（五）城市轨道交通等城建项目。

5)《关于进一步做好〈必须招标的工程项目规定〉和〈必须招标的基础设施和公用事业项目范围规定〉实施工作的通知》

一、准确理解依法必须招标的工程建设项目范围

（一）关于使用国有资金的项目。16号令第二条第（一）项中"预算资金"，是指《预算法》规定的预算资金，包括一般公共预算资金、政府性基金预算资金、国有资本经营预算资金、社会保险基金预算资金。第（二）项中"占控股或者主导地位"，参照《公司法》第二百一十六条关于控股股东和实际控制人的理解执行，即"其出资额占有限责任公司资本总额百分之五十以上或者其持有的股份占股份有限公司股本总额百分之五十以上的股东；出资额或者持有股份的比例虽然不足百分之五十，但依其出资额或者持有的股份所享有的表决权已足以对股东会、股东大会的决议产生重大影响的股东"；国有企业事业单位通过投资关系、协议或者其他安排，能够实际支配项目建设的，也属于占控股或者主导地位。项目中国有资金的比例，应当按照项目资金来源中所有国有资金之和计算。

（二）关于项目与单项采购的关系。16号令第二条至第四条及843号文第二条规定范围的项目，其勘察、设计、施工、监理以及与工程建设有关的重要设备、材料等的单项采购分别达到16号令第五条规定的相应单项合同价估算标准的，该单项采购必须招标；该项目中未达到前述相应标准的单项采购，不属于16号令规定的必须招标范畴。

（三）关于招标范围列举事项。依法必须招标的工程建设项目范围和规模标准，

应当严格执行《招标投标法》第三条和16号令、843号文规定；法律、行政法规或者国务院对必须进行招标的其他项目范围有规定的，依照其规定。没有法律、行政法规或者国务院规定依据的，对16号令第五条第一款第（三）项中没有明确列举规定的服务事项、843号文第二条中没有明确列举规定的项目，不得强制要求招标。

（四）关于同一项目中的合并采购。16号令第五条规定的"同一项目中可以合并进行的勘察、设计、施工、监理以及与工程建设有关的重要设备、材料等的采购，合同估算价合计达到前款规定标准的，必须招标"，目的是防止发包方通过化整为零方式规避招标。其中"同一项目中可以合并进行"，是指根据项目实际，以及行业标准或行业惯例，符合科学性、经济性、可操作性要求，同一项目中适宜放在一起进行采购的同类采购项目。

（五）关于总承包招标的规模标准。对于16号令第二条至第四条规定范围内的项目，发包人依法对工程以及与工程建设有关的货物、服务全部或者部分实行总承包发包的，总承包中施工、货物、服务等各部分的估算价中，只要有一项达到16号令第五条规定相应标准，即施工部分估算价达到400万元以上，或者货物部分达到200万元以上，或者服务部分达到100万元以上，则整个总承包发包应当招标。

6)《民用建筑通用规范》

四、条文说明

1 总则

1.0.2 本条规定了本规范的适用范围，要求新建、扩建和改建的民用建筑都要严格遵守，并应贯穿民用建筑建设、使用、维护全过程。新建是指建设新建筑物的行为或项目；或是指将既有建筑物全部拆除后重新建设的行为或项目。扩建是指对既有建筑进行扩大建设规模或体量的建设行为或项目。改建是指对既有建筑将其一部分拆除，在建设规模或体量不变的情况下，进行重新建设的行为或项目；或因建筑使用性质、结构体系改变而进行的建设行为或项目。

2. 工程建设项目招标应当具备哪些条件？

工程建设项目招标应当具备的基本条件包括招标人依法成立，项目资金或者资金来源已落实，项目取得审批、核准或者备案手续。项目资金来源、项目类型及行业的不同，应具备的招标条件会有所区别。

【问题分析】

按照项目资金来源划分，工程建设项目可分为政府投资项目和企业投资项目。政府投资项目采用审批制，项目立项是指对工程可行性研究报告进行批复；企业投资项目采用核准或备案制，项目立项是指对项目申请报告进行核准或申请备案证。

按照行业划分，工程建设项目主要分为房建市政、水利、公路、水运、铁路等行业。按照项目类型划分，工程建设项目可分为勘察设计、监理、施工、材料设备采购、工程总承包。各行业或不同类型的工程建设项目应具备的招标条件会有所区别，例如，勘察设计招标一般须取得项目审批、核准或者备案手续（项目可行性研究报告批复、项目核准批复、项目备案证）；水利、公路、水运、铁路等行业因涉及特殊资源或用地，可能需要额外审批，部分行业还须取得取水许可证、港口岸线使用证等；施工招标一般须取得初步设计批复，且有满足施工招标需要的设计文件；材料设备采购招标一般须取得初步设计批复，且能够提出货物的使用与技术要求；工程总承包招标一般须取得初步设计批复。对于企业投资项目，不需要取得初步设计批复，只用取得项目核准批复或者备案证即可。需要说明的是，对于监理招标应当具备的条件，公路、水运和水利行业有明确规定，要求取得初步设计批复，而房建市政、铁路行业没有明确规定。

值得提醒的是，近年来，国家持续推进"放管服"改革，部分项目的审批流程和招标条件可能有所简化，在实际操作中，应注意了解地方和行业的最新政策，及时与监管部门沟通，确保项目程序合规。

【法律依据】

1)《中华人民共和国招标投标法》

第九条　招标项目按照国家有关规定需要履行项目审批手续的，应当先履行审批手续，取得批准。

招标人应当有进行招标项目的相应资金或者资金来源已经落实，并应当在招标文件中如实载明。

2)《中华人民共和国招标投标法实施条例》

第七条　按照国家有关规定需要履行项目审批、核准手续的依法必须进行招标的项目，其招标范围、招标方式、招标组织形式应当报项目审批、核准部门审批、核准。项目审批、核准部门应当及时将审批、核准确定的招标范围、招标方式、招标组织形式通报有关行政监督部门。

3)《工程建设项目勘察设计招标投标办法》

第九条　依法必须进行勘察设计招标的工程建设项目，在招标时应当具备下列条件：

（一）招标人已经依法成立；

（二）按照国家有关规定需要履行项目审批、核准或者备案手续的，已经审批、核准或者备案；

（三）勘察设计有相应资金或者资金来源已经落实；

（四）所必需的勘察设计基础资料已经收集完成；

（五）法律法规规定的其他条件。

4)《工程建设项目施工招标投标办法》

第八条　依法必须招标的工程建设项目，应当具备下列条件才能进行施工招标：

（一）招标人已经依法成立；

（二）初步设计及概算应当履行审批手续的，已经批准；

（三）有相应资金或资金来源已经落实；

（四）有招标所需的设计图纸及技术资料。

5)《工程建设项目货物招标投标办法》

第八条　依法必须招标的工程建设项目，应当具备下列条件才能进行货物招标：

（一）招标人已经依法成立；

（二）按照国家有关规定应当履行项目审批、核准或者备案手续的，已经审批、核准或者备案；

（三）有相应资金或者资金来源已经落实；

（四）能够提出货物的使用与技术要求。

6)《房屋建筑和市政基础设施工程施工招标投标管理办法》

第七条　工程施工招标应当具备下列条件：

（一）按照国家有关规定需要履行项目审批手续的，已经履行审批手续；

（二）工程资金或者资金来源已经落实；

（三）有满足施工招标需要的设计文件及其他技术资料；

（四）法律、法规、规章规定的其他条件。

7）《房屋建筑和市政基础设施项目工程总承包管理办法》

第七条　建设单位应当在发包前完成项目审批、核准或者备案程序。采用工程总承包方式的企业投资项目，应当在核准或者备案后进行工程总承包项目发包。采用工程总承包方式的政府投资项目，原则上应当在初步设计审批完成后进行工程总承包项目发包；其中，按照国家有关规定简化报批文件和审批程序的政府投资项目，应当在完成相应的投资决策审批后进行工程总承包项目发包。

8）《水利工程建设项目招标投标管理规定》

第十六条　水利工程建设项目招标应当具备以下条件：

（一）勘察设计招标应当具备的条件

（1）勘察设计项目已经确定；

（2）勘察设计所需资金已落实；

（3）必需的勘察设计基础资料已收集完成。

（二）监理招标应当具备的条件

（1）初步设计已经批准；

（2）监理所需资金已落实；

（3）项目已列入年度计划。

（三）施工招标应当具备的条件

（1）初步设计已经批准；

（2）建设资金来源已落实，年度投资计划已经安排；

（3）监理单位已确定；

（4）具有能满足招标要求的设计文件，已与设计单位签订适应施工进度要求的图纸交付合同或协议；

（5）有关建设项目永久征地、临时征地和移民搬迁的实施、安置工作已经落实或已有明确安排。

（四）重要设备、材料招标应当具备的条件

（1）初步设计已经批准；

（2）重要设备、材料技术经济指标已基本确定；

（3）设备、材料所需资金已落实。

9）《关于暂时调整实施〈水利工程建设项目招标投标管理规定〉有关条款的通知》

一、暂时调整实施《水利工程建设项目招标投标管理规定》（水利部令第14号）第十六条第（三）项水利工程建设项目施工招标条件中"监理单位已确定"的规定，取消水利工程建设项目施工招标条件中"监理单位已确定"的条件。

10）《公路工程建设项目招标投标管理办法》

第八条　对于按照国家有关规定需要履行项目审批、核准手续的依法必须进行招标的公路工程建设项目，招标人应当按照项目审批、核准部门确定的招标范围、招标方式、招标组织形式开展招标。

公路工程建设项目履行项目审批或者核准手续后，方可开展勘察设计招标；初步设计文件批准后，方可开展施工监理、设计施工总承包招标；施工图设计文件批准后，方可开展施工招标。

施工招标采用资格预审方式的，在初步设计文件批准后，可以进行资格预审。

11）《水运工程建设项目招标投标管理办法》

第九条　按照国家有关规定需要履行项目立项审批、核准手续的水运工程建设项目，在取得批准后方可开展勘察、设计招标。

水运工程建设项目通过初步设计审批后，方可开展监理、施工、设备、材料等招标。

12）《铁路工程建设项目招标投标管理办法》

第六条　铁路工程建设项目的招标人是指提出招标项目、进行招标的法人或者其他组织。

招标人组织开展的铁路工程建设项目招标活动，应当具备《中华人民共和国招标投标法》《中华人民共和国招标投标法实施条例》《工程建设项目勘察设计招标投标办法》《工程建设项目施工招标投标办法》《工程建设项目货物招标投标办法》等规定的有关条件。

3. 国有投资依法必须进行招标的项目是否必须进入公共资源交易中心招标?

国家层面规定国有投资依法必须进行招标的项目必须进入公共资源交易平台，但未强制要求进入公共资源交易中心。是否需进入公共资源交易中心招标，取决于项目所在地的政策要求和监管部门规定。

【问题分析】

首先要明确的是公共资源交易中心和公共资源交易平台在概念和功能上是存在区别的，公共资源交易中心是实体场所，通常由地方政府设立，提供招标投标、开评标等活动的物理场地和服务，如开标室、评标室、见证服务等。根据《招标投标法实施条例》第五条规定，设区的市级以上地方人民政府可以根据实际需要，建立统一规范的招标投标交易场所，为招标投标活动提供服务。公共资源交易平台是信息化系统，包括电子交易系统、公共服务系统和行政监督系统，覆盖交易全流程的线上化操作，如发布公告、投标、开标、评标等，通过"互联网＋公共资源交易"实现数据共享、全程留痕和实时监管，是《招标投标法实施条例》和《电子招标投标办法》中明确推行的方向。

根据《公共资源交易平台管理暂行办法》和《关于深化公共资源交易平台整合共享的指导意见》的要求，依法必须进行招标的项目，要求必须进入"公共资源交易平台"，但并未强制要求必须进入"公共资源交易中心"这一实体场所。国家要求纳入的是统一的"公共资源交易平台"体系（以电子化平台为核心），而非必须到实体中心线下交易。从《公共资源交易平台管理暂行办法》第十二条、第十九条规定可以看出，政府设立的公共资源交易中心的法律地位就是公共资源交易平台的运行服务机构之一，而不是唯一的运行服务机构。通过由市场主体建设，并获得国家或省级认定的电子招标投标交易平台完成全流程线上交易（如发布公告、投标、开评标、定标），视为已符合"进入平台"要求，无须再进入实体中心。例如，湖北省发布的《湖北省公共资源交易目录（2024年版）》明确规定，列入目录的公共资源交易项目，应当进入湖北省公共资源交易平台进行交易，各级公共资源交易中心（政府采购中心）、武汉光谷联合产权交易所等所有已与省公共资源交易电子服务系统完成对接的各类电子交易平台，均属于湖北省公共资源交易平台体系范畴。

在实际操作中，招标项目是否可以在"场外"组织招标，还要遵守地方和行业部门规定。通过省级政府发布的《公共资源交易目录》和《电子招标投标办法》，确认招标项目是否在目录范围内，以及当地对"平台"与"中心"的具体界定。

【法律依据】

1)《中华人民共和国招标投标法实施条例》

第五条　设区的市级以上地方人民政府可以根据实际需要，建立统一规范的招标投标交易场所，为招标投标活动提供服务。招标投标交易场所不得与行政监督部门存在隶属关系，不得以营利为目的。

国家鼓励利用信息网络进行电子招标投标。

2)《公共资源交易平台管理暂行办法》

第八条　依法必须招标的工程建设项目招标投标、国有土地使用权和矿业权出让、国有产权交易、政府采购等应当纳入公共资源交易平台。

第十二条　公共资源交易平台应当按照省级人民政府规定的场所设施标准，充分利用已有的各类场所资源，为公共资源交易活动提供必要的现场服务设施。

市场主体依法建设的交易场所符合省级人民政府规定标准的，可以在现有场所办理业务。

第十九条　公共资源交易平台运行服务机构提供公共服务确需收费的，不得以营利为目的。根据平台运行服务机构的性质，其收费分别纳入行政事业性收费和经营服务性收费管理，具体收费项目和收费标准按照有关规定执行。属于行政事业性收费的，按照本级政府非税收入管理的有关规定执行。

3)《关于深化公共资源交易平台整合共享的指导意见》

（四）拓展平台覆盖范围。将公共资源交易平台覆盖范围由工程建设项目招标投标、土地使用权和矿业权出让、国有产权交易、政府采购等，逐步扩大到适合以市场化方式配置的自然资源、资产股权、环境权等各类公共资源，制定和发布全国统一的公共资源交易目录指引。

4. 政府投资项目实施主体具有相应资质是否可以不招标？

在政府投资项目中，实施主体具有相应资质并不意味着可以不招标。政府投资项目实施主体通常是政府委托的"代甲方"，并不属于《招标投标法实施条例》第九条规定的可以不进行招标的情形。

【问题分析】

根据《招标投标法实施条例》第九条规定，采购人依法能够自行建设、生产或者提供的项目，可以不进行招标。该条款的立法目的是尊重市场主体自主权，赋予采购人在特定条件下的自主决策权，体现市场经济中"法无禁止即可为"的原则，避免过度的行政干预影响市场主体的经营效率和提高制度性交易成本。从表面上看，政府投资项目实施主体具有相应资质似乎适用于该条规定。但政府投资项目的实施主体通常是代政府行为，即受政府方委托的代建单位，代表政府履行政府投资项目的管理职能，且使用的是财政资金，并不是真正意义上的自行投资建设的采购人，不符合《招标投标法实施条例》第九条提到的采购人的概念，因此不能引用该条款免除招标。

在实际工作中，一些政府代建单位误认为，只要自身具备相应施工资质，就可以直接对自己代建的政府投资项目进行施工，而不需要进行招标。这种观点混淆了"采购人（甲方）"与"代建单位（代甲方）"的概念，如果实施主体直接施工，就会造成承担该政府投资项目管理职能和承接该政府投资项目施工任务的单位"同体"，构成"既当裁判员又当运动员"的冲突。

【法律依据】

《中华人民共和国招标投标法实施条例》

第九条　除招标投标法第六十六条规定的可以不进行招标的特殊情况外，有下列情形之一的，可以不进行招标：

（一）需要采用不可替代的专利或者专有技术；

（二）采购人依法能够自行建设、生产或者提供；

（三）已通过招标方式选定的特许经营项目投资人依法能够自行建设、生产或者提供；

（四）需要向原中标人采购工程、货物或者服务，否则将影响施工或者功能配套要求；

（五）国家规定的其他特殊情形。

招标人为适用前款规定弄虚作假的，属于招标投标法第四条规定的规避招标。

5. 工程代建服务是否必须招标？

工程代建服务是否必须招标，要视委托代建的项目性质、资金来源、采购主体和项目规模综合判定。地方和行业有规定的应从其规定。

【问题分析】

根据《招标投标法实施条例》《必须招标的工程项目规定》，以及《关于进一步作好〈必须招标的工程项目规定〉和〈必须招标的基础设施和公用事业项目范围规定〉实施工作的通知》的有关规定，工程代建服务不属于依法必须进行招标的项目，因此，对于市场化项目代建单位的选择，可以不用招标。但地方和行业对政府投资项目代建单位的选择有规定的应遵守其相关规定。例如，《湖南省政府投资项目代建制管理办法》规定的代建制是指依法通过招标等方式，选择专业化的管理单位（即代建单位）负责政府投资项目的实施；《湖北省人民政府关于进一步推进非经营性政府投资工程项目实施"代建制"的通知》规定，必须通过招标择优选定具有代建资格的中介组织或委托经各级人民政府批准设立的政府投资工程代建机构作为代建单位。省政府有特殊要求的项目，可按照共同协商的原则，从名录库中直接选择产生；水利部印发的《关于水利工程建设项目代建制管理指导意见》规定，水利工程应通过招标选择代建单位，并进入公共资源交易市场交易。不具备招标条件的，经项目主管部门同级政府批准，可采取其他方式选择代建单位；《公路建设项目代建管理办法》规定，公路工程代建单位应当依法通过招标等方式选择。

值得注意的是，如果采购主体是政府机关、事业单位或团体组织，建设资金为财政性资金，采购金额达到政府采购限额标准以上的代建服务项目，还应考虑是否遵守《政府采购法》及其实施条例的有关规定。

【法律依据】

1)《中华人民共和国招标投标法实施条例》

第三条 依法必须进行招标的工程建设项目的具体范围和规模标准，由国务院发展改革部门会同国务院有关部门制订，报国务院批准后公布施行。

2)《必须招标的工程项目规定》

第五条第一款第（三）项 本规定第二条至第四条规定范围内的项目，其勘察、设计、施工、监理以及与工程建设有关的重要设备、材料等的采购达到下列标准之一的，必须招标：

（三）勘察、设计、监理等服务的采购，单项合同估算价在100万元人民币以上。

3)《关于进一步做好〈必须招标的工程项目规定〉和〈必须招标的基础设施和公用事业项目范围规定〉实施工作的通知》

第一条第（三）项 一、准确理解依法必须招标的工程建设项目范围

（三）关于招标范围列举事项。依法必须招标的工程建设项目范围和规模标准，应当严格执行《招标投标法》第三条和16号令、843号文规定；法律、行政法规或者国务院对必须进行招标的其他项目范围有规定的，依照其规定。没有法律、行政法规或者国务院规定依据的，对16号令第五条第一款第（三）项中没有明确列举规定的服务事项、843号文第二条中没有明确列举规定的项目，不得强制要求招标。

4)《关于水利工程建设项目代建制管理的指导意见》

（一）水利工程建设项目代建制，是指政府投资的水利工程建设项目通过招标等方式，选择具有水利工程建设管理经验、技术和能力的专业化项目建设管理单位（以下简称代建单位），负责项目的建设实施，竣工验收后移交运行管理单位的制度。

（九）代建单位由项目主管部门或项目法人（以下简称项目管理单位）负责选定。招标选择代建单位应严格执行招标投标相关法律法规，并进入公共资源交易市场交易。不具备招标条件的，经项目主管部门同级政府批准，可采取其他方式选择代建单位。

5)《公路建设项目代建管理办法》

第十条　代建单位应当依法通过招标等方式选择。采用招标方式的，应当使用交通运输部统一制定的标准招标文件。

代建单位在递交投标文件时，应当按照要求列明本单位在资格、能力、业绩、信誉等方面的情况以及拟任现场管理人员、技术人员及备选人员的情况。

评标可以采用固定标价评分法、技术评分合理标价法、综合评标法以及法律、法规允许的其他评标方法，并应当重点评价代建单位的建设管理能力。

6)《中华人民共和国政府采购法》

第二条第二款　本法所称政府采购，是指各级国家机关、事业单位和团体组织，使用财政性资金采购依法制定的集中采购目录以内的或者采购限额标准以上的货物、工程和服务的行为。

6. 应急工程是否可以不招标？

应急工程在特定情况下可以不招标，但需符合严格的条件并遵循法定程序，具体需要依据应急工程的紧急程度、项目性质等多方面因素综合判断，地方和行业有规定的从其规定。

【问题分析】

应急工程通常具有紧迫性和不可预见性，若按常规招标程序可能延误处置时机，影响公共利益、人民生命财产安全。但值得注意的是，"应急工程"这一概念在《招标投标法》中并未明确提及，若招标人所指应急工程主要是为保护人民生命财产安全的工程，符合抢险救灾特殊情况且不适宜招标的，可适用《招标投标法》第六十六条规定。涉及抢险救灾等特殊情况，不适宜进行招标的项目，按照国家有关规定可以不进行招标，包括发生地震、风暴、洪涝、泥石流、火灾等异常紧急灾害情况，需要立即组织抢险救灾的项目。例如，地震后的道路抢修工程，为尽快恢复交通，保障救援物资运输而豁免招标程序。《水利工程建设项目招标投标管理规定》明确规定应急防汛、抗旱、抢险、救灾等项目，经项目主管部门批准后可以不进行招标。

上述抢险救灾项目无法按照规定的程序和时间组织招标，否则将对国家和人民生命财产安全带来巨大损失。但抢险救灾后的重建工程，性质不同于抢险救灾即时工程，应按照正常项目招标流程开展招标工作，不能简单认定为抢险救灾项目而豁免招标程序。

因此，不适宜招标的抢险救灾项目需要同时满足以下两个条件：一是在紧急情况下实施，不能满足招标所需时间；二是不立即实施将会造成人民生命财产损失。同时，项目还应履行主管部门的审批程序，以确保程序合法合规。

如果应急工程的资金来源于国有资金，且项目处于依法必须进行招标的项目范畴之内，即便工程具有紧迫性，也应审慎判断是否可以不进行招标。以国有资金投资的应急基础设施建设项目为例，通常需要严格遵循招标投标的法律规定，只有契合法定的不招标情形时，才能够豁免招标程序。某些应急保障基地、应急储备中心等建设工程，不能仅凭项目名称中含有"应急"字样，就简单判定该工程为"抢险救灾"所用。招标人为适用"抢险救灾"弄虚作假的，属于《招标投标法》第四条规定的规避招标。

在实际操作中，即使应急工程符合不招标的条件，也应尽量采取其他方式确保公平竞争和成本控制，如邀请几家有资质且信誉好的单位进行快速比选，或者采用紧急采购程序。同时，应符合单位内控管理制度的要求，以避免廉政风险和审计风险。

【法律依据】

1)《中华人民共和国招标投标法》

第六十六条　涉及国家安全、国家秘密、抢险救灾或者属于利用扶贫资金实行以工代赈、需要使用农民工等特殊情况，不适宜进行招标的项目，按照国家有关规定可以不进行招标。

2)《中华人民共和国招标投标法实施条例》

第九条　除招标投标法第六十六条规定的可以不进行招标的特殊情况外，有下列情形之一的，可以不进行招标：

（一）需要采用不可替代的专利或者专有技术；

（二）采购人依法能够自行建设、生产或者提供；

（三）已通过招标方式选定的特许经营项目投资人依法能够自行建设、生产或者提供；

（四）需要向原中标人采购工程、货物或者服务，否则将影响施工或者功能配套要求；

（五）国家规定的其他特殊情形。

招标人为适用前款规定弄虚作假的，属于招标投标法第四条规定的规避招标。

3）《水利工程建设项目招标投标管理规定》

第十二条第（二）项　下列项目可不进行招标，但须经项目主管部门批准：

（二）应急防汛、抗旱、抢险、救灾等项目；

4）《违反规定插手干预工程建设领域行为处分规定》

第五条　违反规定插手干预工程建设项目招标投标活动，有下列情形之一，索贿受贿、为自己或者他人谋取私利的，给予记过或者记大过处分；情节较重的，给予降级或者撤职处分；情节严重的，给予开除处分：

（二）要求有关部门或者单位将依法必须进行招标的工程建设项目化整为零，或者假借保密工程、抢险救灾等特殊工程的名义规避招标的。

7. 零星工程是否可以不招标？

零星工程是否可以不招标，应视零星工程的性质、资金来源和采购主体综合判断，地方和行业有规定的从其规定。

【问题分析】

零星工程一般是指金额在400万元以下的工程。例如，某主体工程属于依法必须进行招标的项目，并且已通过公开招标确定了施工单位，还有些工程（总金额300万元）未包含在主体工程招标范围内，则这些工程属于零星工程。该零星工程是否需要招标，取决于是否属于可以与原主体工程合并招标的项目。《必须招标的工程项目规定》中的第五条明确要求，施工单项合同估算价在400万元人民币以上必须招标，同时该条款还规定，同一项目中可以合并进行的采购，合同估算价合计达到前款规定标准的，必须招标。因此，如果该零星工程不属于可以与原主体工程合并招标的项目，可以不进行招标。否则，涉嫌拆分项目，规避招标。如果该零星工程使用财政资金，采购主体又属于机关、事业单位或团体组织，还需遵守《政府采购法》的相关规定，采用竞争性磋商、竞争性谈判或单一来源采购。在实际操作中，要避免将本应招标的项目人为拆分为零星工程规避招标，即使未达到法定招标限额，也要看单位内部管理制度是否要求采用招标方式。

【法律依据】

1)《中华人民共和国招标投标法》

第四条　任何单位和个人不得将依法必须进行招标的项目化整为零或者以其他任何方式规避招标。

2)《必须招标的工程项目规定》

第五条　本规定第二条至第四条规定范围内的项目，其勘察、设计、施工、监理以及与工程建设有关的重要设备、材料等的采购达到下列标准之一的，必须招标：

（一）施工单项合同估算价在400万元人民币以上；

（二）重要设备、材料等货物的采购，单项合同估算价在200万元人民币以上；

（三）勘察、设计、监理等服务的采购，单项合同估算价在100万元人民币以上。

同一项目中可以合并进行的勘察、设计、施工、监理以及与工程建设有关的重要设备、材料等的采购，合同估算价合计达到前款规定标准的，必须招标。

8. 在建工程追加的附属小型工程是否可以不招标？

在建工程追加的附属小型工程在满足一定条件时可以不进行招标，如原中标人仍具备承包能力，并且其他人承担将影响施工或者功能配套要求等。但不同地区对于附属小型工程的范围界定和具体要求存在差异，在实际操作中需要结合项目具体情况和当地规定进行判断。

【问题分析】

《招标投标法实施条例》第九条规定了原中标项目可以不进行招标而继续追加

采购的情形。《工程建设项目施工招标投标办法》第十二条则进一步细化该规定，依法必须进行施工招标的工程建设项目，在建工程追加的附属小型工程或者主体加层工程，原中标人仍具备承包能力，并且其他人承担将影响施工或者功能配套要求的，可以不招标。

附属小型工程由原中标人继续实施、不进行施工招标，需要同时具备以下三个条件。

首先，原项目已通过招标确定了中标人，因客观原因需要向原合同中标人追加采购工程。追加采购的工程内容必须在原项目招标时不存在，是在原项目合同履行中产生的新增或变更的需求。

其次，如果不向项目原中标人追加采购，必将影响工程项目施工或者产品使用功能的配套要求。例如，学校教学楼主体建成后，为了满足多元化的教学需求，要追加多媒体教学系统的安装工程。原中标人熟悉教学楼的强弱电布线、墙体结构等情况，能够准确地进行设备安装和线路铺设，确保多媒体系统的供电、网络连接等与教学楼的基础设施相匹配。若选择新的施工单位安装多媒体系统，可能出现线路布局不合理、与教学楼原有电气系统不兼容等问题，导致多媒体设备在使用过程中出现故障，影响教学功能的正常实现。

第三，原项目中标人必须具有依法继续履行新增项目合同的资格能力。如果是原中标人不具备资格能力，无法履行新增项目合同的，应按规定重新组织招标，选择新增附属小型工程的中标人。

值得注意的是，由于符合以上条件的追加采购没有竞争性，有可能形成规避招标的情形，应慎重使用。例如，湖南省就规定追加的全部附属小型工程应在原项目审批范围内，造价累计不超过原中标价的30%且金额低于1000万元。在实际工作中，有的建设单位为了规避招标程序，故意将本应与主体工程一并招标的附属工程拆分出来，以附属小型工程的名义不进行招标，实际却进行了超出附属工程范围的建设内容，从而达到肢解发包的目的，这显然是不可取的。

【法律依据】

1)《中华人民共和国招标投标法实施条例》

第九条第一款第（四）项　除招标投标法第六十六条规定的可以不进行招标的

特殊情况外，有下列情形之一的，可以不进行招标：

（四）需要向原中标人采购工程、货物或者服务，否则将影响施工或者功能配套要求；

2）《工程建设项目施工招标投标办法》

第十二条第（五）项　依法必须进行施工招标的工程建设项目有下列情形之一的，可以不进行施工招标：

（五）在建工程追加的附属小型工程或者主体加层工程，原中标人仍具备承包能力，并且其他人承担将影响施工或者功能配套要求；

9. 采用费率报价的EPC工程，总承包范围内的设备达到招标限额是否需进行"二次招标"？

采用费率报价的EPC（工程总承包）工程，总承包范围内的设备达到招标限额是否需要进行"二次招标"，取决于设备的报价形式、设备类型及合同条款约定。

【问题分析】

根据《房屋建筑和市政基础设施项目工程总承包管理办法》第十六条规定，EPC项目的合同计价形式应根据项目性质合理确定。对于企业投资项目，通常建议采用总价合同，但并未完全禁止采用费率报价的方式。对于政府投资项目，则可以根据实际情况灵活选择合同价格形式。因此，如果合同明确约定了费率报价的具体方式和调价机制，则该方式具有法律效力。需要指出的是，费率报价在材料设备核价、工程取费等方面容易产生争议，可能导致最终结算价与预期差异较大，增加建设单位和总承包单位的风险。

《招标投标法实施条例》第二十九条、《房屋建筑和市政基础设施项目工程总承包管理办法》第二十一条和《工程建设项目货物招标投标办法》第五条均规定以暂估价形式包括在总承包范围内的货物属于依法必须进行招标的项目范围且达到国家规定规模标准的，应当依法进行招标。不是以暂估价形式包括在总承包范围内的设备是否需要招标没有明确规定。若合同已规定总承包范围内的设备由总承包单位负责采购，且未要求招标，通常无须进行"二次招标"。若合同未明确规定，需根据项目实际情况和建设单位需求决定是否进行"二次招标"。

需要说明的是，通常不进行"二次招标"的设备都是通过市场询价的方式确定价格的。若项目涉及财政资金，在实施市场询价前，应与财政部门充分沟通，确保询价程序的规范性、价格的合理性及记录的完整性，否则会有财政部门不予支付的风险，以及后期审计的风险。对于金额较大或较复杂的设备采购，可以聘请第三方机构进行市场调研或价格评估，增加询价结果的权威性。若在采购前，无法确认财政部门的相关要求，宜通过进行"二次招标"确定设备价格，确保程序合规。

【法律依据】

1)《中华人民共和国招标投标法实施条例》

第二十九条　招标人可以依法对工程以及与工程建设有关的货物、服务全部或者部分实行总承包招标。以暂估价形式包括在总承包范围内的工程、货物、服务属于依法必须进行招标的项目范围且达到国家规定规模标准的，应当依法进行招标。

前款所称暂估价，是指总承包招标时不能确定价格而由招标人在招标文件中暂时估定的工程、货物、服务的金额。

2)《工程建设项目货物招标投标办法》

第五条　工程建设项目货物招标投标活动，依法由招标人负责。

工程建设项目招标人对项目实行总承包招标时，未包括在总承包范围内的货物属于依法必须进行招标的项目范围且达到国家规定规模标准的，应当由工程建设项目招标人依法组织招标。

工程建设项目实行总承包招标时，以暂估价形式包括在总承包范围内的货物属于依法必须进行招标的项目范围且达到国家规定规模标准的，应当依法组织招标。

3)《房屋建筑和市政基础设施项目工程总承包管理办法》

第十六条　企业投资项目的工程总承包宜采用总价合同，政府投资项目的工程总承包应当合理确定合同价格形式。采用总价合同的，除合同约定可以调整的情形外，合同总价一般不予调整。

建设单位和工程总承包单位可以在合同中约定工程总承包计量规则和计价方法。

依法必须进行招标的项目，合同价格应当在充分竞争的基础上合理确定。

第二十一条 工程总承包单位可以采用直接发包的方式进行分包。但以暂估价形式包括在总承包范围内的工程、货物、服务分包时，属于依法必须进行招标的项目范围且达到国家规定规模标准的，应当依法招标。

10. 依法必须进行招标的工程建设项目专业工程分包是否需要招标？

依法必须进行招标的工程建设项目专业工程分包是否需要招标应从专业分包的性质、合同估算价、合同约定等方面进行综合判断。

【问题分析】

专业工程分包，是指总承包单位将其所承包工程中的专业工程发包给具有相应资质的建筑业其他企业完成的活动。根据《招标投标法实施条例》第二十九条规定，以暂估价形式包括在总承包范围内的工程属于依法必须进行招标的项目范围且达到国家规定规模标准，应当依法进行招标。根据《招标投标法》第四十八条、《招标投标法实施条例》第五十九条规定，中标人按照合同约定或者经招标人同意，可以将中标项目的部分非主体、非关键性工作分包给他人完成。接受分包的人应当具备相应的资格条件，并不得再次分包。据此，法律法规仅规定以暂估价形式包含在总承包范围内的专业工程属于依法必须进行招标的项目且达到招标限额的应当进行招标，并未要求所有专业工程分包均需要招标。

专业工程以暂估价形式包含在总承包范围内，且合同估算价达到《必须招标的工程项目规定》所规定的项目规模，则属于依法必须进行招标的项目，须履行招标投标程序。专业工程以暂估价形式包含在总承包范围内，但合同估算价未达到《必须招标的工程项目规定》所规定的项目规模，则不属于依法必须进行招标的项目。当专业分包工程在总承包合同中已明确工程造价，没有以暂估价形式出现，说明在总承包招标时就已涵盖了该专业工程的竞争，在这种情况下，总承包单位在征得建设单位同意后，可直接选择具有相应资质的分包单位，不需要再次招标。

此外，如果总承包合同中明确约定，无论何种情况，总承包进行分包都需要履行招标投标程序，那么，即使分包工程不属于依法必须进行招标的情形，总承包单位也需要按照合同约定进行招标，否则可能构成违约。

在实践中，基于国家对国有企业合规管理的要求及审计检查的风险，国有总承包单位应建立完善企业内控监督机制，在进行分包采购时，应严格遵循国家招标投标相关法律法规及行业政策要求，确保依法合规、坚持公开公正、体现竞争择优，防止国有资产流失。

【法律依据】

1)《中华人民共和国招标投标法》

第四十八条　中标人应当按照合同约定履行义务，完成中标项目。中标人不得向他人转让中标项目，也不得将中标项目肢解后分别向他人转让。

中标人按照合同约定或者经招标人同意，可以将中标项目的部分非主体、非关键性工作分包给他人完成。接受分包的人应当具备相应的资格条件，并不得再次分包。

中标人应当就分包项目向招标人负责，接受分包的人就分包项目承担连带责任。

2)《中华人民共和国招标投标法实施条例》

第二十九条　招标人可以依法对工程以及与工程建设有关的货物、服务全部或者部分实行总承包招标。以暂估价形式包括在总承包范围内的工程、货物、服务属于依法必须进行招标的项目范围且达到国家规定规模标准的，应当依法进行招标。前款所称暂估价，是指总承包招标时不能确定价格而由招标人在招标文件中暂时估定的工程、货物、服务的金额。

第五十九条　中标人应当按照合同约定履行义务，完成中标项目。中标人不得向他人转让中标项目，也不得将中标项目肢解后分别向他人转让。

中标人按照合同约定或者经招标人同意，可以将中标项目的部分非主体、非关键性工作分包给他人完成。接受分包的人应当具备相应的资格条件，并不得再次分包。

中标人应当就分包项目向招标人负责，接受分包的人就分包项目承担连带责任。

3)《房屋建筑和市政基础设施项目工程总承包管理办法》

第二十一条　工程总承包单位可以采用直接发包的方式进行分包。但以暂估价形式包括在总承包范围内的工程、货物、服务分包时，属于依法必须进行招标的项目范围且达到国家规定规模标准的，应当依法招标。

11. 国有企业的材料、设备采购是否需要招标？

国有企业采购材料、设备是否需要招标，需要结合法律法规、项目性质、资金来源、金额标准及企业内部管理制度等因素综合判断。

【问题分析】

项目按性质大类划分，可分为工程项目和非工程项目。工程项目按阶段又可简单划分为前期阶段、建设阶段和运营阶段。前期阶段一般不涉及材料、设备的采购；运营阶段采购的材料、设备一般涉及的是工程材料设备的维修、改造和更换，与工程的新建、改建、扩建无关，因此，不需要强制招标。《招标投标法》及《招标投标法实施条例》强制规范的主要是工程建设阶段的项目，根据《必须招标的工程项目规定》，若采购的材料、设备属于依法必须进行招标的工程建设项目的组成部分，如电梯、中央空调等，即与工程建设有关的材料和设备，且达到招标限额的，除《招标投标法》第六十六条、《招标投标法实施条例》第九条规定的可以不进行招标的特殊情况外，都必须招标。非工程项目的材料、设备采购，通常是为了保障企业日常运营的需要，如企业采购原材料、办公用品、办公设备等，不属于《必须招标的工程项目规定》的范畴，因此，也不需要强制招标。

但根据财政部《企业国有资本与财务管理暂行办法》第十八条规定，企业大宗原辅材料或商品物资的采购、固定资产的购建和工程建设一般应当按照公开、公正、公平的原则，采取招标方式进行。因此，即使国有企业采购的材料、设备是工程运营阶段的内容，或属于非工程材料、设备，若达到"大宗"的标准，还是应该通过招标方式进行采购。在这里需要说明两点，一是国家没有明确规定"大宗"的标准，需要由各企业自己确定，国有企业在制定采购管理制度设定"原辅材料或商品物资采购"必须招标的金额标准时，可以参照依法必须招标的货物金额标准，如规定200万元以上的"原辅材料或商品物资的采购"必须招标；二是上述办法规定的招标不属于"强制招标"范围，在《招标投标法》体系中，"自愿招标"和"强制招标"的法律规定有很多不同，可以理解为国有企业按照财政部的规定选择招标，适用于《招标投标法》中"自愿招标"的法律条款规定。

值得注意的是，对于生产设备是否必须招标，应结合具体情况判断。根据《招标投标法实施条例》第二条规定，依法必须招标的货物是指与工程建设有关的货物，所称与工程建设有关的货物，是指构成工程不可分割的组成部分，且为实现工程基本功能所必需的材料、设备等。例如，新建一个化工厂肯定是建设工程，为了实现化工厂正常投产，其配套的生产线设备必然是与工程同步设计、同步施工、同步投入使用的。《招标投标法实施条例》释义指出，需要与工程同步进行整体设计、施工的货物属于与工程建设有关的货物，可以与工程分别进行设计、施工，或者不需要与工程同步进行整体设计、施工的货物属于与工程建设无关的货物。例如，工厂投入使用后的设备更新改造，就不属于与工程建设有关的货物，不需要进行强制招标。

【法律依据】

1)《中华人民共和国招标投标法》

第三条第一款　在中华人民共和国境内进行下列工程建设项目包括项目的勘察、设计、施工、监理以及与工程建设有关的重要设备、材料等的采购，必须进行招标：

（一）大型基础设施、公用事业等关系社会公共利益、公众安全的项目；

（二）全部或者部分使用国有资金投资或者国家融资的项目；

（三）使用国际组织或者外国政府贷款、援助资金的项目。

第六十六条　涉及国家安全、国家秘密、抢险救灾或者属于利用扶贫资金实行以工代赈、需要使用农民工等特殊情况，不适宜进行招标的项目，按照国家有关规定可以不进行招标。

2)《中华人民共和国招标投标法实施条例》

第二条　招标投标法第三条所称工程建设项目，是指工程以及与工程建设有关的货物、服务。

前款所称工程，是指建设工程，包括建筑物和构筑物的新建、改建、扩建及其相关的装修、拆除、修缮等；所称与工程建设有关的货物，是指构成工程不可分割的组成部分，且为实现工程基本功能所必需的设备、材料等；所称与工程建设有关的服务，是指为完成工程所需的勘察、设计、监理等服务。

第九条第一款　除招标投标法第六十六条规定的可以不进行招标的特殊情况

外，有下列情形之一的，可以不进行招标：

（一）需要采用不可替代的专利或者专有技术；

（二）采购人依法能够自行建设、生产或者提供；

（三）已通过招标方式选定的特许经营项目投资人依法能够自行建设、生产或者提供；

（四）需要向原中标人采购工程、货物或者服务，否则将影响施工或者功能配套要求；

（五）国家规定的其他特殊情形。

3）《必须招标的工程项目规定》

第五条第一款第（二）项　本规定第二条至第四条规定范围内的项目，其勘察、设计、施工、监理以及与工程建设有关的重要设备、材料等的采购达到下列标准之一的，必须招标：

（二）重要设备、材料等货物的采购，单项合同估算价在200万元人民币以上；

4）《企业国有资本与财务管理暂行办法》

第十八条第二款　企业大宗原辅材料或商品物资的采购、固定资产的购建和工程建设一般应当按照公开、公正、公平的原则，采取招标方式进行。

12. 国有企业展陈工程是否属于依法必须进行招标的项目？

国有企业展陈工程一般不属于依法必须进行招标的项目。在特定条件下，如果包括装修的展陈工程是与主体建筑同步设计施工的，且达到工程招标限额标准，就属于依法必须进行招标的项目。

【问题分析】

展陈工程在国家标准中并没有一个统一明确的定义，结合《经济贸易展览会术语》（GB/T 26165—2021）、《展览会展台术语》（T/CCPITCSC 023—2019）、《展览展示工程企业能力评价导则》（GB/T 37073—2018）、《博物馆展览内容设计规范》（WW/T 0088—2018）、《博物馆陈列展览形式设计与施工规范》（WW/T 0089—2018）等标准规范，展陈工程是指以展览展示为核心，涵盖空间设计、施工搭建、展品陈列、灯光设计、装饰装修及技术支持等全流程的系统性工程。其目的是通过科学规划与艺术设计，创造符合功能需求、审美要求及安全标准的展览空间，适用于博物馆、展览馆、商业展示、文化场馆、企业展厅等场景。实践中经常有人将展陈工程与装饰装修工程混淆，实际上展陈工程是一个综合性项目，装饰装修工程只是展陈工程的一部分，展陈工程还包括展品陈列、灯光设计、多媒体互动安全设计、标识系统等多项内容。上述内容涉及属于依法必须招标内容的通常只有装修工程，对于包含装修工程的展陈工程，如果是与新建有关的，达到工程招标限额标准的就属于依法必须进行招标的项目，例如，新建博物馆、商业综合体、企业办公楼时，展陈工程与建筑主体同步设计、同步施工。如果是在建筑竣工验收后的展陈工程，则不属于依法必须进行招标的项目。

【法律依据】

1)《中华人民共和国招标投标法》

第三条　在中华人民共和国境内进行下列工程建设项目包括项目的勘察、设计、施工、监理以及与工程建设有关的重要设备、材料等的采购，必须进行招标：

（一）大型基础设施、公用事业等关系社会公共利益、公众安全的项目；

（二）全部或者部分使用国有资金投资或者国家融资的项目；

（三）使用国际组织或者外国政府贷款、援助资金的项目。

前款所列项目的具体范围和规模标准，由国务院发展计划部门会同国务院有关部门制订，报国务院批准。

法律或者国务院对必须进行招标的其他项目的范围有规定的，依照其规定。

2)《中华人民共和国招标投标法实施条例》

第二条　招标投标法第三条所称工程建设项目，是指工程以及与工程建设有关的货物和服务。

前款所称工程，是指建设工程，包括建筑物和构筑物的新建、改建、扩建及其相关的装修、拆除、修缮等；所称与工程建设有关的货物，是指构成工程不可分割的组成部分，且为实现工程基本功能所必需的设备、材料等；所称与工程建设有关的服务，是指为完成工程所需的勘察、设计、监理等服务。

13. 国有企业是否可以直接采购招标限额标准以下的项目？

国有企业是否可以直接采购招标限额标准以下的项目，需结合法律法规、企业类型、项目性质、企业内部制度综合判断。

【问题分析】

《招标投标法》及《必须招标的工程项目规定》均规定了必须招标的工程建设项目的限额，低于招标限额的工程建设项目以及非工程类项目采购（货物、服务），国有企业可依法不进行招标，但是否可以直接采购，要结合企业类型和项目性质等综合判断。按照企业类型划分，国有企业主要分为国企和央企，还有一类比较特殊的是国有金融企业。《国有企业、上市公司选聘会计师事务所管理办法》规定了国有企业选聘会计师事务所应当采用竞争性谈判、公开招标、邀请招标以及其他能够充分了解会计师事务所胜任能力的选聘方式；《关于优化中央企业资产评估管理有关事项的通知》规定中央企业应当通过公开招标、邀请招标、竞争性谈判等方式在本集团评估机构备选库内择优选聘评估机构执业重大资产评估项目；《关于规范中央企业采购管理工作的指导意见》规定了非依法必须进行招标的项目，中央企业除自愿采取招标方式外，应当选择询比采购、竞价采购、谈判采购、直接采购等四种方式之一进行，并对直接采购方式进行了严格的限制。《国有金融企业集中采购管理暂行规定》规定国有金融企业集中采购可以采用公开招标、邀请招标、竞争性谈判、竞争性磋商、单一来源采购、询价，以及有关管理部门认定的其他采购方式。

此外，关于国有企业大宗原辅材料或商品物资的采购和固定资产的购建，国家也有相关的政策要求，《企业国有资本与财务管理暂行办法》规定企业大宗原辅材料或商品物资的采购、固定资产的购建一般应当采取招标方式进行。

需要提醒的是，国有企业应谨慎选择直接采购方式，在符合国家法律法规和地方政策要求的前提下，国有企业仍需遵守企业内部采购管理制度的规定，许多国有企业会制定更严格的采购标准，例如，规定50万元以上需进行招标，或采用询比、谈判等非招标方式。若企业内部采购制度未明确招标限额以下项目的采购方式，应按公开透明、公平公正原则选择合理的采购方式。

【法律依据】

1)《国有企业、上市公司选聘会计师事务所管理办法》

第六条　国有企业、上市公司选聘会计师事务所应当采用竞争性谈判、公开招标、邀请招标以及其他能够充分了解会计师事务所胜任能力的选聘方式，保障选聘工作公平、公正进行。

2)《关于优化中央企业资产评估管理有关事项的通知》

一、加强重大资产评估项目管理

（三）中央企业应当通过公开招标、邀请招标、竞争性谈判等方式在本集团评估机构备选库内择优选聘评估机构执业重大资产评估项目。

3)《关于规范中央企业采购管理工作的指导意见》

二、合理选择采购方式

对于《中华人民共和国招标投标法》《中华人民共和国招标投标法实施条例》《工程建设项目施工招标投标办法》等明确规定必须采取招标方式采购的项目，中央企业应当严格执行。对于不属于工程建设项目的采购活动，未达到《必须招标的工程项目规定》（国家发展改革委令2018年第16号）所规定的招标规模标准的工程建设采购项目，以及国家招标投标相关法律法规明确可以不进行招标的项目，中央企业除自愿采取招标方式外，应当选择下列四种方式之一进行。

（一）询比采购。

询比采购是指由3个及以上符合资格条件的供应商一次报出不得更改的价格，经评审确定成交供应商的采购方式。

适用条件为同时满足以下三种情形：一是采购人能够清晰、准确、完整地提出采购需求；二是采购标的物的技术和质量标准化程度较高；三是市场资源较丰富、竞争充分，潜在供应商不少于3家。

（二）竞价采购。

竞价采购是指由3个及以上符合资格条件的供应商在规定时间内多轮次公开竞争报价，按照最终报价确定成交供应商的采购方式。

适用条件为同时满足以下四种情形：一是采购人能够清晰、准确、完整地提出采购需求；二是采购标的物的技术和质量标准化程度较高；三是采购标的物以价格竞争为主；四是市场资源较丰富、竞争充分，潜在供应商不少于3家。

（三）谈判采购。

谈判采购是指同时与2个及以上符合资格条件的供应商分别进行一轮或多轮谈判，经评审确定成交供应商的竞争采购方式。

适用条件为满足以下情形之一：一是采购标的物技术复杂或性质特殊，采购方不能准确提出采购需求，需与供应商谈判后研究确定；二是采购需求明确，但有多种实施方案可供选择，采购人需通过与供应商谈判确定实施方案；三是市场供应资源缺乏，符合资格条件供应商只有2家；四是采购由供需双方以联合研发、共担风险模式形成的原创性商品或服务。

（四）直接采购。

直接采购是指与特定的供应商进行一轮或多轮商议，根据商议情况确定成交供应商的非竞争采购方式。

适用条件为满足以下情形之一：一是涉及国家秘密、国家安全或企业重大商业秘密，不适宜竞争性采购；二是因抢险救灾、事故抢修等不可预见的特殊情况需要紧急采购；三是需采用不可替代的专利或者专有技术；四是需向原供应商采购，否则将影响施工或者功能配套要求；五是有效供应商有且仅有1家；六是为保障重点战略物资稳定供应，需签订长期协议定向采购；七是国家有关部门文件明确的其他情形。

此外，对于围绕核心主业需集团内相关企业提供必要配套产品或服务的情形，如确需采用直接采购方式，应当由集团总部采取有效措施，加强集中管理，采购人分级履行决策程序后报上级企业备案。

4）《国有金融企业集中采购管理暂行规定》

第十八条 国有金融企业集中采购可以采用公开招标、邀请招标、竞争性谈判、竞争性磋商、单一来源采购、询价，以及有关管理部门认定的其他采购方式。

5）《企业国有资本与财务管理暂行办法》

第十八条第二款 企业大宗原辅材料或商品物资的采购、固定资产的购建和工程建设一般应当按照公开、公正、公平的原则，采取招标方式进行。

14. 如何理解《必须招标的工程项目规定》中的"单项合同估算价"？

《必须招标的工程项目规定》中提到的"单项合同估算价"是判断某一具体工程建设项目是否属于依法必须进行招标的项目的重要指标。在工程建设项目中，单项合同估算价是指针对某一独立内容（如施工、货物、服务）按照一定的标准和方法确定的合同预估金额。

【问题分析】

关于如何理解"单项合同估算价"这一概念，国家发展改革委曾在其官方网站对这一内容进行了解答，《必须招标的工程项目规定》中的"单项合同估算价"，指的是采购人根据初步设计概算、有关计价规定和市场价格水平等因素合理估算的项目合同金额。在没有计价规定情况下，采购人可以根据初步设计概算的工程量，按照市场价格水平合理估算项目合同金额。

但值得注意的是，如果测算出的合同估算价接近招标限额，采购人应慎重选择采购方式及采购程序，确保价格估算的方法合理、程序合规，能够证明在主观上没有故意规避招标的意图。

在实践中，采用审批制和核准制的工程建设项目，若项目批复中核准的招标方式为"公开招标"，招标人应当严格按照核准意见执行相关招标工作。建议招标人在项目批复前，作好充分的项目前期论证、市场调研等各项准备工作，若项目估算金额未达到依法必须进行招标的项目规模时，立项申请时可以不勾选"公开招标"选项，并及时与项目审批、核准部门沟通。对于采用备案制的工程建设项目，招标人应结合本单位历史折扣水平、采购经验，科学、合理地计算单项合同估算价，并遵循相关规定和市场实际情况，切勿随意调整折扣水平，以免在后期项目检查过程中引发审计风险。

【法律依据】

《必须招标的工程项目规定》

第五条 本规定第二条至第四条规定范围内的项目，其勘察、设计、施工、监理以及与工程建设有关的重要设备、材料等的采购达到下列标准之一的，必须招标：

（一）施工单项合同估算价在400万元人民币以上；

（二）重要设备、材料等货物的采购，单项合同估算价在200万元人民币以上；

（三）勘察、设计、监理等服务的采购，单项合同估算价在100万元人民币以上。

同一项目中可以合并进行的勘察、设计、施工、监理以及与工程建设有关的重要设备、材料等的采购，合同估算价合计达到前款规定标准的，必须招标。

15.如何理解《注册建造师执业工程规模标准》中的"其他一般房屋建筑工程"？

根据《注册建造师执业工程规模标准》，"其他一般房屋建筑工程"是指除工业、民用与公共建筑工程，以及住宅小区或建筑群体工程之外的一般房屋建筑工程。

【问题分析】

根据《注册建造师执业工程规模标准》，一般房屋建筑工程包括"工业、民用与公共建筑工程""住宅小区或建筑群体工程""其他一般房屋建筑工程"三个类别。工业建筑是指直接用于生产或为生产配套的各种房屋和各种工业构筑物，包括各种行业所需要的车间、仓库、辅助附属设施。按工业建筑用途划分为生产厂房、生产辅助厂房、动力用厂房、储存用建筑、运输用建筑和其他建筑；民用建筑是供人们居住和进行各种公共活动的建筑的总称，按民用建筑用途划分为居住建筑和公共建筑；而公共建筑分为教育类建筑、办公科研类建筑、商业服务类建筑、公众活动类建筑、交通类建筑、医疗类建筑、社会民生服务类建筑和综合类建筑。

"其他一般房屋建筑工程"通常指那些不属于工业、民用与公共建筑工程，以及住宅小区或建筑群体工程的一般房屋建筑，主要包括小型独立商业建筑（如小型商场、便利店、社区超市等），特殊用途建筑（如小型博物馆、展览馆、艺术馆等文化类建筑，以及小型体育馆、健身房、游泳馆等体育设施），社区服务设施（如社区活动中心、养老院、托儿所、社区卫生站等），小型办公楼（如独立的小型办公楼、企业自用的办公建筑），小型教育设施（如小型培训中心、私立学校、幼儿园等），小型旅游设施（如小型度假村、民宿、游客中心等），小型宗教建筑（如小型的寺庙、教堂、祠堂等），其他独立建筑（如小型仓库、物流中心、独立车库等）。这些建筑通常有一些共同特点，规模较小，功能相对单一，不包含在大型建筑群体中，且合同金额符合"其他一般房屋建筑工程"的划分标准（大型≥3000万元，中型300～3000万元，小型<300万元）。具体分类还需结合项目的实际用途和规模进行判断。

在实践中，按照《注册建造师执业工程规模标准》判断建造师的级别时，应按照建设工程的类别、用途和规模进行综合判断，切不可盲目生搬硬套，随意选择以"单项工程合同额"指标作为判断工程规模的标准。这种做法可能会间接提高建造师资格等级，涉嫌以不合理条件排斥、限制潜在投标人。

【法律依据】

1）《注册建造师执业工程规模标准》

注册建造师执业工程规模标准

（房屋建筑工程）

序号	工程类别	项目名称	单位	规　模			备　注
				大型	中型	小型	
1	一般房屋建筑工程	工业、民用与公共建筑工程	层	≥25	5～25	<5	建筑物层数
			米	≥100	15～100	<15	建筑物高度
			米	≥30	15～30	<15	单跨跨度
			平方米	≥30000	3000～30000	<3000	单体建筑面积
		住宅小区或建筑群体工程	平方米	≥100000	3000～100000	<3000	建筑群建筑面积
		其他一般房屋建筑工程	万元	≥3000	300～3000	<300	单项工程合同额

注：1.大中型工程项目负责人必须由本专业注册建造师担任。

2.一级注册建造师可担任大中小型工程项目负责人，二级注册建造师可担任中小型工程项目负责人。

2）《建设工程分类标准》

3 建筑工程

3.1 一般规定

3.1.1 建筑工程按照使用性质可分为民用建筑工程、工业建筑工程、构筑物工程及其他建筑工程等。

3.1.2 建筑工程按照组成结构可分为地基与基础工程、主体结构工程、建筑屋面工程、建筑装饰装修工程和室外建筑工程。

3.1.3 建筑工程按照空间位置可分为地下工程、地上工程、水下工程、水上工程等。

3.2 民用建筑工程

3.2.1 民用建筑工程按用途可分为居住建筑、办公建筑、旅馆酒店建筑、商业建筑、居民服务建筑、文化建筑、教育建筑、体育建筑、卫生建筑、科研建筑、交通建筑、人防建筑、广播电影电视建筑等。

3.2.2 居住建筑按使用功能可分为别墅、公寓、普通住宅、集体宿舍等，按照地上层数和高度分为低层建筑、多层建筑、中高层建筑、高层建筑和超高层建筑。

3.2.3 办公建筑按地上层数和高度可分为单层建筑、多层建筑、高层建筑、超高层建筑。

3.2.4 旅馆酒店建筑可分为旅游饭店、普通旅馆、招待所等。

3.2.5 商业建筑按照用途可分为百货商场、综合商厦、购物中心、会展中心、超市、菜市场、专业商店等，按其建筑面积划分可分为大型商业建筑、中型商业建筑和小型商业建筑。

3.2.6 居民服务建筑可分为餐饮用房屋，银行营业和证券营业用房屋，电信及计算机服务用房屋，邮政用房屋，居住小区的会所，以及洗染店、洗浴室、理发美容店、家电维修、殡仪馆等生活服务用房屋。

3.2.7 文化建筑可分为文艺演出用房、艺术展览用房、图书馆、纪念馆、档案馆、博物馆、文化宫、游乐场馆、电影院（含影城）、宗教寺院，以及舞厅、歌厅、游艺厅等用房。文化建筑按其建筑面积可分为大型文化建筑、中型文化建筑和小型文化建筑。

3.2.8 教育建筑可分为各类学校的教学楼、图书馆、试验室、体育馆、展览馆等教育用房。

3.2.9 体育建筑可分为体育馆、体育场、游泳馆、跳水馆等。体育场按照规模可分为特大型、大型、中型、小型。

3.2.10 卫生建筑可分为各类医疗机构的病房、医技楼、门诊部、保健站、卫生所、化验室、药房、病案室、太平间等房屋。

3.2.11 交通建筑可分为机场航站楼，机场指挥塔，交通枢纽，停车楼，高速公路服务区用房，汽车、铁路和城市轨道交通车站的站房，港口码头建筑等工程。

3.2.12 广播电影电视建筑可分为广播电台、电视台、发射台（站）、地球站、监测台（站）、广播电视节目监管建筑、有线电视网络中心、综合发射塔（含机房、塔座、塔楼等）等工程。

3.3 工业建筑工程

3.3.1 工业建筑工程可分为厂房（机房、车间）、仓库、辅助附属设施等。

3.3.2 仓库按用途划分可分为各行业企事业单位的成品库、原材料库、物资储备库、冷藏库等。

3.3.3 厂房（机房）包括各行业工矿企业用于生产的工业厂房和机房等，按照高度和层数可分为单层厂房、多层厂房和高层厂房，按照跨度可分为大型厂房、中型厂房、小型厂房。

3）《民用建筑设计统一标准》

3.1 民用建筑分类

3.1.1 民用建筑按使用功能可分为居住建筑和公共建筑两大类。其中，居住建筑可分为住宅建筑和宿舍建筑。

4）《民用建筑通用规范起草说明》

2.1.4 本条对公共建筑提出基本功能的目标要求，除了要满足各类活动所需空间及使用、交通、人员的集散的最基本要求外，还应满足本规范其他章节的相关要求。公共建筑包含教育、办公科研、商业服务、公众活动、交通、医疗、社会民生服务等场所。

教育类建筑是指供基础、技能及素质教育的教学场所。

办公科研类建筑是指供机关、团体和企事业单位办理行政事务和从事商谈、接洽、处理、服务性交易等业务活动的场所。

商业服务类建筑是指供人们进行商业活动、娱乐、休憩、餐饮、消费、日常服务的场所。

公众活动类建筑是指供休闲、运动、参观、观演、集会、社交、宗教信徒聚会的场所。

交通类建筑是指供旅客等候和运输、交通工具停放、交通管理的场所。

医疗类建筑是指对疾病进行诊断、治疗与护理，承担公共卫生的预防与保健，从事医学教学与科学研究的场所。

社会民生服务类建筑是指社会民生服务场所。

综合类是指不同业态共处一个场所。

16. 如何理解"废标""投标无效""否决投标"?

在实际工作中，"废标""投标无效""否决投标"经常被混淆，不加以区分地使用，但从法律规定来看，"废标""投标无效""否决投标"并不是同一概念，三者在概念及适用情形等方面均存在区别。

【问题分析】

国家发展改革委等部门联合颁布《关于废止和修改部分招标投标规章和规范性文件的决定》之前，《招标投标法》和《政府采购法》中均出现了"废标"这一概念，但两者"废标"的内涵完全不同。《政府采购法》中的废标是指整个招标采购活动无效并被终止。《招标投标法》中的废标是指在评标阶段，某一份特定的投标文件因不符合招标文件的实质性要求而被评标委员会判定为不合格，失去了参加下一阶段评审或被推荐为中标候选人的资格，但不会影响其他投标人和整个招标投标活动的进行。《关于废止和修改部分招标投标规章和规范性文件的决定》颁布以后，"废标"一词就为《政府采购法》体系所独有，在《招标投标法》体系中用"否决投标"替代了"废标"的说法。

"投标无效"与"否决投标"都是《招标投标法》及《招标投标法实施条例》中的立法用语，"投标无效"是法律法规对投标行为效力的判断，而"否决投标"主要是评标委员会根据法律法规和招标文件的规定，对投标文件的评价和处理。

导致投标无效的主要原因是违反法律法规及招标文件的禁止性规定，如单位负责人为同一人或者存在控股、管理关系的不同单位参加同一标段投标、投标人相互串通投标、投标人以他人名义投标或者以其他方式弄虚作假。投标被确认无效时，在评标过程中，相关投标应当被否决；在中标候选人公示阶段，应当取消其中标资格；已发出中标通知书的，中标无效。

因此，在编制招标文件的过程中，应注意区分上述三个概念的差异，规范表述，避免在工程建设项目招标文件中出现"废标"的说法。

需要说明的是，实践中经常有"流标"的提法，意指在招标过程中，有效投标人不足三家导致所有投标被否决，或其他原因导致招标失败，无法确定中标人。但严格来说，《招标投标法》体系和《政府采购法》体系均未明确使用"流标"这一术语，流标更多是招标投标行业的习惯说法。

【法律依据】

1)《中华人民共和国政府采购法》

第三十六条　在招标采购中，出现下列情形之一的，应予废标：

（一）符合专业条件的供应商或者对招标文件作实质响应的供应商不足三家的；

（二）出现影响采购公正的违法、违规行为的；

（三）投标人的报价均超过了采购预算，采购人不能支付的；

（四）因重大变故，采购任务取消的。

废标后，采购人应当将废标理由通知所有投标人。

第三十七条　废标后，除采购任务取消情形外，应当重新组织招标；需要采取其他方式采购的，应当在采购活动开始前获得设区的市、自治州以上人民政府采购监督管理部门或者政府有关部门批准。

2)《关于废止和修改部分招标投标规章和规范性文件的决定》

四、对《评标委员会和评标方法暂行规定》（国家发展计划委员会、国家经济贸易委员会、建设部、铁道部、交通部、信息产业部、水利部令第12号）作出修改

43.将第二十条中的"该投标人的投标应作废标处理"修改为"应当否决该投标人的投标"。

44.将第二十一条中的"其投标应作废标处理"修改为"应当否决其投标"。

45.将第二十三条中的"应作废标处理"修改为"应当予以否决"。

46.将第二十五条第二款中的"废标"修改为"否决投标"。

3)《中华人民共和国招标投标法实施条例》

第三十四条　与招标人存在利害关系可能影响招标公正性的法人、其他组织或者个人，不得参加投标。

单位负责人为同一人或者存在控股、管理关系的不同单位，不得参加同一标段

投标或者未划分标段的同一招标项目投标。

违反前两款规定的，相关投标均无效。

第三十七条　招标人应当在资格预审公告、招标公告或者投标邀请书中载明是否接受联合体投标。

招标人接受联合体投标并进行资格预审的，联合体应当在提交资格预审申请文件前组成。资格预审后联合体增减、更换成员的，其投标无效。

联合体各方在同一招标项目中以自己名义单独投标或者参加其他联合体投标的，相关投标均无效。

第三十八条　投标人发生合并、分立、破产等重大变化的，应当及时书面告知招标人。投标人不再具备资格预审文件、招标文件规定的资格条件或者其投标影响招标公正性的，其投标无效。

第五十一条　有下列情形之一的，评标委员会应当否决其投标：

（一）投标文件未经投标单位盖章和单位负责人签字；

（二）投标联合体没有提交共同投标协议；

（三）投标人不符合国家或者招标文件规定的资格条件；

（四）同一投标人提交两个以上不同的投标文件或者投标报价，但招标文件要求提交备选投标的除外；

（五）投标报价低于成本或者高于招标文件设定的最高投标限价；

（六）投标文件没有对招标文件的实质性要求和条件作出响应；

（七）投标人有串通投标、弄虚作假、行贿等违法行为。

17. 代建制政府采购工程的招标是否需要执行政府采购政策？

政府采购工程的属性不因项目建设管理方式的变化而改变，采用代建制的政府采购工程进行招标投标的，代建单位仅是受项目单位委托作为采购执行机构，代表项目单位履行政府采购相关程序，因此，在实际操作中宜执行政府采购政策，地方有规定的从其规定。

【问题分析】

代建制是指政府通过招标或委托方式，选择专业化的项目管理单位负责政府投资项目建设的组织实施，并承担控制项目投资、质量、工期和施工安全等责任，项目竣工验收后移交使用单位的项目建设管理制度。2004年7月，由国务院发布的《国务院关于投资体制改革的决定》将其制度化，并明确了对非经营性政府投资项目要加快推行代建制。同年9月，财政部出台了《关于加强政府投资项目代建制财政财务管理有关问题的指导意见》，对实行代建制后有关预算申报、编制和下达，以及建设资金拨付和监督检查等作了明确规定。此后，全国多省、市也陆续出台了各项规定以确保代建制的推行。代建单位的具体职责、权限由项目单位委托，按照代建合同约定代行项目单位的职责。在实践中，采用代建制的政府采购工程一般授权代建单位组织开展工程招标、合同签订和工程施工全过程管理工作。在此情况下，由代建单位作为招标人，在实际工作中需执行政府采购政策，主要有以下几方面原因。

第一，代建制的项目单位是国家机关、事业单位或团体组织，项目使用的资金是财政性资金，采购的对象是工程。即使代建单位不符合《政府采购法》中关于采购主体的定义，但是委托代建后，代建单位受项目单位委托，作为采购执行机构，项目单位的法律主体责任未因委托代建关系发生转移。

第二，采用代建制的政府采购工程项目仍需按政府采购的相关规定执行。《政府采购法》规范的是政府采购的全过程，包括预算编制、计划制定、采购方式确定、合同签订、资金支付、合同验收等多个环节，而招标采购是其中的一个环节，不因招标人身份的变化改变政府采购工程的实质。财政部天津监管局在其网站上明确提出，代建制应受政府采购法律和相关制度的约束，不能以"代建制"为借口规避政府采购的法律约束。各地也陆续出台了一些规范政府投资代建制项目的相关文件，例如，山东省财政厅印发的《关于规范代建制项目政府采购行为的通知》中规定，代建制项目属于政府采购范畴，应当编制政府采购预算，执行政府采购相关规定；南宁市财政局发布的《关于规范我市政府投资代建制项目政府采购有关问题的通知》指出，政府投资项目业主为国家机关、事业单位和团体组织且通过代建方式采购依法制定的集中采购目录以内的或者采购限额标准以上的货物、工程和服务的项目，属政府采购监管范畴，应按照政府采购规定进行采购。

第三，《政府采购法实施条例》第七条规定了政府采购工程以及与工程建设有关的货物、服务，应当执行政府采购政策，《招标投标法实施条例》第四条规定了财政部门依法对实行招标投标的政府采购工程建设项目的政府采购政策执行情况实施监督。《政府采购法》第九条规定了政府采购应当有助于实现国家的经济和社会发展政策目标，包括保护环境，扶持不发达地区和少数民族地区，促进中小企业发展等。根据这一规定，国务院及其有关部门在其制定的文件中，将广泛运用政府采购政策，支持中小企业、节能环保、民族地区的发展。

【法律依据】

1)《关于投资体制改革的决定》

第三条第（五）项 完善政府投资体制，规范政府投资行为

（五）加强政府投资项目管理，改进建设实施方式。规范政府投资项目的建设标准，并根据情况变化及时修订完善。按项目建设进度下达投资资金计划。加强政府投资项目的中介服务管理，对咨询评估、招标代理等中介机构实行资质管理，提高中介服务质量。对非经营性政府投资项目加快推行"代建制"，即通过招标等方式，选择专业化的项目管理单位负责建设实施，严格控制项目投资、质量和工期，竣工验收后移交给使用单位。增强投资风险意识，建立和完善政府投资项目的风险管理机制。

2)《中华人民共和国政府采购法》

第二条 在中华人民共和国境内进行的政府采购适用本法。

本法所称政府采购，是指各级国家机关、事业单位和团体组织，使用财政性资金采购依法制定的集中采购目录以内的或者采购限额标准以上的货物、工程和服务的行为。

第九条 政府采购应当有助于实现国家的经济和社会发展政策目标，包括保护环境，扶持不发达地区和少数民族地区，促进中小企业发展等。

3)《中华人民共和国政府采购法实施条例》

第七条 政府采购工程以及与工程建设有关的货物、服务，采用招标方式采购的，适用《中华人民共和国招标投标法》及其实施条例；采用其他方式采购的，适用政府采购法及本条例。

前款所称工程，是指建设工程，包括建筑物和构筑物的新建、改建、扩建及其相关的装修、拆除、修缮等；所称与工程建设有关的货物，是指构成工程不可分割的组成部分，且为实现工程基本功能所必需的设备、材料等；所称与工程建设有关的服务，是指为完成工程所需的勘察、设计、监理等服务。

政府采购工程以及与工程建设有关的货物、服务，应当执行政府采购政策。

4)《中华人民共和国招标投标法实施条例》

第四条第三款 财政部门依法对实行招标投标的政府采购工程建设项目的政府采购政策执行情况实施监督。

18. 工程代建和项目管理有何区别?

工程代建制和项目管理是两种常见的工程建设项目组织实施方式,在工程建设中都涉及工程的管理,但它们在角色定位、服务范围、服务对象、合同关系、权力责任等方面存在显著区别。

【问题分析】

从角色定位上来看,工程代建制的代建方作为项目单位的代理人,代表项目单位行使管理职责;项目管理的项目经理或项目管理团队作为执行者,负责协调和管理项目。

从服务范围上来看,工程代建涵盖项目全生命周期,从策划、可研、设计、施工到竣工验收交付等全部工作;项目管理可能只涉及项目某一个或几个阶段,如设计阶段管理、施工阶段管理等。

从服务对象上来看,工程代建主要服务于项目单位;项目管理可服务于项目单位、承包单位、设计单位等。

从合同关系上来看,工程代建的代建方与项目单位签订代建合同,以自己名义与勘察、设计、施工等单位签订合同;项目管理的项目管理企业与项目单位签订管理合同,通常以项目单位名义进行管理,一般不直接与勘察、设计、施工等单位签订合同。

从权力责任上来看,工程代建在合同约定范围内,可代表项目单位决策和管理,对项目的质量、进度、成本等负直接管理责任;项目管理主要负责协调、监督和报告,对项目的执行负责,但最终决策权在项目单位。

需要强调的是,目前国家层面对工程代建单位没有统一的资质要求,但部分地区或行业对代建单位有特定的资质和要求,例如,《上海市市级建设财力项目代理建设管理办法》规定,代建单位应具有工程咨询资信、工程设计资格、工程监理资格之一；《湖北省人民政府关于进一步推进非经营性政府投资工程项目实施"代建制"的通知》规定，参与政府投资工程代建的中介组织必须是具有甲级建设工程监理、一级以上（含一级）施工总承包、甲级设计资质之一的专业化项目管理单位，同时规定也可以委托经各级人民政府批准设立的政府投资工程代建机构作为代建单位；《湖南省政府投资项目代建制管理办法》规定代建单位应具有工程咨询甲级、工程设计甲级、工程监理甲级、施工总承包一级、房地产开发一级中的一项或者多项资质（资信）；《公路建设项目代建管理办法》对公路项目的代建单位从组织机构、管理制度、业绩、人员等方面均提出了明确要求；《关于水利工程建设项目代建制管理的指导意见》规定，水利工程的代建单位应具有满足代建项目规模等级要求的水利工程勘测设计、咨询、施工总承包一项或多项资质以及相应的业绩，或者是由政府专门设立（或授权）的水利工程建设管理机构并具有同等规模等级项目的建设管理业绩，或者是承担过大型水利工程项目法人职责的单位。项目管理单位在国家法律层面也没有统一的资质要求，2004年建设部颁发的《建设工程项目管理试行办法》规定，项目管理企业应当具有工程勘察、设计、施工、监理、造价咨询、招标代理等一项或多项资质。对于没有资质要求的市场化代建项目，项目单位可能会更关注代建单位的业绩和经验，而非特定资质。

需要说明的是，上述所指的代建制与商业代建不同，上述代建制是指政府通过招标等方式，选择具有相应经验和能力的项目管理单位（代建单位），负责政府投资项目的组织实施和投资管理工作，项目建成后交付项目（法人）单位的制度，其收益主要是按项目投资额或固定比例收取的代建管理费，相对较为稳定，但利润率可能较低；而商业代建是一种房地产开发模式，指拥有土地和资金的委托方发起项目，由具备项目开发经验的代建方承接，代建方为委托方提供项目开发专业服务。商业代建除工程建设管理外，还包括项目的前期定位、市场调研、营销策划、品牌推广、销售代理以及后期的运营管理等全方位服务，以提升项目的市场竞争力和商业价值，其营利来源更为多样，除基本代建管理费外，还包括根据项目销售业绩提取的销售佣金、品牌授权费及项目运营收益的分成等，利润空间相对较大。

【法律依据】

1)《建设工程项目管理试行办法》

第三条　项目管理企业应当具有工程勘察、设计、施工、监理、造价咨询、招标代理等一项或多项资质。

工程勘察、设计、施工、监理、造价咨询、招标代理等企业可以在本企业资质以外申请其他资质。企业申请资质时，其原有工程业绩、技术人员、管理人员、注册资金和办公场所等资质条件可合并考核。

2)《公路建设项目代建管理办法》

第八条　高速公路、一级公路及独立桥梁、隧道建设项目的项目法人，需要委托代建时，应当选择满足以下要求的项目管理单位为代建单位：

（一）具有法人资格，有满足公路工程项目建设需要的组织机构和质量、安全、环境保护等方面的管理制度；

（二）承担过5个以上高速公路、一级公路或者独立桥梁、隧道工程的建设项目管理相关工作，具有良好的履约评价和市场信誉；

（三）拥有专业齐全、结构合理的专业技术人才队伍，工程技术系列中级以上职称人员不少于50人，其中具有高级职称人员不少于15人。

高速公路、一级公路及独立桥梁、隧道以外的其他公路建设项目，其代建单位的选择，可由省级交通运输主管部门根据本地区的实际进行规范。

项目法人选择代建单位时，应当从符合要求的代建单位中，优先选择业绩和信用良好、管理能力强的代建单位。

省级交通运输主管部门可以根据本地公路建设的具体需要，细化代建单位的要求。鼓励符合代建条件的公路建设管理单位及公路工程监理企业、勘察设计企业进入代建市场，开展代建工作。

3)《关于水利工程建设项目代建制管理的指导意见》

第（六）条第2项　代建单位应具备以下条件：

2.具有满足代建项目规模等级要求的水利工程勘测设计、咨询、施工总承包一项或多项资质以及相应的业绩；或者是由政府专门设立（或授权）的水利工程建设管理机构并具有同等规模等级项目的建设管理业绩；或者是承担过大型水利工程项目法人职责的单位。

19. 标底和最高投标限价有何区别？

标底与最高投标限价是招标投标活动中两个不同的价格概念。二者在功能、保密性和法律效力方面存在显著差异，在招标投标活动中扮演着不同角色。

【问题分析】

标底是招标人组织专业人员，按照招标文件规定的招标范围，结合有关规定、市场要素价格水平以及合理可行的技术经济方案，综合考虑市场供求状况，进行科学测算的预期价格；最高投标限价是招标人根据招标文件规定的招标范围，结合有关规定、投资计划、市场要素价格水平以及合理可行的技术经济实施方案，通过科学测算并在招标文件中公布的可以接受的最高投标价格或最高投标价格的计算方法。二者在功能、保密性和法律效力方面存在以下区别。

（1）功能不同。标底作为招标人编制的项目预期成本或合理价格，其主要作用是在评标环节辅助评标委员会衡量投标报价的合理性，判断报价是否偏离合理范围；最高投标限价是在招标文件中明确公布的投标报价上限，旨在防止投标人的投标价格过高，从而保护招标人的利益。

（2）保密性不同。招标项目设有标底的，招标人应当在开标时公布标底。在开标时间之前，标底必须保密，防止投标人获取标底后恶意操纵投标价格，影响公平竞争；招标人设有最高投标限价的，应当在招标文件中明确最高投标限价或者最高投标限价的计算方法，让所有潜在投标人知晓，以确保投标报价在招标人可接受范围内。

（3）法律效力不同。标底仅作为评标参考，不能以投标报价是否接近标底作为中标条件，也不能以投标报价超过标底上下浮动范围作为否决投标的条件；最高投标限价对投标报价具有强制约束力，投标人的报价一旦超过最高投标限价，其投标将被否决。

标底和最高投标限价均必须依据招标文件确定的内容和范围，以及与投标报价相同的清单进行编制，两者都具有难以避免和不同程度的风险，编制工作的失误都将影响评标和中标结果，特别是最高投标限价编制失误甚至会导致招标失败和难以挽回的损失。

当项目设有标底时，一方面，评标委员会可以将投标报价与标底进行对比，作为衡量投标单位的投标报价合理性的参考；另一方面，标底可以作为判断投标报价是否低于成本的参考依据，如果投标报价明显低于标底，且投标人无法提供合理的解释，评标委员会可以认为该投标报价可能低于成本，从而予以否决。

不同行业在评标时对标底的使用方式各有差异。例如，在水利工程建设施工招标项目中设有标底的，可采用的评标标底包括：①招标人组织编制的标底A；②以全部或部分投标人报价的平均值作为标底B；③以标底A和标底B的加权平均值作为标底；④以标底A值作为确定有效标的标准，以进入有效标内投标人的报价平均值作为标底。

若招标项目中采用上述第③种方式作为评标标底，即是复合标底评标法。这种办法融合了招标人编制的标底与投标人报价信息，是一种通过特定计算方式得出复合标底，并以此为基准对投标人报价进行评审的评标方法，适用于各类规模较大、技术较为复杂，且对成本和质量要求都较为严格的工程项目。例如，城市轨道交通建设项目涉及多个专业领域和大量施工内容，常采用这种办法，可兼顾招标人对成本的把控和投标人之间的合理竞争，选出综合实力最强的中标单位。

复合标底评标法的优点：一是可以较好地实现价格合理性与竞争性的有机结合。评标标底由招标人编制的标底和投标报价组合产生，标底代表了价格的合理性，减少了招标人不顾成本盲目压价的现象，同时，采用投标报价兼顾了投标人的实际情况和利益，是价格合理性的又一体现，各投标人根据拟建工程的具体情况，结合自身的施工技术和经营管理水平，加强成本核算，自主报价，鼓励了合理竞争。二是有利于营造公开、公平、公正的竞争环境。采用复合标底使得投标报价的不确定性增大，降低了投标人串通投标报价的作用甚至使得串通失效，有利于减少这类不法行为。

标底的使用需严格遵循"保密性、参考性、程序合规性"三大原则，其核心价值在于辅助评标委员会科学决策，而非替代市场竞争机制。在使用标底时，招标人必须严格遵循相关法律法规和操作规范，使标底在招标投标活动中发挥应有的作用，维护招标投标市场的良好秩序。

【法律依据】

1)《中华人民共和国招标投标法》

第四十条第一款　评标委员会应当按照招标文件确定的评标标准和方法，对投标文件进行评审和比较；设有标底的，应当参考标底。评标委员会完成评标后，应当向招标人提出书面评标报告，并推荐合格的中标候选人。

2)《中华人民共和国招标投标法实施条例》

第二十七条　招标人可以自行决定是否编制标底。一个招标项目只能有一个标底。标底必须保密。

接受委托编制标底的中介机构不得参加受托编制标底项目的投标，也不得为该项目的投标人编制投标文件或者提供咨询。

招标人设有最高投标限价的，应当在招标文件中明确最高投标限价或者最高投标限价的计算方法。招标人不得规定最低投标限价。

第五十条　招标项目设有标底的，招标人应当在开标时公布。标底只能作为评标的参考，不得以投标报价是否接近标底作为中标条件，也不得以投标报价超过标底上下浮动范围作为否决投标的条件。

3)《工程建设项目施工招标投标办法》

第三十四条　招标人可根据项目特点决定是否编制标底。编制标底的，标底编制过程和标底在开标前必须保密。

招标项目编制标底的，应根据批准的初步设计、投资概算，依据有关计价办法，参照有关工程定额，结合市场供求状况，综合考虑投资、工期和质量等方面的因素合理确定。

标底由招标人自行编制或委托中介机构编制。一个工程只能编制一个标底。

任何单位和个人不得强制招标人编制或报审标底，或干预其确定标底。

招标项目可以不设标底，进行无标底招标。

招标人设有最高投标限价的，应当在招标文件中明确最高投标限价或者最高投标限价的计算方法。招标人不得规定最低投标限价。

第五十五条　招标人设有标底的，标底在评标中应当作为参考，但不得作为评标的唯一依据。

4）《水利工程建设项目招标投标管理规定》

第三十六条　施工招标设有标底的，评标标底可采用：

（一）招标人组织编制的标底 A；

（二）以全部或部分投标人报价的平均值作为标底 B；

（三）以标底 A 和标底 B 的加权平均值作为标底；

（四）以标底 A 值作为确定有效标的标准，以进入有效标内投标人的报价平均值作为标底。

施工招标未设标底的，按不低于成本价的有效标进行评审。

20.总承包招标的暂估价比例是否有上限要求？

国家对总承包招标暂估价比例没有统一规定，但需结合项目特点遵循"合理适度"原则综合确定。地方和行业有规定的从其规定。

【问题分析】

根据《招标投标法实施条例》第二十九条规定，暂估价是指总承包招标时不能确定价格而由招标人在招标文件中暂时估定的工程、货物、服务的金额。在《建设工程工程量清单计价规范》中，暂估价包含材料暂估价和专业工程暂估价。材料暂估价被定义为发包人在工程量清单中提供的，用于支付设计图纸要求必需使用的材料，但在招标时暂不能确定其标准、规格、价格而在工程量清单中预估到达施工现场的不含增值税的材料价格；专业工程暂估价被定义为发包人在工程量清单中提供的，在招标时暂不能确定工程具体要求及价格而预估的含增值税的专业工程费用。但是并非所有的工程、货物、服务内容都适宜设置暂估价，基于暂估价的特点，设置暂估价通常限于以下方面：一是招标人自己的功能需求仍未最终明确，对一些专业工程或者设备材料无法提出具体的标准和要求；二是因设计深度不够，招标时部分工程、货物或者服务的技术标准和要求仍不明确；三是部分专业工程必须由专业承包人设计才能保证质量、使用功能和可建造性，或者一些对项目质量、使用功能和设计美学非常关键的工程需要由经验丰富的专业承包人完成；四是一些重要材料设备价格因品牌和质量差异很大，且对工程使用功能十分重要，为防止过度竞争而降低品质，也可设为暂估价，以便在履约过程中以专项采购方式给予适度的控制。

虽然国家对总承包招标的暂估价比例没有统一规定，但部分地区通过地方性文件或行业指引提出了具体比例要求。例如，北京市住房和城乡建设委员会发布的《关于进一步规范北京市房屋建筑和市政基础设施工程施工发包承包活动的通知》规定暂估价和暂定项目的合计金额占合同金额的比例不得超过30％；浙江省住房和城乡建设厅发布的《省建设厅关于加强全省房屋建筑和市政基础设施工程招标投标监管工作的指导意见》规定暂估价总额一般不得超过合同估算价的20％；江西省住房和城乡建设厅发布的《关于规范国有资金投资房屋市政工程中暂估价项目招投标有关工作的通知》规定依法必须进行招标的项目，暂列金额和暂估价累计金额原则上不得超过招标控制价的20％；河北雄安新区管理委员会发布的《雄安新区工程建设项目招标投标管理办法（试行）》规定暂估价不得超过合同估算金额的5％。

在实际操作中，不管项目所在地是否有规定，暂估价设定比例都不宜过高，设置的项数也不宜过多。比例过高或者项数过多都间接反映出招标图纸设计深度不够，达不到招标条件。《工程建设项目施工招标投标办法》第八条明确规定，施工招标必须有招标所需的设计图纸及技术资料。暂估价比例过高可能使项目最终造价与预期偏差过大，使超出概算的风险大大增加。此外，暂估价项目在实施过程中需要更多的定价、变更等管理工作，比例过高会增加合同管理的工作量和难度，易引发合同纠纷，影响项目顺利推进。值得注意的是，暂估价比例过高可能会引发以下招标采购风险：一是违反公平竞争原则。暂估价比例过高会使大量项目价格不确定，未进入竞标与评审程序，导致价格形成缺乏竞争性，使招标可能流于形式。二是存在规避招标风险。暂估价比例过高可能使一部分材料、工程设备和专业工程不能纳入总承包招标范围，将本应整体招标的项目化整为零，以暂估价形式逃避招标，从而达到"招小送大"的目的。三是易引发腐败和暗箱操作。暂估价比例高，未达到招标限额标准的暂估价项目在比选定价过程中，缺乏有效竞争和监督，易滋生腐败、暗箱操作等违法行为。国家发展改革委等13部门联合印发的《关于严格执行招标投标法规制度进一步规范招标投标主体行为的若干意见》明确要求不得以肢解发包、化整为零、招小送大、设定不合理的暂估价或者通过虚构涉密项目、应急项目等形式规避招标。

根据各地对暂估价设置的规定，并结合招投标实践，应优先通过深化设计、完善技术标准减少暂估价使用，确需设置暂估价的，总承包招标的暂估价比例宜控制在30％以内。

【法律依据】

1)《中华人民共和国招标投标法实施条例》

第二十九条 招标人可以依法对工程以及与工程建设有关的货物、服务全部或者部分实行总承包招标。以暂估价形式包括在总承包范围内的工程、货物、服务属于依法必须进行招标的项目范围且达到国家规定规模标准的，应当依法进行招标。

前款所称暂估价，是指总承包招标时不能确定价格而由招标人在招标文件中暂时估定的工程、货物、服务的金额。

2)《工程建设项目施工招标投标办法》

第八条第（五）项 依法必须招标的工程建设项目，应当具备下列条件才能进行施工招标：

（五）有招标所需的设计图纸及技术资料。

3)《建设工程工程量清单计价规范》

2.0.14 材料暂估价 material prime cost rate

发包人在工程量清单中提供的，用于支付设计图纸要求必需使用的材料，但在招标时暂不能确定其标准、规格、价格而在工程量清单中预估到达施工现场的不含增值税的材料价格。

2.0.15 专业工程暂估价 specialist works prime cost sum

发包人在工程量清单中提供的，在招标时暂不能确定工程具体要求及价格而预估的含增值税的专业工程费用。

21. 能否先签订战略合作协议或招商引资协议再进行招标？

能否可以先签订战略合作协议或招商引资协议再进行招标要视协议约定的内容而定，如果协议内容不涉及招标项目的实质性内容，则可以先签协议再招标。

【问题分析】

《招标投标法》第四十三条明确规定，在确定中标人前，招标人不得与投标人就投标价格、投标方案等实质性内容进行谈判。若先签订含有实质性内容的协议再招标，可能被认定为违反该规定，导致中标无效。招标投标活动的基本原则就是公开、公平、公正和诚实信用，确保所有潜在投标人有平等机会参与竞争。先签协议可能使特定企业获得优势，排斥或限制其他潜在投标人公平参与，破坏招标投标的公平竞争环境。部分企业可能还通过先签协议再招标的方式，搞"明招暗定""先建后招"等虚假招标，以协议形式掩盖违规操作，达到规避招标监管、谋取不正当利益的目的，这也是国家发展改革委等部门发布的《关于严格执行招标投标法规制度进一步规范招标投标主体行为的若干意见》明确禁止的行为。但在某些特殊情况下，如果协议内容不涉及招标项目的实质性内容，仅为双方合作意向、框架等的初步约定，且不影响后续招标的公开、公平、公正，在履行相关审批程序后，理论上可以先签协议再招标，但实践中需谨慎操作，严格遵守法律法规和相关程序。

实际操作中在签订战略合作协议或招商引资协议时，为避免被认定为"明招暗定""先建后招"等虚假招标行为，可以在协议中从以下几个方面进行约定：一是明确合作框架，避免实质性承诺，协议中明确说明协议仅作为合作意向，避免直接指定中标方或承诺具体合作内容，强调后续合作需通过合法招标程序确定，确保公开、公平、公正；二是严格遵守招标投标法律法规，在协议中明确约定，任何涉及工程招标、政府采购、国有企业采购，以及其他涉及公共资源交易的项目，必须依法进行招标，合作方可以依法参与；三是明确禁止"先建后招"的行为，协议中明确约定在招标程序完成前，不得提前开工或签订施工合同。

【法律依据】

1)《中华人民共和国招标投标法》

第四十三条 在确定中标人前，招标人不得与投标人就投标价格、投标方案等实质性内容进行谈判。

2)《关于严格执行招标投标法规制度进一步规范招标投标主体行为的若干意见》

（二）严格执行强制招标制度。依法经项目审批、核准部门确定的招标范围、招标方式、招标组织形式，未经批准不得随意变更。依法必须招标项目拟不进行招标的、依法应当公开招标的项目拟邀请招标的，必须符合法律法规规定情形并履行规定程序；除涉及国家秘密或者商业秘密的外，应当在实施采购前公示具体理由和法律法规依据。不得以肢解发包、化整为零、招小送大、设定不合理的暂估价或者通过虚构涉密项目、应急项目等形式规避招标；不得以战略合作、招商引资等理由搞"明招暗定""先建后招"的虚假招标；不得通过集体决策、会议纪要、函复意见、备忘录等方式将依法必须招标项目转为采用谈判、询比、竞价或者直接采购等非招标方式。对于涉及应急抢险救灾、疫情防控等紧急情况，以及重大工程建设项目经批准增加的少量建设内容，可以按照《招标投标法》第六十六条和《招标投标法实施条例》第九条规定不进行招标，同时强化项目单位在资金使用、质量安全等方面责任。不得随意改变法定招标程序；不得采用抽签、摇号、抓阄等违规方式直接选择投标人、中标候选人或中标人。除交易平台暂不具备条件等特殊情形外，依法必须招标项目应当实行全流程电子化交易。

---

22. 装修工程和厨房设备采购能否合并招标？

现有招标投标的相关法律法规并未对不同类别的采购内容合并招标作出明确的禁止性规定，具体需根据合并的内容综合判断。

【问题分析】

从标的物的属性来说，装修工程和厨房设备明显不同。装修工程注重施工质量与空间布局的优化，而厨房设备采购涉及设备选型、安装、调试等专业技术要求。工程施工方式和货物采购的差异可能使不同的投标人对两项任务的完成能力存在差距。因此能否合并招标，要从潜在投标人数量、项目可实施性、是否存在限制和排斥性等情况进行分析研判。

从潜在投标人数量来说，合并招标要求投标人既要具有装修资质，又要具有厨房设备供货安装能力，由于这两项采购内容涉及的领域和技术差异，可能导致潜在投标人数量不足，进而影响竞争性。

从可实施性来说，在合并招标时，由于投标人对于不同类别采购内容的优势和侧重点不同，评分标准的设定可能较难突出部分投标人的优势，从而难以评选出优质的中标单位。

从限制和排斥性来说，合并招标还可能因合同金额变化引发资质门槛设置问题。例如，根据《建筑业企业资质标准》，装修工程专业承包二级资质的企业只能承接单项合同金额2000万元以下的装修工程。若装修工程本身金额不足2000万元，但加上厨房设备采购后总金额超过2000万元，则投标人必须具备装修一级资质才能承接。然而，招标文件中直接设定装修一级资质，可能被视为"拔高资质"，涉嫌以不合理条件限制、排斥潜在投标人，尤其是那些具备装修二级资质、原本有能力承接装修工程的企业。此外，将不同类别的采购内容合并招标，可能会对只具备一个类别采购内容实施能力的投标人产生限制和排斥，导致只有部分投标人可以参与投标，缺乏竞争性，进而影响招标的公平性。

需要注意的是，不同类别采购内容确需合并招标的，必须满足技术可行性和竞争公平性要求，并在招标文件中明确允许联合体投标或增加分包条款。

【法律依据】

《中华人民共和国招标投标法实施条例》

第三十二条第（七）项　招标人不得以不合理的条件限制、排斥潜在投标人或者投标人。

招标人有下列行为之一的，属于以不合理条件限制、排斥潜在投标人或者投标人：

（七）以其他不合理条件限制、排斥潜在投标人或者投标人。

23. 室外工程能否不包含在总承包范围内，单独进行招标？

室外工程宜包含在总承包范围内进行招标，在特定条件下也可以单独招标。

【问题分析】

一般情况下，为了更好地明确责任、减少协调，确保室内外工程的无缝衔接，室外工程宜包含在总承包范围内进行招标。但有时在进行总承包招标时，建设单位对室外工程建设标准有特殊要求，或者室外工程尚不具备招标条件，此时室外工程需要单独招标。

判断室外工程能否单独招标，可根据住房城乡建设部发布的《建筑工程施工发包与承包违法行为认定查处管理办法》，判断是否需要将一个单位工程的施工分解成若干部分发包给不同的施工总承包或专业承包单位。根据《建筑工程施工质量验收统一标准》中室外工程的划分标准，室外工程可分为室外设施、附属建筑及室外环境两个单位工程，其中，室外设施包括室外道路、广场与停车场、人行道、人行地道、附属构筑物等；附属建筑及室外环境包括车棚、围墙、大门、建筑小品、亭台、水景、连廊、花坛、场坪绿化、景观桥等。建设单位可以将室外设施、附属建筑及室外环境两个单位工程分别招标，也可合并招标。

在实践中，经常会出现将基坑工程、装饰装修工程、通风与空调工程、电梯工程单独招标的情况。对于基坑工程单独发包的问题，中华人民共和国住房和城乡建设部（简称"住房城乡建设部"）建筑市场监管司给出了明确的意见：建筑工程包括地基与基础工程、主体结构工程、建筑屋面工程、建筑装饰装修工程等共10个分部工程，基坑工程（如桩基、土方等）属于地基与基础工程的分部工程，根据《建筑工程施工发包与承包违法行为认定查处管理办法》第六条第（五）款规定，建设单位将一个单位工程的施工分解成若干部分发包给不同的施工总承包或专业承包单位的属于违法发包。因此，建设单位将非单独立项的基坑工程单独发包属于违法发包。同样，装饰装修工程、通风与空调工程、电梯工程属于建筑工程单位工程的分部工程，建设单位将非单独立项的装饰装修工程、通风与空调工程、电梯工程等单独发包，也属于违法发包。

【法律依据】

1)《中华人民共和国建筑法》

第二十四条　提倡对建筑工程实行总承包，禁止将建筑工程肢解发包。

建筑工程的发包单位可以将建筑工程的勘察、设计、施工、设备采购一并发包给一个工程总承包单位，也可以将建筑工程勘察、设计、施工、设备采购的一项或者多项发包给一个工程总承包单位；但是，不得将应当由一个承包单位完成的建筑工程肢解成若干部分发包给几个承包单位。

2)《建筑工程施工发包与承包违法行为认定查处管理办法》

第六条　存在下列情形之一的，属于违法发包：

（五）建设单位将一个单位工程的施工分解成若干部分发包给不同的施工总承

包或专业承包单位的。

3)《建筑工程施工质量验收统一标准》

4.0.2 单位工程应按下列原则划分：

1 具备独立施工条件并能形成独立使用功能的建筑物或构筑物为一个单位工程；

2 对于规模较大的单位工程，可将其能形成独立使用功能的部分划分为一个子单位工程。

24. 建筑工程设计资质能否承接地下室人防工程设计？

建筑行业（建筑工程）设计资质可承接附建式人民防空（简称"人防"）工程设计，建筑行业（人防工程）设计资质可承接各类人民防空工程设计。

【问题分析】

建筑工程设计资质分为建筑行业（建筑工程）设计资质和建筑行业（人防工程）设计资质。人防工程按施工方法和所在环境条件分类，主要有坑道式、地道式、单建掘开式、附建式这4种类型。其中，附建式人防工程是指采用明挖法施工，且上方建有永久性地面建筑物，如城市小区内常见的结合民用建筑修建的防空地下室。

《关于深化"证照分离"改革进一步激发市场主体发展活力的通知》取消了人民防空工程设计资质认定，明确了建筑行业人防工程设计资质可开展各类人民防空工程设计。根据住房城乡建设部印发的《工程设计资质标准》附件2-21中第5条注释的规定，取得建筑工程专业资质可承担相应等级的附建式人防工程。

《人民防空工程建设管理规定》第十七条指出，大型项目指投资规模在2000万元（含）以上的工程，以及投资规模在1000万元（含）以上的各级人民防空指挥工程；中型项目指投资规模在600万元（含）以上，2000万元以下的工程，以及投资规模在1000万元以下的各级人民防空指挥工程；小型项目指投资规模在200万元（含）以上，600万元以下的工程；零星项目指投资规模在200万元以下的工程。与住房城乡建设部印发的《工程设计资质标准》中关于人防工程规模的划分存在差异。实践中宜根据住房城乡建设部印发的《工程设计资质标准》设定相应的资质等级，地方有规定的从其规定。

【法律依据】

1)《关于深化"证照分离"改革进一步激发市场主体发展活力的通知》

中央层面设定的涉企经营许可事项改革清单（2021年全国版）中的第64号，取消"人民防空工程设计甲级资质认定"，取得住房城乡建设部认定的建设工程设计企业人防工程专业资质即可开展人民防空工程设计；第65号，取消"人民防空工程设计乙级资质认定"，取得住房城乡建设部认定的建设工程设计企业人防工程专业资质即可开展人民防空工程设计。

2)《工程设计资质标准》

附件2

附件2-21 注：5.取得建筑工程专业资质可承担相应等级的附建式人防工程。

25.市政设计资质和建筑设计资质能否承担风景园林设计？

市政行业设计资质和建筑行业设计资质能否承担风景园林设计项目，需根据风景园林设计的内容和性质综合判断。

【问题分析】

根据《建设工程勘察设计资质管理规定》及《工程设计资质标准》规定，工程设计行业资质可以承担本行业建设工程项目主体工程及其配套工程的设计业务，因此，与市政工程或建筑工程配套的风景园林设计可以由具有相应市政行业或建筑行业设计资质的单位承担，例如，与市政道路配套的绿化设计，与建筑配套的景观设计（如住宅小区景观、商业广场环境设计）。

值得注意的是，若景观设计需独立报批或项目以景观为核心（如大型市政公园、城市湿地公园），通常需要风景园林工程设计专项资质。根据《工程设计资质标准》附件3-21-1建筑行业（建筑工程）建设项目设计规模划分表、附件3-17市政行业建设项目设计规模划分表的规定，建设项目划分并未包括单独的风景园林工程，市政行业或建筑行业设计资质不能承担此类风景园林工程设计。

【法律依据】

1）《建设工程勘察设计资质管理规定》

第三十八条 本规定所称建设工程设计是指：

（一）建设工程项目的主体工程和配套工程（含厂、矿区内的自备电站、道路、专用铁路、通信、各种管网管线和配套的建筑物等全部配套工程）以及与主体工程、配套工程相关的工艺、土木、建筑、环境保护、水土保持、消防、安全、卫生、节能、防雷、抗震、照明工程等的设计。

（二）建筑工程建设用地规划许可证范围内的室外工程设计、建筑物构筑物设计、民用建筑修建的地下工程设计及住宅小区、工厂厂前区、工厂生活区、小区规划设计及单体设计等，以及上述建筑工程所包含的相关专业的设计内容（包括总平面布置、竖向设计、各类管网管线设计、景观设计、室内外环境设计及建筑装饰、道路、消防、安保、通信、防雷、人防、供配电、照明、废水治理、空调设施、抗震加固等）。

2）《工程设计资质标准》

第三条第（二）项 三、承担业务范围

（二）工程设计行业资质

1. 甲级

承担本行业建设工程项目主体工程及其配套工程的设计业务，其规模不受限制。

2. 乙级

承担本行业中、小型建设工程项目的主体工程及其配套工程的设计业务。

3. 丙级

承担本行业小型建设项目的工程设计业务。

26.质量检测机构与监理单位、施工单位能否存在控股管理关系或者同属一个集团？

同一工程中，质量检测机构与监理单位、施工单位不应存在控股管理关系或者同属一个集团，以确保检测工作的独立性与公正性。

【问题分析】

《中华人民共和国建筑法》（简称《建筑法》）及《建设工程质量管理条例》明确规定工程监理单位与工程被监理的承包单位以及建筑材料、建筑构配件和设备供应单位不得有隶属关系或者其他利害关系，但并未对质量检测机构与监理单位、施工单位的关系作出限制。

当同一工程中质量检测机构和监理单位存在控股管理关系或同属一个集团时，可能导致监理单位干预检测结果，削弱监督效力，检测数据丧失独立性和公正性；质量检测机构与施工单位存在控股管理关系或同属一个集团时，同样会带来利益关联隐患和公平性缺失的问题，检测过程的公正性和客观性可能受到严重影响。在工程建设中，在对隐蔽工程、关键施工环节进行检测时，质量检测机构若发现施工单位存在质量问题，可能会迫于集团内部利益考量，不及时、如实报告问题；也可能出现集团内部利益输送或保护行为，易导致不合格材料或工艺被隐瞒，损害公共利益。在后续工程使用过程中可能引发严重安全事故，危害公众生命财产安全，同时也扰乱了建筑市场的正常秩序，阻碍行业的健康发展。《建设工程质量检测管理办法》第十五条明确规定检测机构与所检测建设工程相关的建设、施工、监理单位，以及建筑材料、建筑构配件和设备供应单位均不得有隶属关系或者其他利害关系。2024年7月住房城乡建设部办公厅《关于实施〈建设工程质量检测管理办法〉〈建设工程质量检测机构资质标准〉有关问题的通知》中，对"隶属关系或其他利害关系"进一步明确为"存在直接上下级关系，或存在可能直接影响检测机构公正性的经济或其他利益关系等。如，参股、联营、直接或间接同为第三方控制等关系"。存在控股管理关系就属于"存在直接上下级关系"的情形，同属一个集团就属于"直接或间接同为第三方控制"的情形，均为上述通知中禁止的情形。

【法律依据】

1)《中华人民共和国建筑法》

第三十四条　工程监理单位应当在其资质等级许可的监理范围内，承担工程监理业务。

工程监理单位应当根据建设单位的委托，客观、公正地执行监理任务。

工程监理单位与被监理工程的承包单位以及建筑材料、建筑构配件和设备供应单位不得有隶属关系或者其他利害关系。

工程监理单位不得转让工程监理业务。

2)《建设工程质量管理条例》

第三十五条 工程监理单位与被监理工程的施工承包单位以及建筑材料、建筑构配件和设备供应单位有隶属关系或者其他利害关系的，不得承担该项建设工程的监理业务。

第六十八条 违反本条例规定，工程监理单位与被监理工程的施工承包单位以及建筑材料、建筑构配件和设备供应单位有隶属关系或者其他利害关系承担该项建设工程的监理业务的，责令改正，处5万元以上10万元以下的罚款，降低资质等级或者吊销资质证书；有违法所得的，予以没收。

3)《建设工程质量检测管理办法》

第十五条 检测机构与所检测建设工程相关的建设、施工、监理单位，以及建筑材料、建筑构配件和设备供应单位不得有隶属关系或者其他利害关系。

检测机构及其工作人员不得推荐或者监制建筑材料、建筑构配件和设备。

第四十五条 检测机构违反本办法规定，有下列行为之一的，由县级以上地方人民政府住房和城乡建设主管部门责令改正，处1万元以上5万元以下罚款：

（一）与所检测建设工程相关的建设、施工、监理单位，以及建筑材料、建筑构配件和设备供应单位有隶属关系或者其他利害关系的；

（二）推荐或者监制建筑材料、建筑构配件和设备的；

（三）未按照规定在检测报告上签字盖章的；

（四）未及时报告发现的违反有关法律法规规定和工程建设强制性标准等行为的；

（五）未及时报告涉及结构安全、主要使用功能的不合格检测结果的；

（六）未按照规定进行档案和台账管理的；

（七）未建立并使用信息化管理系统对检测活动进行管理的；

（八）不满足跨省、自治区、直辖市承担检测业务的要求开展相应建设工程质量检测活动的；

（九）接受监督检查时不如实提供有关资料、不按照要求参加能力验证和比对试验，或者拒绝、阻碍监督检查的。

第四十六条 检测机构违反本办法规定，有违法所得的，由县级以上地方人民政府住房和城乡建设主管部门依法予以没收。

4）《关于实施〈建设工程质量检测管理办法〉〈建设工程质量检测机构资质标准〉有关问题的通知》

二、加强检测活动管理

（一）关于隶属关系或其他利害关系。隶属关系或其他利害关系是指检测机构与所检测建设工程相关的建设、施工、监理单位，以及建筑材料、建筑构配件和设备供应单位存在直接上下级关系，或存在可能直接影响检测机构公正性的经济或其他利益关系等。如，参股、联营、直接或间接同为第三方控制等关系。

27. 资质转移后能否用原企业业绩进行投标？

资质转移通常分为企业资质分立和企业合并两种情况。如果属于企业资质分立的情况，则新企业不能用原企业业绩进行投标；如果属于企业合并的情况，则新企业可以用原企业业绩进行投标。

【问题分析】

企业资质分立，也称为企业资质剥离，是指将一个企业所拥有的建筑资质分离出来，单独成立一个新的公司，并赋予其相应的资质。这一过程通常用于企业业务拓展或重组，以满足市场需求和工程实施需要。根据住房城乡建设部的规定，如果资质转移为企业资质分立的情况，则新企业不能承继原企业的工程业绩，以防止企业通过资质转移前的业绩误导招标人或评标委员会对企业真实性和技术能力的判断。

企业合并分为企业吸收合并和企业新设合并，根据《中华人民共和国公司法》（简称《公司法》）第二百一十八条规定，公司合并可以采取吸收合并或者新设合并方式。一个公司吸收其他公司为吸收合并，被吸收的公司解散。两个以上公司合并设立一个新的公司为新设合并，合并各方解散。根据《公司法》第二百二十一条规定，公司合并时，合并各方的债权、债务，应当由合并后存续的公司或者新设的公司承继。在吸收合并中，被吸收企业的法人资格被注销，其资产、负债、权益及业绩等均由新企业承继，所以合并后的新企业可以使用被吸收企业的业绩进行投标。

【法律依据】

1)《中华人民共和国公司法》

第二百一十八条　公司合并可以采取吸收合并或者新设合并。

一个公司吸收其他公司为吸收合并，被吸收的公司解散。两个以上公司合并设立一个新的公司为新设合并，合并各方解散。

第二百二十一条　公司合并时，合并各方的债权、债务，应当由合并后存续的公司或者新设的公司承继。

2)《建筑业企业资质管理规定》

第二十一条　企业发生合并、分立、重组以及改制等事项，需承继原建筑业企业资质的，应当申请重新核定建筑业企业资质等级。

3)《关于进一步加强建设工程企业资质审批管理工作的通知》

三、加强企业重组分立及合并资质核定。企业因发生重组分立申请资质核定的，需对原企业和资质承继企业按资质标准进行考核。企业因发生合并申请资质核定的，需对企业资产、人员及相关法律关系等情况进行考核。

28.通过资格预审的申请人是否一定具有投标资格？

资格预审只是对申请人在资格预审时的经营资格、专业资质、财务状况、业绩经验、技术能力等方面进行审查，确保其当时符合招标项目的基本要求。在投标时，通过资格预审的申请人不一定具有投标资格。

【问题分析】

根据《招标投标法实施条例》第三十八条规定，投标人发生合并、分立、破产等重大变化，致使其不再具备资格预审文件规定的资格条件或者其投标影响招标公正性的，其投标无效。在资格预审结束后到正式投标期间，申请人可能会出现各种情况导致其不再满足要求，如财务恶化、项目经理等主要人员离职、被列入失信被执行人名单、被责令关闭、被吊销营业执照、被禁止参加投标等。对于上述情形，一旦发生，投标人有义务及时主动告知招标人。在资格预审通过后，申请人还需满足招标文件中的具体要求，如价格、方案的合理性，时间和服务承诺等。若申请人不满足，也将被否决投标。

值得提醒的是，为了能够顺利参加正式投标，申请人在资格预审通过后到正式投标期间，可从以下几个方面保持投标资格：一是关注自身情况变化，按照《招标投标法实施条例》的要求，对于发生合并、分立、破产等重大变化的，应当及时书面告知招标人；尽力保持技术能力和人员团队稳定，关键技术人员离职可能影响项目实施能力，应提前做好人员储备和替换方案；保证企业信誉良好，避免出现重大违法违规行为或列入失信名单等情况。二是仔细研读招标文件，注意招标文件中新增或细化的条件，如特定的行业认证，并关注技术规格、商务条款、项目交付时间等的细化要求。

【法律依据】

《中华人民共和国招标投标法实施条例》

第三十八条 投标人发生合并、分立、破产等重大变化的，应当及时书面告知招标人。投标人不再具备资格预审文件、招标文件规定的资格条件或者其投标影响招标公正性的，其投标无效。

29. 放弃中标的投标人能否参加该项目的重新招标？

招标投标法律法规对工程建设项目第一次放弃中标的投标人没有明确禁止其参加该项目的重新招标。在实践中，如果招标文件没有特别约定，放弃中标的投标人理论上是可以参加重新招标的。但基于公平竞争和诚实信用原则，招标人宜在招标文件中事先约定放弃中标的投标人不得再次参加招标人针对该项目组织的重新招标，以维护招标投标秩序和公平竞争环境。

【问题分析】

根据《招标投标法》第四十五条和《招标投标法实施条例》第七十四条的规定，中标人放弃中标的，需承担相应的法律责任，如投标保证金不予退还、罚款等。但未明确能否参加招标人组织的重新招标。根据《中华人民共和国民法典》（简称《民法典》）和《招标投标法》等相关法律法规规定，招标文件是招标人向潜在投标人发出的要约邀请，在不违反法律、行政法规的强制性规定，且不违背公序良俗的前提下，当事人可以自愿约定合同条款和招标条件。另外，中标人放弃中标本身可能被视为一种违背诚信的行为，如果允许其无限制地再次参与重新招标，可能对其他投标人不公平，也可能影响招标投标活动的严肃性和公信力。例如，江苏省人民政府颁布的《江苏省国有资金投资工程建设项目招标投标管理办法》规定，投标人存在通过资格预审不获取招标文件、无正当理由放弃投标或者中标资格，或者其他违法违规行为造成招标人重新招标的，不得再次参加该工程的投标。

值得注意的是，如果招标文件的约定存在不合理地排斥或限制潜在投标人的情形，可能会受到相关行政监督部门的限制或被认定为无效条款。例如，不加区分放弃中标原因，不论中标人是因不可抗力等正当理由放弃中标，还是因自身恶意等不正当原因放弃中标，都一概禁止其参加重新招标，这种"一刀切"的规定就涉嫌限制潜在投标人的权利。

【法律依据】

1）《中华人民共和国招标投标法》

第四十五条第二款　中标通知书对招标人和中标人具有法律效力。中标通知书发出后，招标人改变中标结果的，或者中标人放弃中标项目的，应当依法承担法律责任。

2）《中华人民共和国招标投标法实施条例》

第七十四条　中标人无正当理由不与招标人订立合同，在签订合同时向招标人提出附加条件，或者不按照招标文件要求提交履约保证金的，取消其中标资格，投标保证金不予退还。对依法必须进行招标的项目的中标人，由有关行政监督部门责令改正，可以处中标项目金额10‰以下的罚款。

30.同一招标项目能否确定多个中标人？

根据《招标投标法》及《招标投标法实施条例》规定，一个招标项目只能确定一个中标人。

【问题分析】

根据《招标投标法》第四十一条规定，中标人应当能够最大限度地满足招标文件中规定的各项综合评价标准，或能够满足招标文件的实质性要求，并且经评审的投标价格最低。招标的核心目的就是通过竞争机制选择最优承包商，要求中标人符合各项综合评价标准"最优"或投标价格"最低"条件，也表明最多只能有一个中标人。根据《招标投标法》第四十六条规定，招标人和中标人应当自中标通知书发出之日起三十日内，按照招标文件和中标人的投标文件订立书面合同。该条款明确招标人与中标人签订合同的唯一性，间接表明同一合同标的不允许存在多个中标人。

根据《招标投标法实施条例》第五十五条规定，国有资金占控股或者主导地位的依法必须进行招标的项目，招标人应当确定排名第一的中标候选人为中标人。排名第一的中标候选人放弃中标、因不可抗力不能履行合同、不按照招标文件要求提交履约保证金，或者被查实存在影响中标结果的违法行为等情形，不符合中标条件的，招标人可以按照评标委员会提出的中标候选人名单排序依次确定其他中标候选人为中标人，也可以重新招标。该条款明确了中标人的唯一性。

如果招标人考虑到项目由单个中标人履约有难度，对于依法必须进行招标的项目，招标人可按项目性质、建设地点、工程量等因素合理划分标段确定多个中标人。对于非依法必须进行招标的项目，在一个年度内需要频繁、重复组织的同类工程、货物或服务采购，还可以考虑采用框架协议招标。

值得探讨的是，实践中经常有国有企业招大宗物资供应商入围资格，服务期限为一至两年，该类项目可否采用入围招标的方式，即确定多家入围供应商，而不确定具体的供货数量。目前法律未将国有企业用于生产经营的物资采购纳入依法必须进行招标的范畴，即该项目不属于依法必须进行招标的项目，上述情形应属于框架协议招标。

【法律依据】

1)《中华人民共和国招标投标法》

第四十一条　中标人的投标应当符合下列条件之一：

（一）能够最大限度地满足招标文件中规定的各项综合评价标准；

（二）能够满足招标文件的实质性要求，并且经评审的投标价格最低；但是投标价格低于成本的除外。

第四十六条 招标人和中标人应当自中标通知书发出之日起三十日内，按照招标文件和中标人的投标文件订立书面合同。招标人和中标人不得再行订立背离合同实质性内容的其他协议。

招标文件要求中标人提交履约保证金的，中标人应当提交。

2)《中华人民共和国招标投标法实施条例》

第五十五条 国有资金占控股或者主导地位的依法必须进行招标的项目，招标人应当确定排名第一的中标候选人为中标人。排名第一的中标候选人放弃中标、因不可抗力不能履行合同、不按照招标文件要求提交履约保证金，或者被查实存在影响中标结果的违法行为等情形，不符合中标条件的，招标人可以按照评标委员会提出的中标候选人名单排序依次确定其他中标候选人为中标人，也可以重新招标。

31. 未中标单位的投标文件是否需要保存？

招标投标法律法规对投标文件的保存期限没有明确要求，部分地区针对招标投标的档案管理有具体要求。如果是电子标，则应按照《电子招标投标办法》和《招标投标电子文件归档规范》的要求进行存档。

【问题分析】

《招标投标法》及《招标投标法实施条例》对投标文件的保存没有明确要求。但部分地区针对招标投标的档案管理出台了具体要求，例如，重庆市颁发的《重庆市招标投标条例》规定依法必须进行招标的项目，招标人、招标代理机构、招标投标交易场所应当将其在招标投标活动中形成的资料存档备查。资料保存期限不得少于十五年，其中，投标人资料只保留中标候选人的资料；湖北省出台的《湖北省建设工程招标投标交易档案管理办法》规定工程招投标档案应保存五年，重大工程项目招投标档案应保存五至十年，投标文件副本可保存半年至一年时间；河北省出台的《河北省建筑工程招标投标档案管理办法》规定招标投标档案归档文件一式三份，建设单位保存一套，招标投标监督管理机构和招标代理机构各存档一套，重点工程的招标投标档案保管至工程竣工后五年，其他建筑工程招标投标档案保管至工程竣工后三年；辽宁省出台的《辽宁省建设工程招标档案管理暂行规定》规定重点工程的档案保管五年，一般建筑工程档案保管三年。因此，项目所在地有相关存档要求的，应按照规定的存档主体、存档内容和存档年限等要求落实到位。

值得注意的是，国家档案局于2018年发布了《建设项目档案管理规范》（DA/T 28—2018），附录B的表B.1建设项目文件归档范围和保管期限表中指出，未中标的投标文件（或作资料保存），保管期限为10年（或项目审计完成）。该规范属于推荐性行业标准，本身不具有法律强制性。而《中华人民共和国档案法》（简称《档案法》）第十三条要求对国家和社会具有保存价值的文件材料应依法归档，但未明确具体操作细则。《建设项目档案管理规范》作为行业权威标准，可能会被监管部门、审计部门或法院视为解释和落实《档案法》的具体指引，尤其在建设项目档案管理中。为了降低法律和审计风险，即使该规范为非强制的标准，但因其内容具体、可操作性强，在实际工作中宜选择遵守。当然，部分省份或行业出台了更细化或更严格的档案管理要求，应优先执行地方或行业要求。

目前，随着电子标的推广，依法必须招标项目大部分采用的是进场电子交易，因此存档更为便捷。采用电子标的项目，电子档案应当按照《电子招标投标办法》和《招标投标电子文件归档规范》的要求存档，未中标单位的电子文件属于《招标投标电子文件归档规范》中约定的招标投标电子文件归档范围。招标人应在招标委托代理合同中约定归档时间、归档方式及归档文件质量。

【法律依据】

1)《中华人民共和国档案法》

第十三条 直接形成的对国家和社会具有保存价值的下列材料，应当纳入归档范围：

（一）反映机关、团体组织沿革和主要职能活动的；

（二）反映国有企业事业单位主要研发、建设、生产、经营和服务活动，以及维护国有企业事业单位权益和职工权益的；

（三）反映基层群众性自治组织城乡社区治理、服务活动的；

（四）反映历史上各时期国家治理活动、经济科技发展、社会历史面貌、文化习俗、生态环境的；

（五）法律、行政法规规定应当归档的。

非国有企业、社会服务机构等单位依照前款第二项所列范围保存本单位相关材料。

2）《电子招标投标办法》

第四十条 招标投标活动中的下列数据电文应当按照《中华人民共和国电子签名法》和招标文件的要求进行电子签名并进行电子存档：

（一）资格预审公告、招标公告或者投标邀请书；

（二）资格预审文件、招标文件及其澄清、补充和修改；

（三）资格预审申请文件、投标文件及其澄清和说明；

（四）资格审查报告、评标报告；

（五）资格预审结果通知书和中标通知书；

（六）合同；

（七）国家规定的其他文件。

3）《招标投标电子文件归档规范》

4.3 委托招标代理机构进行招标投标的单位应在合同或协议中确定归档事项，包括归档时间、归档方式、归档文件质量等。招标代理机构应及时将应由招标人归档保存的招标投标电子文件移交招标人归档。

6 招标投标电子文件归档范围

招标、投标、开标、评标、中标（定标）等招标投标活动全过程产生的具有保存价值的电子文件及其元数据均应纳入归档范围，各单位参照附录B，结合工作实际编制本单位的招标投标电子文件归档范围表，编制依据包括《中华人民共和国招标投标法》《中华人民共和国政府采购法》《中华人民共和国民法典》《中华人民共和国招标投标法实施条例》《中华人民共和国政府采购法实施条例》《机关文件材料归档范围和文书档案保管期限规定》《机关档案管理规定》《企业档案管理规定》《企业文件材料归档范围和档案保管期限规定》《电子招标投标办法》。与招标投标活动相关，但不是由电子招标投标交易平台产生的电子文件，可根据工作实际纳入招标投标电子文件归档范围。

案例 1　关于分别立项的工程项目合并招标引起争议的案例

【基本案情】

　　某高新区国有企业负责推进区域基础设施建设，有4条新建道路项目待启动招标流程。这4条道路均规划为城市次干路，工程建设内容包括道路铺设、排水系统构建、照明基础设置、绿化景观打造，以及给水、直饮水、燃气、电力等多项内容。区发改局完成审批流程后，4条道路分别取得可行性研究报告批复，工程投资额分别为4500万元、5000万元、4800万元、5500万元，合计总投资额1.98亿元。

　　在招标准备阶段，招标人内部对4条道路能否合并招标产生了争议，有观点认为，4条道路合并为一个项目整体招标，可以提高招标效率和降低交易成本；另一种观点认为，将不同的立项批复合并为一个招标项目，可能导致招标范围和内容混淆，增加项目管理难度，不利于工程的顺利实施和监管。

【问题提出】

　　（1）本案例中4条新建道路项目是否可以合并招标？

　　（2）分别立项的工程合并招标需要注意哪些问题？

【问题分析】

　　（1）现行招标投标的相关法律法规未明确禁止合并招标，部分地区出台的政策文件对合并招标持支持态度。例如，《广州市深化建设工程招标投标制度改革试点实施方案》指出，同一招标人在同一时间段实施多个同类型建设项目的，可采用合并招标的方式进行招标；《上海市建设工程招标投标管理办法实施细则》规定，在同一时间段进行的、由同一招标人在关联地带实施的且类型相同的工程或结构紧密相连的工程，经监管部门核实后，可采用合并招标。在实际中，能否合并招标主要取决于项目实际情况、招标人要求及地方规定。同一招标人在同一时间段内实施的多个同类型项目，且采用同一类别资质，可以采用合并招标的方式，以提高效率并降低交易成本，这与《招标投标法》追求资源合理配置、提升经济效益的立法目的也高度契合。本案例中的4条新建道路为同一个招标人，在工程项目性质、建设规模、项目功能及技术要求等方面都具有较高的相似度，且建设地点在同一区域，具备合并招标的条件。实际操作中能否合并招标，招标人还应提前与监管部门沟通，确认具体操作流程和合规性要求。

（2）分别立项的工程项目在满足一定条件下可以合并招标，但需注意项目类型、法律限制及管理细节，以确保招标活动的合法性和高效性。一是如果项目涉及不同类型、不同行业，原则上不得合并招标，例如，施工项目和服务项目（如勘察、设计、监理），市政项目和水利项目，通常不能合并。二是要注意避免在实际操作中违反《招标投标法》及《招标投标法实施条例》的相关规定；例如，合并招标提高了投标人的资质等级，就涉嫌违反了《招标投标法》及《招标投标法实施条例》中"招标人不得以不合理的条件限制或者排斥潜在投标人"的规定；项目合并后投资额过大，合并招标时要求投标人具有类似金额的业绩，可能导致竞争不充分，同样涉嫌限制、排斥潜在投标人。三是对于施工项目要注意建造师同时承担多个项目的问题，如果建造师同时担任多个项目的负责人，可能违反《注册建造师管理规定》等相关规定，相关单位和个人可能面临罚款、暂停执业资格等处罚，且建造师同时管理多个项目可能导致管理不到位，增加工程质量、安全、进度等方面的风险。因此，在合并招标时，为了避免法律风险和项目管理问题，招标文件除要求投标人委派项目经理外，还应明确要求投标人为每个单独立项的项目分别配备建造师，必要时包括要求配备其他关键岗位人员（如技术负责人、安全员等），以确保各项目的独立管理和责任落实。四是招标人应根据立项文件分别编制工程量清单及控制价，投标人分别编制投标报价文件，分别签订合同，实施过程中分别计量支付及结算，实行独立核算。

【案例启示】

（1）合法合规运用合并招标。虽然现有招标投标的相关法律法规没有对合并招标的情形作出明确的禁止性规定，但招标人在对符合条件的项目进行合并招标时，必须严格遵守法律法规，合理提出招标要求，避免发生限制、排斥潜在投标人的违法行为。

（2）重视项目管理边界问题。合并招标需注意细分各项目之间的管理边界，做好分项目管理和资料归档的工作，确保各项目的独立性和规范性。

【法律依据】

1)《中华人民共和国招标投标法》

第一条 为了规范招标投标活动,保护国家利益、社会公共利益和招标投标活动当事人的合法权益,提高经济效益,保证项目质量,制定本法。

第十八条 招标人可以根据招标项目本身的要求,在招标公告或者投标邀请书中,要求潜在投标人提供有关资质证明文件和业绩情况,并对潜在投标人进行资格审查;国家对投标人的资格条件有规定的,依照其规定。

招标人不得以不合理的条件限制或者排斥潜在投标人,不得对潜在投标人实行歧视待遇。

2)《中华人民共和国招标投标法实施条例》

第三十二条第一款 招标人不得以不合理的条件限制、排斥潜在投标人或者投标人。

3)《注册建造师管理规定》

第二十一条第二款 注册建造师不得同时在两个及两个以上的建设工程项目上担任施工单位项目负责人。

案例2 关于工程设计资质适用标准引起争议的案例

【基本案情】

为有效解决某市新开发区在建地块的排水问题,进一步完善区域水系,该开发区计划新建渠道综合整治工程,项目总投资额达9000万元。此渠道作为新开发区的排水主干通道,主要建设内容涵盖新建明渠,渠道长度约534.28米,底宽15米,深度2米;新建U型槽,长度21.2米,底宽12米;沿渠道南侧岸坡新建一排管径为800毫米的污水管道,管道总长约610米。

在确定设计单位资质时,招标人和招标代理机构产生了分歧。招标人认为,明渠属于市政排水工程,本项目排水管道管径为800毫米,对照《市政行业建设项目设计规模划分表》,属于小型工程,应要求投标人具备工程设计市政行业(排水工程）丙级及以上资质。招标代理机构认为，本项目不仅有管道工程，还涉及明渠等建设内容，不能单纯依据管道管径确定设计资质。

【问题提出】

《市政行业建设项目设计规模划分表》未覆盖的建设项目如何确定设计规模标准？

【问题分析】

目前，国家现行规范中的确尚未针对明渠单独制定明确的规模划分标准。市政明渠通常作为排水系统的组成部分，《市政行业建设项目设计规模划分表》中与其有关的只有排水工程的标准，其中，管道工程根据管径划分规模（如大型≥1500毫米，中型1000~1500毫米，小型≤1000毫米），泵站工程按流量划分规模（如大型≥10万立方米/日，中型5~10万立方米/日，小型<5万立方米/日）。如果以明渠的规模类比排水管道的管径或泵站流量进行归类，则明显不合理，且缺乏明确依据。

本项目建设内容主要包含新建明渠、U型槽及污水排水管道，整体属于市政排水工程范畴，其设计规模理应参照《市政行业建设项目设计规模划分表》中的"排水工程"标准确定。仔细对照该表内容，就会发现"排水工程"对于处理厂、管网（含管道、泵站）有着清晰明确的规模划分标准，但是对于明渠、U型槽却未作任何提及。本项目污水排水管道管径为800毫米，对照《市政行业建设项目设计规模划分表》，属于小型工程，对应排水工程专业丙级资质。但容易忽视的是，排水工程专业丙级资质的设计任务范围仅限管道工程，该资质无法覆盖本项目的设计范围。从逻辑关系上分析，既然排水工程专业丙级仅能承接管道工程的设计，《市政行业建设项目设计规模划分表》又未对明渠单独制定明确的设计规模划分标准，那么对于明渠的设计工作，应至少需要排水工程专业乙级资质的设计单位才能够承担。该项目最终要求投标人具备工程设计市政行业（排水工程）乙级及以上资质，以确保覆盖明渠设计需求。因地方政策可能存在差异，在招标时应提前与监管部门进行沟通，确认明渠项目的具体归类标准。

【案例启示】

（1）全面掌握设计资质标准规定。当面对综合复杂的项目设计资质认定时，应深入分析并研读设计资质标准中的各项指标和备注说明，充分考虑各类建设项目的对应指标标准，避免资质设定错误。

（2）遵守资质范围覆盖原则。当设计规模划分标准无法覆盖建设项目内容时，该部分建设内容宜按照"就低不就高"的原则设定相应资质，避免限制、排斥潜在投标人。

【法律依据】

《工程设计资质标准》

三、承担业务范围

承担资质证书许可范围内的工程设计业务，承担与资质证书许可范围相应的建设工程总承包、工程项目管理和相关的技术、咨询与管理服务业务。承担业务的地区不受限制。

（一）工程设计综合甲级资质

承担各行业建设工程项目的设计业务，其规模不受限制；但在承接工程项目设计时，须满足本标准中与该工程项目对应的设计类型对专业及人员配置的要求。

承担其取得的施工总承包（施工专业承包）一级资质证书许可范围内的工程施工总承包（施工专业承包）业务。

（二）工程设计行业资质

1.甲级

承担本行业建设工程项目主体工程及其配套工程的设计业务，其规模不受限制。

2.乙级

承担本行业中、小型建设工程项目的主体工程及其配套工程的设计业务。

3.丙级

承担本行业小型建设项目的工程设计业务。

（三）工程设计专业资质

1.甲级

承担本专业建设工程项目主体工程及其配套工程的设计业务，其规模不受限制。

2.乙级

承担本专业中、小型建设工程项目的主体工程及其配套工程的设计业务。

3.丙级

承担本专业小型建设项目的设计业务。

4.丁级（限建筑工程设计）

略。

（四）工程设计专项资质

承担规定的专项工程的设计业务，具体规定见有关专项资质标准。

案例3　关于对单项工程理解不同引起争议的案例

【基本案情】

某市人民医院扩建项目，A栋为新建住院楼，层高12层，建筑面积2.8万平方米；B栋为新建医技楼，层高8层，建筑面积1.5万平方米；通过地上3层钢架连廊（长30米，宽6米）连接A栋与B栋的2～4层，内含消防通道及部分管线。A栋（住院）与B栋（检查/手术）需通过连廊实现患者转运，两栋建筑共用地下消防水池、泵房及火灾报警控制中心（设于A栋地下一层）。消防工程以暂估价形式包含在总承包招标范围内，现医院和总承包单位准备对消防工程进行二次招标，在设定消防设计单位资质时产生了争议，医院认为因两栋楼功能互补、共用核心消防设施，应按一个单项工程（总建筑面积4.3万平方米）设定资质；总承包单位认为A栋与B栋为独立建筑，应划分为两个单项工程，分别认定资质。

【问题提出】

（1）什么是单项工程？如何区分单项工程和单位工程？

（2）如何设定该项目的消防设计资质？

【问题分析】

（1）单项工程在《建设工程分类标准》中的定义是具有独立设计文件，能够独立发挥生产能力、使用效益的工程；《工程造价术语标准》定义单项工程是具有独立的设计文件，建成后能够独立发挥生产能力或使用功能的工程。上述标准对单项工程的定义大致相同，都强调了能够独立发挥生产能力、使用效益或使用功能。在建设项目中，单项工程的"生产能力"和"使用功能"是区分其核心功能的关键因素，"生产能力"指工程竣工后能够独立产出具体产品或服务的能力，通常与工业、制造、能源等领域相关，例如，汽车制造厂的总装车间年产15万辆整车，药厂的制剂车间年产1亿片药品，化工厂的化工车间年产10万吨聚乙烯；"使用功能"是指工程提供特定服务或空间的能力，满足使用需求，常见于民用、公共设施或基础设施项目，例如，写字楼提供办公功能，医院门诊楼提供医疗服务功能，过江隧道提供车辆通行功能。实际应用中判断单项工程只需满足"生产能力"或"使用功能"之一即可。需要说明的是，在工程领域，"生产能力"不仅指产出终端产品，也包括关键中间品的加工能力，例如，芯片厂的光刻车间产出晶圆，而非完整芯片，造纸厂的制浆车间产出纸浆，而非成品纸张，汽车制造厂的涂装车间产出涂装车身，而非完整车辆；"使用功能"强调工程在核心功能层面的独立性，而非要求其完全脱离其他设施运行，例如，地铁站的核心功能是乘客乘降与列车停靠，单座地铁站具备站台、售票机、安检设备、通风系统等，可独立完成乘客进出、购票、候车功能，若无轨道区间网络，地铁站无法运行列车，但站体本身仍可作为独立建筑使用。因此，判断单项工程的核心是功能独立性与产出完整性。

单位工程在《建设工程分类标准》中的定义是具备独立施工条件并能形成独立使用功能的建筑物及构筑物，是单项工程的组成部分；《工程造价术语标准》定义单位工程是具有独立的设计文件，能够独立组织施工，但不能独立发挥生产能力或使用功能的工程；《建筑工程施工质量验收统一标准》明确了具备独立施工条件并能形成独立使用功能的建筑物或构筑物为一个单位工程；《建设工程施工合同（示范文本）》将单位工程定义为具备独立施工条件并能形成独立使用功能的永久工程。通过比较不难发现，上述标准中对单位工程的定义存在一定的差异。有些解释恰恰相反，这主要是由于不同标准的制定目的和适用范围不同。《建设工程分类标准》主要用于建设工程前期策划、勘察、设计、招投标、施工、咨询等；《工程造价术语标准》主要用于建设工程造价管理活动；《建设工程施工合同（示范文本）》主要用于建设工程的施工承发包活动；《建筑工程施工质量验收统一标准》主要用于建筑工程施工质量验收。在不同标准定义下，单项工程和单位工程是相对变化的，例如，一栋办公楼包括建筑土建工程（含地基与基础工程、主体结构工程、建筑屋面工程、建筑装饰装修工程），建筑电气工程，建筑给排水工程，通风与空调工程，消防工程，电梯工程，建筑智能化工程。在《建设工程分类标准》和《工程造价术语标准》定义中，这栋办公楼通常是单项工程，而建筑土建工程、建筑电气工程、建筑给排水工程、通风与空调工程、消防工程、电梯工程和建筑智能化工程都属于单位工程；在《建设工程施工合同（示范文本）》和《建筑工程施工质量验收统一标准》定义中，这栋办公楼只能是一个单位工程（这两个标准中没有单项工程的概念），而地基与基础工程、主体结构工程、建筑屋面工程、建筑装饰装修工程、建筑电气工程、建筑给排水工程、通风与空调工程、消防工程、电梯工程和建筑智能化工程归类为分部工程或者分项工程。

　　《建设工程分类标准》和《工程造价术语标准》对单位工程"独立发挥使用功能"规定的不同主要是由不同标准在工程划分目的和应用场景上的差异造成的。《建设工程分类标准》从工程设计和施工的角度出发，对单位工程的划分更注重工程的功能性和技术性，强调单位工程能否形成独立的使用功能，便于工程的设计和施工。例如，在某建筑工程中，如果按照《建设工程分类标准》，电气工程作为一个单位工程，其设计和施工可以专注于电气系统的功能实现，而不需要过多考虑与其他单位工程的交叉问题。《工程造价术语标准》从造价管理的角度出发，对单位工程的划分更注重工程的经济性和管理性，弱化了单位工程的功能独立性，便于工程造价控制。例如，在某建筑工程中，如果按照《工程造价术语标准》，电气工程的成本核算可以更多地关注其施工过程（如电缆敷设、设备安装等），而不需要过多考虑其功能实现的复杂性，从而简化造价控制。需要说明的是，《建设工程分类标准》对单位工程定义的"形成独立使用功能"强调的是建筑物或构筑物在局部功能上的独立性，并非要求实现整体效益。例如，电气工程设计施工完成后可以实现照明功能即形成了独立使用功能，而非必须与其他机电安装工程协同工作，才称为实现独立使用功能。在实际工作中，可以根据具体的项目管理需求选择适用的标准。例如，在工程分类和设计阶段，可参考《建设工程分类标准》；在造价管理阶段，可参考《工程造价术语标准》；在施工质量验收阶段，可参考《建筑工程施工质量验收统一标准》。

　　（2）根据《消防设施工程专项设计规模划分表》，民用建筑设计规模按以下标准划分：大型单项工程建筑面积≥4万平方米；中型单项工程建筑面积为2万平方米～4万平方米；小型单项工程建筑面积≤2万平方米。按照《消防设施工程设计专项资质标准》规定，消防设施工程设计专项甲级资质承担消防设施工程专项设计项目的类型和规模不受限制，乙级资质可承担建筑规模为中型以下的工业与民用建筑的消防设施工程专项设计。由此可以看出，该项目消防设计资质的设定关键是判断通过连廊连接的A栋（住院楼）与B栋（医技楼）是属于一个单项工程还是两个单项工程。该项目的两栋建筑共用地下消防水池、泵房及火灾报警控制中心，只是表明三者属于同一规划和设计体系，需要协同设计，但并不能改变单项工程的划分逻辑。判断是一个单项工程还是两个单项工程，还是要看单项工程的定义。在本案例中，住院楼和医技楼通过连廊实现患者转运，貌似是一个整体，但本质上是协同运营。以医技楼为例，医技楼的核心功能是提供门诊手术、影像诊断、化验服务、紧急救治等技术支持服务，即使没有住院楼，它仍可完成门诊手术（如内镜检查等，患者术后不需要住院）、影像诊断（CT和MRI）、化验服务（直接为门诊或急诊患者提供服务）、紧急救治（如创伤手术等，术后患者可转入其他医院或临时观察区）。医技楼内配备手术室、麻醉设备、消毒系统、供电/供氧设施等，可独立完成门诊手术流程，不需要依赖住院楼的病房或护理单元。依赖住院楼的本质是流程衔接，而非功能缺失。服务协同不等于功能不独立，医技楼与住院楼的关系类似于发电厂与电网的关系，发电厂可独立发电（核心功能），但需电网输送电力（服务延伸）。因此，在通常情况下，医技楼和住院楼应视为两个单项工程，连廊作为附属设施，归属于其中一个主楼的单位工程（如"住院楼-连廊分部工程"）。该项目的住院楼建筑面积2.8万平方米，属于中型设计规模；医技楼建筑面积1.5万平方米，属于小型设计规模。因此，该项目的消防设计单位应要求具备消防设施工程设计专项乙级及以上资质。

【案例启示】

（1）在工程建设领域，清晰区分单项工程和单位工程，不仅是技术层面的分类，更是项目管理、招标采购、成本控制的重要基础。

（2）为了规避风险，对于特殊建筑单项工程数量的认定，必须提前与当地住房城乡建设部门沟通其划分规则，并确认相关验收备案要求。

【法律依据】

1)《建设工程分类标准》

2.0.5 单项工程 individual project

具有独立设计文件，能够独立发挥生产能力、使用效益的工程，是建设项目的组成部分，由多个单位工程构成。

2.0.6 单位工程 unit project

具备独立施工条件并能形成独立使用功能的建筑物及构筑物，是单项工程的组成部分，可分为多个分部工程。

2)《工程造价术语标准》

2.1.7 单项工程 Sectional Works

具有独立的设计文件，建成后能够独立发挥生产能力或使用功能的工程项目。

2.1.8 单位工程 Unit Works

具有独立的设计文件，能够独立组织施工，但不能独立发挥生产能力或使用功能的工程项目。

3)《建筑工程施工质量验收统一标准》

4.0.2 单位工程应按下列原则划分：

1 具备独立施工条件并能形成独立使用功能的建筑物或构筑物为一个单位工程；

2 对于规模较大的单位工程，可将其能形成独立使用功能的部分划分为一个子单位工程。

4)《建设工程施工合同（示范文本）》

1.1.3.4 单位工程：是指在合同协议书中指明的，具备独立施工条件并能形成独立使用功能的永久工程。

5)《消防设施工程设计专项资质标准》

三、承担业务范围

（一）甲级

承担消防设施工程专项设计的类型和规模不受限制。

（二）乙级

可承担建筑规模为中型以下的工业与民用建筑的消防设施工程专项设计。

案例4 关于对工程属性理解不同引起争议的案例

【基本案情】

某市江水源可再生能源站示范项目，总投资额6亿元，建筑面积10500平方米，建设地下一层能源站，取长江水作为空调冷热源，新能源装备主机14台，蓄能水池2.8万立方米，空调管道15千米，为200万平方米的办公区、商业区、酒店等提供空调冷热水，工期730日历天，采用公开招标。在设定施工单位资质时，招标人内部产生了争议，一种观点认为，该项目依据住房城乡建设部《建筑工程分类标准》，"配套能源站"属于工业建筑范畴，该项目以能源站房屋为主体建筑，管网等建设内容属于建筑配套工程，应属于建筑工程；另一种观点认为，能源系统及管网占了工程总投资额的70%以上，并且需与市政道路、地下管线协同施工，应属于市政工程。

【问题提出】

（1）如何认定该项目的工程属性？

（2）复合型项目如何设定资质？

【问题分析】

（1）结合项目背景分析，该能源站为200万平方米的办公区、商业区、酒店提供空调冷热水，应属于区域级供能系统，服务对象为城市公共建筑群（非单一主体），具有明显的市政基础设施属性。项目涉及能源生产、储运及管网输配，与市政热力、冷能系统高度关联，15千米的空调管道远超单一建筑配套需求，属于城市级输配管网，需与市政道路、地下管线协同施工。建设内容包括的能源站房屋（建筑面积10500平方米，含站房基坑工程、结构工程、建筑装饰装修工程，以及建筑给排水、建筑电气、建筑通风与空调、消防及防排烟、站房电梯等工程），虽然具备独立建筑物特征，但该项目实施目的是为城市公共建筑群提供区域性能源服务，核心功能是能源输配，能源站房仅为载体，因此，宜划为市政工程管理。

（2）该项目既包括站房部分，又包括管网及能源系统，属于复合型项目。站房属于建筑工程，管网及能源系统属于市政工程，因整体项目不可分割，宜按市政工程管理。如果该项目归类为建筑工程，结合《建筑业企业资质标准》中建筑工程施工资质的承包范围规定，管网就属于建筑配套工程，该项目要求投标人具备建筑工程施工总承包资质即可，可能造成无市政资质的施工单位无法处理地下管网，具有项目被责令停工并接受行政处罚的风险。需要说明的是，该项目虽然按市政工程管理，但并不意味着只能要求市政施工资质。要求何种施工资质，除考虑工程属性以外，还要看工程内容以及各类资质的承包工程范围说明。如果认为该项目属于市政工程，仅要求投标人具备市政公用工程施工总承包资质，依据《建筑业企业资质标准》中市政公用工程的承包范围说明，并没有建筑工程作为市政配套工程的说法，可能会造成将站房工程发包给不具备建筑资质单位的情形。因此，对于复合型项目（如市政＋建筑），可以要求投标人具有多个施工总承包资质。该项目供热面积达到200万平方米，超过市政公用工程施工总承包二级资质标准的承接范围（供热面积150万平方米以下的热力工程），管网及能源系统部分要求投标人具备市政公用工程施工总承包一级资质；站房部分建筑面积10500平方米，符合建筑工程施工总承包三级资质标准的承接范围，要求投标人具备建筑工程施工总承包三级及以上资质。至于招标人是否允许联合体投标，属于招标人自主决策的事项，如不接受联合体投标，在招标前应进行充分的市场调查，以避免以不合理条件限制、排斥潜在投标人。需要注意的是，对于要求多资质的项目，地方和行业对联合体投标有规定的，还应遵守相关规定。

【案例启示】

（1）招标前应准确判断工程属性，确保项目合规。判断工程属性是项目建设和管理中的关键环节，其核心目的是确保项目合规、高效推进，并规避法律和运营风险。

（2）正确理解工程属性的判断原则。工程属性的判断应遵循以项目核心功能（公共服务/单一主体）划分的原则，而非载体形式（建筑物）。若建筑与市政设施高度融合，可按主要工程量占比或公共利益属性进行归类。

（3）注意法律合规性要求，强化风险防控意识。不同工程属性可能对应不同的施工资质，资质不匹配会导致中标无效或遭到行政处罚。

【法律依据】

1)《中华人民共和国招标投标法》

第十八条　招标人可以根据招标项目本身的要求，在招标公告或者投标邀请书中，要求潜在投标人提供有关资质证明文件和业绩情况，并对潜在投标人进行资格审查；国家对投标人的资格条件有规定的，依照其规定。

招标人不得以不合理的条件限制或者排斥潜在投标人，不得对潜在投标人实行歧视待遇。

第十九条第一款　招标人应当根据招标项目的特点和需要编制招标文件。招标文件应当包括招标项目的技术要求、对投标人资格审查的标准、投标报价要求和评标标准等所有实质性要求和条件以及拟签订合同的主要条款。

2)《中华人民共和国招标投标法实施条例》

第二十三条　招标人编制的资格预审文件、招标文件的内容违反法律、行政法规的强制性规定，违反公开、公平、公正和诚实信用原则，影响资格预审结果或者潜在投标人投标的，依法必须进行招标的项目的招标人应当在修改资格预审文件或者招标文件后重新招标。

第三十二条第二款第（二）项　招标人有下列行为之一的，属于以不合理条件限制、排斥潜在投标人或者投标人：

（二）设定的资格、技术、商务条件与招标项目的具体特点和实际需要不相适应或者与合同履行无关；

第三十七条第一款　招标人应当在资格预审公告、招标公告或者投标邀请书中载明是否接受联合体投标。

第八十一条　依法必须进行招标的项目的招标投标活动违反招标投标法和本条例的规定，对中标结果造成实质性影响，且不能采取补救措施予以纠正的，招标、投标、中标无效，应当依法重新招标或者评标。

3)《中华人民共和国建筑法》

第二十六条　承包建筑工程的单位应当持有依法取得的资质证书，并在其资质等级许可的业务范围内承揽工程。

禁止建筑施工企业超越本企业资质等级许可的业务范围或者以任何形式用其他

建筑施工企业的名义承揽工程。禁止建筑施工企业以任何形式允许其他单位或者个人使用本企业的资质证书、营业执照，以本企业的名义承揽工程。

4)《建筑业企业资质标准》

建筑工程施工总承包资质标准中的"注"的第1条：建筑工程是指各类结构形式的民用建筑工程、工业建筑工程、构筑物工程以及相配套的道路、通信、管网管线等设施工程。工程内容包括地基与基础、主体结构、建筑屋面、装修装饰、建筑幕墙、附建人防工程以及给水排水及供暖、通风与空调、电气、消防、防雷等配套工程。

市政公用工程施工总承包资质标准中的"注"的第1条：市政公用工程包括给水工程、排水工程、燃气工程、热力工程、城市道路工程、城市桥梁工程、城市隧道工程（含城市规划区内的穿山过江隧道、地铁隧道、地下交通工程、地下过街通道）、公共交通工程、轨道交通工程、环境卫生工程、照明工程、绿化工程。

案例5 关于不同行业监理资质设定引起争议的案例

【基本案情】

某省级重点建设项目，其主要建设内容为新建输水干线28千米，配套新建取水闸、节制闸等。年引水量3100万立方米，渠道设计流量1.3立方米每秒。进水闸建筑物级别为3级，其他主要建筑物级别为4级，次要建筑物级别为5级，进水闸按50年一遇洪水设计。该项目监理招标范围包括施工全过程监理服务。在编制招标文件设定监理单位资质时，招标人内部产生了争议，一种观点认为，该项目应要求投标人具备工程监理综合资质或水利工程施工监理资质；另一种观点认为，工程监理综合资质不能代替水利工程施工监理资质，应要求投标人具备水利工程施工监理资质。

【问题提出】

（1）具备工程监理综合资质能否监理水利项目？

（2）水利工程施工监理资质应如何设定？

【问题分析】

（1）工程监理综合资质允许企业承接多个工程领域的监理业务，包括房屋建筑、市政、公路、水利水电等专业工程类别，理论上涵盖水利项目，《工程监理企业资质管理规定》明确指出，住房城乡建设部颁发的工程监理综合资质可承担所有专业工程类别的监理业务。但住房城乡建设部颁发的综合资质更侧重于"综合能力"，未对水利工程细分专业领域提出具体要求。水利工程涉及水库、堤坝、灌溉系统等，对监理企业的专业能力有更严格的要求。水利部明确指出，从事水利工程监理业务的单位必须根据《水利工程建设监理单位资质管理办法》取得水利部核发的专业资质，并在资质等级许可范围内承揽业务。水利部也明确答复住房城乡建设部颁发的工程监理综合资质不得从事水利工程监理业务。因此，在实际操作中，应遵循水利项目优先适用水利部规定的原则，根据《水利工程建设监理单位资质管理办法》，水利工程监理业务必须取得水利部颁发的相应资质，即使企业已具备住房城乡建设部颁发的综合资质，也需按水利部要求申请专业资质。

（2）根据《水利工程建设监理单位资质管理办法》，从事水利工程建设监理业务的单位必须取得水利部颁发的专业资质，并在资质等级许可范围内承揽业务。水利工程资质分为四个专业类别，分为水利工程施工监理、水土保持工程施工监理、机电及金属结构设备制造监理和水利工程建设环境保护监理，每个类别的资质等级有所不同，水利工程施工监理专业资质和水土保持工程施工监理专业资质分为甲级、乙级、丙级三个等级，机电及金属结构设备制造监理专业资质分为甲级、乙级两个等级，水利工程建设环境保护监理专业资质暂不分级。根据2021年水利部《关于开展水利工程建设监理单位资质行政许可有关工作的公告》，水利工程建设监理单位资质等级由原来的甲、乙、丙三级调整为甲、乙两级，丙级资质被取消，并不再受理新的丙级资质申请。根据《防洪标准》（GB 50201－2014）、《水利水电工程等级划分及洪水标准》（SL 252－2017）及《调水工程设计导则》（SL 430－2008）综合判断，本工程属Ⅳ等级小型工程，应要求监理单位具备水利工程监理乙级资质。若监理内容涉及多个专业（如施工＋环境保护），则必须同时具备相应水利专业资质。

【案例启示】

（1）遵守特殊行业优先原则。除住房城乡建设部负责审批的房建和市政工程领域的监理资质外，交通运输部负责公路工程和水运工程监理资质审批；水利部负责水利工程监理资质审批；国家能源局负责电力工程（包括火电、水电、风电、太阳能等能源项目）监理资质审批；国家铁路局负责铁路工程监理资质审批；工业和信息化部负责通信工程监理资质审批。不同行业部门对监理企业的要求存在差异，编制招标文件时要特别注意相关行业的特殊管理规定。

（2）正确识别资质适用范围及工程等级。在设定资质时，一定要清楚各类资质的适用范围及工程等级的核心指标要求，未取得特定行业的专业资质，或因资质级别设定错误而承接该类项目，可能面临合同无效、行政处罚等风险。

【法律依据】

1)《工程监理企业资质管理规定》

第四条　国务院住房城乡建设主管部门负责全国工程监理企业资质的统一监督管理工作。国务院铁路、交通、水利、信息产业、民航等有关部门配合国务院住房城乡建设主管部门实施相关资质类别工程监理企业资质的监督管理工作。

省、自治区、直辖市人民政府住房城乡建设主管部门负责本行政区域内工程监理企业资质的统一监督管理工作。省、自治区、直辖市人民政府交通、水利、信息产业等有关部门配合同级住房城乡建设主管部门实施相关资质类别工程监理企业资质的监督管理工作。

第八条第一款第（一）项　工程监理企业资质相应许可的业务范围如下：

（一）综合资质

可以承担所有专业工程类别建设工程项目的工程监理业务。

2)《水利工程建设监理规定》

第七条　监理单位应当按照水利部的规定，取得《水利工程建设监理单位资质等级证书》，并在其资质等级许可的范围内承揽水利工程建设监理业务。

3)《水利工程建设监理单位资质管理办法》

第三条　从事水利工程建设监理业务的单位，应当按照本办法取得资质，并在资质等级许可的范围内承揽水利工程建设监理业务。

第六条　监理单位资质分为水利工程施工监理、水土保持工程施工监理、机电及金属结构设备制造监理和水利工程建设环境保护监理四个专业。其中，水利工程施工监理专业资质和水土保持工程施工监理专业资质分为甲级、乙级和丙级三个等级，机电及金属结构设备制造监理专业资质分为甲级、乙级两个等级，水利工程建设环境保护监理专业资质暂不分级。

案例6　关于同一项目经理参加不同项目招标后同时中标引起争议的案例

【基本案情】

某市公共资源交易平台发布了两个项目的招标公告，分别为市第一中学新校区建设项目（以下称新校区建设项目）和市人民医院扩建项目（以下称医院扩建项目），招标公告中均要求"拟派项目经理未担任其他在施建设工程项目的项目经理"。两个项目于同一天发布了中标候选人公示，在公示期间，有投标人就评标结果同时向两个项目的招标人提出异议，称新校区建设项目和医院扩建项目的第一中标候选人均为A建筑公司，且拟派项目经理均为李某，认为按照规定，李某不能同时成为两个项目的项目经理，主张应取消A建筑公司两个项目的中标资格。

【问题提出】

（1）同一建造师是否可以同时参加不同项目的投标？

（2）同一项目经理同时中标两个项目该如何处理？

【案例分析】

（1）该项目招标文件要求，拟派项目经理未担任其他在施建设工程项目的项目经理，根据《注册建造师管理规定》第二十一条规定，注册建造师不得同时在两个及两个以上的建设工程项目上担任施工单位项目负责人。A建筑公司同时参与两个项目的投标，且都被列为第一中标候选人，拟派项目经理都是李某，按照正常程序，公示结束后A建筑公司就会被同时确定为新校区建设项目和医院扩建项目的中标人。A建筑公司这一行为似乎违反了上述规定，但根据《注册建造师管理规定》，注册建造师不得同时担任两个及以上施工项目负责人，并未明确禁止其在投标阶段同时参与多个项目。在投标截止时间前，李某未在其他在施建设工程项目担任项目经理，且在中标候选人公示时，李某未实际同时承接两个项目。综上所述，A建筑公司的投标行为未违反招标文件和《注册建造师管理规定》的相关规定，同一建造师可以同时参加不同项目的投标。

需要指出的是，如果投标人同时参与两个不同项目，拟派项目经理为同一人，并且都承诺该项目经理只承担本工程施工，那么这种行为可能构成虚假承诺，有被取消中标资格的风险。

（2）根据《注册建造师执业管理办法》（试行）第九条规定，同一工程相邻分段发包或分期施工的，允许注册建造师同时担任两个及以上建设工程施工项目负责人，该案例中的两个项目明显不属于上述情形。如果其中一个招标人同意更换项目经理，理论上可以解决同一建造师同时中标两个项目的问题，但需要满足一定的条件和程序：一是更换后的项目经理须符合招标文件要求的资格，且资历不低于原项目经理的条件；二是更换项目经理不得对项目的实施造成不利影响；三是更换项目经理的情况需向监管部门备案。如果两个项目的招标人均不同意更换项目经理，投标人只有通过放弃其中一个项目的中标资格来消除影响，但投标人可能承担投标保证金不予退还的风险。

【案例启示】

（1）投标人应尽量避免在投标阶段将同一建造师同时列为多个项目的项目经理，以避免引发争议。如果出现争议，则应积极配合调查，并采取有效措施消除潜在利益冲突。

（2）投标人在投标过程中应严格遵守法律法规，如实提供信息，避免作出无法履行的承诺，以维护招标投标活动的公平性和诚实信用原则。

【法律依据】

1）《中华人民共和国招标投标法实施条例》

第五十五条 国有资金占控股或者主导地位的依法必须进行招标的项目，招标人应当确定排名第一的中标候选人为中标人。排名第一的中标候选人放弃中标、因不可抗力不能履行合同、不按照招标文件要求提交履约保证金，或者被查实存在影

响中标结果的违法行为等情形，不符合中标条件的，招标人可以按照评标委员会提出的中标候选人名单排序依次确定其他中标候选人为中标人，也可以重新招标。

2)《注册建造师管理规定》

第二十一条第二款　注册建造师不得同时在两个及两个以上的建设工程项目上担任施工单位项目负责人。

3)《注册建造师执业管理办法》（试行）

第九条　注册建造师不得同时担任两个及以上建设工程施工项目负责人。发生下列情形之一的除外：

（一）同一工程相邻分段发包或分期施工的；

（二）合同约定的工程验收合格的；

（三）因非承包方原因致使工程项目停工超过120天（含），经建设单位同意的。

第十条　注册建造师担任施工项目负责人期间原则上不得更换。如发生下列情形之一的，应当办理书面交接手续后更换施工项目负责人：

（一）发包方与注册建造师受聘企业已解除承包合同的；

（二）发包方同意更换项目负责人的；

（三）因不可抗力等特殊情况必须更换项目负责人的。

第二章
招 标

32. 招标方式有哪几种？谈判、比选等是否属于招标？

招标方式分为公开招标和邀请招标两种，谈判、比选等不属于招标。

【问题分析】

根据《招标投标法》第十条规定，招标分为公开招标和邀请招标。公开招标，是指招标人以招标公告的方式邀请不特定的法人或者其他组织投标；邀请招标，是指招标人以投标邀请书的方式邀请特定的法人或者其他组织投标。《招标投标法》及《招标投标法实施条例》明确了公开招标和邀请招标的适用范围。国有资金占控股或者主导地位的依法必须进行招标的项目，应当公开招标；技术复杂、有特殊要求或者受自然环境限制，只有少量潜在投标人可供选择或采用公开招标方式的费用占项目合同金额的比例过大的可以采用邀请招标。另外，国家重点项目和省级重点项目应采用公开招标，若不适宜采用公开招标的，经批准可以采用邀请招标。

按照《国有企业采购操作规范（2023版）》，国有企业采购方式主要包括自愿公开招标、自愿邀请招标、询价采购、比选采购、合作谈判、竞争谈判、单源直接采购和多源直接采购，国有企业工程项目宜选用自愿公开招标、自愿邀请招标、比选采购方式、竞争谈判和单源直接采购。按照《非招标方式采购代理服务规范》，非招标采购方式分为谈判采购、询比采购、竞价采购、直接采购4种，采用框架协议采购组织形式。

对于国有企业非依法必须进行招标的项目采购方式，因国有企业类型、行业等的差异，目前尚无统一的文件和制度规范所有国有企业的采购活动，大部分国有企业会参照《招标投标法》《国有企业采购操作规范》《非招标方式采购代理服务规范》中规定的采购方式和采购程序，制定符合企业自身管理需要的内部采购管理制度。主管部门对于部分国有企业的采购行为发文予以规范，例如，财政部发布的《国有金融企业集中采购管理暂行规定》规定了国有金融企业集中采购可以采用公开招标、邀请招标、竞争性谈判、竞争性磋商、单一来源采购、询价，以及有关管理部门认定的其他采购方式；国务院国资委、国家发展改革委发布的《关于规范中央企业采购管理工作的指导意见》规定，对于不属于工程建设项目的采购活动，未达到《必须招标的工程项目规定》所规定的招标规模标准的工程建设采购项目，以及国家招标投标相关法律法规明确可以不进行招标的项目，中央企业除自愿采取招标方式外，应当选择询比采购、竞价采购、谈判采购、直接采购四种方式之一进行，并规定了各种方式的适用条件。

【法律依据】

1)《中华人民共和国招标投标法》

第十条　招标分为公开招标和邀请招标。

公开招标，是指招标人以招标公告的方式邀请不特定的法人或者其他组织投标。

邀请招标，是指招标人以投标邀请书的方式邀请特定的法人或者其他组织投标。

第十一条　国务院发展计划部门确定的国家重点项目和省、自治区、直辖市人民政府确定的地方重点项目不适宜公开招标的，经国务院发展计划部门或者省、自治区、直辖市人民政府批准，可以进行邀请招标。

2)《中华人民共和国招标投标法实施条例》

第八条　国有资金占控股或者主导地位的依法必须进行招标的项目，应当公开招标；但有下列情形之一的，可以邀请招标：

（一）技术复杂、有特殊要求或者受自然环境限制，只有少量潜在投标人可供选择；

（二）采用公开招标方式的费用占项目合同金额的比例过大。

3)《国有企业采购操作规范（2023版）》

6 采购方式

6.1采购方式的分类

采购方式的分类为：

a）对于适宜招标采购的项目，按采购对象的公开程度，分为自愿公开招标、自愿邀请招标两种采购方式；

b）对于部分满足招标条件的简单、小额的项目，按评"价"或评"标"的不同，分为询价、比选两种采购方式，其中，比选采购也称竞标、议标、比质比价；

c）对于需要和供应商沟通、谈判采购的项目，按长期战略采购和非战略采购的需要，分为合作谈判、竞争谈判两种采购方式；

d）对于市场供应特殊的项目，按市场的不同情形，分为单源直接采购和多源直接采购两种采购方式。

4）《国有金融企业集中采购管理暂行规定》

第十八条 国有金融企业集中采购可以采用公开招标、邀请招标、竞争性谈判、竞争性磋商、单一来源采购、询价，以及有关管理部门认定的其他采购方式。

5）《关于规范中央企业采购管理工作的指导意见》

二、合理选择采购方式

对于《中华人民共和国招标投标法》《中华人民共和国招标投标法实施条例》《工程建设项目施工招标投标办法》等明确规定必须采取招标方式采购的项目，中央企业应当严格执行。对于不属于工程建设项目的采购活动，未达到《必须招标的工程项目规定》（国家发展改革委令2018年第16号）所规定的招标规模标准的工程建设采购项目，以及国家招标投标相关法律法规明确可以不进行招标的项目，中央企业除自愿采取招标方式外，应当选择下列四种方式之一进行。

（一）询比采购。

询比采购是指由3个及以上符合资格条件的供应商一次报出不得更改的价格，经评审确定成交供应商的采购方式。

适用条件为同时满足以下三种情形：一是采购人能够清晰、准确、完整地提出采购需求；二是采购标的物的技术和质量标准化程度较高；三是市场资源较丰富、竞争充分，潜在供应商不少于3家。

（二）竞价采购。

竞价采购是指由3个及以上符合资格条件的供应商在规定时间内多轮次公开竞争报价，按照最终报价确定成交供应商的采购方式。

适用条件为同时满足以下四种情形：一是采购人能够清晰、准确、完整地提出采购需求；二是采购标的物的技术和质量标准化程度较高；三是采购标的物以价格竞争为主；四是市场资源较丰富、竞争充分，潜在供应商不少于3家。

（三）谈判采购。

谈判采购是指同时与2个及以上符合资格条件的供应商分别进行一轮或多轮谈判，经评审确定成交供应商的竞争采购方式。

适用条件为满足以下情形之一：一是采购标的物技术复杂或性质特殊，采购方不能准确提出采购需求，需与供应商谈判后研究确定；二是采购需求明确，但有多种实施方案可供选择，采购人需通过与供应商谈判确定实施方案；三是市场供应资源缺乏，符合资格条件供应商只有2家；四是采购由供需双方以联合研发、共担风险模式形成的原创性商品或服务。

（四）直接采购。

直接采购是指与特定的供应商进行一轮或多轮商议，根据商议情况确定成交供应商的非竞争采购方式。

适用条件为满足以下情形之一：一是涉及国家秘密、国家安全或企业重大商业秘密，不适宜竞争性采购；二是因抢险救灾、事故抢修等不可预见的特殊情况需要紧急采购；三是需采用不可替代的专利或者专有技术；四是需向原供应商采购，否则将影响施工或者功能配套要求；五是有效供应商有且仅有1家；六是为保障重点战略物资稳定供应，需签订长期协议定向采购；七是国家有关部门文件明确的其他情形。

此外，对于围绕核心主业需集团内相关企业提供必要配套产品或服务的情形，如确需采用直接采购方式，应当由集团总部采取有效措施，加强集中管理，采购人分级履行决策程序后报上级企业备案。

33. 编制资格预审文件和招标文件是否必须使用标准文本？

对于依法必须进行招标的项目，招标人编制资格预审文件和招标文件时，应当使用国务院发展改革部门会同有关行政监督部门制定的标准文本，地方和行业有规定的从其规定；对于非依法必须进行招标的项目，招标人可以参照标准文本制定企业内部的资格预审文件和招标文件。

【问题分析】

对于依法必须进行招标的项目，根据《招标投标法实施条例》第十五条规定，编制资格预审文件和招标文件应当使用国务院发展改革部门会同有关行政监督部门制定的标准文本。国务院发展改革部门会同有关行政监督部门发布了《标准勘察招标文件》《标准设计招标文件》《标准施工招标资格预审文件》《标准施工招标文件》《简明标准施工招标文件》《标准监理招标文件》《标准设备采购招标文件》《标准材料采购招标文件》《标准设计施工总承包招标文件》等9个标准文本。在国家标准文本的基础上，各地区和行业结合自身实际情况及行业特点，制定了各自地区和行业的标准文本，例如，交通运输部发布了《公路工程标准勘察设计招标文件》《公路工程标准勘察设计招标资格预审文件》《公路工程标准施工监理招标文件》《公路工程标准施工监理招标资格预审文件》等标准文本，湖北省发布了《湖北省房屋建筑和市政工程施工招标资格预审文件示范文本》《湖北省房屋建筑和市政工程施工招标文件示范文本》等标准文本。标准招标文件的编制施行有利于进一步统一我国各个行业的招标投标规则，促进形成统一开放和竞争有序的招标投标市场；有利于提高资格预审文件和招标文件的编制质量和效率，进一步规范招标投标活动；有利于衔接我国各项投资和建设管理制度，发挥制度的整体优势；有利于提高资格预审文件和招标文件编制的透明度，预防和遏制腐败。

依法必须进行招标的项目，使用标准文本时应注意以下要求：一是标准资格预审文件中的申请人须知和资格审查办法正文部分，以及标准招标文件中的投标人须知正文、评标办法正文和通用合同条款均应不加修改地直接引用；二是"专用合同条款"可对"通用合同条款"进行补充、细化，专用合同条款不得违反法律、行政法规的强制性规定，以及平等、自愿、公平和诚实信用原则，否则相关内容无效；三是招标人应结合招标项目具体特点和实际需要编制填写"投标人须知前附表"和"评标办法前附表"，但是前附表的填写内容不得与相关正文内容相抵触，否则抵触内容无效。

对于非依法必须进行招标的项目，相关法律法规没有强制要求使用标准文本。行政监督部门制定的标准文本具有一定的权威性和规范性，其在招标程序、评标标准、合同条款等方面的规定可以为非依法必须进行招标的项目提供很好的参考。在实际操作中，对于非依法必须进行招标的项目，招标人可以根据项目实际情况，参照行政监督部门制定的标准文本对部分内容进行修改和补充，制定企业内部的资格预审文件和招标文件，而且企业是根据自身的采购政策、管理要求和以往的项目经验等制定的文件，通常更能体现企业的个性化需求。

需要注意的是，对于非依法必须进行招标的项目，采用招标方式的，不管是否使用标准文本，必须确保文本内容符合《招标投标法》及《招标投标法实施条例》等相关法律法规的规定，不得设置违反法律法规的条款，如限制或排斥潜在投标人、设置不合理的评标标准等。

【法律依据】

1)《中华人民共和国招标投标法》

第十八条第二款　招标人不得以不合理的条件限制或者排斥潜在投标人，不得对潜在投标人实行歧视待遇。

第十九条第一款　招标人应当根据招标项目的特点和需要编制招标文件。招标文件应当包括招标项目的技术要求、对投标人资格审查的标准、投标报价要求和评标标准等所有实质性要求和条件以及拟签订合同的主要条款。

第二十条　招标文件不得要求或者标明特定的生产供应者以及含有倾向或者排斥潜在投标人的其他内容。

2)《中华人民共和国招标投标法实施条例》

第十五条第四款　编制依法必须进行招标的项目的资格预审文件和招标文件，应当使用国务院发展改革部门会同有关行政监督部门制定的标准文本。

34. 公开招标项目的招标公告内容包含哪些?

招标公告应当载明招标人的名称和地址、招标项目的性质、数量、实施地点和时间，以及获取招标文件的办法等事项，并要求潜在投标人提供有关资质证明文件和业绩情况。

【问题分析】

招标公告是指招标人以公开方式邀请不特定的潜在投标人就某一项目进行投标

的明确的意思表示。公开招标的招标信息必须通过公告的途径予以通告，使所有合格的投标人都有同等的机会了解招标要求，以形成尽可能广泛的竞争局面。可以说，发布招标公告是公开招标的第一步，也是决定投标竞争的广泛程度和确保招标质量的关键性的一步。同时，招标公告的发布方式对信息能否广泛传播也起着决定性的作用，直接影响招标公告的发布效果，因此，招标公告发布的内容应满足相关要求。

对于依法必须进行招标的项目，根据《招标公告和公示信息发布管理办法》，招标公告应当载明的内容包括：招标项目名称、内容、范围、规模、资金来源；投标资格能力要求，以及是否接受联合体投标；获取资格预审文件或招标文件的时间、方式；递交资格预审文件或投标文件的截止时间、方式；招标人及其招标代理机构的名称、地址、联系人及联系方式；采用电子招标投标方式的，应提供潜在投标人访问电子招标投标交易平台的网址和方法。

对于工程建设项目货物招标，招标公告应当至少包括招标人的名称和地址；招标货物的名称、数量、技术规格、资金来源；交货的地点和时间；文件获取及递交的地点和时间；对投标人的资格要求等。

对于工程建设项目施工招标，招标公告应当至少包括招标人的名称和地址；招标项目的内容、规模、资金来源；建设地点和工期；文件获取及递交的地点和时间；对投标人的资质等级要求等。

对于机电产品国际招标，招标公告应当至少包括招标项目名称、资金情况；招标人或招标机构名称、地址和联系方式；产品的名称、数量、简要技术规格；文件获取及递交的地点、时间等；对投标人的资格要求等。

同时，招标公告发布时应注意以下几点：一是对于依法必须进行招标的项目，应在规定的媒介上发布；二是招标文件或资格预审文件发售期不得少于5日；三是资格预审文件和招标文件的收费不得以营利为目的；四是不得有限制或排斥潜在投标人的情形。

【法律依据】

1)《中华人民共和国招标投标法》

第十六条 招标人采用公开招标方式的，应当发布招标公告。依法必须进行招标的项目的招标公告，应当通过国家指定的报刊、信息网络或者其他媒介发布。

招标公告应当载明招标人的名称和地址、招标项目的性质、数量、实施地点和时间以及获取招标文件的办法等事项。

第十八条 招标人可以根据招标项目本身的要求，在招标公告或者投标邀请书中，要求潜在投标人提供有关资质证明文件和业绩情况，并对潜在投标人进行资格审查；国家对投标人的资格条件有规定的，依照其规定。

招标人不得以不合理的条件限制或者排斥潜在投标人，不得对潜在投标人实行歧视待遇。

2)《招标公告和公示信息发布管理办法》

第五条 依法必须招标项目的资格预审公告和招标公告，应当载明以下内容：

（一）招标项目名称、内容、范围、规模、资金来源；

（二）投标资格能力要求，以及是否接受联合体投标；

（三）获取资格预审文件或招标文件的时间、方式；

（四）递交资格预审文件或投标文件的截止时间、方式；

（五）招标人及其招标代理机构的名称、地址、联系人及联系方式；

（六）采用电子招标投标方式的，潜在投标人访问电子招标投标交易平台的网址和方法；

（七）其他依法应当载明的内容。

3)《工程建设项目货物招标投标办法》

第十三条 招标公告或者投标邀请书应当载明下列内容：

（一）招标人的名称和地址；

（二）招标货物的名称、数量、技术规格、资金来源；

（三）交货的地点和时间；

（四）获取招标文件或者资格预审文件的地点和时间；

（五）对招标文件或者资格预审文件收取的费用；

（六）提交资格预审申请书或者投标文件的地点和截止日期；

（七）对投标人的资格要求。

4)《工程建设项目施工招标投标办法》

第十四条 招标公告或者投标邀请书应当至少载明下列内容：

（一）招标人的名称和地址；

（二）招标项目的内容、规模、资金来源；

（三）招标项目的实施地点和工期；

（四）获取招标文件或者资格预审文件的地点和时间；

（五）对招标文件或者资格预审文件收取的费用；

（六）对投标人的资质等级的要求。

5）《机电产品国际招标投标实施办法（试行）》

第十五条 资格预审公告、招标公告或者投标邀请书应当载明下列内容：

（一）招标项目名称、资金到位或资金来源落实情况；

（二）招标人或招标机构名称、地址和联系方式；

（三）招标产品名称、数量、简要技术规格；

（四）获取资格预审文件或者招标文件的地点、时间、方式和费用；

（五）提交资格预审申请文件或者投标文件的地点和截止时间；

（六）开标地点和时间；

（七）对资格预审申请人或者投标人的资格要求。

35. 依法必须进行招标的项目的招标公告发布媒介有哪些？

依法必须进行招标的项目的招标公告和公示信息应当在"中国招标投标公共服务平台"或者项目所在地省级电子招标投标公共服务平台发布。此外，与发布媒介进行了交互同步的电子招标投标交易平台也可以发布依法必须进行招标项目的招标公告和公示信息。

【问题分析】

根据《招标投标法》第十六条规定，依法必须进行招标的项目的招标公告，应当通过国家指定的报刊、信息网络或者其他媒介发布。《招标投标法实施条例》第十五条进一步明确了依法必须进行招标的项目的资格预审公告和招标公告，应当在国务院发展改革部门依法指定的媒介发布。

根据《招标公告和公示信息发布管理办法》第八条规定，依法必须招标的项目的招标公告和公示信息应当在"中国招标投标公共服务平台"或者项目所在地省级电子招标投标公共服务平台发布，省级电子招标投标公共服务平台应当与"中国招标投标公共服务平台"对接，按规定同步交互招标公告和公示信息。同时，该办法第十一条规定了依法必须招标项目的招标公告和公示信息鼓励通过电子招标投标交易平台录入后交互至发布媒介核验发布，因此与发布媒介进行了交互同步的电子招标投标交易平台也可以发布依法必须进行招标的项目的招标公告和公示信息。

为吸引更多的潜在投标人投标，同一招标项目的资格预审公告或者招标公告，可以在两个以上媒介发布，其中至少有一个媒介应当是国家指定的平台。在此情况下，不同媒介发布的公告内容应当相同，以保证潜在投标人获取相同的信息。在实际操作中，影响潜在投标人是否申请资格预审或者参加投标的公告内容主要有：资金来源、招标内容、计划工期、投标人的资格要求、投标截止时间等。如果不同媒介发布公告的内容不一致，则会造成不同的潜在投标人获取不同的信息，影响潜在投标人申请资格预审或者投标，实质上构成了偏袒或者排斥潜在投标人的行为，影响公平竞争，根据《招标投标法》及《招标投标法实施条例》的规定，招标人会被有关行政监督部门责令改正，可以处一万元以上五万元以下的罚款。

【法律依据】

1)《中华人民共和国招标投标法》

第十六条　招标人采用公开招标方式的，应当发布招标公告。依法必须进行招标的项目的招标公告，应当通过国家指定的报刊、信息网络或者其他媒介发布。

招标公告应当载明招标人的名称和地址、招标项目的性质、数量、实施地点和时间以及获取招标文件的办法等事项。

第五十一条　招标人以不合理的条件限制或者排斥潜在投标人的，对潜在投标人实行歧视待遇的，强制要求投标人组成联合体共同投标的，或者限制投标人之间竞争的，责令改正，可以处一万元以上五万元以下的罚款。

2)《中华人民共和国招标投标法实施条例》

第十五条第三款　依法必须进行招标的项目的资格预审公告和招标公告，应当在国务院发展改革部门依法指定的媒介发布。在不同媒介发布的同一招标项目的资格预审公告或者招标公告的内容应当一致。指定媒介发布依法必须进行招标的项目的境内资格预审公告、招标公告，不得收取费用。

第六十三条 招标人有下列限制或者排斥潜在投标人行为之一的，由有关行政监督部门依照招标投标法第五十一条的规定处罚：

（一）依法应当公开招标的项目不按照规定在指定媒介发布资格预审公告或者招标公告；

（二）在不同媒介发布的同一招标项目的资格预审公告或者招标公告的内容不一致，影响潜在投标人申请资格预审或者投标。

依法必须进行招标的项目的招标人不按照规定发布资格预审公告或者招标公告，构成规避招标的，依照招标投标法第四十九条的规定处罚。

3)《招标公告和公示信息发布管理办法》

第八条 依法必须招标项目的招标公告和公示信息应当在"中国招标投标公共服务平台"或者项目所在地省级电子招标投标公共服务平台（以下统一简称"发布媒介"）发布。

第九条 省级电子招标投标公共服务平台应当与"中国招标投标公共服务平台"对接，按规定同步交互招标公告和公示信息。对依法必须招标项目的招标公告和公示信息，发布媒介应当与相应的公共资源交易平台实现信息共享。

"中国招标投标公共服务平台"应当汇总公开全国招标公告和公示信息，以及本办法第八条规定的发布媒介名称、网址、办公场所、联系方式等基本信息，及时维护更新，与全国公共资源交易平台共享，并归集至全国信用信息共享平台，按规定通过"信用中国"网站向社会公开。

第十一条 依法必须招标项目的招标公告和公示信息鼓励通过电子招标投标交易平台录入后交互至发布媒介核验发布，也可以直接通过发布媒介录入并核验发布。

按照电子招标投标有关数据规范要求交互招标公告和公示信息文本的，发布媒介应当自收到起12小时内发布。采用电子邮件、电子介质、传真、纸质文本等其他形式提交或者直接录入招标公告和公示信息文本的，发布媒介应当自核验确认起1个工作日内发布。核验确认最长不得超过3个工作日。

招标人或其招标代理机构应当对其提供的招标公告和公示信息的真实性、准确性、合法性负责。发布媒介和电子招标投标交易平台应当对所发布的招标公告和公示信息的及时性、完整性负责。

发布媒介应当按照规定采取有效措施，确保发布招标公告和公示信息的数据电文不被篡改、不遗漏和至少10年内可追溯。

36.非依法必须进行招标的项目的招标公告发布媒介有何要求？

对于非依法必须进行招标的项目的招标公告，相关法律法规没有明确指定发布媒介，招标人可自行决定。

【问题分析】

根据《招标公告和公示信息发布管理办法》第八条规定，依法必须进行招标的项目的招标公告和公示信息应当在"中国招标投标公共服务平台"或者项目所在地省级电子招标投标公共服务平台发布。而对于非依法必须进行招标的项目的招标公告发布媒介，法律法规并无相关规定，招标人可自主选择发布媒介，例如，可选择自有平台（招标人或招标代理机构企业官网、微信公众号等），商业媒体（如行业网站、第三方招标信息平台，以及地方性报纸、行业期刊等），区域性平台（如地方公共资源交易网或省级电子招标投标公共服务平台），全国性平台（中国招标投标公共服务平台）。

虽然对于非依法必须进行招标的项目，招标人有较大的自主权，但需要注意两点：一是在多个媒介发布，信息内容需完全一致，以免误导潜在投标人；二是避免选择小众媒介，导致潜在投标人难以获取信息，影响竞争充分性。

【法律依据】

1）《中华人民共和国招标投标法实施条例》

第十五条第三款 依法必须进行招标的项目的资格预审公告和招标公告，应当在国务院发展改革部门依法指定的媒介发布。在不同媒介发布的同一招标项目的资格预审公告或者招标公告的内容应当一致。指定媒介发布依法必须进行招标的项目的境内资格预审公告、招标公告，不得收取费用。

第六十三条 招标人有下列限制或者排斥潜在投标人行为之一的，由有关行政监督部门依照招标投标法第五十一条的规定处罚：

（一）依法应当公开招标的项目不按照规定在指定媒介发布资格预审公告或者招标公告；

（二）在不同媒介发布的同一招标项目的资格预审公告或者招标公告的内容不一致，影响潜在投标人申请资格预审或者投标。

依法必须进行招标的项目的招标人不按照规定发布资格预审公告或者招标公告，构成规避招标的，依照招标投标法第四十九条的规定处罚。

2)《招标公告和公示信息发布管理办法》

第八条 依法必须招标项目的招标公告和公示信息应当在"中国招标投标公共服务平台"或者项目所在地省级电子招标投标公共服务平台（以下统一简称"发布媒介"）发布。

37. 招标文件发售时间是否必须选择在工作日？

招标文件发售时间不是必须选择在工作日，但是不得故意利用节假日安排发售，限制、排斥潜在投标人。

【问题分析】

根据《招标投标法实施条例》第十六条规定，招标文件的发售期不得少于5日。上述规定明确了招标文件发售期的最短时限，但并未明确规定发售时间必须选择在工作日。因此，招标文件发售时间不是必须选择在工作日。

招标文件发售期采用日历天而非工作日主要是为了提高效率。但是，招标人不得故意利用节假日，尤其是"黄金周"的长假发售资格预审文件或者招标文件，特别是发售期的最后一天应当回避节假日，否则将在事实上构成限制、排斥潜在投标人行为，并且也有违招标投标活动应当遵循的诚实信用原则。根据《民法典》第二百零三条规定，期间的最后一日是法定休假日的，以法定休假日结束的次日为期间的最后一日。因此，招标文件发售截止时间应设置在工作日。

招标文件是潜在投标人了解项目信息、编制投标文件的重要依据，在实际操作中，安排招标文件发售时间时应尽量考虑潜在投标人的工作时间和获取文件的便利性。虽然法律没有明确规定发售时间必须选择在工作日，但安排在工作日更便于潜在投标人获取文件。

【法律依据】

1)《中华人民共和国招标投标法》

第二十四条 招标人应当确定投标人编制投标文件所需要的合理时间；但是，依法必须进行招标的项目，自招标文件开始发出之日起至投标人提交投标文件截止之日止，最短不得少于二十日。

2)《中华人民共和国招标投标法实施条例》

第十六条第一款 招标人应当按照资格预审公告、招标公告或者投标邀请书规定的时间、地点发售资格预审文件或者招标文件。资格预审文件或者招标文件的发售期不得少于5日。

3)《工程建设项目施工招标投标办法》

第十五条第一款 招标人应当按招标公告或者投标邀请书规定的时间、地点出售招标文件或资格预审文件。自招标文件或者资格预审文件出售之日起至停止出售之日止，最短不得少于五日。

4)《工程建设项目货物招标投标办法》

第十四条第一款 招标人应当按照资格预审公告、招标公告或者投标邀请书规定的时间、地点发售招标文件或者资格预审文件。自招标文件或者资格预审文件发售之日起至停止发售之日止，最短不得少于五日。

5)《工程建设项目勘察设计招标投标办法》

第十二条 招标人应当按照资格预审公告、招标公告或者投标邀请书规定的时间、地点出售招标文件或者资格预审文件。自招标文件或者资格预审文件出售之日起至停止出售之日止，最短不得少于五日。

38. 资格审查方式有哪几种？

资格审查方式包括资格预审和资格后审，其中，资格预审按审查方法又可分为合格制和有限数量制。

【问题分析】

资格审查是指招标人对资格预审申请人或投标人的经营资格、专业资质、财务状况、技术能力、管理能力、业绩、信誉等方面进行评估审查，以判定其是否具有参与投标和履行合同的资格及能力的过程。资格审查方式包括资格预审和资格后审。

资格预审是指在投标前对潜在投标人进行的资格审查。由招标人组建的资格审查委员会按照资格预审文件规定的资格条件、标准和方法，对潜在投标人的资格和履行合同的能力等进行审查，确定符合条件的潜在投标人。资格预审的目的是筛选出满足招标项目所需资格、能力和有参与招标项目投标意愿的潜在投标人，最大限度地调动投标人的积极性，挖掘其潜能，提高竞争效果。对潜在投标人数量过多或者大型、复杂等单一特征明显的项目，以及投标文件编制成本高的项目，资格预审还可以有效降低招投标的社会成本，提高评标效率。

资格预审按审查方法通常分为合格制和有限数量制。

合格制资格预审是按照资格预审文件载明的审查因素和审查标准对潜在投标人的资格条件进行符合性审查，凡通过资格审查且认定为合格的潜在投标人均有资格获得招标文件并参与投标竞争。这种方式有利于招标人获得更加充分的社会竞争，吸引更多符合资格条件的潜在投标人参与，但可能出现参与的投标人数量较多，增加招投标成本的情况。

有限数量制资格预审会规定通过资格预审的人数，通过资格预审的潜在投标人不得超过规定的数量。当通过资格预审的潜在投标人不少于3个且没有超过资格预审文件规定的数量时，则代表潜在投标人均通过资格预审，不再进行评分；当通过资格预审的潜在投标人数量超过资格预审文件规定的数量时，资格审查委员会依据资格预审文件规定的评分标准进行评分，并按得分由高到低的顺序进行排序，择优确定通过资格预审的潜在投标人。对于通过资格预审的投标人具体数量，法律法规对此并无统一规定，部分行业和地区对限定通过的具体数量进行了规定，例如，《房屋建筑和市政基础设施工程施工招标投标管理办法》规定在资格预审合格的投标申请人过多时，可以由招标人从中选择不少于7家资格预审合格的投标申请人；《湖北省房屋建筑和市政工程施工招标资格预审文件示范文本》规定采用有限数量制进行资格预审的，招标人限定的通过资格预审的人数不得少于15人；江苏省住房和城乡建设厅发布的《关于改革和完善房屋建筑和市政基础设施工程招标投标制度的实施意见》规定采用有限数量制资格预审的，通过资格条件审查的申请人多于9家的，招标人应当按得分由高到低顺序选择不少于9家通过资格预审的申请人参加投标；《上海市建设工程招标投标管理办法实施细则》规定有限数量制是指对通过初步审查和详细审查的资格预审申请文件进行量化打分，按得分由高到低的顺序确定不少于7家申请人通过资格预审。

资格后审是指开标后由招标人组建的评标委员会按照招标文件规定的评标标准和方法进行资格审查，确定符合条件的投标人。资格后审相对资格预审可以缩短招标投标过程，有利于扩大竞争范围，增加投标的竞争性，在一定程度上限制了投标人的围标串标行为，但在投标人过多时，评标工作量增大，评标效率降低，增加了大量招投标的社会成本。

【法律依据】

1)《中华人民共和国招标投标法》

第十八条第一款　招标人可以根据招标项目本身的要求，在招标公告或者投标邀请书中，要求潜在投标人提供有关资质证明文件和业绩情况，并对潜在投标人进行资格审查；国家对投标人的资格条件有规定的，依照其规定。

2)《中华人民共和国招标投标法实施条例》

第十五条第二款　招标人采用资格预审办法对潜在投标人进行资格审查的，应当发布资格预审公告、编制资格预审文件。

第二十条　招标人采用资格后审办法对投标人进行资格审查的，应当在开标后由评标委员会按照招标文件规定的标准和方法对投标人的资格进行审查。

3)《房屋建筑和市政基础设施工程施工招标投标管理办法》

第十六条第二款　在资格预审合格的投标申请人过多时，可以由招标人从中选择不少于7家资格预审合格的投标申请人。

39. 邀请招标是否需要对投标人进行资格审查？

邀请招标需要对投标人进行资格审查。

【问题分析】

根据《招标投标法》第十九条规定，资格审查的标准作为实质性要求应该在招标文件中进行明确，故无论是公开招标还是邀请招标，均须按招标文件规定的资格审查标准对投标人进行资格审查。

根据《招标投标法》第十七条规定，招标人应当向具备承担招标项目的能力、资信良好的特定的法人或者其他组织发出投标邀请书，因此，在确定受邀单位名单和发出投标邀请书前，招标人需要核查和落实受邀单位是否具备承担招标项目的能力和良好的资信。该核查工作的主体是招标人，而非依法组建的评标委员会，招标人不能代替评标委员会对受邀单位的资格进行核查。另外，从投标邀请书发出前的核查到开标这一阶段，受邀单位的能力、资信可能发生变化，因此，邀请招标仍然需要对投标人进行资格审查。

需要注意的是，法律法规对如何确定受邀名单没有明确规定，但是受邀名单对招标投标结果会产生重大影响，这也是邀请招标合规审计的重点。因此，邀请招标项目的招标人应结合行业特性和项目需求，构建"标准明确、程序透明"的邀请名单审查机制，核查受邀单位的技术实力、资质等级、项目经验、财务状况、信用记录等，判断其是否具备承担项目的能力和良好的资信，保障项目顺利实施，防范审计风险。

【法律依据】

《中华人民共和国招标投标法》

第十七条　招标人采用邀请招标方式的，应当向三个以上具备承担招标项目的能力、资信良好的特定的法人或者其他组织发出投标邀请书。

投标邀请书应当载明本法第十六条第二款规定的事项。

第十八条第一款　招标人可以根据招标项目本身的要求，在招标公告或者投标邀请书中，要求潜在投标人提供有关资质证明文件和业绩情况，并对潜在投标人进行资格审查；国家对投标人的资格条件有规定的，依照其规定。

第十九条第一款　招标人应当根据招标项目的特点和需要编制招标文件。招标文件应当包括招标项目的技术要求、对投标人资格审查的标准、投标报价要求和评标标准等所有实质性要求和条件以及拟签订合同的主要条款。

40. 招标文件能否要求将注册资本设为投标人资格条件？

对于注册资本是否可以设置为投标人资格条件，相关法律法规没有明确规定，但将注册资本设置为投标人资格条件与国家"放管服"的改革方向相违背，因此，不宜在招标文件中将注册资本设置为投标人资格条件。

【问题分析】

《招标投标法》及相关法律法规没有明确规定是否允许将注册资本设置为投标人资格条件，但在招标文件中将注册资本设置为投标人资格条件存在以下弊端。

一是将注册资本设置为投标人资格条件，可能会排除一些注册资本较低但具备实际项目执行能力的中小企业参与投标，限制了市场的公平竞争，不利于充分发挥市场机制的作用，也可能导致一些大型企业垄断投标市场，减少招标人可选择的优质供应商或承包商数量。

二是注册资本的大小不一定与招标项目的实际规模、复杂程度和风险相匹配，也不能直接反映投标人的专业技术能力、项目经验、信誉等关键因素。

三是与国家"放管服"的改革方向相违背，《全国深化"放管服"改革着力培育和激发市场主体活力电视电话会议重点任务分工方案》中明确要求，清理招标人在招标投标活动中设置的注册资本金、设立分支机构、特定行政区域、行业奖项等不合理投标条件。

【法律依据】

1)《中华人民共和国招标投标法》

第十八条 招标人可以根据招标项目本身的要求，在招标公告或者投标邀请书中，要求潜在投标人提供有关资质证明文件和业绩情况，并对潜在投标人进行资格审查；国家对投标人的资格条件有规定的，依照其规定。

招标人不得以不合理的条件限制或者排斥潜在投标人，不得对潜在投标人实行歧视待遇。

2)《中华人民共和国招标投标法实施条例》

第三十二条 招标人不得以不合理的条件限制、排斥潜在投标人或者投标人。

招标人有下列行为之一的，属于以不合理条件限制、排斥潜在投标人或者投标人：

（一）就同一招标项目向潜在投标人或者投标人提供有差别的项目信息；

（二）设定的资格、技术、商务条件与招标项目的具体特点和实际需要不相适应或者与合同履行无关；

（三）依法必须进行招标的项目以特定行政区域或者特定行业的业绩、奖项作为加分条件或者中标条件；

（四）对潜在投标人或者投标人采取不同的资格审查或者评标标准；

（五）限定或者指定特定的专利、商标、品牌、原产地或者供应商；

（六）依法必须进行招标的项目非法限定潜在投标人或者投标人的所有制形式或者组织形式；

（七）以其他不合理条件限制、排斥潜在投标人或者投标人。

3）《全国深化"放管服"改革着力培育和激发市场主体活力电视电话会议重点任务分工方案》

（九）切实维护公平竞争的市场秩序，对包括国企、民企、外企在内的各类市场主体一视同仁。对垄断和不正当竞争进行规范治理，清理纠正地方保护、行业垄断、市场分割等不公平做法。（市场监管总局、国家发展改革委、工业和信息化部、财政部、商务部、国务院国资委等国务院相关部门及各地区按职责分工负责）

具体措施：

2.纵深推进招标投标全流程电子化，完善电子招标投标制度规则、技术标准和数据规范，推进各地区、各部门评标专家资源共享，推动数字证书（CA）全国互认，提升招标投标透明度和规范性。畅通招标投标异议、投诉渠道，清理招标人在招标投标活动中设置的注册资本金、设立分支机构、特定行政区域、行业奖项等不合理投标条件。（国家发展改革委牵头，国务院相关部门及各地区按职责分工负责）

---

41. 学生公寓施工招标能否要求投标人具有公共建筑施工业绩？

学生公寓不属于公共建筑，施工招标时不能要求投标人具有公共建筑施工业绩。

【问题分析】

工程项目招标时，通常会要求投标人具备类似项目业绩，对于学生公寓施工招标，能否要求提供公共建筑施工的类似项目业绩，关键在于判断学生公寓是否属于公共建筑。

根据《建设工程分类标准》相关规定，建筑工程按照使用性质可分为民用建筑工程、工业建筑工程、构筑物工程及其他建筑工程等。同时根据《民用建筑设计统一标准》相关规定，民用建筑按使用功能可分为居住建筑和公共建筑两大类。其中，居住建筑可分为住宅建筑和宿舍建筑。由上述标准分类可知，学生公寓属于居住建筑中的宿舍建筑，不属于公共建筑范畴。

在实践中，部分地区明确规定将学生公寓招标时要求提供公共建筑业绩列为限制、排斥潜在投标人的情形，例如，四川省住房和城乡建设厅发布的《关于公布房屋建筑和市政工程招标文件中限制、排斥潜在投标人行为典型事例（第二批）的通告》指出，某大学学生公寓建设项目施工，设定公共建筑工程施工业绩的要求，构成了限制、排斥潜在投标人行为。

【法律依据】

1)《中华人民共和国招标投标法》

第十八条　招标人可以根据招标项目本身的要求，在招标公告或者投标邀请书中，要求潜在投标人提供有关资质证明文件和业绩情况，并对潜在投标人进行资格审查；国家对投标人的资格条件有规定的，依照其规定。

招标人不得以不合理的条件限制或者排斥潜在投标人，不得对潜在投标人实行歧视待遇。

2)《建设工程分类标准》

3.1.1　建筑工程按照使用性质可分为民用建筑工程、工业建筑工程、构筑物工程及其他建筑工程等。

3)《民用建筑设计统一标准》

3.1.1　民用建筑按使用功能可分为居住建筑和公共建筑两大类。其中，居住建筑可分为住宅建筑和宿舍建筑。

42. 业绩证明能否要求投标人提供中标通知书和中标候选人公示截图？

业绩证明不得要求投标人提供中标通知书和中标候选人公示截图。

【问题分析】

中标通知书和中标候选人公示截图是采用招标方式才会有的过程资料，工程建设项目并非全部采用招标方式确定承包人，例如，非依法必须进行招标的项目，存在直接发包的情形，没有中标通知书和中标候选人公示截图。如果业绩证明材料要求投标人提供中标通知书和中标候选人公示截图，可能对非招标发包的工程业绩构成限制、排斥。

在实际操作中，部分地区将强制要求提供中标通知书和指定媒介发布的中标候选人公示截图列为限制、排斥潜在投标人的情形。例如，四川省住房和城乡建设厅发布的《关于公布房屋建筑和市政工程招标文件中限制、排斥潜在投标人行为典型事例（第二批）的通告》指出，某职业技术学院建设项目施工，设定业绩证明材料需提供中标通知书和指定媒介发布的中标候选人公示截图，对非招标发包的工程业绩构成限制、排斥。

需要注意的是，全国建筑市场监管公共服务平台对于招标业绩和非招标业绩均可录入，且允许建筑施工企业对既往业绩补录，因此，要求提供全国建筑市场监管公共服务平台（四库一平台）公示业绩截图作为业绩证明材料，对潜在投标人不构成限制、排斥。

【法律依据】

《中华人民共和国招标投标法实施条例》

第三十二条　招标人不得以不合理的条件限制、排斥潜在投标人或者投标人。

招标人有下列行为之一的，属于以不合理条件限制、排斥潜在投标人或者投标人：

（一）就同一招标项目向潜在投标人或者投标人提供有差别的项目信息；

（二）设定的资格、技术、商务条件与招标项目的具体特点和实际需要不相适应或者与合同履行无关；

（三）依法必须进行招标的项目以特定行政区域或者特定行业的业绩、奖项作为加分条件或者中标条件；

（四）对潜在投标人或者投标人采取不同的资格审查或者评标标准；

（五）限定或者指定特定的专利、商标、品牌、原产地或者供应商；

（六）依法必须进行招标的项目非法限定潜在投标人或者投标人的所有制形式或者组织形式；

（七）以其他不合理条件限制、排斥潜在投标人或者投标人。

43. "八大员"是否可以作为资格条件或加分项？

"八大员"制度从全国统一考核转变为地方自主管理后，在通常情况下，"八大员"不再作为资格条件或加分项。但因地方和行业管理差异，也有例外情形。

【问题分析】

为了简化企业资质办理流程，降低企业成本，2018年12月住房城乡建设部印发《关于停止住房城乡建设领域现场专业人员统一考核发证工作的通知》，明确停止全国统一的"八大员"考核发证工作，建筑资质申请也不再考核"八大员"配置。2019年1月住房城乡建设部发布《关于改进住房和城乡建设领域施工现场专业人员职业培训工作的指导意见》，提出改进施工现场专业人员职业培训机制，允许通过培训考试合格后颁发证书，但考核权限下放至省级住房城乡建设部门和培训机构，不再由全国统一管理。自2019年起，"八大员"考试由各省住建厅自行组织，考试时间和报名方式不统一。原"八大员"中的预算员被取消，调整为劳务员，其他岗位（如施工员、安全员等）仍保留，但专业分类更细化，分为土建施工员、装饰装修施工员、设备安装施工员、市政工程施工员、土建质量员、装饰装修质量员、设备安装质量员、市政工程质量员、材料员、机械员、劳务员、资料员、标准员、构件工艺员、信息管理员、构件质量检验员。办理建筑企业资质时不再需要配置"八大员"，但施工现场仍需专业人员履行岗位职责。据此，"八大员"制度虽未全面废止，但经历了从全国统一考核到地方自主管理、从强制要求到市场选择的转型。因此，尽管证书未被废止，但在招投标、项目备案中已不作为硬性条件，安徽、福建、四川等地已明确禁止将"八大员"列为资格条件，强调企业应通过合理配置专业人员来满足项目需求，而非依赖证书形式。此外，也不宜将"八大员"作为加分项，"八大员"统一考核取消后，各地管理有差异，评分标准不易统一，如果仍将现场专业人员持证情况作为加分因素，则可能构成不公平竞争、排斥潜在投标人的情形。

值得注意的是，部分招标人可能因对政策理解不足或惯性操作，仍在招标文件中设置此类要求。监管部门若发现此类问题，会要求立即整改。监管部门若未及时发现，后期也可能会引发异议和投诉。因此，招标人应严格遵守政策要求，避免设置违规条款，实际操作中可要求投标人提供实际人员配置方案而非证书。当前政策趋势明确指向去形式化、重实效的招投标环境，未来"八大员"证书的角色将进一步弱化，行业将更注重实际能力与项目管理水平。

需要提醒的是，因特殊项目或地方规定差异，目前"八大员"不能作为资格条件也有例外情形，例如，《公路工程建设项目招标投标管理办法》规定对于特别复杂的特大桥梁和特长隧道项目主体工程和其他有特殊要求的工程，招标人可以要求投标人在投标文件中填报其他管理和技术人员，《湖北省建设项目施工现场从业人员配备管理办法（试行）》就允许建设单位在招标文件中要求投标人按照国家和省有关法律法规、规范标准和本办法规定配备建筑施工现场从业人员。

【法律依据】

1)《关于停止住房城乡建设领域现场专业人员统一考核发证工作的通知》

为贯彻落实国务院"放管服"改革和职业资格清理规范相关要求，按照国务院第五次大督查反馈意见，经研究，决定自本通知印发之日起，停止各省级住房城乡建设主管部门对住房城乡建设领域现场专业人员统一考核和发放《住房和城乡建设领域专业人员岗位培训考核合格证书》。《关于贯彻实施住房和城乡建设领域现场专业人员职业标准的意见》（建人〔2012〕19号）中相关规定不再执行。

2)《公路工程建设项目招标投标管理办法》

第二十二条 招标人应当根据国家有关规定，结合招标项目的具体特点和实际需要，合理确定对投标人主要人员以及其他管理和技术人员的数量和资格要求。投标人拟投入的主要人员应当在投标文件中进行填报，其他管理和技术人员的具体人选由招标人和中标人在合同谈判阶段确定。对于特别复杂的特大桥梁和特长隧道项目主体工程和其他有特殊要求的工程，招标人可以要求投标人在投标文件中填报其他管理和技术人员。

本办法所称主要人员是指设计负责人、总监理工程师、项目经理和项目总工程师等项目管理和技术负责人。

44.职称是否可以作为资格条件或加分项？

现行法律法规未明确禁止在招标投标活动中对人员职称提出要求，但对于职称能否作为资格条件或加分项，因项目性质以及地区、行业的要求不一样，会有所不同。根据法律法规和招投标实践，职称是否可以作为招投标的资格条件或加分项，需结合项目的关联性、政策限制及行业规定综合判断。

【问题分析】

根据《国家职业资格目录（2021年版）》，职业资格分为准入类和水平评价类，职称不属于职业资格范畴，而是专业技术人员的职务任职资格，通常由人社部门或行业主管部门评定，评级分为初级、中级、副高级、正高级。职称更多体现专业人员的学术、技术能力，而非强制性准入资格。但不同地区规定有差异，部分地区（如山东、江苏）已明确要求，招投标不得将《国家职业资格目录（2021年版）》外的证书作为资格条件，以避免设置不合理门槛；而河南省规定大型工程的项目技术负责人应具有与工程项目相适应专业的高级职称，湖北省要求一级工程的项目技术负责人应具有与工程项目相适应专业的高级职称。对于不同类型的项目也有不同的要求，福建省要求全过程咨询项目总负责人应当取得工程建设类注册执业资格且具有工程类（或工程经济类）高级及以上职称，根据《房屋建筑和市政基础设施项目工程总承包管理办法》第二十条规定，工程总承包项目的项目经理应取得相应工程建设类注册执业资格，未实施注册执业资格的，应取得高级专业技术职称。根据《公路工程建设项目招标投标管理办法》第二十二条规定，招标人应当根据国家有关规定，结合招标项目的具体特点和实际需要，合理确定对投标人主要人员以及其他管理和技术人员的数量和资格要求。例如，在大型桥梁、隧道等复杂公路工程项目中，要求技术负责人具备高级工程师职称，可确保其有足够的专业技术水平和经验解决施工中的技术难题，保障工程质量和安全。

需要说明的是，当职称作为资格条件时，实际操作中也要遵循"关联性、必要性、匹配性"原则；当职称作为加分项时，需在招标文件中明确量化标准，分值不宜过高。

【法律依据】

1)《中华人民共和国招标投标法》

第十八条　招标人可以根据招标项目本身的要求，在招标公告或者投标邀请书中，要求潜在投标人提供有关资质证明文件和业绩情况，并对潜在投标人进行资格审查；国家对投标人的资格条件有规定的，依照其规定。

招标人不得以不合理的条件限制或者排斥潜在投标人，不得对潜在投标人实行歧视待遇。

2)《房屋建筑和市政基础设施项目工程总承包管理办法》

第二十条第一款第一项　项目经理应当具备下列条件：

（一）取得相应工程建设类注册执业资格，包括注册建筑师、勘察设计注册工程师、注册建造师或者注册监理工程师等；未实施注册执业资格的，取得高级专业技术职称；

3)《公路工程建设项目招标投标管理办法》

第二十二条　招标人应当根据国家有关规定，结合招标项目的具体特点和实际需要，合理确定对投标人主要人员以及其他管理和技术人员的数量和资格要求。投标人拟投入的主要人员应当在投标文件中进行填报，其他管理和技术人员的具体人选由招标人和中标人在合同谈判阶段确定。对于特别复杂的特大桥梁和特长隧道项目主体工程和其他有特殊要求的工程，招标人可以要求投标人在投标文件中填报其他管理和技术人员。

本办法所称主要人员是指设计负责人、总监理工程师、项目经理和项目总工程师等项目管理和技术负责人。

45. 信息系统项目管理师证书是否可以作为投标人资格条件?

招标投标法律法规未禁止将信息系统项目管理师证书作为投标人资格条件，但考虑到信息系统项目管理师证书属于水平评价类的职业资格证书，不是从业的必备条件，因此不宜作为资格条件。

【问题分析】

根据《招标投标法》第十八条规定，招标人可以根据招标项目本身的要求，要求潜在投标人提供有关资质证明文件，但不得以不合理的条件限制或者排斥潜在投标人，不得对潜在投标人实行歧视待遇。信息系统项目管理师证书属于计算机技术与软件专业技术资格（水平）考试证书，该考试是由人力资源和社会保障部、工业和信息化部领导的国家级考试。根据《国家职业资格目录（2021年版）》，计算机技术与软件专业技术资格设置了27个专业资格，涵盖5个专业领域（计算机软件、计算机网络、计算机应用技术、信息系统和信息服务），每个专业3个级别层次（初级、中级、高级）。其中，高级包含5种，分别是系统分析师、信息系统项目管理师、网络规划设计师、系统架构设计师、系统规划与管理师。信息系统项目管理师属于计算机技术与软件专业技术资格中的高级职业资格，属于水平评价类职业资格，不宜作为资格条件。

在实际操作中，将人员职业资格设为资格条件或评审因素时，准入类证书一般作为资格条件或者实质性要求，水平评价类证书一般作为评审因素。信息系统项目管理师证书属于水平评价类证书，如果与项目实际需求相关，则可以纳入评审因素，但分值设定不宜过高。

在信息化类项目的招标文件中，除了信息系统项目管理师，往往能看到评审因素涉及多类证书，如ITSS项目经理证书、注册信息安全专业人员（CISP）认证证书、数据中心（机房）运维管理工程师证书等，考虑上述证书并不在《国家职业资格目录（2021年版）》内，将这些证书设置为评审因素应格外慎重，要注意证书与项目的技术关联性和必要性，且单项和累计分值设置均不宜过高。《关于严格执行招标投标法规制度进一步规范招标投标主体行为的若干意见》明确提出，招标文件中资质、业绩等投标人资格条件要求和评标标准应当以符合项目具体特点和满足实际需要为限度审慎设置，不得通过设置不合理条件排斥、限制潜在投标人。因此，在设置评审因素时，应结合项目特点、项目规模和项目团队人员需求，合理设置分值。

【法律依据】

1)《中华人民共和国招标投标法》

第十八条 招标人可以根据招标项目本身的要求，在招标公告或者投标邀请书中，要求潜在投标人提供有关资质证明文件和业绩情况，并对潜在投标人进行资格审查；国家对投标人的资格条件有规定的，依照其规定。

招标人不得以不合理的条件限制或者排斥潜在投标人，不得对潜在投标人实行歧视待遇。

2)《中华人民共和国招标投标法实施条例》

第三十二条 招标人不得以不合理的条件限制、排斥潜在投标人或者投标人。

招标人有下列行为之一的，属于以不合理条件限制、排斥潜在投标人或者投标人：

（一）就同一招标项目向潜在投标人或者投标人提供有差别的项目信息；

（二）设定的资格、技术、商务条件与招标项目的具体特点和实际需要不相适应或者与合同履行无关；

（三）依法必须进行招标的项目以特定行政区域或者特定行业的业绩、奖项作为加分条件或者中标条件；

（四）对潜在投标人或者投标人采取不同的资格审查或者评标标准；

（五）限定或者指定特定的专利、商标、品牌、原产地或者供应商；

（六）依法必须进行招标的项目非法限定潜在投标人或者投标人的所有制形式或者组织形式；

（七）以其他不合理条件限制、排斥潜在投标人或者投标人。

3)《关于严格执行招标投标法规制度进一步规范招标投标主体行为的若干意见》

一、强化招标人主体责任

（三）规范招标文件编制和发布。招标人应当高质量编制招标文件，鼓励通过市场调研、专家咨询论证等方式，明确招标需求，优化招标方案；对于委托招标代理机构编制的招标文件，应当认真组织审查，确保合法合规、科学合理、符合需求；对于涉及公共利益、社会关注度较高的项目，以及技术复杂、专业性强的项目，鼓励就招标文件征求社会公众或行业意见。依法必须招标项目的招标文件，应当使用国家规定的标准文本，根据项目的具体特点与实际需要编制。招标文件中资质、业绩等投标人资格条件要求和评标标准应当以符合项目具体特点和满足实际需要为限度审慎设置，不得通过设置不合理条件排斥或者限制潜在投标人。依法必须招标项目不得提出注册地址、所有制性质、市场占有率、特定行政区域或者特定行业业绩、取得非强制资质认证、设立本地分支机构、本地缴纳税收社保等要求，不得套用特定生产供应者的条件设定投标人资格、技术、商务条件。简化投标文件形式要求，一般不得将装订、纸张、明显的文字错误等列为否决投标情形。鼓励参照《公平竞争审查制度实施细则》，建立依法必须招标项目招标文件公平竞争审查机制。鼓励建立依法必须招标项目招标文件公示或公开制度。严禁设置投标报名等没有法律法规依据的前置环节。

46. 招标文件能否要求提供项目负责人的社保证明？

根据相关法律法规及各地的招标投标实践，招标文件可以要求提供项目负责人的社保证明，但提供社保证明的期限需结合法律法规、地方政策及项目实际情况综合判断。

【问题分析】

《招标投标法》第十八条明确允许招标人可以根据项目要求，要求投标人提供资质证明文件，以审查投标人履行合同的能力。要求提供社保证明的主要目的，一是为了确保项目负责人与投标单位存在真实劳动关系，保障项目实施期间人员的稳定性，避免出现临时挂靠或随意更换人员的情况；二是为了核验投标人是否履行了为员工缴纳社会保险的法定义务，并间接评价企业合规性管理。同时，为了避免限制、排斥潜在投标人，招标文件应约定特殊情况的处理方式，例如，新成立企业可以提供内部财务报表或承诺函，退休返聘人员可提供退休证明、聘用合同等替代社保证明材料，事业单位改制、军队自主择业允许通过劳动合同及辅助证明材料替代社保证明。

　　判断社保证明的期限要求是否合理，主要与项目规模、项目周期和地方政策规定有关。社保证明期限越长，越能证明项目负责人与投标单位之间存在长期、稳定的劳动关系，对于工期较长或技术复杂的项目尤为重要。但应避免设置过长的期限（如12个月以上）导致限制、排斥潜在投标人。在实际操作中，部分项目要求提供投标截止日前6个月或前3个月内任意1个月的社保证明即可。

【法律依据】

　　1）《中华人民共和国招标投标法》

　　第十八条　招标人可以根据招标项目本身的要求，在招标公告或者投标邀请书中，要求潜在投标人提供有关资质证明文件和业绩情况，并对潜在投标人进行资格审查；国家对投标人的资格条件有规定的，依照其规定。

　　招标人不得以不合理的条件限制或者排斥潜在投标人，不得对潜在投标人实行歧视待遇。

　　2）《中华人民共和国社会保险法》

　　第四条　中华人民共和国境内的用人单位和个人依法缴纳社会保险费，有权查询缴费记录、个人权益记录，要求社会保险经办机构提供社会保险咨询等相关服务。

　　个人依法享受社会保险待遇，有权监督本单位为其缴费情况。

　　3）《中华人民共和国劳动合同法》

　　第十七条　劳动合同应当具备以下条款：

　　（一）用人单位的名称、住所和法定代表人或者主要负责人；

　　（二）劳动者的姓名、住址和居民身份证或者其他有效身份证件号码；

　　（三）劳动合同期限；

　　（四）工作内容和工作地点；

　　（五）工作时间和休息休假；

　　（六）劳动报酬；

　　（七）社会保险；

（八）劳动保护、劳动条件和职业危害防护；

（九）法律、法规规定应当纳入劳动合同的其他事项。

劳动合同除前款规定的必备条款外，用人单位与劳动者可以约定试用期、培训、保守秘密、补充保险和福利待遇等其他事项。

---

47. 要求提供多项资质的项目能否要求不接受联合体投标？

要求提供多项资质的项目，招标文件可以要求不接受联合体投标，但需要考虑潜在投标人的竞争性，并且要遵守行业主管部门及地方政府的相关规定。

【问题分析】

根据《招标投标法实施条例》第三十七条规定，招标人应当在资格预审公告、招标公告或者投标邀请书中载明是否接受联合体投标，这表明是否接受联合体投标是招标人的权利。是否接受联合体投标由招标人根据招标项目的实际情况和潜在投标人的数量自主决定。对于要求提供多项资质的项目，如果市场上单个潜在投标人的数量能引起竞争，且单个潜在投标人具备独立承担招标项目的能力，不接受联合体投标也能达到竞争的目的，那么这一类项目可以不接受联合体投标；如果市场上同时具备多项资质的潜在投标人并不多，不接受联合体投标会导致参与的投标单位数量较少，达不到充分竞争的目的，那么这一类项目应该接受联合体投标。

一些大型复杂项目对投标人的资格能力要求较高，能够满足要求的单个潜在投标人较少，具备一定资格能力的潜在投标人只有组成联合体，才具备参与竞争的条件。为保证充分竞争，招标人有必要对潜在投标人进行摸底调查。如果市场上单个潜在投标人的数量能引起竞争，且单个潜在投标人具备独立承担招标项目的能力，则可以不接受联合体投标，以防止潜在投标人利用组成联合体降低竞争效果。如果单个潜在投标人不具备独立承担招标项目的能力，或者不容易引起竞争，则应允许联合体投标。但无论何种情形，招标人不得通过限制或者强制组成联合体达到排斥潜在投标人、造成招标失败以规避招标等目的。

对于工程总承包项目，根据《房屋建筑和市政基础设施项目工程总承包管理办法》第十条规定，工程总承包单位应当同时具有与工程规模相适应的工程设计资质和施工资质，或者由具有相应资质的设计单位和施工单位组成联合体，因此，对于房屋建筑和市政基础设施的工程总承包项目应该接受联合体投标。

值得注意的是，部分省市出台的招投标负面清单中明确了同一招标项目要求投标人具备多项资质的，不能排斥联合体投标，例如，《湖北省招标投标负面清单》规定，同一招标项目要求投标人具备多项资质的，不得排斥联合体投标。

【法律依据】

1)《中华人民共和国招标投标法》

第三十一条 两个以上法人或者其他组织可以组成一个联合体，以一个投标人的身份共同投标。

联合体各方均应当具备承担招标项目的相应能力；国家有关规定或者招标文件对投标人资格条件有规定的，联合体各方均应当具备规定的相应资格条件。由同一专业的单位组成的联合体，按照资质等级较低的单位确定资质等级。

联合体各方应当签订共同投标协议，明确约定各方拟承担的工作和责任，并将共同投标协议连同投标文件一并提交招标人。联合体中标的，联合体各方应当共同与招标人签订合同，就中标项目向招标人承担连带责任。

招标人不得强制投标人组成联合体共同投标，不得限制投标人之间的竞争。

2)《中华人民共和国招标投标法实施条例》

第三十七条 招标人应当在资格预审公告、招标公告或者投标邀请书中载明是否接受联合体投标。

招标人接受联合体投标并进行资格预审的，联合体应当在提交资格预审申请文件前组成。资格预审后联合体增减、更换成员的，其投标无效。

联合体各方在同一招标项目中以自己名义单独投标或者参加其他联合体投标的，相关投标均无效。

3)《房屋建筑和市政基础设施项目工程总承包管理办法》

第十条第一款 工程总承包单位应当同时具有与工程规模相适应的工程设计资质和施工资质，或者由具有相应资质的设计单位和施工单位组成联合体。工程总承包单位应当具有相应的项目管理体系和项目管理能力、财务和风险承担能力，以及与发包工程相类似的设计、施工或者工程总承包业绩。

48. 招标人是否可以分批组织投标人现场踏勘？

招标人可以分批组织投标人现场踏勘，但应注意确保所有潜在投标人所获取项目信息保持一致。

【问题分析】

现场踏勘是招标过程中投标人了解项目现场实际情况、评估项目风险的重要环节，如果项目现场的环境条件对投标人的报价及其技术管理方案有影响，潜在投标人需要通过踏勘项目现场了解有关情况的，招标人可以组织潜在投标人踏勘项目现场。

为了防止招标人向潜在投标人有差别地提供信息，造成投标人之间的不公平竞争，招标人不得组织单个或者部分潜在投标人踏勘项目现场。招标人根据招标项目需要，组织潜在投标人踏勘项目现场的，应当组织所有购买招标文件或接收投标邀请书的潜在投标人实地踏勘项目现场，并注意以下问题。

一是应当采取相应的保密措施并对投标人提出相关保密要求，不得采用集中签到甚至点名等方式，防止潜在投标人在踏勘项目现场中暴露身份，影响投标竞争，或相互沟通信息串通投标。

二是踏勘项目现场的时间，应尽可能安排在招标文件规定发出澄清文件的截止时间之前，以便在澄清文件中统一解答潜在投标人踏勘项目现场时提出的疑问。

三是潜在投标人需要对可能影响投标报价及技术管理方案的现场条件进行全面踏勘。

四是无论招标人组织还是潜在投标人自行踏勘项目现场，潜在投标人根据踏勘项目现场作出的投标分析、推论和判断，都应当自行负责。

五是潜在投标人踏勘项目现场产生的疑问需要招标人澄清答复的，一般应当在招标文件规定的时间内向招标人提出。招标人应当以书面形式答复并作为招标文件的澄清说明，提供给所有购买招标文件的潜在投标人。招标人认为必要时，也可以按招标文件规定，在踏勘项目现场后，组织投标预备会（标前会）公开解答潜在投标人提出的疑问，但应当以书面答复为准。

综上所述，招标人只要组织了所有潜在投标人踏勘现场，提供了无差别信息，对于踏勘现场时提出的疑问进行了统一澄清说明并提供给所有潜在投标人，则可以分批次组织潜在投标人踏勘项目现场。需要说明的是，潜在投标人收到有关踏勘现场的通知后自愿放弃踏勘现场的，不属于招标人组织部分投标人踏勘现场。

【法律依据】

1)《中华人民共和国招标投标法》

第二十一条 招标人根据招标项目的具体情况，可以组织潜在投标人踏勘项目现场。

第二十二条 招标人不得向他人透露已获取招标文件的潜在投标人的名称、数量以及可能影响公平竞争的有关招标投标的其他情况。

招标人设有标底的，标底必须保密。

2)《中华人民共和国招标投标法实施条例》

第二十八条 招标人不得组织单个或者部分潜在投标人踏勘项目现场。

3)《工程建设项目施工招标投标办法》

第三十二条 招标人根据招标项目的具体情况，可以组织潜在投标人踏勘项目现场，向其介绍工程场地和相关环境的有关情况。潜在投标人依据招标人介绍情况作出的判断和决策，由投标人自行负责。

招标人不得单独或者分别组织任何一个投标人进行现场踏勘。

4)《工程建设项目勘察设计招标投标办法》

第十七条 对于潜在投标人在阅读招标文件和现场踏勘中提出的疑问，招标人可以书面形式或召开投标预备会的方式解答，但需同时将解答以书面方式通知所有招标文件收受人。该解答的内容为招标文件的组成部分。

49. 招标文件能否设置分项最高投标限价？

招标文件可以设置分项最高投标限价，但应当明确分项最高投标限价或者分项最高投标限价的计算方法。

【问题分析】

最高投标限价是招标人根据招标文件规定的招标范围，结合有关规定、投资计划、市场要素价格水平以及合理可行的技术经济实施方案，通过科学测算并在招标文件中公布的可以接受的最高投标价格或最高投标价格的计算方法。《招标投标法》及《招标投标法实施条例》未禁止对分项价格设置最高限价，因此，是否设置分项最高投标限价，主要取决于招标人的自身需求。

招标人设置分项最高投标限价的主要目的是防范"不平衡报价"。不平衡报价是指投标人故意调整单项价格分配，在总价符合要求的情况下，通过压低某些分项价格（通常是后期或变更不大的部分）、抬高其他分项价格（通常是前期或变更较大的部分），以在项目执行中达到提前回款或者谋取额外利益的目的。这种策略在工程建设领域较为常见，可能导致关键设备质量下降，后期变更风险增加或预算分配失控。为此，招标人通过设定分项最高投标限价，可以遏制投标人压低或者抬高分项价格的行为，使其报价更均衡，从而保证项目质量和预算执行的稳定性。

值得注意的是，分项最高投标限价在防范不平衡报价时既有优势也存在局限性。优势在于它能有效降低投标人利用不平衡报价谋取额外利益的风险，在总价限额内规范报价结构；局限性在于若限制过于严格，则会削弱投标人的报价灵活性，影响市场竞争。因此，分项最高投标限价需注意设置分项的范围，确保符合项目实际需求，部分项目会通过设置"部分分项最高投标限价＋总价最高投标限价"的方式防范不平衡报价，既规范投标行为，又不失灵活性。

【法律依据】

1)《中华人民共和国招标投标法实施条例》

第二十七条第三款　招标人设有最高投标限价的，应当在招标文件中明确最高投标限价或者最高投标限价的计算方法。招标人不得规定最低投标限价。

2)《建设工程工程量清单计价标准》

5.1.1　建设工程招标设有最高投标限价的，应按国家有关规定编制最高投标限价，并在发布招标文件时公布最高投标限价及其编制依据。

50. 招标人如何合理设置投标有效期?

投标有效期的设置应以能保证招标人有足够的时间完成评标和与中标人签订合同为宜。在设置投标有效期时要综合考虑开标、评标、中标候选人公示、投标人异议处理、定标和签约等程序。

【问题分析】

投标有效期是投标文件保持有效的期限,投标文件是投标人根据招标文件向招标人发出的要约,根据《民法典》有关承诺期限的规定,投标有效期为招标人对投标人发出的要约作出承诺的期限,也是投标人就其提交的投标文件承担相关义务的期限,在招标文件中规定投标有效期并要求投标人在投标文件中作出响应,是招标投标实践的常见做法,能够有效约束招标投标活动当事人,保护招标投标双方的合法权益。

招标文件规定的投标有效期应当合理,既不能过长,也不宜过短。过长的投标有效期可能导致投标人为了规避风险而不得不提高投标价格,过短的投标有效期又可能使招标人无法在投标有效期内完成开标、评标、定标和签订合同等流程,从而可能导致招标失败。合理的投标有效期不但要考虑开标、评标、定标和签订合同所需的时间,而且要综合考虑招标项目的具体情况、潜在投标人的信用状况以及招标人自身的决策机制。在实际操作中,投标有效期通常设置为90天或120天。

值得注意的是,在原投标有效期结束前,出现特殊情况的,招标人可以书面形式要求所有投标人延长投标有效期。投标人同意延长的,不得要求或被允许修改其投标文件的实质性内容,但应当相应延长其投标保证金的有效期;投标人拒绝延长的,其投标失效,但投标人有权收回其投标保证金。

【法律依据】

1)《中华人民共和国民法典》

第四百八十七条　受要约人在承诺期限内发出承诺,按照通常情形能够及时到达要约人,但是因其他原因致使承诺到达要约人时超过承诺期限的,除要约人及时通知受要约人因承诺超过期限不接受该承诺外,该承诺有效。

2)《中华人民共和国招标投标法实施条例》

第二十五条 招标人应当在招标文件中载明投标有效期。投标有效期从提交投标文件的截止之日起算。

3)《工程建设项目勘察设计招标投标办法》

第二十五条 在提交投标文件截止时间后到招标文件规定的投标有效期终止之前，投标人不得撤销其投标文件，否则招标人可以不退还投标保证金。

第四十六条 评标定标工作应当在投标有效期内完成，不能如期完成的，招标人应当通知所有投标人延长投标有效期。

同意延长投标有效期的投标人应当相应延长其投标担保的有效期，但不得修改投标文件的实质性内容。

拒绝延长投标有效期的投标人有权收回投标保证金。招标文件中规定给予未中标人补偿的，拒绝延长的投标人有权获得补偿。

4)《工程建设项目施工招标投标办法》

第二十九条 招标文件应当规定一个适当的投标有效期，以保证招标人有足够的时间完成评标和与中标人签订合同。投标有效期从投标人提交投标文件截止之日起计算。

在原投标有效期结束前，出现特殊情况的，招标人可以书面形式要求所有投标人延长投标有效期。投标人同意延长的，不得要求或被允许修改其投标文件的实质性内容，但应当相应延长其投标保证金的有效期；投标人拒绝延长的，其投标失效，但投标人有权收回其投标保证金。因延长投标有效期造成投标人损失的，招标人应当给予补偿，但因不可抗力需要延长投标有效期的除外。

第四十条 在提交投标文件截止时间后到招标文件规定的投标有效期终止之前，投标人不得撤销其投标文件，否则招标人可以不退还其投标保证金。

5)《工程建设项目货物招标投标办法》

第二十八条 招标文件应当规定一个适当的投标有效期，以保证招标人有足够的时间完成评标和与中标人签订合同。投标有效期从招标文件规定的提交投标文件截止之日起计算。

在原投标有效期结束前，出现特殊情况的，招标人可以书面形式要求所有投标人延长投标有效期。投标人同意延长的，不得要求或被允许修改其投标文件的实质性内容，但应当相应延长其投标保证金的有效期；投标人拒绝延长的，其投标失效，但投标人有权收回其投标保证金及银行同期存款利息。

依法必须进行招标的项目同意延长投标有效期的投标人少于三个的，招标人在分析招标失败的原因并采取相应措施后，应当重新招标。

6）《机电产品国际招标投标实施办法（试行）》

第二十二条 招标文件应当载明投标有效期，以保证招标人有足够的时间完成组织评标、定标以及签订合同。投标有效期从招标文件规定的提交投标文件的截止之日起算。

7）《评标委员会和评标方法暂行规定》

第四十条 评标和定标应当在投标有效期内完成。不能在投标有效期内完成评标和定标的，招标人应当通知所有投标人延长投标有效期。拒绝延长投标有效期的投标人有权收回投标保证金。同意延长投标有效期的投标人应当相应延长其投标担保的有效期，但不得修改投标文件的实质性内容。因延长投标有效期造成投标人损失的，招标人应当给予补偿，但因不可抗力需延长投标有效期的除外。

招标文件应当载明投标有效期。投标有效期从提交投标文件截止日起计算。

51. 除法定不予退还投标保证金的情形外，招标人能否约定其他不予退还的情形？

除法定不予退还投标保证金的情形外，招标人在招标文件中可以约定其他不予退还的情形。

【问题分析】

根据《招标投标法实施条例》及其他部门规章的有关规定，投标保证金是投标人按照招标文件规定的形式和金额向招标人递交的约束投标人履行其投标义务的担保。招标投标作为一种特殊的合同缔结过程，投标保证金所担保的主要是合同缔结过程中招标人的权利，即保证在提交投标文件截止时间后投标人不撤销其投标，并按照招标文件和投标文件与中标人签订合同。具体来讲，一是投标截止后至中标人确定前，投标人不得修改或者撤销其投标文件；二是保证投标人被确定为中标人后，按照招标文件和投标文件与招标人签订合同，不得改变其投标文件的实质性内容或者放弃中标。如果招标文件要求中标人必须提交履约保证金的，投标人还应当按照招标文件的规定提交履约保证金。如果投标人未能履行上述投标义务，招标人可不予退还其递交的投标保证金。

除上述法定情形外，投标保证金对于约束投标人的投标行为，打击围标串标、挂靠、出借资质等违法行为也有一定的作用。需要提醒的，虽然在双方遵循公平合理和诚实信用原则基础上，基于意思自治的原则，可以约定不予退还投标保证金的其他情形，但是招标文件中关于不予退还投标保证金的情形必须严格围绕投标保证金的设立目的和作用进行约定，不能随意扩大范围或偏离其核心作用。若相关约定脱离了投标保证金的法定或约定用途，就可能导致条款无效或引发争议。

值得注意的是，"不予退还保证金"和"没收保证金"这两个概念容易混淆，"没收"是《中华人民共和国行政处罚法》（简称《行政处罚法》）和《中华人民共和国刑法》（简称《刑法》）规定的一种行政处罚或者刑事处罚，属于公权力行为，一般仅限于行政主管部门使用，招标投标活动中的招标人和投标人属于平等主体之间进行的民事活动，对于招标人而言并不适用"没收"的说法，应当是"不予退还"。

【法律依据】

1)《中华人民共和国招标投标法实施条例》

第三十五条 投标人撤回已提交的投标文件，应当在投标截止时间前书面通知招标人。招标人已收取投标保证金的，应当自收到投标人书面撤回通知之日起5日内退还。

投标截止后投标人撤销投标文件的，招标人可以不退还投标保证金。

第七十四条 中标人无正当理由不与招标人订立合同，在签订合同时向招标人提出附加条件，或者不按照招标文件要求提交履约保证金的，取消其中标资格，投标保证金不予退还。对依法必须进行招标的项目的中标人，由有关行政监督部门责令改正，可以处中标项目金额10‰以下的罚款。

2)《工程建设项目勘察设计招标投标办法》

第二十五条 在提交投标文件截止时间后到招标文件规定的投标有效期终止之

前，投标人不得撤销其投标文件，否则招标人可以不退还投标保证金。

3)《工程建设项目施工招标投标办法》

第四十条 在提交投标文件截止时间后到招标文件规定的投标有效期终止之前，投标人不得撤销其投标文件，否则招标人可以不退还其投标保证金。

第八十一条 中标通知书发出后，中标人放弃中标项目的，无正当理由不与招标人签订合同的，在签订合同时向招标人提出附加条件或者更改合同实质性内容的，或者拒不提交所要求的履约保证金的，取消其中标资格，投标保证金不予退还；给招标人的损失超过投标保证金数额的，中标人应当对超过部分予以赔偿；没有提交投标保证金的，应当对招标人的损失承担赔偿责任。对依法必须进行施工招标的项目的中标人，由有关行政监督部门责令改正，可以处中标金额千分之十以下罚款。

4)《工程建设项目货物招标投标办法》

第三十六条 在提交投标文件截止时间后，投标人不得撤销其投标文件，否则招标人可以不退还其投标保证金。

第五十八条第二款 中标通知书发出后，中标人放弃中标项目的，无正当理由不与招标人签订合同的，在签订合同时向招标人提出附加条件或者更改合同实质性内容的，或者拒不提交所要求的履约保证金的，取消其中标资格，投标保证金不予退还；给招标人的损失超过投标保证金数额的，中标人应当对超过部分予以赔偿；没有提交投标保证金的，应当对招标人的损失承担赔偿责任。对依法必须进行招标的项目的中标人，由有关行政监督部门责令改正，可以处中标金额千分之十以下罚款。

52. 能否约定参与评标基准价计算的投标报价不低于最高投标限价一定比例？

招标投标法律法规对参与评标基准价计算的投标报价能否进行下限约定未作禁止性规定，在不违反公开、公平、公正及诚实信用原则的前提下，可以依据项目特点和需求在招标文件中合理设定评标基准价的计算方法。

【问题分析】

在工程招标采用综合评估法的项目中，投标报价得分一般以投标报价与评标基准价的偏差计算报价得分，投标报价与评标基准价越接近，报价得分越高。评标基准价的计算方法通常采用算术平均法或加权平均法。《招标投标法实施条例》第二十七条明确规定招标人不得规定最低投标限价，但并未限制不能设定参与评标基准价计算的最低投标价。设定不低于最高投标限价一定比例或者不低于所有有效报价算术平均值一定比例的投标报价参与评标基准价计算，是为了防止投标人恶意低价竞争，保证项目质量和招标人利益，符合招标投标法的立法目的。

值得讨论的是，有观点认为上述做法涉嫌间接设定了最低投标限价。例如，招标文件规定参与评标基准价计算的投标人的有效报价为初步评审合格且不低于最高投标限价90%的报价，既然低于最高限价90%的报价不参与基准价的计算，投标人必然不会报出低于最高限价90%的价格。这种观点比较片面，一是最低限价是招标人设定的投标报价不得低于的绝对价格底线，而低于最高限价90%不参与基准价计算，只是对参与基准价计算的报价范围进行规定，并非禁止报出低于最高限价90%的价格，在评标中也不是直接判定低于此限价的报价就无效；二是并未限制投标人的报价自由，采用综合评估法的评标，除价格外，还有商务、技术等因素，投标人的报价策略会综合多种因素，即使知道低于最高限价90%不参与基准价计算，若投标人有成本优势，也可能期望通过价格竞争优势吸引招标人，增加中标的概率。有些地区和行业（如交通、水利）在招投标实践中也有应用，低于最高限价的比例通常设定为90%或85%。当然，实际操作中能否采用上述方法计算评标基准价还要看各地监管部门的要求。

【法律依据】

《中华人民共和国招标投标法实施条例》

第二十七条第三款　招标人设有最高投标限价的，应当在招标文件中明确最高投标限价或者最高投标限价的计算方法。招标人不得规定最低投标限价。

53. 招标文件中能否不提供合同主要条款？

招标文件中应该提供合同主要条款。

【问题分析】

根据《招标投标法》第十九条规定，招标文件应当包括招标项目的技术要求、对投标人资格审查的标准、投标报价要求和评标标准等所有实质性要求、条件及拟签订合同的主要条款。招标文件是招标投标活动中最重要的法律文件，不仅规定了完整的招标程序，而且提出了各项具体的技术标准和交易条件，规定了拟签订合同的主要内容，是投标人准备投标文件和参加投标的依据，也是评标委员会评标的依据，更是与中标人签订合同的基础。因此，招标文件应包括合同的主要条款。

根据《招标投标法》第二十七条规定，投标人应当按照招标文件的要求编制投标文件，并对招标文件提出的实质性要求和条件作出响应。合同主要条款作为招标文件的实质性要求之一，投标人需要作出响应，在签订合同时减少因合同谈判分歧带来的纠纷。

需要注意的是，为了保证招标投标结果能够落到实处，防止招标人或投标人迫使对方在合同价格等实质性条款上作出让步，或者招标人与中标人串通影响公平竞争，损害国家利益和社会公共利益。根据《招标投标法实施条例》第五十七条规定，招标人和中标人应当签订书面合同，合同的标的、价款、质量、履行期限等主要条款应当与招标文件和中标人的投标文件的内容一致。招标人和中标人不得再行订立背离合同实质性内容的其他协议。合同的主要内容根据合同类型的不同会有很大的差异，一般来说，工程建设项目施工合同主要条款包括：发包人、承包人、监理人的权利和义务；工程质量、安全文明施工与环境保护；工期和进度；合同价格、计量与支付及价格调整；竣工结算；违约责任、缺陷责任与保修；索赔和争议解决等内容。货物采购合同主要条款包括：采购双方的权利、义务；运输、保险及验收的规定；价格付款条件、付款方式及价格调整的规定；履约保证金的数额；合同中止、解除的条件及后续处理；解决合同纠纷的程序；违约责任等。招标文件中所列明的合同主要条款对投标人而言虽然只是要约邀请，但实际上已构成投标人对项目提出要约的全部合同基础。因此，招标文件中合同条款的拟定应尽可能地详细、准确，并且招标人和中标人签订的合同主要条款应当与招标文件和中标人的投标文件的内容一致。

【法律依据】

1）《中华人民共和国招标投标法》

第十九条第一款　招标人应当根据招标项目的特点和需要编制招标文件。招标文件应当包括招标项目的技术要求、对投标人资格审查的标准、投标报价要求和评标标准等所有实质性要求和条件以及拟签订合同的主要条款。

第二十七条　投标人应当按照招标文件的要求编制投标文件。投标文件应当对招标文件提出的实质性要求和条件作出响应。

招标项目属于建设施工的，投标文件的内容应当包括拟派出的项目负责人与主要技术人员的简历、业绩和拟用于完成招标项目的机械设备等。

2）《中华人民共和国招标投标法实施条例》

第五十七条第一款　招标人和中标人应当依照招标投标法和本条例的规定签订书面合同，合同的标的、价款、质量、履行期限等主要条款应当与招标文件和中标人的投标文件的内容一致。招标人和中标人不得再行订立背离合同实质性内容的其他协议。

54. 依法必须进行招标的项目能否规定由中标人垫资建设？

政府投资的依法必须进行招标的项目不能规定由中标人垫资建设，企业投资的依法必须进行招标的项目不宜规定由中标人垫资建设。

【问题分析】

政府投资项目是指在中国境内使用预算安排的资金进行固定资产投资建设活动的项目，包括新建、扩建、改建、技术改造等。政府投资资金按项目安排，以直接投资方式为主；对确需支持的经营性项目，主要采取资本金注入方式，也可以适当采取投资补助、贷款贴息等方式。投资主体为机关法人（政府）或使用预算安排资金的社会团体、事业单位等非营利性组织，资金来源为预算安排的资金，包括一般公共预算和政府性基金预算等。投资领域主要集中在市场不能有效配置资源的社会公益服务、公共基础设施、农业农村、生态环境保护和修复、重大科技进步、社会管理、国家安全等公共领域。政府投资项目实行审批制，项目单位应当编制项目建议书、可行性研究报告、初步设计及概算，按照政府投资管理权限和规定的程序，报投资主管部门或者其他有关部门审批。

企业投资项目是指企业在中国境内以自筹资金进行的固定资产投资建设活动的项目。企业作为投资主体，依据自身的发展战略和市场需求，自主决策、自担风险进行投资。投资资金来源主要是企业的自有资金，如企业的留存收益、股东投入的资本等，也包括通过各种融资渠道获得的资金，如银行贷款、发行债券、股权融资等。投资范围广泛，涵盖法律法规未禁入的各类行业和领域，以经营性项目为主，旨在通过投资获取经济利益，实现企业的发展壮大。企业投资项目在决策过程中主要考虑市场前景、投资回报率、项目风险等因素，以追求经济效益最大化。被列入《政府核准的投资项目目录》的企业投资项目，实行核准制，即需获取项目申请报告的批复。除此之外的其他企业投资项目，则实行备案制，企业只需取得备案证即可依规推进项目建设。

政府投资项目和企业投资项目在投资主体、资金来源、投资领域、决策依据及项目管理方式等方面存在显著区别，因此，在招标过程中，能否规定由中标人垫资建设的要求也不相同。

对于政府投资的依法必须进行招标的项目，国家明确规定不得要求施工单位垫资建设。根据《关于严禁政府投资项目使用带资承包方式进行建设的通知》规定，禁止政府投资项目由建筑企业带资建设，不得以垫资建设作为招标条件，也禁止合同条款出现类似内容；根据《政府投资条例》第二十二条规定，政府投资项目不得由施工单位垫资建设；根据《保障中小企业款项支付条例》第八条规定，政府投资项目所需资金应当按照国家有关规定确保落实到位，不得由施工单位垫资建设。因此，政府投资的依法必须进行招标的项目不能规定由中标人垫资建设。

同时，根据《政府投资条例》第三十四条、《保障中小企业款项支付条例》第三十二条规定，要求施工单位对政府投资项目垫资建设需要承担相应的责任，包括责令改正，暂停、停止拨付资金或者收回已拨付的资金，暂停或者停止建设活动，对负有责任的领导人员和直接责任人员依法给予处分等。

对于企业投资的依法必须进行招标的项目，根据《民法典》第一百四十三条规定，行为人具有相应的民事行为能力，且意思表示真实，不违反法律、行政法规的强制性规定，不违背公序良俗。目前，没有法律或行政法规对企业投资的依法必须进行招标的项目禁止垫资，如果工程发承包双方协商一致，企业投资的依法必须进行招标的项目可以采用垫资方式实施。同时，根据最高人民法院发布的《关于审理建设工程施工合同纠纷案件适用法律问题的解释（一）》第二十五条规定，当事人对垫资和垫资利息有约定，承包人请求按照约定返还垫资及其利息的，人民法院应予支持，但是约定的利息计算标准高于垫资时的同类贷款利率或者同期贷款市场报价利率的部分除外。因此，垫资不会导致企业投资的依法必须进行招标的项目合同无效。

虽然法律法规没有对企业投资的依法必须进行招标的项目垫资作出禁止性规定，但是根据《工程建设项目施工招标投标办法》第六十二条规定，不得强制要求中标人垫付项目建设资金。同时，根据《关于完善建设工程价款结算有关办法的通知》规定，政府机关、事业单位、国有企业建设工程进度款支付应不低于已完成工程价款的80%，国有企业投资的依法必须进行招标的项目不宜要求中标人垫资，在实际操作中，如果确需由中标人垫资的，应明确垫资金额、期限、偿还方式等，同时应充分考虑垫资可能导致项目无法履约带来的各种风险。

【法律依据】

1）《中华人民共和国民法典》

第一百四十三条　具备下列条件的民事法律行为有效：

（一）行为人具有相应的民事行为能力；

（二）意思表示真实；

（三）不违反法律、行政法规的强制性规定，不违背公序良俗。

2）《政府投资条例》

第六条第一款　政府投资资金按项目安排，以直接投资方式为主；对确需支持的经营性项目，主要采取资本金注入方式，也可以适当采取投资补助、贷款贴息等方式。

第二十二条　政府投资项目所需资金应当按照国家有关规定确保落实到位。

政府投资项目不得由施工单位垫资建设。

第三十四条　项目单位有下列情形之一的，责令改正，根据具体情况，暂停、停止拨付资金或者收回已拨付的资金，暂停或者停止建设活动，对负有责任的领导人员和直接责任人员依法给予处分：

（一）未经批准或者不符合规定的建设条件开工建设政府投资项目；

（二）弄虚作假骗取政府投资项目审批或者投资补助、贷款贴息等政府投资资金；

（三）未经批准变更政府投资项目的建设地点或者对建设规模、建设内容等作较大变更；

（四）擅自增加投资概算；

（五）要求施工单位对政府投资项目垫资建设；

（六）无正当理由不实施或者不按照建设工期实施已批准的政府投资项目。

3)《保障中小企业款项支付条例》

第八条第二款　政府投资项目所需资金应当按照国家有关规定确保落实到位，不得由施工单位垫资建设。

第三十二条　机关、事业单位有下列情形之一的，依法追究责任：

（一）使用财政资金从中小企业采购货物、工程、服务，未按照批准的预算执行；

（二）要求施工单位对政府投资项目垫资建设。

4)《工程建设项目施工招标投标办法》

第六十二条第三款　招标人不得擅自提高履约保证金，不得强制要求中标人垫付中标项目建设资金。

5)《房屋建筑和市政基础设施项目工程总承包管理办法》

第二十六条第二款　政府投资项目所需资金应当按照国家有关规定确保落实到位，不得由工程总承包单位或者分包单位垫资建设。政府投资项目建设投资原则上不得超过经核定的投资概算。

6)《关于审理建设工程施工合同纠纷案件适用法律问题的解释（一）》

第二十五条　当事人对垫资和垫资利息有约定，承包人请求按照约定返还垫资及其利息的，人民法院应予支持，但是约定的利息计算标准高于垫资时的同类贷款利率或者同期贷款市场报价利率的部分除外。

当事人对垫资没有约定的，按照工程欠款处理。

当事人对垫资利息没有约定，承包人请求支付利息的，人民法院不予支持。

55. 招标文件能否指定材料设备品牌或参考品牌？

招标文件不能直接指定材料设备品牌或参考品牌。如果必须引用某一品牌才能准确或清楚地说明拟招标材料设备的技术标准，则招标文件可以列出材料设备的参考品牌，但应当在参考品牌后面加上"或相当于"的字样。

【问题分析】

招标投标活动的基本原则是公开、公平、公正，应该允许符合招标要求的所有潜在投标人参与投标，只有这样，才能通过广泛而充分的竞争使招标人招到最符合需求且价格合理的产品。如果招标人在招标文件中指定了某个或某些材料设备的品牌，则必然会限制其他品牌参与此次招标投标活动，难以实现各品牌的公平竞争，既损害了投标人的权益，也会导致招标投标活动难以达到最佳效果。《招标投标法实施条例》第三十二条明确规定，限定或者指定特定的专利、商标、品牌、原产地或者供应商属于招标人以不合理的条件限制、排斥潜在投标人或者投标人的情形，因此，招标文件不能指定材料设备品牌。

在实际操作中，招标人在拟定材料设备的技术要求时，根据自身的资料及获取信息的情况，往往会参考市面上已有材料设备的技术规格，将其作为招标的技术要求，但是应该注意以下三点：一是应参考多个材料设备的技术资料，综合对比，并结合项目的实际需求拟定技术要求，不能直接套用某个品牌材料设备的技术参数，保证市面上有足够多的品牌能满足技术要求；二是所参考的材料设备品牌应是市场主流品牌，以免其技术规格过于冷门，而且参考品牌应当是同等档次，避免投标人无法准确理解招标人的技术要求水平；三是如果必须引用某一品牌或生产供应商才能准确、清楚地说明招标项目的技术标准和要求，则应当加上"或相当于"的字样，而且引用的材料设备品牌或生产供应商在市场上具有可替代性。

【法律依据】

1)《中华人民共和国招标投标法》

第十八条 招标人可以根据招标项目本身的要求,在招标公告或者投标邀请书中,要求潜在投标人提供有关资质证明文件和业绩情况,并对潜在投标人进行资格审查;国家对投标人的资格条件有规定的,依照其规定。

招标人不得以不合理的条件限制或者排斥潜在投标人,不得对潜在投标人实行歧视待遇。

第二十条 招标文件不得要求或者标明特定的生产供应者以及含有倾向或者排斥潜在投标人的其他内容。

2)《中华人民共和国招标投标法实施条例》

第三十二条第二款第(五)项 招标人有下列行为之一的,属于以不合理条件限制、排斥潜在投标人或者投标人:

(五)限定或者指定特定的专利、商标、品牌、原产地或者供应商;

3)《工程建设项目施工招标投标办法》

第二十六条 招标文件规定的各项技术标准应符合国家强制性标准。

招标文件中规定的各项技术标准均不得要求或标明某一特定的专利、商标、名称、设计、原产地或生产供应者,不得含有倾向或者排斥潜在投标人的其他内容。如果必须引用某一生产供应者的技术标准才能准确或清楚地说明拟招标项目的技术标准时,则应当在参照后面加上"或相当于"的字样。

4)《工程建设项目货物招标投标办法》

第二十五条 招标文件规定的各项技术规格应当符合国家技术法规的规定。

招标文件中规定的各项技术规格均不得要求或标明某一特定的专利技术、商标、名称、设计、原产地或供应者等,不得含有倾向或者排斥潜在投标人的其他内容。如果必须引用某一供应者的技术规格才能准确或清楚地说明拟招标货物的技术规格时,则应当在参照后面加上"或相当于"的字样。

56. 大型设备采购能否指定配套零部件的品牌？

大型设备采购不能指定配套零部件的品牌，如果招标人确实需要通过引用某些配套零部件品牌准确或清楚地说明拟招标货物配套零部件的技术规格，则应当在参考品牌后面加上"或相当于"的字样。

【问题分析】

招标人在采购大型设备时，为了设备整体性能更先进、更稳定，往往希望选择更好的配套零部件，认为指定配套零部件品牌不会限制、排斥潜在投标人，在编制招标文件时指定配套零部件的品牌是合理的。但是大型设备制造商对配套零部件的选择一般会根据自身的技术特点、地域情况、供给渠道等方面确定，很可能出现不同制造商在选择同一配套零部件时，品牌不尽相同且无法随意替换的现象，招标文件中指定配套零部件品牌，有可能使某些品牌的大型设备无法参与竞争或不具备竞争优势，构成了对潜在投标人的限制、排斥行为，违反了《招标投标法》第十八条的规定。《全国统一大市场建设指引（试行）》文件中也明确规定，各地区、各部门不得在招标投标和政府采购中违法限定或者指定特定的专利、商标、品牌、零部件、原产地、供应商等不合理的条件以排斥、限制经营者参与投标采购活动。

如果招标人确实需要通过引用某些配套零部件品牌来准确或清楚地说明拟招标货物配套零部件的技术规格，则应当在参考品牌后面加上"或相当于"的字样，而且需要注意引用的品牌应当是同等档次和在市场上具有可替代性。

【法律依据】

1）《中华人民共和国招标投标法》

第十八条　招标人可以根据招标项目本身的要求，在招标公告或者投标邀请书中，要求潜在投标人提供有关资质证明文件和业绩情况，并对潜在投标人进行资格审查；国家对投标人的资格条件有规定的，依照其规定。

招标人不得以不合理的条件限制或者排斥潜在投标人，不得对潜在投标人实行歧视待遇。

第二十条　招标文件不得要求或者标明特定的生产供应者以及含有倾向或者排斥潜在投标人的其他内容。

2)《中华人民共和国招标投标法实施条例》

第二十四条　招标人对招标项目划分标段的，应当遵守招标投标法的有关规定，不得利用划分标段限制或者排斥潜在投标人。依法必须进行招标的项目的招标人不得利用划分标段规避招标。

第三十二条第二款第（五）项　招标人有下列行为之一的，属于以不合理条件限制、排斥潜在投标人或者投标人：

（五）限定或者指定特定的专利、商标、品牌、原产地或者供应商；

3)《工程建设项目施工招标投标办法》

第二十六条　招标文件规定的各项技术标准应符合国家强制性标准。

招标文件中规定的各项技术标准均不得要求或标明某一特定的专利、商标、名称、设计、原产地或生产供应者，不得含有倾向或者排斥潜在投标人的其他内容。如果必须引用某一生产供应者的技术标准才能准确或清楚地说明拟招标项目的技术标准时，则应当在参照后面加上"或相当于"的字样。

4)《工程建设项目货物招标投标办法》

第二十五条　招标文件规定的各项技术规格应当符合国家技术法规的规定。

招标文件中规定的各项技术规格均不得要求或标明某一特定的专利技术、商标、名称、设计、原产地或供应者等，不得含有倾向或者排斥潜在投标人的其他内容。如果必须引用某一供应者的技术规格才能准确或清楚地说明拟招标货物的技术规格时，则应当在参照后面加上"或相当于"的字样。

5)《全国统一大市场建设指引（试行）》

第四十七条　各地区、各部门不得在招标投标和政府采购中违法限定或者指定特定的专利、商标、品牌、零部件、原产地、供应商，违法设定与招标采购项目具体特点和实际需要不相匹配的资格、技术、商务条件，违法限定投标人所在地、组织形式、所有制形式，或者设定其他不合理的条件以排斥、限制经营者参与投标采购活动。

57. 哪些行为属于以不合理条件限制、排斥潜在投标人或者投标人？

《招标投标法》明确规定，不得以不合理条件限制、排斥潜在投标人或者投标人，具体行为在《招标投标法实施条例》及相关文件中进行了界定。

【问题分析】

在招标投标活动中，确保公平竞争至关重要，根据《招标投标法》第十八条规定，招标人不得以不合理条件限制、排斥潜在投标人或者投标人。《招标投标法实施条例》第三十二条明确规定了招标人有下列行为之一的，属于以不合理条件限制、排斥潜在投标人或者投标人。

（1）就同一招标项目向潜在投标人或者投标人提供有差别的项目信息。

招标人不得就同一招标项目向不同潜在投标人或投标人提供差异化的项目信息，包括但不限于招标文件的内容、招标公告的时间等。这种行为可能导致部分投标人获得优势地位，破坏公平竞争的原则。

（2）设定的资格、技术、商务条件与招标项目的具体特点和实际需要不相适应或者与合同履行无关。

招标人设定的资格、技术和商务条件应与招标项目的具体特点和实际需要相适应，与合同履行相关联。如果设定的条件与项目本身无直接关联，则可能构成不合理限制。

（3）依法必须进行招标的项目以特定行政区域或者特定行业的业绩、奖项作为加分条件或者中标条件。

对于依法必须进行招标的项目，招标人不得将特定行政区域或特定行业的业绩、奖项作为加分条件或中标条件，这会限制外地或行业外企业的参与机会。

（4）对潜在投标人或者投标人采取不同的资格审查或者评标标准。

招标人应对所有潜在投标人或投标人采用相同的资格审查和评标标准，确保每位参与者都有平等的机会。

（5）限定或者指定特定的专利、商标、品牌、原产地或者供应商。

招标人不应限定或指定特定的专利、商标、品牌、原产地或供应商，除非这些条件对于项目的实施至关重要且无法替代。

（6）依法必须进行招标的项目非法限定潜在投标人或者投标人的所有制形式或者组织形式。

对于依法必须进行招标的项目，招标人不得非法限定潜在投标人或投标人的所有制形式或组织形式，如国有企业、民营企业等。

（7）以其他不合理条件限制、排斥潜在投标人或者投标人。

例如，设定企业股东背景、年平均承接项目数量或者金额、从业人员、纳税额、营业场所面积等规模条件；设置超过项目实际需要的企业注册资本、资产总额、净资产规模、营业收入、利润、授信额度等财务指标；将国家已经明令取消的资质资格作为投标条件、加分条件、中标条件；在国家已经明令取消资质资格的领域，将其他资质资格作为投标条件、加分条件、中标条件；要求投标人在本地注册设立子公司、分公司、分支机构，在本地拥有一定办公面积，在本地缴纳社会保险等；没有法律法规依据设定投标报名、招标文件审查等事前审批或者审核环节；对仅需提供有关资质证明文件、证照、证件复印件的，要求必须提供原件；对按规定可以采用"多证合一"电子证照的，要求必须提供纸质证照；在开标环节要求投标人的法定代表人必须到场，不接受经授权委托的投标人代表到场；采用抽签、摇号等方式直接确定中标候选人；限定投标保证金、履约保证金只能以现金形式提交，不按规定或者合同约定返还保证金等。

招标投标活动应当遵循公开、公平、公正的原则，确保所有潜在投标人或投标人都能在相同条件下参与竞争。招标人应严格遵守《招标投标法实施条例》等相关法律法规的要求，避免设置任何不合理条件限制或排斥潜在投标人或投标人，以维护市场秩序和公平竞争环境。

【法律依据】

1)《中华人民共和国招标投标法》

第十八条 招标人可以根据招标项目本身的要求，在招标公告或者投标邀请书中，要求潜在投标人提供有关资质证明文件和业绩情况，并对潜在投标人进行资格审查；国家对投标人的资格条件有规定的，依照其规定。

招标人不得以不合理的条件限制或者排斥潜在投标人，不得对潜在投标人实行歧视待遇。

第二十条 招标文件不得要求或者标明特定的生产供应者以及含有倾向或者排斥潜在投标人的其他内容。

2)《中华人民共和国招标投标法实施条例》

第二十四条 招标人对招标项目划分标段的，应当遵守招标投标法的有关规定，不得利用划分标段限制或者排斥潜在投标人。依法必须进行招标的项目的招标人不得利用划分标段规避招标。

第三十二条 招标人不得以不合理的条件限制、排斥潜在投标人或者投标人。

招标人有下列行为之一的，属于以不合理条件限制、排斥潜在投标人或者投标人：

（一）就同一招标项目向潜在投标人或者投标人提供有差别的项目信息；

（二）设定的资格、技术、商务条件与招标项目的具体特点和实际需要不相适应或者与合同履行无关；

（三）依法必须进行招标的项目以特定行政区域或者特定行业的业绩、奖项作为加分条件或者中标条件；

（四）对潜在投标人或者投标人采取不同的资格审查或者评标标准；

（五）限定或者指定特定的专利、商标、品牌、原产地或者供应商；

（六）依法必须进行招标的项目非法限定潜在投标人或者投标人的所有制形式或者组织形式；

（七）以其他不合理条件限制、排斥潜在投标人或者投标人。

58. 如何设定分标段招标项目资质？

分标段招标项目资质应按照划分标段的类型、技术、规模等设定，而非整个招标项目的类型、技术、规模等，但要注意划分标段的合理性，避免出现因标段划分导致违反相关法律法规等问题。

【问题分析】

《招标投标法》第十八条明确规定，潜在投标人的资质需根据招标项目自身特性设定。而标段划分是指招标人在充分考虑合同规模、技术标准规格分类要求、潜在投标人状况，以及合同履行期限等因素的基础上，将一项工程、服务，或者一个批次的货物拆分为若干个进行招标的行为。这样做通常基于以下两个方面的客观需要：一是适应不同资格能力的投标人，招标项目包含不同类型、不同专业技术、不同品种和规格的标的，分成不同标段才能使有相应资格能力的单位分别投标；二是满足分阶段实施要求，同一招标项目由于受资金、设计等条件的限制必须划分标段，以满足分阶段实施要求。不难看出，标段实际上就是从项目的类型、技术、规模等方面划分，结合《招标投标法》规定的资质，需根据招标项目自身特性设定，故划分标段后的招标项目，应按照各标段的类型、技术、规模等设定。

在实际操作中，标段划分是否合理至关重要，合理的标段划分，能让招标工作顺利开展，充分发挥市场竞争机制的作用，不合理的标段划分，可能引发一系列严重问题。根据《建筑法》第二十四条规定，招标人划分标段时，不得将应当由一个承包人完成的建筑工程肢解成若干部分发包给几个承包单位。根据《招标投标法》第十九条规定，招标人应当合理划分标段，并在招标文件中载明。招标项目应当在市场调研基础上，科学划分标段，使标段具有合理、适度的规模，保证足够竞争数量的单位满足投标资格能力条件，并满足经济合理性要求。既要避免规模过小，单位固定成本上升，增加招标项目的总投资，并可能导致大型企业失去参与投标竞争的积极性，又要避免规模过大，可能因符合资格能力条件的单位减少而不能满足充分竞争的要求，或者具有资格能力条件的单位因受资源投入限制，而无法保质保量按期完成招标项目，并由此增加合同履行的风险。

在划分标段后，可能导致项目的自身特性发生变化，故招标人在划分标段时要综合考虑多方面因素，包括项目的规模、技术复杂程度、工期要求、施工现场条件等。只有充分考虑这些因素，才能保证标段划分合理，保障项目顺利进行，维护市场的公平竞争环境。

【法律依据】

1)《中华人民共和国招标投标法》

第十八条 招标人可以根据招标项目本身的要求，在招标公告或者投标邀请书中，要求潜在投标人提供有关资质证明文件和业绩情况，并对潜在投标人进行资格审查；国家对投标人的资格条件有规定的，依照其规定。

招标人不得以不合理的条件限制或者排斥潜在投标人，不得对潜在投标人实行歧视待遇。

第十九条 招标人应当根据招标项目的特点和需要编制招标文件。招标文件应当包括招标项目的技术要求、对投标人资格审查的标准、投标报价要求和评标标准等所有实质性要求和条件以及拟签订合同的主要条款。

国家对招标项目的技术、标准有规定的，招标人应当按照其规定在招标文件中提出相应要求。

招标项目需要划分标段、确定工期的，招标人应当合理划分标段、确定工期，并在招标文件中载明。

2)《中华人民共和国招标投标法实施条例》

第二十四条 招标人对招标项目划分标段的，应当遵守招标投标法的有关规定，不得利用划分标段限制或者排斥潜在投标人。依法必须进行招标的项目的招标人不得利用划分标段规避招标。

3)《工程建设项目勘察设计招标投标办法》

第七条 招标人可以依据工程建设项目的不同特点，实行勘察设计一次性总体招标；也可以在保证项目完整性、连续性的前提下，按照技术要求实行分段或分项招标。

招标人不得利用前款规定限制或者排斥潜在投标人或者投标。依法必须进行招标的项目的招标人不得利用前款规定规避招标。

4)《工程建设项目施工招标投标办法》

第二十七条 施工招标项目需要划分标段、确定工期的，招标人应当合理划分标段、确定工期，并在招标文件中载明。对工程技术上紧密相联、不可分割的单位工程不得分割标段。

招标人不得以不合理的标段或工期限制或者排斥潜在投标人或者投标人。依法必须进行施工招标的项目的招标人不得利用划分标段规避招标。

5)《工程建设项目货物招标投标办法》

第二十二条 招标货物需要划分标包的，招标人应合理划分标包，确定各标包的交货期，并在招标文件中如实载明。

招标人不得以不合理的标包限制或者排斥潜在投标人或者投标人。依法必须进行招标的项目的招标人不得利用标包划分规避招标。

6)《中华人民共和国建筑法》

第二十四条　提倡对建筑工程实行总承包，禁止将建筑工程肢解发包。

建筑工程的发包单位可以将建筑工程的勘察、设计、施工、设备采购一并发包给一个工程总承包单位，也可以将建筑工程勘察、设计、施工、设备采购的一项或者多项发包给一个工程总承包单位；但是，不得将应当由一个承包单位完成的建筑工程肢解成若干部分发包给几个承包单位。

59. 地下室能否划分标段？

地下室可以划分标段，但因地下室属于主体结构、地基与基础的范畴，与地上建筑共同构成一个完整的单位工程，故应随地上建筑进行标段划分。

【问题分析】

根据《民用建筑设计统一标准》规定，房间地平面低于室外地平面的高度超过该房间净高的1/2为地下室。地下室是建筑物地面以下的建筑空间，依附于地上建筑，功能上服务于地上建筑，具有停车库、人防工程、设备用房等功能，是建筑物的一部分。根据《建筑工程施工质量验收统一标准》的划分标准，地下室既不是一个单位工程，也不是一个独立的分部工程。在通常情况下，地下室中的梁、板、柱等混凝土构件的特征与主体结构类似，而和地基与基础在结构和功能上有所不同，所以一般把与土直接接触的部分（如各种地基、基础、基坑支护、地下水控制、土方、边坡、防水层、基础垫层、地下车库的斜道、挡土墙等）划为地基与基础分部；把地下室内的框架柱、梁、内墙柱、剪力墙、隔墙等划为主体结构分部。如果地下室作为箱形基础，即整个地下室构成一个完整的承重结构体系，那么地下室通常被划分为地基与基础分部。

根据《建筑工程施工发包与承包违法行为认定查处管理办法》第六条规定，建设单位将一个单位工程的施工分解成若干部分发包给不同的施工总承包或专业承包单位的属于违法发包。因此，地下室不能单独划分标段。如果地上建筑符合标段划分的原则规定，则可以随地上建筑进行标段划分。例如，某住宅小区共有20栋楼，假设地下室被后浇带划分为4个区块（A、B、C、D），每个区块的工程量相近，则可以划分为2个标段，标段1包括地上的1~10栋楼（含地下室A、B区块），标段2包括地上的11~20栋楼（含地下室C、D区块）。需要注意的是，通过后浇带划分标段，各标段的施工单位需协调好后浇带的封闭时间，避免影响整体进度；在标段交界处（即后浇带位置），需明确责任分工，避免施工遗漏或重复。

需要说明的是，单独的地下空间（如独立的地下停车场、地下商场）不符合"与地上建筑为一体"的条件，因此不能称为地下室，应归类为地下建筑或地下工程。

【法律依据】

1)《民用建筑设计统一标准》

2.0.15 地下室 basement

房间地平面低于室外地平面的高度超过该房间净高的1/2为地下室。

6.4.1 地下室和半地下室应合理布置地下停车库、地下人防工程、各类设备用房等功能空间及其出入口，出入口、进排风竖井的地面建（构）筑物应与周边环境协调。

2)《建筑工程施工质量验收统一标准》

4.0.2 单位工程应按下列原则划分：

1 具备独立施工条件并能形成独立使用功能的建筑物或构筑物为一个单位工程；

2 对于规模较大的单位工程，可将其能形成独立使用功能的部分划分为一个子单位工程。

3)《建筑工程施工发包与承包违法行为认定查处管理办法》

第六条第（五）项　存在下列情形之一的，属于违法发包：

（五）建设单位将一个单位工程的施工分解成若干部分发包给不同的施工总承包或专业承包单位的。

4)《工程建设项目施工招标投标办法》

第二十七条第一款　施工招标项目需要划分标段、确定工期的，招标人应当合理划分标段、确定工期，并在招标文件中载明。对工程技术上紧密相联、不可分割的单位工程不得分割标段。

60. 多标段招标能否对中标的数量作出限制？

在多标段招标中，可以对中标标段数量作出限制，但需遵循《招标投标法》及《招标投标法实施条例》的要求，确保公平、公正和公开。

【问题分析】

招标投标法律法规未禁止对同一投标人同时在多标段投标的中标数量作出限制，但部分地区和行业明确规定可以对同一投标人中标的数量作出限制。例如，《公路工程标准施工招标文件（2018年版）》就在投标人资格要求中明确了招标人可以设置允许每个投标人中标的数量。在多标段招标中，招标人对同一投标人中标的数量进行限制，通常是基于项目管理的实际需求，主要原因包括以下几个方面：一是防止资源过度集中，确保项目顺利实施，若同一中标人承担过多标段，可能因人力、设备或资金不足导致项目延期或质量下降，或者过度依赖单一中标人，如该企业出现资金链断裂、重大事故、管理层动荡，可能导致多个标段同时瘫痪，影响整体项目；二是促进充分竞争，防止市场垄断，若允许同一投标人中标所有标段，可能会出现"强者通吃"的局面，形成事实上的垄断，排斥中小型企业参与，不同投标人中标不同标段，还可以形成"比学赶超、你追我赶"的良性竞争局面，促使企业通过技术创新、管理优化或成本控制提升竞争力；三是防止标段间的资源冲突，不同标段对同一批人力、设备、材料或管理资源存在竞争性需求，如果同一投标人中标多个存在资源冲突的标段，则可能导致项目无法顺利实施。根据《招标投标法》第十八条规定，招标人不得以不合理的条件限制或者排斥潜在投标人，不得对潜在投标人实行歧视待遇。因此，只要限制中标数量的规定符合项目特点和实际需要，能保证中标人履约能力、降低采购风险、实现项目顺利实施，就是合法合规的。

需要注意的是，招标人在对中标标段数量设置相关限制时，需在招标文件或招标公告中事先明示具体规则，以确保招标投标活动的公平、公正和公开。限制同一投标人在多个标段中标数量的方法有多种，具体需结合项目特点、公平性要求及管理需求进行设置。例如，如果同一投标人在多个标段中均排序第一，则推荐中标候选人顺序可以按照标段顺序，即投标人在前面标段被推荐为第一中标候选人后，所投其他标段将不再被推荐为中标候选人；也可以按照标段招标控制价从大到小的顺序，投标人在招标控制价大的标段被推荐为第一中标候选人后，所投其他标段将不再被推荐为中标候选人。

需要提醒的是，限制同一投标人中标数量的同时，也要注意合理划分标段。根据《招标投标法》第十九条规定，招标项目需要划分标段、确定工期的，招标人应当合理划分标段、确定工期，并在招标文件中载明。标段划分通常需要遵守以下原则：一是独立性原则，各标段在技术、工期、验收上应相对独立，避免中标人因多标段管理产生交叉干扰；二是均衡性原则，标段规模、难易程度、利润水平应均衡，避免出现"肥瘦不均"导致投标人只争夺高价值标段；三是可竞争性原则，标段划分应吸引足够数量投标人参与，防止因划分不合理导致竞争不足，若标段划分不合理，即使是基于项目实际需求限制的中标数量，仍可能适得其反，例如，标段过小且过多，在限制中标数量后，剩余标段可能因投标人不足而流标，或者因标段过小且限制中标数量，大企业不愿意参与竞争。

【法律依据】

1)《中华人民共和国招标投标法》

第五条　招标投标活动应当遵循公开、公平、公正和诚实信用的原则。

第十八条第二款　招标人不得以不合理的条件限制或者排斥潜在投标人，不得对潜在投标人实行歧视待遇。

第十九条　招标人应当根据招标项目的特点和需要编制招标文件。招标文件应当包括招标项目的技术要求、对投标人资格审查的标准、投标报价要求和评标标准等所有实质性要求和条件以及拟签订合同的主要条款。

国家对招标项目的技术、标准有规定的，招标人应当按照其规定在招标文件中提出相应要求。

招标项目需要划分标段、确定工期的，招标人应当合理划分标段、确定工期，并在招标文件中载明。

2)《中华人民共和国招标投标法实施条例》

第二十四条　招标人对招标项目划分标段的，应当遵守招标投标法的有关规定，不得利用划分标段限制或者排斥潜在投标人。依法必须进行招标的项目的招标人不得利用划分标段规避招标。

3)《工程建设项目货物招标投标办法》

第二十二条　招标货物需要划分标包的，招标人应合理划分标包，确定各标包的交货期，并在招标文件中如实载明。

招标人不得以不合理的标包限制或者排斥潜在投标人或者投标人。依法必须进行招标的项目的招标人不得利用标包划分规避招标。

4)《工程建设项目施工招标投标办法》

第二十七条　施工招标项目需要划分标段、确定工期的，招标人应当合理划分标段、确定工期，并在招标文件中载明。对工程技术上紧密相联、不可分割的单位工程不得分割标段。

招标人不得以不合理的标段或工期限制或者排斥潜在投标人或者投标人。依法必须进行施工招标的项目的招标人不得利用划分标段规避招标。

5)《工程建设项目勘察设计招标投标办法》

第七条　招标人可以依据工程建设项目的不同特点，实行勘察设计一次性总体招标;也可以在保证项目完整性、连续性的前提下，按照技术要求实行分段或分项招标。

招标人不得利用前款规定限制或者排斥潜在投标人或者投标。依法必须进行招标的项目的招标人不得利用前款规定规避招标。

61. 工程设备是否必须包含在总承包范围内一并招标?

工程设备可以单独招标，不一定必须包含在总承包范围内一并招标，但需要注意规避违法发包的风险。

【问题分析】

根据《建筑法》第二十四条规定，建筑工程的发包单位可以将建筑工程的勘察、设计、施工、设备采购一并发包给一个工程总承包单位，也可以将建筑工程勘察、设计、施工、设备采购的一项或者多项发包给一个工程总承包单位。这表明发包单位可以将工程设备采购单独招标。

在实际操作中，工程设备单独招标和含在总承包范围内一并招标各有优缺点。工程设备单独招标的优点包括：一是发包人可以通过招标择优选择供应商，减少因设备质量问题带来的风险；二是有利于发包人在设备采购中进行成本控制，通过市场竞争和比较不同供应商的报价，选择性价比最高的产品，避免不必要的成本支出；三是能保证工程设备的技术规格符合项目需求，避免施工过程中因设备不匹配造成的影响。其缺点包括：一是协调的工作量增多，需要确保各种设备能够在合适的工程阶段顺利进场和安装，否则可能导致工程进度延误；二是工程设备与工程的其他部分（如土建、安装工程等）存在众多接口，单独招标可能会导致各部分之间的接口责任不明确；三是设备招标周期与工程进度没有衔接好，可能导致工程进度延误。

工程设备含在总承包范围内一并招标的优点包括：一是减少多次发包的重复性工作，起到缩短建设周期的作用；二是减少发包人多次招标带来的时间成本和多个供应商之间的协调管理工作，避免供应商与总承包单位责任不明确的情况；三是可以减轻发包人在项目管理和风险上的负担。其缺点包括：一是设备质量的控制难度增加，由于设备采购和施工都由总承包单位负责，发包人对于设备质量的直接监督和干预相对有限，可能会出现总承包单位为了降低成本而选择质量稍差的设备；二是存在设备选型不符合发包人期望的风险，总承包单位在设备选型时可能优先考虑自身熟悉的品牌或型号，但不一定是发包人最期望的。

综上所述，工程设备选择何种发包方式，需要根据发包人自身情况和项目实际情况综合考虑。如果发包人项目管理经验丰富，则可以将工程设备单独招标；如果发包人项目管理经验欠缺或者对工程设备没有特殊要求，宜将工程设备包含在总承包范围内一并招标，选择经验丰富的总承包单位对项目进行管理。

需要提醒的是，如果发包人选择将工程设备单独招标，则要注意规避违法发包的风险。根据《建筑工程施工发包与承包违法行为认定查处管理办法》第六条规定，建设单位将一个单位工程的施工分解成若干部分发包给不同的施工总承包或专业承包单位属于违法发包的行为，因此，发包人在工程设备招标时，不能将与设备相关的安装等施工内容纳入招标范围。例如，在建筑工程中，发包人可以将单位工程的十大分部工程中的通风与空调工程单独招标，但相关安装工程应该列入总承包的招标范围内。

【法律依据】

1）《中华人民共和国招标投标法》

第四条 任何单位和个人不得将依法必须进行招标的项目化整为零或者以其他任何方式规避招标。

2）《中华人民共和国招标投标法实施条例》

第二十九条第一款 招标人可以依法对工程以及与工程建设有关的货物、服务全部或者部分实行总承包招标。以暂估价形式包括在总承包范围内的工程、货物、服务属于依法必须进行招标的项目范围且达到国家规定规模标准的，应当依法进行招标。

3）《工程建设项目货物招标投标办法》

第五条 工程建设项目货物招标投标活动，依法由招标人负责。

工程建设项目招标人对项目实行总承包招标时，未包括在总承包范围内的货物属于依法必须进行招标的项目范围且达到国家规定规模标准的，应当由工程建设项目招标人依法组织招标。

工程建设项目实行总承包招标时，以暂估价形式包括在总承包范围内的货物属于依法必须进行招标的项目范围且达到国家规定规模标准的，应当依法组织招标。

4）《中华人民共和国建筑法》

第二十四条 提倡对建筑工程实行总承包，禁止将建筑工程肢解发包。

建筑工程的发包单位可以将建筑工程的勘察、设计、施工、设备采购一并发包给一个工程总承包单位，也可以将建筑工程勘察、设计、施工、设备采购的一项或者多项发包给一个工程总承包单位；但是，不得将应当由一个承包单位完成的建筑工程肢解成若干部分发包给几个承包单位。

5）《建筑工程施工发包与承包违法行为认定查处管理办法》

第六条第一款第五项 存在下列情形之一的，属于违法发包：

（五）建设单位将一个单位工程的施工分解成若干部分发包给不同的施工总承包或专业承包单位的。

62. 包含在总承包项目中的暂估价项目应由谁组织招标？

包含在总承包项目中的暂估价项目可以由总承包人招标、发包人和总承包人共同招标、发包人招标。通常倾向于由总承包人招标，或者由发包人和总承包人共同招标。具体方式由发包人和总承包人在总承包合同中进行约定。

【问题分析】

暂估价的设立一般基于下列原因：一是招标人自己的功能需求仍未最终明确，对一些专业工程或者设备材料无法提出具体的标准和要求，无法纳入投标竞争；二是因设计深度不够，招标时部分工程、货物或者服务的技术标准和要求仍不明确，无法纳入竞争；三是部分专业工程必须由专业承包人设计才能保证质量、使用功能和可建造性，一些对质量、使用功能和设计美学非常关键的工程需要由经验丰富的专业承包人完成；四是一些重要材料设备的价格，其品牌和质量差异很大，且对工程使用功能十分重要，为防止过度竞争而降低品质，可设为暂估价，以便在履约过程中以专项采购方式给予适度的控制。因招标人需求未明确、设计深度不够或者招标人规定进行专业分包和专项供应的，暂时无法纳入招标竞争的工程、货物和服务，一般具有三个特点：一是必然要发生的工程、货物或者服务；二是暂时不能确定价格；三是由招标人暂估给定的金额。

在实践中，暂估价招标有三种做法：一是总承包人招标，给予发包人参与权和决策权；二是发包人和总承包人共同招标；三是发包人招标，给予总承包人参与权和知情权。三种做法的核心原则均离不开共同招标。之所以"共同招标"，是因为就暂估价项目的实施而言，发包人和总承包人双方都是利害关系人：一是暂估价项目包括在总承包范围内，依法应当由承包人承担工期、质量和安全责任；二是暂估价的实际开支最终由发包人承担，其在关注质量的同时，也有关注价格的权利；三是共同招标是一个确保透明、公平的实现途径，可以避免发包人和总承包人之间的猜忌，从而有助于合同的顺利履行。

但是在实际操作中，往往将"共同招标"简单地理解为由发包人和总承包人双方共同作为暂估价项目的招标人，双方共同与暂估价项目中标人签订合同。这种做法并不是完全没有可操作性，也受到了一些有强烈控制项目实施愿望的发包人的欢迎。但是，由于由此形成的合同法律关系不清晰，不符合现行法律法规所提倡的总承包责任主体一元化的原则，因此双方责任、权利和义务的界定难免出现遗漏、重叠或者冲突，实际中出现了扯皮多、易投诉和进度慢等诸多问题，在一定程度上影响了总承包合同的顺利履行。

由发包人自己作为暂估价项目的招标人是实际中最受发包人青睐的方式，尽管执行中发包人可能会给予总承包人一定的参与权和知情权，但这种方式最终由发包人与暂估价项目中标人签订合同，而暂估价项目属于总承包人的承包范围，不但在实施过程中难以协调，一旦出现质量、安全、进度等问题，就容易出现发包人和承包人相互推诿的现象，而且有平行发包的嫌疑。

由总承包人作为暂估价项目招标人已经被实践证明是最佳的选择，该做法同时给予发包人足够的话语权，由总承包人与暂估价项目中标人签订合同，也有利于理顺合同关系，方便合同履行。

值得注意的是，广义的暂估价包括招标文件中规定的暂列金额。暂列金额是指招标文件中给定的，用于在签订协议书时尚未确定或不可预见变更的施工及其所需材料、工程设备、服务等的金额。暂列金额与暂估价的区别在于，前者不一定发生，而后者是必然要发生的，但因某种原因暂时无法确定最终的和准确的金额。暂列金额项目是否招标，需要综合考虑《招标投标法实施条例》第九条，以及合同变更条款等因素。

【法律依据】

1)《中华人民共和国招标投标法实施条例》

第九条 除招标投标法第六十六条规定的可以不进行招标的特殊情况外，有下列情形之一的，可以不进行招标：

（一）需要采用不可替代的专利或者专有技术；

（二）采购人依法能够自行建设、生产或者提供；

（三）已通过招标方式选定的特许经营项目投资人依法能够自行建设、生产或者提供；

（四）需要向原中标人采购工程、货物或者服务，否则将影响施工或者功能配套要求；

（五）国家规定的其他特殊情形。

招标人为适用前款规定弄虚作假的，属于招标投标法第四条规定的规避招标。

第二十九条　招标人可以依法对工程以及与工程建设有关的货物、服务全部或者部分实行总承包招标。以暂估价形式包括在总承包范围内的工程、货物、服务属于依法必须进行招标的项目范围且达到国家规定规模标准的，应当依法进行招标。

前款所称暂估价，是指总承包招标时不能确定价格而由招标人在招标文件中暂时估定的工程、货物、服务的金额。

2）《工程建设项目货物招标投标办法》

第五条　工程建设项目货物招标投标活动，依法由招标人负责。

工程建设项目招标人对项目实行总承包招标时，未包括在总承包范围内的货物属于依法必须进行招标的项目范围且达到国家规定规模标准的，应当由工程建设项目招标人依法组织招标。

工程建设项目实行总承包招标时，以暂估价形式包括在总承包范围内的货物属于依法必须进行招标的项目范围且达到国家规定规模标准的，应当依法组织招标。

3）《建设工程工程量清单计价标准》

8.4　暂估价

8.4.1　工程量清单中给定暂估价的材料和（或）暂估价的专业工程属于依法必须招标的，应以招标确定的材料税前价格和（或）含税专业分包工程价格取代暂估价，调整合同价格。

8.4.2　由发包人作为招标人进行暂估价材料、暂估价专业工程招标的，发包人应承担组织招标工作有关的费用。需要承包人配合的，承包人应自行承担其配合费用。

8.4.3　由承包人作为招标人进行暂估价材料、暂估价专业工程招标的，承包人应承担组织招标工作有关的费用，其费用应被认为已经包括在承包人的投标总价（合同签订价格）中。需要发包人配合的，发包人应自行承担其配合费用。

8.4.4　由发包人和承包人共同作为招标人进行暂估价材料、暂估价专业工程招标的，发承包双方应各自承担相应的费用。

8.4.5　工程量清单中给定暂估价的材料不属于依法必须招标的，可由承包人进行市场采购询价或自主报价，经发包人确认价格后以税前价格取代暂估价，或可由发承包双方共同询价确认价格后以税前价格取代暂估价，并计算相应价格调整引起的增值税变化，调整合同价格。

8.4.6 工程量清单中给定材料暂估价的清单项目价格调整，应只调整综合单价的材料暂估价价格，合同清单中该清单项目的综合单价的其他费用不宜做调整，调整后的合同单价可用于本标准第8.2节、第8.3节、第8.9节规定的工程量清单缺陷、暂列金额、工程变更的计价。

8.4.7 工程量清单中给定暂估价的专业工程不属于依法必须招标的，可按本标准第8.10节的相关规定确定含增值税专业工程价格，并以此取代专业工程暂估价，或可由发承包双方共同招标确定含增值税专业分包工程价格取代专业工程暂估价，调整合同价格。

8.4.8 承包人参加由发包人作为招标人的暂估价专业工程投标并中标的，应按本标准第8.5.3条的规定扣减该专业工程的总承包服务费。

63. 专业工程能否由具有施工总承包资质的单位承接？

专业工程应由具有相应专业承包资质的单位承接，不能由施工总承包资质的单位承接。

【问题分析】

根据《建筑业企业资质标准》相关规定，具有总承包资质的单位可以承接总承包工程，可以对所承接的施工总承包工程内各专业工程全部自行施工。设有专业承包资质的专业工程单独发包时，应由取得相应专业承包资质的企业承担。住房城乡建设部在2017年4月11日回答网友关于企业资质咨询的问题时答复：总承包资质、专业承包资质和劳务资质不存在覆盖关系，具有施工总承包资质的企业不能承接专业分包业务，专业承包资质不能承接劳务业务。承接施工总承包、专业承包和劳务业务均需具有相应建筑业企业资质。因此，总承包资质和专业承包资质不存在覆盖关系，只具有施工总承包资质的企业不能承接设有相应资质的专业工程。

需要说明的是，工程承接和工程施工并不完全等同。工程承接是指具有承接工程的资格和能力，而工程施工仅仅是具有承接工程的能力，在工程承接过程中首先需要具备承接工程的资格，总承包资质不具有承担单独发包的专业工程的资格，故无法承接专业工程，但是具有总承包资质的单位在完成总承包项目承接后，可以对所承接的施工总承包工程内各专业工程全部自行施工。

【法律依据】

《建筑业企业资质标准》

三、业务范围

（一）施工总承包工程应由取得相应施工总承包资质的企业承担。取得施工总承包资质的企业可以对所承接的施工总承包工程内各专业工程全部自行施工，也可以将专业工程依法进行分包。对设有资质的专业工程进行分包时，应分包给具有相应专业承包资质的企业。施工总承包企业将劳务作业分包时，应分包给具有施工劳务资质的企业。

（二）设有专业承包资质的专业工程单独发包时，应由取得相应专业承包资质的企业承担。取得专业承包资质的企业可以承接具有施工总承包资质的企业依法分包的专业工程或建设单位依法发包的专业工程。取得专业承包资质的企业应对所承接的专业工程全部自行组织施工，劳务作业可以分包，但应分包给具有施工劳务资质的企业。

（三）取得施工劳务资质的企业可以承接具有施工总承包资质或专业承包资质的企业分包的劳务作业。

（四）取得施工总承包资质的企业，可以从事资质证书许可范围内的相应工程总承包、工程项目管理等业务。

64. 招标过程中招标人发生变化如何处理？

招标过程中招标人发生变化，一般应视是否重新批复立项以确定继续招标还是重新招标。

【问题分析】

根据《招标投标法》第九条规定，招标项目应当先履行审批手续，取得批准。

根据国务院发布的《关于投资体制改革的决定》，我国对政府投资项目实行审批制，对企业不使用财政资金投资建设的项目，根据不同情况，实行核准制或者备案制。《政府投资条例》《企业投资项目核准和备案管理办法》《外商投资项目核准和备案管理办法》《关于政府核准的投资项目目录》等法规文件规定了需要立项审批、核准、备案的项目及程序，而审批、核准、备案工作都应当在招标前完成。

招标过程中招标人发生变化，一般是由招标人更名、合并、分立、转让项目，或者政府指定调整项目法人等原因引起的。按照项目审批、核准、备案管理方式的不同，处理方式也有差异。

对于核准制项目，根据《企业投资项目核准和备案管理办法》第三十七条规定，虽然项目单位向原项目核准机关提出变更申请的情形未明确包括项目法人变化，但根据《中华人民共和国行政许可法》（简称《行政许可法》）第二条规定，行政许可是指行政机关根据公民、法人或者其他组织的申请，经依法审查，准予其从事特定活动的行为。项目核准机关对项目进行的核准是行政许可事项，项目核准文件是项目核准机关准许项目单位（项目法人）实施该项目的依据，项目单位（项目法人）是项目核准文件行政许可的对象，属于项目核准文件所规定的重大情形。因此，项目法人发生变更后，项目单位应当及时以书面形式向原项目核准机关提出变更申请。项目法人变更，一般不需要重新核准，仅需要办理项目法人变更手续即可。若项目法人变更的同时，还存在建设地点变更、投资规模和建设规模变化、建设内容发生较大变化，项目变更可能对经济、社会、环境等产生重大不利影响，或存在需要对项目核准文件所规定的内容进行调整的其他重大情形，则原项目核准部门可能要求重新办理核准手续。

对于备案制项目，根据《企业投资项目核准和备案管理办法》第四十三条的规定，项目法人发生变化，项目单位应当通过在线平台及时告知项目备案机关，并修改相关信息。一般情况下，如果只是项目法人变更，则备案机关通常只要求更新备案信息，而不是重新备案。

对于审批制项目，根据《政府投资条例》第二十一条规定，政府投资项目拟变更建设地点或者拟对建设规模、建设内容等作较大变更的，应当按照规定的程序报原审批部门审批。虽然该条未明确指出项目法人变更属于较大变更情形，但项目法人作为项目实施的责任主体，其变更可能影响项目的实施，且从各类项目管理原则和审批要求看，政府投资项目是最严格的，所以当项目法人发生变化时，项目单位

（项目法人）需要向原审批机关申请变更。项目法人变更后，项目的建设地点、建设规模、建设内容等关键要素均未发生变化，且不会对经济、社会、环境等产生重大不利影响，通常无须重新审批，审批机关会根据具体情况作出同意变更的决定。但如果在项目法人变更的同时，出现了拟变更项目的建设地点或者拟对建设规模、建设内容等作较大变更等情况，应当按照规定的程序报原审批部门审批。

根据《全国投资项目在线审批监管平台运行管理暂行办法》第十二条规定，项目发生重大变化，需要重新审批、核准、备案的，应当重新赋码。如果项目审批、核准、备案机关只是对原立项批复（核准批复、备案证）中的项目法人进行了变更，不需要重新审批、核准、备案，其项目代码保持不变，则可以继续进行招标投标活动。如果招标尚未完成，则发布招标人名称变更的通知；如果已签订合同，则需签订补充协议更新甲方名称；如果需要重新审批、核准、备案的，则原项目法人应终止招标，由变更后的项目法人重新招标。在实际操作中，进入公共资源交易平台的项目，还涉及监管部门和交易平台规则的限制，项目招标人变化是否需要重新招标，还应满足监管部门和交易平台的要求，以避免法律风险。

需要说明的是，当招标人发生变化，不需要重新审批、核准、备案，且项目具备可以继续开展招标的条件时，应根据不同情况分别处理。

（1）如果招标人主体资格未发生变更，仅变更了名称，则及时书面通知投标人即可。

（2）当招标人发生合并情形时，可以直接由合并后法人或非法人组织承继合并前的招标人的主体资格。由合并后存续企业继续承担招标相关的权利和义务，包括与中标人签订合同等事宜。

（3）当招标人发生分立时，需要重新审核其履约能力。若履约能力不受影响，则分立后的法人或非法人组织承继原法律主体资格；若履约能力不足，则在投标阶段投标人可不承认对方的法律主体资格，在签订合同阶段中标人可拒绝与分立后的招标人签约，此时要重新组织招标。

（4）招标人在招标过程中，如遇招标人将其招标项目转让给其他人或者因政府原因调整了招标人主体，投资主体发生变化，类似合同权利、义务一并转让的情况，则可参照《民法典》第五百五十五条的规定，当事人一方经对方同意，可以将自己在合同中的权利和义务一并转让给第三人。如果投标人不承认新的招标人的履约能力等，可以退出招标投标活动。

【法律依据】

1)《中华人民共和国招标投标法》

第九条 招标项目按照国家有关规定需要履行项目审批手续的,应当先履行审批手续,取得批准。

招标人应当有进行招标项目的相应资金或者资金来源已经落实,并应当在招标文件中如实载明。

2)《中华人民共和国行政许可法》

第二条 本法所称行政许可,是指行政机关根据公民、法人或者其他组织的申请,经依法审查,准予其从事特定活动的行为。

3)《中华人民共和国民法典》

第五百五十五条 当事人一方经对方同意,可以将自己在合同中的权利和义务一并转让给第三人。

4)《中华人民共和国招标投标法实施条例》

第三十一条 招标人终止招标的,应当及时发布公告,或者以书面形式通知被邀请的或者已经获取资格预审文件、招标文件的潜在投标人。已经发售资格预审文件、招标文件或者已经收取投标保证金的,招标人应当及时退还所收取的资格预审文件、招标文件的费用,以及所收取的投标保证金及银行同期存款利息。

5)《政府投资条例》

第二十一条 政府投资项目应当按照投资主管部门或者其他有关部门批准的建设地点、建设规模和建设内容实施;拟变更建设地点或者拟对建设规模、建设内容等作较大变更的,应当按照规定的程序报原审批部门审批。

6)《企业投资项目核准和备案管理办法》

第三十七条 取得项目核准文件的项目,有下列情形之一的,项目单位应当及时以书面形式向原项目核准机关提出变更申请。原项目核准机关应当自受理申请之日起20个工作日内作出是否同意变更的书面决定:

(一)建设地点发生变更的;

(二)投资规模、建设规模、建设内容发生较大变化的;

（三）项目变更可能对经济、社会、环境等产生重大不利影响的；

（四）需要对项目核准文件所规定的内容进行调整的其他重大情形。

第四十三条 项目备案后，项目法人发生变化，项目建设地点、规模、内容发生重大变更，或者放弃项目建设的，项目单位应当通过在线平台及时告知项目备案机关，并修改相关信息。

7)《全国投资项目在线审批监管平台运行管理暂行办法》

第十二条第二款 项目延期或调整的，项目代码保持不变；项目发生重大变化，需要重新审批、核准、备案的，应当重新赋码。

第十三条 应用管理部门要推行项目代码应用，审批文件、项目招标投标、信息公开等涉及使用项目名称时，应当同时标注项目代码。应用管理部门办理项目相关审批事项、下达资金等，要首先核验项目代码。

65. 中标无效后，招标人应当如何处理？

中标无效后，依法必须进行招标的项目应当根据项目执行情况选择重新招标或者评标；非依法必须进行招标的项目，由招标人自行决定。

【问题分析】

《招标投标法》及《招标投标法实施条例》规定中标无效的情形分为以下几种：一是招标代理机构违规导致的无效，招标代理机构违反《招标投标法》规定，泄露应当保密的与招标投标活动有关的情况和资料的，或者与招标人、投标人串通损害国家利益、社会公共利益或者他人合法权益，影响中标结果的，中标无效；二是招标人泄露相关信息导致的无效，依法必须进行招标的项目的招标人向他人透露已获取招标文件的潜在投标人的名称、数量或者可能影响公平竞争的有关招标投标的其他情况的，或者泄露标底，影响中标结果的，中标无效；三是串通投标导致的无效，投标人相互串通投标或者与招标人串通投标的，投标人以向招标人或者评标委员会成员行贿的手段谋取中标的，中标无效；四是弄虚作假导致的无效，投标人以他人名义投标或者以其他方式弄虚作假，骗取中标的，中标无效；五是违法谈判导致的无效，依法必须进行招标的项目，招标人违反《招标投标法》规定，与投标人就投标价格、投标方案等实质性内容进行谈判，影响中标结果的，中标无效；六是违法确定中标人导致的无效，招标人在评标委员会依法推荐的中标候选人以外确定中标人的，依法必须进行招标的项目在所有投标被评标委员会否决后自行确定中标人的，中标无效；七是招标人或者招标代理机构接受未通过资格预审的单位或者个人参加投标的，中标无效；八是招标人或者招标代理机构接受应当拒收的投标文件的，中标无效；九是评标委员会的组建违反《招标投标法》及《招标投标法实施条例》规定的，中标无效；十是评标委员会成员收受投标人的财物或者其他好处的，中标无效；十一是评标委员会成员或者参加评标的有关工作人员向他人透露对投标文件的评审和比较、中标候选人的推荐以及与评标有关的其他情况的，中标无效；十二是评标委员会成员有不客观、不公正履行职务行为的，中标无效。

依法必须进行招标的项目中标无效后，应该按照项目的执行情况进行以下处理：一是中标人已经确定但合同尚未签订的，可以重新招标、评标或依照规定从其余中标候选人中重新确定中标人，给他人造成损失的，应当承担赔偿责任；二是合同已经签订但尚未履行的，应终止履行，重新招标，给他人造成损失的，应当承担赔偿责任；三是合同已部分履行的，如果已经履行的部分验收合格，则可以参照合同关于工程价款的约定折价补偿承包人，未履行的部分终止履行，达到依法必须招标限额标准的还须重新招标，给他人造成损失的，应当承担赔偿责任；四是合同已经履行完毕的，如果验收合格，则可以参照合同关于工程价款的约定折价补偿承包人，给他人造成损失的，应当承担赔偿责任。

非依法必须进行招标的项目中标无效后，可以参照法律法规或者按照招标人的相关管理制度进行处理。

【法律依据】

1)《中华人民共和国招标投标法》

第五十条　招标代理机构违反本法规定，泄露应当保密的与招标投标活动有关的情况和资料的，或者与招标人、投标人串通损害国家利益、社会公共利益或者他人合法权益的，处五万元以上二十五万元以下的罚款；对单位直接负责的主管人员和其他直接责任人员处单位罚款数额百分之五以上百分之十以下的罚款；有违法所得的，并处没收违法所得；情节严重的，取消其一年至二年内参加依法必须进行招标的项目的投标资格并予以公告，直至由工商行政管理机关吊销营业执照；构成犯罪的，依法追究刑事责任。给他人造成损失的，依法承担赔偿责任。

前款所列行为影响中标结果的，中标无效。

第五十二条　依法必须进行招标的项目的招标人向他人透露已获取招标文件的潜在投标人的名称、数量或者可能影响公平竞争的有关招标投标的其他情况的，或者泄露标底的，给予警告，可以并处一万元以上十万元以下的罚款；对单位直接负责的主管人员和其他直接责任人员依法给予处分；构成犯罪的，依法追究刑事责任。

前款所列行为影响中标结果的，中标无效。

第五十三条　投标人相互串通投标或者与招标人串通投标的，投标人以向招标人或者评标委员会成员行贿的手段谋取中标的，中标无效，处中标项目金额千分之五以上千分之十以下的罚款，对单位直接负责的主管人员和其他直接责任人员处单位罚款数额百分之五以上百分之十以下的罚款；有违法所得的，并处没收违法所得；情节严重的，取消其一年至二年内参加依法必须进行招标的项目的投标资格并予以公告，直至由工商行政管理机关吊销营业执照；构成犯罪的，依法追究刑事责任。给他人造成损失的，依法承担赔偿责任。

第五十四条　投标人以他人名义投标或者以其他方式弄虚作假，骗取中标的，中标无效，给招标人造成损失的，依法承担赔偿责任；构成犯罪的，依法追究刑事责任。

依法必须进行招标的项目的投标人有前款所列行为尚未构成犯罪的，处中标项目金额千分之五以上千分之十以下的罚款，对单位直接负责的主管人员和其他直接责任人员处单位罚款数额百分之五以上百分之十以下的罚款；有违法所得的，并处没收违法所得；情节严重的，取消其一年至三年内参加依法必须进行招标的项目的投标资格并予以公告，直至由工商行政管理机关吊销营业执照。

第五十五条　依法必须进行招标的项目，招标人违反本法规定，与投标人就投标价格、投标方案等实质性内容进行谈判的，给予警告，对单位直接负责的主管人员和其他直接责任人员依法给予处分。

前款所列行为影响中标结果的，中标无效。

第五十七条　招标人在评标委员会依法推荐的中标候选人以外确定中标人的，依法必须进行招标的项目在所有投标被评标委员会否决后自行确定中标人的，中标无效，责令改正，可以处中标项目金额千分之五以上千分之十以下的罚款；对单位直接负责的主管人员和其他直接责任人员依法给予处分。

第六十四条 依法必须进行招标的项目违反本法规定，中标无效的，应当依照本法规定的中标条件从其余投标人中重新确定中标人或者依照本法重新进行招标。

2)《中华人民共和国招标投标法实施条例》

第六十七条第一款 投标人相互串通投标或者与招标人串通投标的，投标人向招标人或者评标委员会成员行贿谋取中标的，中标无效；构成犯罪的，依法追究刑事责任；尚不构成犯罪的，依照招标投标法第五十三条的规定处罚。投标人未中标的，对单位的罚款金额按照招标项目合同金额依照招标投标法规定的比例计算。

第六十八条第一款 投标人以他人名义投标或者以其他方式弄虚作假骗取中标的，中标无效；构成犯罪的，依法追究刑事责任；尚不构成犯罪的，依照招标投标法第五十四条的规定处罚。依法必须进行招标的项目的投标人未中标的，对单位的罚款金额按照招标项目合同金额依照招标投标法规定的比例计算。

第八十一条 依法必须进行招标的项目的招标投标活动违反招标投标法和本条例的规定，对中标结果造成实质性影响，且不能采取补救措施予以纠正的，招标、投标、中标无效，应当依法重新招标或者评标。

66. 招标人是否有权终止招标？

招标人有权终止招标，但这一权利的行使受到法律法规的严格限制，且必须满足特定的条件。

【问题分析】

资格预审公告、招标公告或投标邀请书发出以后终止招标是实践中可能会遇到的现象，因此，招标投标法律法规对招标人终止招标进行了相关的约定。为了规范终止招标的行为，防止招标人利用终止招标排斥、限制潜在投标人，或者损害投标人的合法权益，招标人终止招标程序应当慎重。

除非有正当理由，招标人启动招标程序后不得擅自终止招标。主要原因在于：一是招标人擅自终止招标不符合《招标投标法》规定的诚实信用原则，招标投标的过程是形成和订立合同的过程，招标人启动招标程序意味着向潜在投标人发出了要约邀请，如果没有正当、合理的理由，招标人就应当依法完成招标工作；二是允许招标人擅自终止招标难以保障招标投标活动的公正和公平，如果允许招标人在没有正当理由的情况下擅自终止招标，则招标人可以随时根据参与投标竞争的情况，通过终止招标实现非法目的，为先定后招、虚假招标、排斥潜在投标人提供了便利；三是允许招标人擅自终止招标将挫伤潜在投标人参与投标的积极性，最终削弱招标竞争的充分性，一旦招标程序启动，潜在投标人就会为响应招标着手投标准备工作，产生相应的人力和物力的投入，终止招标将对潜在投标人造成损失，长此以往，必将打击潜在投标人参与投标的信心和积极性；四是不允许招标人擅自终止招标有利于促使招标人做好招标前的计划和准备工作，提高工作效率，实践中比较常见的是招标人因重新调整标段划分、改变投标人资格条件或者招标范围、已发布的招标项目基本信息不准确等原因而终止招标，这些情形反映了招标准备工作的不充分，不允许招标人擅自终止招标，有利于督促招标人充分重视招标准备工作。

如果招标过程中出现了非招标人原因无法继续招标的特殊情况，则招标人可以终止招标。这些特殊情况主要有以下几种。一是招标项目的条件发生了变化。根据《招标投标法》相关规定，招标人启动招标程序必须具备一定的先决条件，首先是需要审批或者核准的项目，必须履行审批和核准手续；其次是招标人应当有进行招标项目的相应资金或者资金来源已经落实；在法定规划区内的工程建设项目，还应当取得规划管理部门的相关许可证件。上述这些条件具备后，招标人才能够启动招标工作。在招标过程中，上述条件可能因国家产业政策调整、规划改变、用地性质变更等非招标人原因而发生变化，导致招标工作不得不终止。二是因不可抗力取消招标项目，继续招标将使当事人遭受更大损失，这类原因包括自然因素和社会因素，其中，自然因素包括地震、洪水、海啸、火灾，社会因素包括颁布新的法律、政策、行政措施等。三是招标文件或招标程序存在重大问题，或者发现招标过程存在不公平或不公正的情况，招标人可能需要终止招标后重新招标，以确保整个过程的公正性。

终止招标时招标人应注意以下事项：一是在发布公告阶段终止招标的，应当发布终止招标公告，由于公告阶段面向的是不特定的潜在投标人，因此，必须以公告方式告知所有潜在投标人；二是向潜在投标人发出了投标邀请书后终止招标的，应当以书面形式通知受邀请的所有潜在投标人；三是发售资格预审文件或者招标文件后终止招标的，招标人应当及时以书面形式通知已经获取资格预审文件、招标文件的潜在投标人，并退还潜在投标人购买资格预审文件或者招标文件的费用；四是已经递交了投标保证金后终止招标的，招标人应当及时退还收取的投标保证金及银行同期存款利息。

综上所述，招标人有终止招标活动的权利，但这种权利的行使必须谨慎，需要按照法律法规规定的程序进行，并及时通知所有投标人，以确保过程的透明性和合法性，避免对市场秩序和投标人利益造成不当影响。

【法律依据】

1)《中华人民共和国招标投标法实施条例》

第三十一条 招标人终止招标的，应当及时发布公告，或者以书面形式通知被邀请的或者已经获取资格预审文件、招标文件的潜在投标人。已经发售资格预审文件、招标文件或者已经收取投标保证金的，招标人应当及时退还所收取的资格预审文件、招标文件的费用，以及所收取的投标保证金及银行同期存款利息。

2)《工程建设项目施工招标投标办法》

第十五条第四款 招标文件或者资格预审文件售出后，不予退还。除不可抗力原因外，招标人在发布招标公告、发出投标邀请书后或者售出招标文件或资格预审文件后不得终止招标。

第七十二条 招标人在发布招标公告、发出投标邀请书或者售出招标文件或资格预审文件后终止招标的，应当及时退还所收取的资格预审文件、招标文件的费用，以及所收取的投标保证金及银行同期存款利息。给潜在投标人或者投标人造成损失的，应当赔偿损失。

3)《工程建设项目货物招标投标办法》

第十四条第四款 除不可抗力原因外，招标文件或者资格预审文件发出后，不予退还；招标人在发布招标公告、发出投标邀请书后或者发出招标文件或资格预审文件后不得终止招标。招标人终止招标的，应当及时发布公告，或者以书面形式通知被邀请的或者已经获取资格预审文件、招标文件的潜在投标人。已经发售资格预审文件、招标文件或者已经收取投标保证金的，招标人应当及时退还所收取的资格预审文件、招标文件的费用，以及所收取的投标保证金及银行同期存款利息。

67. 什么是两阶段招标？

两阶段招标是指对于技术复杂或者无法精确拟定技术规格的项目，招标人分两阶段进行招标。第一阶段，投标人按照招标公告或者投标邀请书的要求提交不带报价的技术建议，招标人根据投标人提交的技术建议确定技术标准和要求，编制招标文件。第二阶段，招标人向在第一阶段提交技术建议的投标人提供招标文件，投标人按照招标文件的要求提交包括最终技术方案和投标报价的投标文件。

【问题分析】

对于技术复杂或者无法精确拟定技术规格的项目，由于需要运用先进生产工艺技术、新型材料设备或采用复杂的技术实施方案等，招标人难以准确拟定和描述招标项目的性能特点、质量、规格等技术标准和实施要求。在此情况下，需要将招标分为两个阶段进行。第一个阶段，招标人需要向至少三家供应商或承包人征求技术方案建议，经过充分沟通商讨，研究确定招标项目技术标准和要求，编制招标文件；第二个阶段，投标人按照招标文件的要求编制投标文件，提出投标报价。两阶段招标既能够弥补现行制度下不能进行谈判的不足，满足技术复杂或者不能精确拟定技术规格项目招标的需要，同时又能够确保一定程度的公开、公平和公正。一旦招标文件确定下来，投标人就应当按照招标文件要求编制投标文件，不得就技术和商务内容进行谈判。此外，招标人要求投标人提交投标保证金的，应当在第二阶段提出。

实施两阶段招标时，需要注意以下几点。

（1）第一阶段投标人递交的技术建议书原则上不要带报价，因为此时属于征求技术建议并据此研究编制招标文件的阶段，不以选择中标人为目标，而且最终技术方案尚未确定，在第一阶段提交的投标报价缺乏针对性。但是，招标人基于市场调研目的，或者为了评价技术方案的经济性，可以要求技术建议书附带参考价格书，并可要求投标人将技术建议书和参考价格书采用双信封分别装订、密封。其中，投标人的参考价格书应当严格保密，仅供评审人员研究确定招标项目技术标准和要求时参考。

（2）招标人在评审、商讨和论证时，可以采用某一个或几个已经提交的技术建议，或据此研究形成新的技术方案，作为编制招标文件技术标准和要求的基础。此时，招标人与技术方案建议人可以充分沟通、反复商讨，并可以随时要求对方补充有关资料。

（3）招标人编制完成招标文件后，应该向第一阶段递交技术方案建议的投标人提供招标文件。技术方案建议人可以不参加第二阶段的投标，无须承担责任。

（4）对于第一阶段未提交技术建议的潜在投标人能否参加第二阶段的投标，由招标人根据最终确定的技术方案，以及潜在投标人的数量状况决定，并在招标文件中载明。招标人允许未提交技术建议的潜在投标人投标的，应当深入分析利弊，特别是要充分考虑未提交技术建议的潜在投标人应当具备的资格条件、对未中标的技术方案建议人的补偿等。

【法律依据】

《中华人民共和国招标投标法实施条例》

第三十条 对技术复杂或者无法精确拟定技术规格的项目，招标人可以分两阶段进行招标。

第一阶段，投标人按照招标公告或者投标邀请书的要求提交不带报价的技术建议，招标人根据投标人提交的技术建议确定技术标准和要求，编制招标文件。

第二阶段，招标人向在第一阶段提交技术建议的投标人提供招标文件，投标人按照招标文件的要求提交包括最终技术方案和投标报价的投标文件。

招标人要求投标人提交投标保证金的，应当在第二阶段提出。

案例7 关于招标项目标段划分引起争议的案例

【基本案情】

某棚户区改造建设项目，项目总建筑面积约16万平方米，招标范围为土建工程、装饰工程、安装工程、给排水工程、消防工程等全部内容的施工。项目共分为两个标段，同时启动招标，其中，一标段建筑面积合计约7万平方米，建筑高度约80米；二标段建筑面积合计约9万平方米，建筑高度约80米。两个标段资格条件均要求投标申请人具备建筑工程施工总承包二级及以上资质。经过评审,最终两个标段均由某建筑工程有限公司中标,该公司具备建筑工程施工总承包二级资质。

在项目审计检查时,审计人员提出,按项目总体规模需要建筑工程施工总承包一级及以上资质,而本项目拆分标段同时招标,各标段要求均为具备建筑工程施工总承包二级及以上资质,且最终中标单位为同一个建筑工程施工总承包二级资质单位,项目标段划分不合理,属于通过划分标段降低资质,为特定投标人中标提供条件的情形。招标人解释:本项目体量大、工期紧,分标段招标建设可以缩短项目总工期,符合项目实际需要,不存在主观降低资质,为特定投标人中标提供条件的情形。审计人员对此解释不予认可。

【问题提出】

招标项目划分标段有何要求?

【问题分析】

《招标投标法》及《招标投标法实施条例》所指的标段划分,是指招标人在充分考虑合同规模、技术标准要求、潜在投标人数量,以及合同履行期限等因素的基础上,将一项工程、货物、服务拆分为若干个进行招标的行为。标段划分既要满足招标项目技术、经济和管理的客观需要,又要遵守招标投标法律法规的规定。

招标人可以根据实际需要划分标段。招标项目划分标段,通常基于以下两个方面的客观需要:一是适应不同资格能力的投标人,招标项目包含不同类型、不同专业技术、不同品种和规格的标的,分成不同标段才能使有相应资格能力的单位分别投标;二是满足分阶段实施要求,同一招标项目由于受资金、设计等条件的限制,必须划分标段,以满足分阶段实施的要求。

本案例中,招标人为了赶工期将项目分标段实施具有一定的客观合理性,但是两个标段同时招标且最终中标单位为同一单位,形成了一个仅具备建筑工程施工总承包二级资质单位承担了要求建筑工程施工总承包一级及以上资质项目的事实。虽然不能直接确定招标人存在主观、故意行为,但是招标文件的编制存在瑕疵,对同一投标人在两个标段投标的中标数量未作出合理限制,导致后期审计检查引起争议。

标段划分通常需要考虑以下几个方面的因素:一是法律法规规定,《民法典》第七百九十一条第一款和《建筑法》第二十四条均规定,招标人划分标段时,不得将应当由一个承包人完成的建筑工程肢解成若干部分，发包给几个承包人，《招标投标法》第十九条规定，招标人应当合理划分标段，并在招标文件中载明；二是经济因素，招标项目应当在市场调研的基础上，通过科学划分标段，使标段具有合理、适度的规模，保证足够竞争数量的单位满足投标资格能力条件，并满足经济合理性要求，既要避免规模过小，单位固定成本上升，增加招标项目的总投资额，并可能导致大型企业失去参与投标竞争的积极性，又要避免规模过大，可能因符合资格能力条件的单位减少而不能满足充分竞争的要求，或者具有资格能力条件的单位因受资源投入限制，而无法保质保量按期完成招标项目，并由此增加合同履行的风险；三是招标人的合同管理能力，标段数量增加，必将增加实施招标、评标和合同管理的工作量，因此，标段划分需要考虑招标人组织实施招标和合同履行管理的能力；四是项目技术和管理要求，招标项目划分标段时应当既要满足项目技术关联配套及其不可分割性要求，又要考虑不同承包人或供应商在不同标段同时生产作业及其协调管理的可行性和可靠性。

需要注意的是，不得利用划分标段实现非法目的，具体来说，就是不得利用划分标段限制、排斥潜在投标人或者规避招标，要避免以下情况发生：一是通过规模过大或过小的不合理划分标段，保护有意向的潜在投标人，限制、排斥其他潜在投标人；二是通过划分标段，将项目化整为零，使标段合同金额拆分为低于必须招标的规模标准而规避招标，或者按照潜在投标人数量划分标段，使每一潜在投标人均有可能中标，导致招标失去意义。

【案例启示】

（1）在多标段招标中，招标人既要考虑标段划分的合理性，又要考虑对中标规则的合理设定。

（2）标段划分应基于项目实施的客观实际需要，同时要符合法律法规的相关要求，而不应该成为实现非法目的的手段。

【法律依据】

1)《中华人民共和国民法典》

第七百九十一条第一款 发包人可以与总承包人订立建设工程合同，也可以分别与勘察人、设计人、施工人订立勘察、设计、施工承包合同。发包人不得将应当由一个承包人完成的建设工程肢解成若干部分发包给数个承包人。

2)《中华人民共和国建筑法》

第二十四条 提倡对建筑工程实行总承包,禁止将建筑工程肢解发包。

建筑工程的发包单位可以将建筑工程的勘察、设计、施工、设备采购一并发包给一个工程总承包单位,也可以将建筑工程勘察、设计、施工、设备采购的一项或者多项发包给一个工程总承包单位;但是,不得将应当由一个承包单位完成的建筑工程肢解成若干部分发包给几个承包单位。

3)《中华人民共和国招标投标法》

第十九条第三款 招标项目需要划分标段、确定工期的,招标人应当合理划分标段、确定工期,并在招标文件中载明。

4)《中华人民共和国招标投标法实施条例》

第二十四条 招标人对招标项目划分标段的,应当遵守招标投标法的有关规定,不得利用划分标段限制或者排斥潜在投标人。依法必须进行招标的项目的招标人不得利用划分标段规避招标。

5)《工程建设项目施工招标投标办法》

第二十七条 施工招标项目需要划分标段、确定工期的,招标人应当合理划分标段、确定工期,并在招标文件中载明。对工程技术上紧密相联、不可分割的单位工程不得分割标段。

招标人不得以不合理的标段或工期限制或者排斥潜在投标人或者投标人。依法必须进行施工招标的项目的招标人不得利用划分标段规避招标。

6)《工程建设项目货物招标投标办法》

第二十二条 招标货物需要划分标包的,招标人应合理划分标包,确定各标包的交货期,并在招标文件中如实载明。

招标人不得以不合理的标包限制或者排斥潜在投标人或者投标人。依法必须进行招标的项目的招标人不得利用标包划分规避招标。

案例 8　关于招标文件前后表述不一致引起争议的案例

【基本案情】

某地块住宅项目，总建筑面积约 15.3 万平方米，总投资额约 6.7 亿元，采用资格后审方式进行施工总承包公开招标，招标公告中要求，投标人近六年（2019 年 1 月 1 日至 2024 年 12 月 31 日，以竣工验收载明的时间为准）至少承担过 1 项类似工程施工总承包业绩。业绩需提供中标通知书（如有）、合同、竣工验收等证明材料，类似工程是指单项工程投资额不低于 6 亿元或建筑面积不小于 15 万平方米的建筑工程。招标文件评分标准中资格审查条款规定，类似业绩时间以"合同签订时间"为准。招标文件答疑澄清截止时间前，没有投标人对招标文件提出疑问。经评审，投标人 A 公司被推荐为第一中标候选人。公示期间，招标人收到投标人 B 公司的异议，异议理由是投标人 A 公司提供的类似业绩合同签订时间为 2018 年 12 月 18 日，不符合评标办法中规定的资格审查条件，投标应无效。

【问题提出】

招标文件前后表述不一致如何处理？

【问题分析】

在项目实践中，经常出现招标文件前后表述不一致的情形，可能涉及资格条件、评分标准、技术要求、商务条款等关键内容。常见情形主要有：①资格条件不一致，例如，招标公告要求企业业绩时间为近三年，投标人须知要求企业业绩时间为近五年；②评标标准不一致，例如，报价得分计算方法按照文字表述和公式计算出的得分结果不同；③技术要求不一致，例如，技术规范要求设备功率 $\geqslant 100\,kW$，但工程量清单中标注设备功率 $\geqslant 80\,kW$；④商务条款不一致，例如，招标公告要求工期 12 个月，发包人要求工期 10 个月，合同条款约定质保期 2 年，技术规范要求质保期 3 年，合同条款约定预付款 30%，投标人须知规定预付款 20%；⑤正文表述和附件（附表）内容不一致，例如，正文中描述设备的规格型号为 A，附件的清单中写为B，正文中提到采购数量为120台，附件的清单中为100台。

招标文件编制质量的责任主体是招标人，当招标文件出现前后表述不一致时，应由招标人负责解释。解释的核心原则需遵循以下几点：一是不得违反法律法规的强制性规定（如排斥潜在投标人）；二是解释应对投标人有利，但不得偏向特定投标人；三是需确保公平竞争，同时，解释还应考虑到行业惯例和一般做法，在不违反法律法规和招标文件明确规定的前提下，尽量遵循行业内普遍认可的规则和标准。需要说明的是，评标委员会不能代替招标人对招标文件进行解释，根据《评标委员会和评标方法暂行规定》第十七条规定，评标委员会的职责是根据招标文件规定的评标标准和方法，对投标文件进行评审。招标文件前后表述不一致问题的处理，需根据问题发现的不同阶段采取针对性措施，以确保招标程序的合法性和公平性。

在开标之前发现的，根据《招标投标法》第二十三条、《招标投标法实施条例》第二十一条规定，招标人可以在规定的时间内对招标文件进行澄清或者修改，通过书面补遗文件（答疑纪要）统一表述。澄清或修改内容可能影响投标文件编制的，应按规定顺延开标时间。

在评标阶段发现的，招标人可以按照上述解释原则对招标文件作出合理解释，如果前后表述不一致，在解释统一标准后，不影响项目评标的，可以继续完成评标工作。例如，虽然招标文件对于业绩时间认定的规则前后不一致，但是无论按哪一种规则，所有投标人的业绩均满足招标要求，可以视为招标文件编制轻微瑕疵，不影响公平竞争。如果前后表述不一致影响项目中标结果的，评标委员会应当停止评标工作，与招标人沟通并作书面记录，经招标人确认后，应当修改招标文件，重新组织招标。

评标结束后发现的，需要判断招标文件前后不一致对评标结果是否造成实质性影响。如果未对评标结果产生实质性影响，则可以继续执行招标程序；如果对评标结果产生实质性影响，应当依法重新招标。

在本案例中，投标人在中标候选人公示阶段发现招标文件对业绩认定时间前后表述不一致，认为影响到投标人资格的判定，在规定时间内向招标人提出了异议，经招标人复核，投标人A公司提供的类似业绩竣工验收载明时间在2019年1月1日之后，认为符合招标公告要求，故投标有效。投标人B公司对招标人的答复不满意，向行政监督部门进行投诉。行政监督部门根据具体情况进行了调查，认定招标文件表述不一致问题确实对中标结果造成了实质性影响,责令招标人重新组织招标。

为了尽可能避免招标文件前后表述不一致对招标投标活动带来影响,招标人可以在招标文件中约定各个组成部分的解释顺序。例如,按招标公告、投标人须知、评标办法、投标文件格式的先后顺序解释;同一组成部分中就同一事项的规定或约定不一致的,以编排顺序在后者为准等。如本案例中的招标公告和评标办法关于业绩判定标准不一致,按此解释顺序就应以招标公告为准。

【案例启示】

(1)招标人应建立完善的文件审核机制,确保资格条件、技术要求、评分标准等关键内容一致。同时,宜在招标文件中明确前后表述不一致的解释规则。

(2)投标人应仔细研读招标文件,对比不同章节的资格条件、技术参数、商务条款等内容,发现问题及时向招标人提出,有助于提升招标投标整体效率。

【法律依据】

1)《中华人民共和国招标投标法》

第二十三条 招标人对已发出的招标文件进行必要的澄清或者修改的,应当在招标文件要求提交投标文件截止时间至少十五日前,以书面形式通知所有招标文件收受人。该澄清或者修改的内容为招标文件的组成部分。

2)《中华人民共和国招标投标法实施条例》

第二十一条 招标人可以对已发出的资格预审文件或者招标文件进行必要的澄清或者修改。澄清或者修改的内容可能影响资格预审申请文件或者投标文件编制的,招标人应当在提交资格预审申请文件截止时间至少3日前,或者投标截止时间至少15日前,以书面形式通知所有获取资格预审文件或者招标文件的潜在投标人;不足3日或者15日的,招标人应当顺延提交资格预审申请文件或者投标文件的截止时间。

第二十三条 招标人编制的资格预审文件、招标文件的内容违反法律、行政法规的强制性规定,违反公开、公平、公正和诚实信用原则,影响资格预审结果或者潜在投标人投标的,依法必须进行招标的项目的招标人应当在修改资格预审文件或者招标文件后重新招标。

第五十四条　依法必须进行招标的项目，招标人应当自收到评标报告之日起3日内公示中标候选人，公示期不得少于3日。

投标人或者其他利害关系人对依法必须进行招标的项目的评标结果有异议的，应当在中标候选人公示期间提出。招标人应当自收到异议之日起3日内作出答复；作出答复前，应当暂停招标投标活动。

第六十条第一款　投标人或者其他利害关系人认为招标投标活动不符合法律、行政法规规定的，可以自知道或者应当知道之日起10日内向有关行政监督部门投诉。投诉应当有明确的请求和必要的证明材料。

第八十一条　依法必须进行招标的项目的招标投标活动违反招标投标法和本条例的规定，对中标结果造成实质性影响，且不能采取补救措施予以纠正的，招标、投标、中标无效，应当依法重新招标或者评标。

3)《评标委员会和评标方法暂行规定》

第十七条　评标委员会应当根据招标文件规定的评标标准和方法，对投标文件进行系统的评审和比较。招标文件中没有规定的标准和方法不得作为评标的依据。

招标文件中规定的评标标准和评标方法应当合理，不得含有倾向或者排斥潜在投标人的内容，不得妨碍或者限制投标人之间的竞争。

案例9　关于招标文件编制不规范、不严谨引起争议的案例

【基本案情】

某商业综合体项目设计招标，总建筑面积3.2万平方米，项目总投资额1.3亿元，招标控制价为260万元。招标人采用公开招标的方式进行招标。

招标公告中对投标人资格条件的业绩规定：投标人近五年需具备一项类似工程设计业绩，需提供合同等证明材料。

招标文件评分标准中对投标报价的得分规定：①当投标报价＞评标基准价时，报价得分＝10－（投标报价－评标基准价）÷评标基准价×100×1；②当投标报价＜评标基准价时，报价得分＝10－（评标基准价－投标报价）÷评标基准价×100×0.5；③当投标报价＝评标基准价时，报价得分为10分。评标基准价为所有投

标报价的算术平均值。

在评标过程中，评标委员会对投标人提供的类似业绩认定标准产生了分歧，有评委认为投标人提供业绩的项目总投资额不低于1.3亿元，且项目类型为公共建筑才是满足招标条件的类似业绩；有评委认为只要有建筑工程设计业绩就是满足招标条件的类似业绩。另外，评委还发现投标人B的投标报价较低，与评标基准价的偏离达到25%，按评分规则计算的报价得分为负数。评标委员会对于投标报价的得分产生了不同意见，有评委认为投标报价得分应为0分，有评委认为投标报价得分应为−2.5分。

【问题提出】

招标文件编制时应注意哪些不规范、不严谨问题？

【问题分析】

招标文件是告知潜在投标人招标项目的内容、范围和数量、投标资格条件、招标投标的程序规则、投标文件编制和递交要求、评标的标准和方法、拟签订合同的主要条款、技术标准和要求等信息的载体，是指导招标投标活动全过程的纲领性文件，是投标人编制投标文件、评标委员会对投标文件进行评审并推荐中标候选人或者直接确定中标人，以及招标人和中标人签订合同的依据。因此，招标文件的用词描述应当清晰、顺畅，逻辑严谨，不能引起歧义。

根据《招标投标法》第十九条规定，招标文件应当包括对投标人资格审查的标准，在通常情况下，投标人的业绩审查是投标人资格审查环节之一，对业绩的描述不规范、不严谨直接影响到评委对投标人资格的判断，本案例中就是因为业绩描述不全面、不清晰导致评标产生分歧。

招标人应对业绩要求进行明确的设定，一般注意以下几点：一是要注明业绩发生的时间，包括业绩的年限、时间的起止点及判定依据；二是要对业绩的规模进行明确的界定，一般可以采用投资额、建筑面积、长度、跨度、处理能力等规模指标；三是要注明业绩的项目类型，例如，公共建筑、住宅建筑、工业建筑等；四是要注明需要提供的证明材料，一般是指合同、竣工验收证明等。

价格评分规则的设置对引导投标人合理报价、促进市场良性竞争起着关键作用，制定时一般应考虑以下几个方面：一是价格分的分值和扣分比例设置应该合理，需根据项目类型及招标人的需求综合拟定。价格部分的总分设置过低或扣分比例设置过低，可能会导致失去价格竞争的意义，对于价格有优势的单位不利；而价格部分的总分设置过高或扣分比例设置过高，可能会出现价格"决定一切"的情形，对于综合实力强且技术有优势，但价格没有优势的单位不利。二是价格分的设置要逻辑严谨，要考虑各种极端情形，并设置出现极端情形时的处理方式，例如，为了避免出现本案例中报价得分为负数的情形，应约定报价得分不得小于0。

在实际操作中，关于招标文件编制不规范、不严谨的问题通常还有以下几点：一是部分条款的表述含糊不清，例如，各种货物质保期不同，招标时对质保期的规定为2~3年，投标人完全响应，导致合同执行时对于质保期的具体年限产生争议；二是关键信息遗漏，例如，施工招标未提供控制价明细，导致无法进行不平衡报价分析；三是评标办法中评分标准设置不明确，例如，评标办法规定项目团队成员每具有一个相关资格证书加1分，但未对相关资格证书进行明确界定；四是时间安排不合理，例如，施工项目招标文件未预留足够的答疑时间，招标时投标人对清单和图纸提出大量问题，招标人无法在规定时间内进行答复，导致项目延期。

【案例启示】

（1）招标人在编制招标文件时应注意用词准确、表述清晰，避免引起歧义，招标文件的编制质量直接关系到项目招标的效果，不规范、不严谨的招标文件轻则导致延长招标时间，降低采购效率，重则导致重新招标、中标无效、招标失败等情形。

（2）投标人在收到招标文件时应仔细阅读招标公告、投标人须知、评标办法、合同条款、技术规范等全部内容，重点关注实质性条款，对不明确的条款或技术要求，应及时向招标人提出。

【法律依据】

1）《中华人民共和国招标投标法》

第十九条第一款　招标人应当根据招标项目的特点和需要编制招标文件。招标文件应当包括招标项目的技术要求、对投标人资格审查的标准、投标报价要求和评标标准等所有实质性要求和条件以及拟签订合同的主要条款。

第四十条第一款　评标委员会应当按照招标文件确定的评标标准和方法，对投标文件进行评审和比较；设有标底的，应当参考标底。评标委员会完成评标后，应当向招标人提出书面评标报告，并推荐合格的中标候选人。

2)《中华人民共和国招标投标法实施条例》

第二十三条 招标人编制的资格预审文件、招标文件的内容违反法律、行政法规的强制性规定，违反公开、公平、公正和诚实信用原则，影响资格预审结果或者潜在投标人投标的，依法必须进行招标的项目的招标人应当在修改资格预审文件或者招标文件后重新招标。

第四十九条第一款 评标委员会成员应当依照招标投标法和本条例的规定，按照招标文件规定的评标标准和方法，客观、公正地对投标文件提出评审意见。招标文件没有规定的评标标准和方法不得作为评标的依据。

案例 10 关于对"特定行业"理解不同引起争议的案例

【基本案情】

某医院新建一栋医疗综合楼，建筑面积约11万平方米，投资额6.3亿元，该项目集门诊、急诊、住院、手术室、ICU、影像、检验等功能于一体，采用公开招标方式选择设计单位。在招标公告中要求，投标人近五年（从投标截止之日起往前推算，以合同签订时间为准）至少承担过1项建筑面积不少于10万平方米的医疗综合楼设计业绩（需提供合同等证明材料）。

招标公告发布后，有投标人提出异议，认为招标公告中要求的业绩设置不合理，属于以特定行业的业绩限制、排斥投标人，违反了相关法律法规。

【问题提出】

如何理解"以特定行业的业绩限制、排斥投标人"？

【问题分析】

《招标投标法实施条例》第三十二条明确规定，招标人设定的资格、技术、商务条件应当与招标项目的具体特点和实际需要相适应，不得将特定行政区域或者特定行业的业绩、奖项作为加分条件或中标条件。但招标投标法律法规未对"特定行业"进行明确的定义，因此，需要结合项目本身的具体情况进行综合分析。

本项目为医疗综合楼，是医院里面最复杂的建筑，与普通房屋建筑工程有着较大的差别，一是功能多样，包含门诊、手术室、医技检查、住院医疗、医保结算、后勤保障等多个部门，每个部门都有特殊的设计要求；二是流线复杂，需合理规划患者、医护人员、医疗物资的流动路线，避免交叉感染，确保高效运作；三是技术要求高，需配备先进的医疗设备、通风系统、洁净室等，且要满足严格的建筑规范；四是空间布局复杂，涉及不同科室的布局、病房设计、手术室的无菌要求等，需兼顾功能与患者舒适度；五是安全要求严格，需综合考虑防火、防震、电力、应急疏散等安全措施，确保紧急情况下的快速响应；六是人性化设计，需考虑患者和家属的便利性，如无障碍设施、清晰的导视系统等。如果不具备医疗建筑设计业绩的单位中标，则可能存在以下风险：一是设计质量风险，设计单位缺乏类似经验可能不熟悉医疗建筑的复杂功能需求，导致设计不合理，也可能不了解医疗建筑的特殊规范，影响合规性和安全性；二是功能布局风险，流线设计混乱可能导致患者、医护人员、物资流动不畅，增加交叉感染风险，科室布局不合理可能影响医疗流程效率，降低医院运营效果；三是技术实施风险，可能因为设备集成问题无法合理规划医疗设备布局，影响使用，洁净与通风系统不达标，无法满足使用要求；四是施工与成本风险，设计不合理可能导致施工复杂化，延误工期，也可能引发频繁变更设计，导致成本超支，预算增加；五是安全与合规风险，可能忽视防火、防震等安全要求，增加安全风险，设计不符合规范可能导致验收失败，延误投入使用；六是后期运营风险，设计不合理可能增加后期维护难度和成本，可能未预留未来发展空间而限制了医院扩展。

综合考虑以上因素，本案例中招标人设置的业绩要求是为了满足从项目本身具有的技术管理特点需要而对潜在投标人提出的，不属于以特定行业的业绩限制、排斥投标人。

在项目实践中，投标人来自不同地区和行业，所积累的业绩通常具有地域性和行业性，如果以特定行业的业绩作为资格条件和评标加分条件，则会限制或排斥本行业之外的潜在投标人，但是招标人可以从项目本身具有的技术管理特点需要和所处自然环境条件的角度对潜在投标人提出类似项目业绩要求或评标加分标准。例如，要求具有100万千瓦燃煤机组安装业绩，300千米以上软土地基的高速公路业绩，危情水库的除险加固业绩，高海拔、冻土、沙漠等特殊自然条件下的工作业绩等，这类业绩因其与项目自身条件相适应，因此不属于"特定行业"的业绩。

【案例启示】

（1）对于"特定行业"的理解不能过于片面和机械，应该根据项目具有的技术管理特点和实际需求进行判断。

（2）招标人在设置类似业绩时，除考虑项目的特点和需求外，还应考虑投标的竞争性。

【法律依据】

1）《中华人民共和国招标投标法》

第十八条第一款 招标人可以根据招标项目本身的要求，在招标公告或者投标邀请书中，要求潜在投标人提供有关资质证明文件和业绩情况，并对潜在投标人进行资格审查；国家对投标人的资格条件有规定的，依照其规定。

2）《中华人民共和国招标投标法实施条例》

第三十二条 招标人不得以不合理的条件限制、排斥潜在投标人或者投标人。

招标人有下列行为之一的，属于以不合理条件限制、排斥潜在投标人或者投标人：

（一）就同一招标项目向潜在投标人或者投标人提供有差别的项目信息；

（二）设定的资格、技术、商务条件与招标项目的具体特点和实际需要不相适应或者与合同履行无关；

（三）依法必须进行招标的项目以特定行政区域或者特定行业的业绩、奖项作为加分条件或者中标条件；

（四）对潜在投标人或者投标人采取不同的资格审查或者评标标准；

（五）限定或者指定特定的专利、商标、品牌、原产地或者供应商；

（六）依法必须进行招标的项目非法限定潜在投标人或者投标人的所有制形式或者组织形式；

（七）以其他不合理条件限制、排斥潜在投标人或者投标人。

案例 11 关于特殊工程资质设定引起争议的案例

【基本案情】

某城市燃气管道老化更新改造项目招标，主要建设内容包括更新改造庭院燃气管道、燃气立管、户内用户管道等，其中，燃气立管的压强达到4公斤/平方厘米。在招标过程中，招标人考虑到本项目属于市政公用工程，根据承接范围设定本项目的投标人资质为市政公用工程施工总承包二级及以上资质，经过招标后企业A中标。

但在项目实施过程中，发现本项目涉及部分中压燃气管道的安装，需要具有压力管道安装许可资质的单位才能施工。但是企业A不具备压力管道安装许可资质，无法进行该部分管道安装的施工。

【问题提出】

特殊工程资质设定需要考虑哪些方面？

【问题分析】

特殊工程从类别上大致分为两类：第一类是特殊行业，如电力、石油、化工等；第二类是特殊专业，如压力管道、客运索道等。这些行业或专业与常规项目不一样，通常具有特殊规定，在设定投标人资格条件时需要引起重视。

本案例中，资质设定只考虑到了项目本身的类型属于市政行业，未考虑压力管道的特殊专业要求，导致本项目合同履约出现问题。根据《特种设备生产和充装单位许可规则》中关于"特种设备生产和充装单位的许可类别、许可项目和子项目、许可参数和级别以及发证机关，按照市场监管总局发布的《特种设备生产单位许可目录》执行"的规定，燃气管道安装属于压力管道中的公用管道安装GB1。故本项目设定资质时除考虑项目类型属于市政行业以外，还应考虑特殊专业规定，要求同时具备市政公用工程施工总承包二级及以上资质和特种设备生产许可证（公用管道安装GB1）。

特殊工程在设定资质条件时，招标人应进行详细的技术分析，确定项目所需资质。对于有行业交叉的特殊工程，除符合建设行政主管部门的要求以外，还应满足相关行业主管部门的要求，例如，对于压力管道项目，施工单位除具备建设行政主管部门颁发的施工资质以外，还需具备国家市场监督管理总局颁发的特种设备生产许可证（公用管道安装GB1）；对于电力设施工程，施工单位除具备建设行政主管部门颁发的施工资质以外，还需具备国家能源局颁发的承装（修、试）电力设施许可证。

【案例启示】

特殊工程在招标时，招标人应对项目进行详细的技术分析，准确设定投标人的资质条件，除需满足建设行政主管部门的规定以外，还要符合相关行业主管部门的要求。

【法律依据】

1）《特种设备生产和充装单位许可规则》

1.4 许可目录

特种设备生产和充装单位的许可类别、许可项目和子项目、许可参数和级别（以下统称许可范围）以及发证机关，按照市场监管总局发布的《特种设备生产单位许可目录》执行；许可项目和子项目中的设备种类、类别和品种按照《特种设备目录》执行。

2）《承装（修、试）电力设施许可证管理办法》

第四条 在中华人民共和国境内从事承装、承修、承试电力设施活动的，应当按照本办法的规定取得许可证。除国家能源局另有规定外，任何单位或者个人未取得许可证，不得从事承装、承修、承试电力设施活动。

本办法所称承装、承修、承试电力设施，是指对输电、供电、受电电力设施的安装、维修和试验。

第三章
投　　标

68. 投标人的主体资格有哪些限制情形？

为了保证招标公正性，防止利益冲突，国家相关法律法规对投标人的主体资格进行了一定限制，具体包括企业利害关系、企业信誉、企业经营状态等方面。

【问题分析】

从企业利害关系来看，投标人不得为招标人的不具有独立法人资格的附属机构（单位），或与招标人存在利害关系且可能影响招标公正性的机构（单位）；不得与本招标项目的其他投标人为同一个单位负责人，或与本招标项目的其他投标人存在控股、管理关系；不得为本招标项目的代建人或招标代理机构；不得与本招标项目的代建人或招标代理机构同为一个法定代表人，或存在控股、参股关系。

从企业信誉来看，投标人在最近三年内没有骗取中标和严重违约及重大工程质量问题；没有被工商行政管理机关在国家企业信用信息公示系统中列入严重违法失信企业名单；没有被最高人民法院在"信用中国"网站或各级信用信息共享平台中列入失信被执行人名单；在一定时期内投标人或其法定代表人、拟委任的项目负责人没有行贿犯罪行为的。

从企业经营状态来看，投标人不得处于被依法暂停或者取消投标资格状态；不得被责令停产停业、暂扣或者吊销许可证、暂扣或者吊销营业执照；不得进入清算程序，或被宣告破产，或其他丧失履约能力的情形。

需要注意的是，在判断投标人主体资格是否满足招标文件要求时，如果两个以上的自然人、法人或者其他组织组成一个联合体，以一个投标人的身份共同参加投标活动的，应当对所有联合体成员的主体资格进行评审。联合体中有一个或一个以上成员主体资格不满足招标文件要求的，视为该联合体主体资格不满足招标文件要求。

【法律依据】

1)《中华人民共和国招标投标法实施条例》

第三十四条　与招标人存在利害关系可能影响招标公正性的法人、其他组织或者个人，不得参加投标。

单位负责人为同一人或者存在控股、管理关系的不同单位，不得参加同一标段投标或者未划分标段的同一招标项目投标。

违反前两款规定的，相关投标均无效。

2)《工程建设项目施工招标投标办法》

第二十条第一款第（三）项、第（四）项　资格审查应主要审查潜在投标人或者投标人是否符合下列条件：

（三）没有处于被责令停业，投标资格被取消，财产被接管、冻结，破产状态；

（四）在最近三年内没有骗取中标和严重违约及重大工程质量问题。

3)《工程建设项目货物招标投标办法》

第三十二条　投标人是响应招标、参加投标竞争的法人或者其他组织。

法定代表人为同一个人的两个及两个以上法人，母公司、全资子公司及其控股公司，都不得在同一货物招标中同时投标。

一个制造商对同一品牌同一型号的货物，仅能委托一个代理商参加投标。

违反前两款规定的，相关投标均无效。

4)《关于在招标投标活动中对失信被执行人实施联合惩戒的通知》

（一）限制失信被执行人的投标活动

依法必须进行招标的工程建设项目，招标人应当在资格预审公告、招标公告、投标邀请书及资格预审文件、招标文件中明确规定对失信被执行人的处理方法和评标标准，在评标阶段，招标人或者招标代理机构、评标专家委员会应当查询投标人是否为失信被执行人，对属于失信被执行人的投标活动依法予以限制。

两个以上的自然人、法人或者其他组织组成一个联合体，以一个投标人的身份共同参加投标活动的，应当对所有联合体成员进行失信被执行人信息查询。联合体中有一个或一个以上成员属于失信被执行人的，联合体视为失信被执行人。

5）《关于在招标投标活动中全面开展行贿犯罪档案查询的通知》

（九）行贿犯罪记录应当作为招标的资质审查、招标代理机构资质认定、评标专家入库审查、招标代理机构选定、中标人推荐和确定、招标师注册等活动的重要依据。有关行政主管部门、建设单位（业主单位）应当依据有关法律法规和各地有关规定，对有行贿犯罪记录的单位或个人作出一定时期内限制进入市场、取消投标资格、降低资质等级、不予聘用或者注册等处置，并将处置情况在10个工作日内反馈提供查询结果的人民检察院。

69. 分公司能否以自己的名义投标？

分公司能否以自己的名义投标，必须根据项目类型确定，对于勘察、设计、施工、监理等需要取得相应资质方可承接的项目，分公司不能以自己名义投标；对于可研编制、造价咨询、工程货物等不需要资质的项目，分公司能以自己名义投标。

【问题分析】

根据《招标投标法》第二十五条规定，投标人是响应招标、参加投标竞争的法人或者其他组织。根据最高人民法院发布的《关于适用〈中华人民共和国民事诉讼法〉的解释》第五十二条规定，其他组织包括依法设立并领取营业执照的法人的分支机构。分公司属于法人依法设立并领取营业执照的分支机构，是法定的其他组织，虽然不具有法人资格，但可以以自己的名义从事民事活动。因此，分公司可以以自己的名义投标。根据《招标投标法实施条例》第三十二条规定，招标人对依法必须进行招标的项目非法限定潜在投标人或者投标人的所有制形式或者组织形式的，属于以不合理的条件限制、排斥潜在投标人或者投标人的行为。

在工程建设项目中，为了保证建筑工程质量，参与工程建设的勘察设计企业、施工企业、监理企业等必须具备相应的资质，而申办资质证书的前置条件是必须具有法人资格，例如，根据《工程勘察资质标准》规定，工程勘察综合资质、工程勘察专业资质和工程勘察劳务资质均需符合企业法人条件；根据《工程设计资质标准》规定，除依照《中华人民共和国合伙企业法》设立的普通合伙企业形式的事务所申请建筑工程设计事务所资质不需要具备法人资格外，在申请工程设计综合资质、行业资质、专业资质、专项资质，以及依照《中华人民共和国公司法》成立的有限责任公司（股份有限公司）形式的事务所在申请建筑工程设计事务所资质时，均必须具有法人资格；根据《建筑业企业资质等级标准》规定，申请建筑业企业资质的单位须具有法人资格；根据《工程监理企业资质管理规定》规定，申请监理资质的单位须具有独立法人资格且具有符合国家有关规定的资产。由于分公司无法办理以上相关资质，所以无法参加此类项目投标。对于可研编制、造价咨询、工程货物等不需要资质的项目，分公司能以自己名义投标。

需要注意的是，某些特殊行业项目的参与主体通常是不具有法人资格的分公司，例如，石油、石化、电力、通信、银行、金融、保险等行业。因此，招标人在进行此类项目招标时，宜在招标文件中明确规定允许分公司投标，以保证项目的竞争性。

【法律依据】

1)《中华人民共和国招标投标法》

第二十五条第一款 投标人是响应招标、参加投标竞争的法人或者其他组织。

第二十六条 投标人应当具备承担招标项目的能力；国家有关规定对投标人资格条件或者招标文件对投标人资格条件有规定的，投标人应当具备规定的资格条件。

2)《中华人民共和国建筑法》

第十三条 从事建筑活动的建筑施工企业、勘察单位、设计单位和工程监理单位，按照其拥有的注册资本、专业技术人员、技术装备和已完成的建筑工程业绩等资质条件，划分为不同的资质等级，经资质审查合格，取得相应等级的资质证书后，方可在其资质等级许可的范围内从事建筑活动。

3)《中华人民共和国公司法》

第十三条 公司可以设立子公司。子公司具有法人资格，依法独立承担民事责任。

公司可以设立分公司。分公司不具有法人资格，其民事责任由公司承担。

4)《中华人民共和国民法典》

第七十四条　法人可以依法设立分支机构。法律、行政法规规定分支机构应当登记的，依照其规定。

分支机构以自己的名义从事民事活动，产生的民事责任由法人承担；也可以先以该分支机构管理的财产承担，不足以承担的，由法人承担。

5)《中华人民共和国招标投标法实施条例》

第三十二条第二款第六项　招标人有下列行为之一的，属于以不合理条件限制、排斥潜在投标人或者投标人：

（六）依法必须进行招标的项目非法限定潜在投标人或者投标人的所有制形式或者组织形式；

6)《关于适用〈中华人民共和国民事诉讼法〉的解释》

第五十二条第五项　民事诉讼法第四十八条规定的其他组织是指合法成立、有一定的组织机构和财产，但又不具备法人资格的组织，包括：

（五）依法设立并领取营业执照的法人的分支机构；

70. 分公司能否用总公司的业绩投标？

> 如果分公司以自己名义投标，则不能用总公司业绩；如果分公司经总公司授权并以总公司名义投标，则可以用总公司业绩。

【问题分析】

分公司以自己名义投标，考察的是分公司自身的实力和业绩，如果使用总公司业绩投标，则无法真实体现分公司的实力和履约能力。一旦这类投标人中标，就会影响中标项目的质量，不仅损害招标人的利益，也可能会给国家利益和社会公共利益造成危害。因此，分公司以自己名义投标的，不能使用总公司业绩。

如果在总公司授权下，分公司以总公司名义投标，中标后由总公司实施项目，此时总公司的业绩能够反映投标主体的履约能力，则可以使用总公司的业绩。例如，某些货物采购项目，总公司负责研发、生产、供货以及售后服务，分公司只负责销售，在总公司的授权下，分公司以总公司名义投标，此时分公司就可以使用总公司的供货业绩。

【法律依据】

1)《中华人民共和国招标投标法》

第二十六条 投标人应当具备承担招标项目的能力；国家有关规定对投标人资格条件或者招标文件对投标人资格条件有规定的，投标人应当具备规定的资格条件。

第三十三条 投标人不得以低于成本的报价竞标，也不得以他人名义投标或者以其他方式弄虚作假，骗取中标。

2)《中华人民共和国公司法》

第十三条 公司可以设立子公司。子公司具有法人资格，依法独立承担民事责任。

公司可以设立分公司。分公司不具有法人资格，其民事责任由公司承担。

第三十八条 公司设立分公司，应当向公司登记机关申请登记，领取营业执照。

3)《中华人民共和国民法典》

第七十四条 法人可以依法设立分支机构。法律、行政法规规定分支机构应当登记的，依照其规定。

分支机构以自己的名义从事民事活动，产生的民事责任由法人承担；也可以先以该分支机构管理的财产承担，不足以承担的，由法人承担。

71. 总公司能否用分公司的资质投标？

总公司不宜使用分公司的资质投标，地区或行业有规定的从其规定。

【问题分析】

根据《公司法》规定，分公司是总公司的分支机构，没有独立的法人资格，其民事责任由总公司承担，资质通常与法人主体绑定。若因行业的特殊规定，一些资质可以由分公司名义取得，则该资质专属于分公司，如《医疗器械经营许可证》。总公司直接使用分公司资质通常不被允许。

从资质的性质来看，根据我国现行的资格和资质管理制度，资质是一种行政许可，是相关行政主管部门根据法人和其他组织的综合实力、专业技术能力、管理水平等多方面因素进行的认定，且资格和资质均与特定的主体不可分割，只针对法人和其他组织本身，不得相互混用。虽然总公司和分公司在法律上存在隶属关系且分公司不具有独立法人资格，但分公司的资质是基于自身的经营活动和特定条件取得的，因此，不宜直接被总公司用于投标。

在实际操作中，总公司若想使用分公司资质，首先，应核查资质证书，确认资质主体名称及使用范围；其次，应向主管部门（如市场监管局）确认总分资质使用规则；最后，在行业法规允许总分关系共享资质的前提下，还需要取得明确授权。

【法律依据】

1)《中华人民共和国招标投标法》

第十八条第一款 招标人可以根据招标项目本身的要求，在招标公告或者投标邀请书中，要求潜在投标人提供有关资质证明文件和业绩情况，并对潜在投标人进行资格审查；国家对投标人的资格条件有规定的，依照其规定。

第二十六条 投标人应当具备承担招标项目的能力；国家有关规定对投标人资格条件或者招标文件对投标人资格条件有规定的，投标人应当具备规定的资格条件。

第三十三条 投标人不得以低于成本的报价竞标，也不得以他人名义投标或者以其他方式弄虚作假，骗取中标。

2)《中华人民共和国公司法》

第十三条 公司可以设立子公司。子公司具有法人资格，依法独立承担民事责任。

公司可以设立分公司。分公司不具有法人资格，其民事责任由公司承担。

3)《中华人民共和国民法典》

第七十四条 法人可以依法设立分支机构。法律、行政法规规定分支机构应当登记的，依照其规定。

分支机构以自己的名义从事民事活动，产生的民事责任由法人承担；也可以先以该分支机构管理的财产承担，不足以承担的，由法人承担。

4)《中华人民共和国市场主体登记管理条例》

第二十三条　市场主体设立分支机构，应当向分支机构所在地的登记机关申请登记。

72. 境外企业能否参加国内工程类招标项目的投标？

境外企业能直接参与国内建筑工程方案设计、机电产品国际招标的投标；境外企业必须和中方设计企业进行合作才能参与建设工程初步设计（基础设计）、施工图设计（详细设计）文件等建设工程设计服务的投标；境外企业不能参加国内建设工程施工招标项目的投标。

【问题分析】

境外企业主要指注册地址和主要运营场所设在中国境外的企业、组织或机构。

根据《机电产品国际招标投标实施办法（试行）》第三十八条规定，境外投标人提交所在地登记证明材料（复印件），投标人无印章的，提交由单位负责人签字的招投标注册登记表。因此，对于货物采用机电产品国际招标的项目，允许境外企业投标。

根据《建筑工程方案设计招标投标管理办法》第二十条规定，参加建筑工程项目方案设计的投标人可以为注册在中华人民共和国境外的企业。根据《关于外国企业在中华人民共和国境内从事建设工程设计活动的管理暂行规定》第三条规定，外国企业以跨境交付的方式在中华人民共和国境内提供编制建设工程初步设计（基础设计）、施工图设计（详细设计）文件等建设工程设计服务的，应遵守本规定。因此，对于工程建设的设计项目，也允许境外企业投标。

需要注意的是，根据《关于外国企业在中华人民共和国境内从事建设工程设计活动的管理暂行规定》相关规定，外国企业承担中华人民共和国境内建设工程的初步设计（基础设计）、施工图设计（详细设计）文件等建设工程设计服务的，必须选择至少一家持有建设行政主管部门颁发的建设工程设计资质的中方设计企业进行中外合作设计，且在所选择的中方设计企业资质许可的范围内承接设计业务，并且需要提供外国企业所在国政府主管部门核发的企业注册登记证明；所在国金融机构出具的资信证明和企业保险证明；所在国政府主管部门或者有关行业组织、公证机构出具的企业工程设计业绩证明；所在国政府主管部门或者有关行业组织核发的设计许可证明；国际机构颁发的 ISO9000 系列质量标准认证证书；参与中国项目设计的全部技术人员的简历、身份证明、最高学历证明和执业注册证明；与中方设计企业合作设计的意向书以及其他有关材料。

根据《外国（地区）企业在中国境内从事生产经营活动登记管理办法》第二条、第三条规定，外国企业在中国境内从事房屋、土木工程的建造、装饰或线路、管道、设备的安装等工程承包的生产经营活动应办理登记注册，领取营业执照后，方可开展生产经营活动。因此，对于工程建设施工项目，境外企业不得直接参与国内项目的招标投标活动，应办理注册登记并领取营业执照，按规定申请取得相应资质后，才能参与国内项目的投标。

【法律依据】

1)《中华人民共和国招标投标法》

第二十五条第一款　投标人是响应招标、参加投标竞争的法人或者其他组织。

第二十六条　投标人应当具备承担招标项目的能力；国家有关规定对投标人资格条件或者招标文件对投标人资格条件有规定的，投标人应当具备规定的资格条件。

2)《中华人民共和国建筑法》

第十三条　从事建筑活动的建筑施工企业、勘察单位、设计单位和工程监理单位，按照其拥有的注册资本、专业技术人员、技术装备和已完成的建筑工程业绩等资质条件，划分为不同的资质等级，经资质审查合格，取得相应等级的资质证书后，方可在其资质等级许可的范围内从事建筑活动。

3)《机电产品国际招标投标实施办法（试行）》

第三十八条　投标人在招标文件要求的投标截止时间前，应当在招标网免费注册，注册时应当在招标网在线填写招投标注册登记表，并将由投标人加盖公章的招投标注册登记表及工商营业执照（复印件）提交至招标网；境外投标人提交所在地登记证明材料（复印件），投标人无印章的，提交由单位负责人签字的招投标注册登记表。投标截止时间前，投标人未在招标网完成注册的不得参加投标，有特殊原因的除外。

4)《建筑工程方案设计招标投标管理办法》

第二十条 参加建筑工程项目方案设计的投标人应具备下列主体资格：

（一）在中华人民共和国境内注册的企业，应当具有建设主管部门颁发的建筑工程设计资质证书或建筑专业事务所资质证书，并按规定的等级和范围参加建筑工程项目方案设计投标活动。

（二）注册在中华人民共和国境外的企业，应当是其所在国或者所在地区的建筑设计行业协会或组织推荐的会员。其行业协会或组织的推荐名单应由建设单位确认。

（三）各种形式的投标联合体各方应符合上述要求。招标人不得强制投标人组成联合体共同投标，不得限制投标人组成联合体参与投标。

招标人可以根据工程项目实际情况，在招标公告或投标邀请函中明确投标人其他资格条件。

5)《关于外国企业在中华人民共和国境内从事建设工程设计活动的管理暂行规定》

第三条 外国企业以跨境交付的方式在中华人民共和国境内提供编制建设工程初步设计（基础设计）、施工图设计（详细设计）文件等建设工程设计服务的，应遵守本规定。

提供建设工程初步设计（基础设计）之前的方案设计不适用本规定。

第四条 外国企业承担中华人民共和国境内建设工程设计，必须选择至少一家持有建设行政主管部门颁发的建设工程设计资质的中方设计企业（以下简称中方设计企业）进行中外合作设计（以下简称合作设计），且在所选择的中方设计企业资质许可的范围内承接设计业务。

第七条 建设单位在对外国企业进行设计资格预审时，可以要求外国企业提供以下能满足建设工程项目需要的有效证明材料，证明材料均要求有外国企业所在国官方文字与中文译本两种文本。

（一）所在国政府主管部门核发的企业注册登记证明；

（二）所在国金融机构出具的资信证明和企业保险证明；

（三）所在国政府主管部门或者有关行业组织、公证机构出具的企业工程设计业绩证明；

（四）所在国政府主管部门或者有关行业组织核发的设计许可证明；

（五）国际机构颁发的ISO9000系列质量标准认证证书；

（六）参与中国项目设计的全部技术人员的简历、身份证明、最高学历证明和执业注册证明；

（七）与中方设计企业合作设计的意向书；

（八）其他有关材料。

6）《外国（地区）企业在中国境内从事生产经营活动登记管理办法》

第二条　根据国家有关法律、法规的规定，经国务院及国务院授权的主管机关（以下简称审批机关）批准，在中国境内从事生产经营活动的外国企业，应向省级市场监督管理部门（以下简称登记主管机关）申请登记注册。外国企业经登记主管机关核准登记注册，领取营业执照后，方可开展生产经营活动。未经审批机关批准和登记主管机关核准登记注册，外国企业不得在中国境内从事生产经营活动。

第三条　根据国家现行法律、法规的规定，外国企业从事下列生产经营活动应办理登记注册：

（一）陆上、海洋的石油及其他矿产资源勘探开发；

（二）房屋、土木工程的建造、装饰或线路、管道、设备的安装等工程承包；

（三）承包或接受委托经营管理外商投资企业；

（四）外国银行在中国设立分行；

（五）国家允许从事的其他生产经营活动。

73. 制造商和代理商能否在同一项目中投标？

若制造商和代理商所投产品为同一品牌同一型号，则不能在同一项目中投标；若制造商和代理商所投产品为不同品牌或同一品牌的不同型号，且招标文件未明确限制，则能在同一项目中投标。

【问题分析】

对于工程建设项目货物招标，根据《工程建设项目货物招标投标办法》第三十二条规定，一个制造商对同一品牌同一型号的货物，仅能委托一个代理商参加投标。此规定主要是为了防止制造商通过让多家代理商参与同一产品投标，得到多个报价，增加其中标机会，违反了公平竞争原则，从而对同一投标产品作出限制，但是对所投产品为不同品牌或同一品牌的不同型号的未作出限制。因此，若制造商和代理商所投产品为不同品牌或同一品牌的不同型号，且招标文件未明确限制，则可以在同一项目中投标。例如，制造商甲公司的两款不同型号的A产品和B产品分别由代理商乙公司和代理商丙公司代理投标，而乙公司和丙公司的法定代表人不为同一人且不存在控股关系，则可以在同一货物招标中同时投标。同样，在同一项目中，制造商甲公司投A产品和代理商乙公司投B产品，甲公司和乙公司的法定代表人不为同一人且不存在控股关系，也可以在同一货物招标中同时投标。

在实际操作中，如果允许制造商和代理商同时投标，或者允许同一制造商授权多个代理商同时投标，则可能导致串通投标或以其他方式操纵投标价格、排挤其他竞争对手，因此，招标人宜在招标文件中就上述情况作出明确约定。

【法律依据】

《工程建设项目货物招标投标办法》

第三十二条　投标人是响应招标、参加投标竞争的法人或者其他组织。

法定代表人为同一个人的两个及两个以上法人，母公司、全资子公司及其控股公司，都不得在同一货物招标中同时投标。

一个制造商对同一品牌同一型号的货物，仅能委托一个代理商参加投标。

违反前两款规定的，相关投标均无效。

74. 母子公司同时参加同一招标项目的投标，该如何处理？

如果在资格预审环节发现这一情况，招标人只能选择其中一家符合资格条件的单位参加投标；如果在评标环节发现这一情况，评标委员会应当否决该母子公司的投标；如果在公示中标候选人环节发现母子公司为中标候选人，招标人应当取消中标候选人资格。

【问题分析】

根据《招标投标法实施条例》第三十四条规定，存在控股或者管理关系的不同单位，不得参加同一标段投标或者未划分标段的同一招标项目投标。母子公司之间存在控制或管理关系，在同时参加同一招标项目的投标时，可能导致串通投标，损害其他投标人的公平竞争机会。

《招标投标法实施条例》第三十四条规定不适用于资格预审。单位负责人为同一人或者存在控股、管理关系的不同单位，可以在同一招标项目中参加资格预审，但招标人只能选择其中一家符合资格条件的单位参加投标。具体选择方法，招标人应当在资格预审文件中载明。例如，选择上一年度净资产高的优先参加投标，或者是选择上一年度资产负债率低的优先参加投标。同时，《招标投标法实施条例》第三十四条也明确指出，若是存在违反前两款规定的，相关投标均无效。所谓无效，是指自始无效。只要存在本条前两款规定的情形，不论何时发现，相关投标均应作无效处理。具体来说，在评标时，评标委员会应当否决其投标；在公示中标候选人环节，发现母子公司为中标候选人，招标人应当取消中标候选人资格。

《招标投标法实施条例》第三十四条还规定了，单位负责人为同一人的不同单位不得参加同一标段投标或者未划分标段的同一招标项目投标。单位负责人，是指单位法定代表人或者法律、行政法规规定代表单位行使职权的主要负责人。所谓法定代表人，是指由法律或者法人组织章程规定，代表法人对外行使民事权利、履行民事义务的负责人。例如，根据《公司法》第十条规定，公司法定代表人按照公司章程的规定，由董事或者经理担任。根据《全民所有制工业企业法》第四十五条规定，厂长是企业的法定代表人。所谓法律、行政法规规定代表单位行使职权的主要负责人，是指除法人以外，法律、行政法规规定的代表单位行使职权的主要负责人。例如，根据《个人独资企业法》第二条规定，个人独资企业的负责人是指个人独资企业的投资人；根据《合伙企业法》第二十六条规定，合伙企业的负责人是指代表合伙企业执行合伙企业事务的合伙人。

【法律依据】

1)《中华人民共和国公司法》

第十条 公司的法定代表人按照公司章程的规定，由代表公司执行公司事务的董事或者经理担任。

担任法定代表人的董事或者经理辞任的，视为同时辞去法定代表人。

法定代表人辞任的，公司应当在法定代表人辞任之日起三十日内确定新的法定代表人。

2)《中华人民共和国招标投标法实施条例》

第三十四条 与招标人存在利害关系可能影响招标公正性的法人、其他组织或者个人，不得参加投标。

单位负责人为同一人或者存在控股、管理关系的不同单位，不得参加同一标段投标或者未划分标段的同一招标项目投标。

违反前两款规定的，相关投标均无效。

3)《中华人民共和国全民所有制工业企业法》

第四十五条 厂长是企业的法定代表人。

4)《中华人民共和国个人独资企业法》

第二条 本法所称个人独资企业，是指依照本法在中国境内设立，由一个自然人投资，财产为投资人个人所有，投资人以其个人财产对企业债务承担无限责任的经营实体。

5)《中华人民共和国合伙企业法》

第二十六条 合伙人对执行合伙事务享有同等的权利。

按照合伙协议的约定或者经全体合伙人决定，可以委托一个或者数个合伙人对外代表合伙企业，执行合伙事务。

作为合伙人的法人、其他组织执行合伙事务的，由其委派的代表执行。

75. 提供前期咨询服务的单位能否参与后期的项目投标？

提供前期咨询服务的单位能参与后期项目勘察、设计、监理的投标，不能参与项目施工、设备和材料的投标，能否参与项目工程总承包投标视情况而定。

【问题分析】

前期咨询单位一般包括提供项目建议书、可行性研究报告、初步设计、施工图设计等前期咨询服务的单位，由于以上单位在提供前期咨询服务过程中会获取大量项目相关资料和信息，比其他潜在投标人具有明显的信息优势，对其他投标人不公平，违反了招标投标活动公开、公平、公正和诚实信用的原则。因此，部分项目招标时会对其投标进行限制。

对于勘察、设计、监理项目，相关法律法规没有明确禁止前期咨询服务单位投标，但为了保证前期咨询服务单位与其他潜在投标人获取的信息一致，招标人在勘察、设计、监理招标时宜公开全部前期咨询成果文件，使所有潜在投标人信息对等。

对于施工项目，根据《工程建设项目施工招标投标办法》第三十五条规定，为招标项目的前期准备或者监理工作提供设计、咨询服务的任何法人及其任何附属机构（单位），都无资格参加该招标项目的投标，因此，前期咨询服务单位不能参加施工项目的投标。

对于设备和材料招标项目，根据国家发展改革委《关于印发〈标准设备采购招标文件〉等五个标准招标文件的通知》规定，《标准文件》中的"投标人须知"（投标人须知前附表和其他附表除外）、"评标办法"（评标办法前附表除外）、"通用合同条款"，应当不加修改地引用，而根据《中华人民共和国标准设备采购招标文件（2017年版）》和《中华人民共和国标准材料采购招标文件（2017年版）》投标人须知规定，投标人不得为本设备和材料招标项目提供过设计、编制技术规范和其他文件的咨询服务。因此，前期咨询服务单位不能参加本项目的设备和材料投标。

对于工程总承包项目，各地区和行业有规定的从其规定。例如，对于房屋建筑工程和市政基础设施的工程总承包项目，根据《房屋建筑和市政基础设施项目工程总承包管理办法》第十一条规定，政府投资项目的项目建议书、可行性研究报告、初步设计文件编制单位及其评估单位，一般不得成为该项目的工程总承包单位。政府投资项目招标人公开已经完成的项目建议书、可行性研究报告、初步设计文件的，上述单位可以参与该工程总承包项目的投标，经依法评标、定标，成为工程总承包单位。因此，对于政府投资项目，若招标人公开了前期咨询服务单位的成果文件，则前期咨询服务单位可参与该项目工程总承包的投标，但是对于企业投资项目，没有明确规定，招标人宜公开全部前期咨询服务单位的成果文件；对于公路工程的总承包项目，根据《公路工程设计施工总承包管理办法》第六条规定，总承包单位（包括总承包联合体成员单位）不得是总承包项目的初步设计单位、代建单位、监理单位或以上单位的附属单位。因此，公路工程前期咨询服务单位不可以参与工程总承包的投标。

【法律依据】

1)《中华人民共和国招标投标法》

第五条　招标投标活动应当遵循公开、公平、公正和诚实信用的原则。

2)《工程建设项目施工招标投标办法》

第三十五条　投标人是响应招标、参加投标竞争的法人或者其他组织。招标人的任何不具独立法人资格的附属机构（单位），或者为招标项目的前期准备或者监理工作提供设计、咨询服务的任何法人及其任何附属机构（单位），都无资格参加该招标项目的投标。

3)《中华人民共和国标准设备采购招标文件（2017年版）》

1.4.3 投标人不得存在下列情形之一：

（5）为本招标项目提供过设计、编制技术规范和其他文件的咨询服务；

4)《中华人民共和国标准材料采购招标文件（2017年版）》

1.4.3 投标人不得存在下列情形之一：

（5）为本招标项目提供过设计、编制技术规范和其他文件的咨询服务；

5)《房屋建筑和市政基础设施项目工程总承包管理办法》

第十一条第二款　政府投资项目的项目建议书、可行性研究报告、初步设计文件编制单位及其评估单位，一般不得成为该项目的工程总承包单位。政府投资项目招标人公开已经完成的项目建议书、可行性研究报告、初步设计文件的，上述单位可以参与该工程总承包项目的投标，经依法评标、定标，成为工程总承包单位。

6)《公路工程设计施工总承包管理办法》

第六条第（四）项　总承包单位应当具备以下要求：

（四）总承包单位（包括总承包联合体成员单位，下同）不得是总承包项目的初步设计单位、代建单位、监理单位或以上单位的附属单位。

76. 如何理解"与招标人存在利害关系可能影响招标公正性"?

如果投标人与招标人同时满足"存在利害关系"和"可能影响招标公正性"两个条件,则禁止投标;如果投标人与招标人存在某种"利害关系",但该"利害关系"并不影响招标公正性的,就可以参加投标。

【问题分析】

与招标人存在利害关系一般包括股权关系、管理关系和人员关系等。股权关系,指投标人为招标人的子公司或者母公司;管理关系,指投标人与招标人虽无股权关系,但一方能参与甚至控制另一方日常管理和经营决策;人员关系,指投标人与招标人法定代表人为同一人,或董事、监事、高级管理人员交叉任职。

影响招标公正性的行为一般包括虚假招标、在招标文件内设置偏向性条款、潜在投标人的信息不对等、对不同投标人实行歧视性待遇、评标委员会成员应当回避而不回避、招标人代表不公正履职甚至干扰其他评委评标等。

根据《招标投标法实施条例》第三十四条规定,与招标人存在利害关系,可能影响招标公正性的法人、其他组织或者个人,不得参加投标。该条规定没有一概禁止与招标人存在利害关系的法人、其他组织或者个人参与投标,构成禁止投标情形需要同时满足"存在利害关系"和"可能影响招标公正性"两个条件。即使投标人与招标人存在某种"利害关系",但如果招投标活动依法进行、程序规范,该"利害关系"并不影响其公正性的,就可以参加投标。

【法律依据】

《中华人民共和国招标投标法实施条例》

第三十四条第一款 与招标人存在利害关系可能影响招标公正性的法人、其他组织或者个人,不得参加投标。

77. 如何理解"存在控股、管理关系"?

控股、管理关系是指一个单位能够支配另一个单位生产经营等行为的关系,存在控股、管理关系的不同单位,不得参加同一标段投标或者未划分标段的同一招标项目投标。

【问题分析】

所谓控股关系，根据《公司法》第二百六十五条规定，是指其出资额占有限责任公司资本总额超过百分之五十或者其持有的股份占股份有限公司股本总额超过百分之五十的；出资额或者持有股份的比例虽然低于百分之五十，但依其出资额或者持有的股份所享有的表决权已足以对股东会的决议产生重大影响的。企事业单位通过投资关系、协议或者其他安排，能够实际支配公司行为的，也属于存在控股关系或者占主导地位。

所谓管理关系，是指不具有出资持股关系的其他单位之间存在的管理与被管理关系，例如，一些上下级关系的事业单位或团体组织，或者两个企业之间虽然没有出资持股关系，但是其中一个企业因其股东决定由另一企业代管等情况。

存在控股或者管理关系的两个单位在同一标段或者同一招标项目中投标，容易发生事先沟通、私下串通等现象，影响竞争的公平，根据《招标投标法实施条例》第三十四条规定，存在控股、管理关系的不同单位，不得参加同一标段投标或者未划分标段的同一招标项目投标。

【法律依据】

1)《中华人民共和国公司法》

第二百六十五条 本法下列用语的含义：

（一）高级管理人员，是指公司的经理、副经理、财务负责人，上市公司董事会秘书和公司章程规定的其他人员。

（二）控股股东，是指其出资额占有限责任公司资本总额超过百分之五十或者其持有的股份占股份有限公司股本总额超过百分之五十的股东；出资额或者持有股份的比例虽然低于百分之五十，但依其出资额或者持有的股份所享有的表决权已足以对股东会的决议产生重大影响的股东。

（三）实际控制人，是指通过投资关系、协议或者其他安排，能够实际支配公司行为的人。

（四）关联关系，是指公司控股股东、实际控制人、董事、监事、高级管理人员与其直接或者间接控制的企业之间的关系，以及可能导致公司利益转移的其他关系。但是，国家控股的企业之间不仅因为同受国家控股而具有关联关系。

2)《中华人民共和国招标投标法实施条例》

第三十四条第二款　单位负责人为同一人或者存在控股、管理关系的不同单位，不得参加同一标段投标或者未划分标段的同一招标项目投标。

78. 撤回投标文件和撤销投标文件有何区别？

撤回投标文件是指投标人在投标截止时间前撤回已提交的投标文件，撤销投标文件是指投标人在投标截止时间后撤销投标文件，两者在实施时间和实施后果等方面存在显著差异。

【问题分析】

根据《招标投标法》第二十九条规定，投标人在招标文件要求提交投标文件的截止时间前，可以补充、修改或者撤回已提交的投标文件。该规定赋予了投标人在投标截止时间前撤回投标文件的权利。从合同订立的角度来看，投标属于要约。投标截止时间就是投标（要约）生效的时间，也是投标有效期开始的时间。潜在投标人是否作出要约，完全取决于自己的意愿。因此，在投标截止时间前，允许投标人撤回其投标，但投标人应当书面通知招标人。投标保证金约束的是投标人的投标义务，在投标截止时间后生效。在投标截止时间前，投标人撤回投标文件，招标人应当退还其投标保证金。

在投标截止时间后，投标有效期开始计算。投标有效期内投标人的投标文件对投标人具有法律约束力。根据《民法典》第四百七十六条规定，要约人以确定承诺期限或者其他形式明示要约不可撤销的，要约不可撤销。因此，投标人不得在投标有效期内撤销其投标。投标人撤销其投标给招标人造成损失的，应当承担缔约过失责任。如果招标文件要求投标人递交投标保证金的，投标人在投标有效期内撤销投标可能付出投标保证金不予退还的代价，投标保证金不足以弥补招标人损失的，投标人依法还应对超出部分的损失承担赔偿责任。由于投标人撤销投标文件并不一定会影响竞争，也可能不会造成招标人损失，所以投标人撤销投标文件的，招标人是否退还投标保证金，由招标人根据实际情况在招标文件中明确。

从实施时间来看，撤回投标文件发生在投标截止时间前，这一行为发生在投标文件对投标人产生约束之前，因此，投标人享有撤回的自主权，无须承担法律责任；而撤销投标文件发生在投标截止时间后，这一行为发生在投标有效期内，此时投标文件已经对投标人产生了约束，因此，此时撤销投标文件需承担相应的法律责任。

从实施后果来看，在投标截止时间前撤回投标文件，因为此时投标人尚未正式参与投标竞争，所以不应承担因撤回而导致的经济损失，投标保证金将按正常程序退还；而在投标截止时间后撤销投标文件，此时撤销行为可能对招标活动造成不良影响，如削弱竞争态势、增加招标成本等，因此，招标人可以根据相关规定不予退还投标保证金。

【法律依据】

1)《中华人民共和国招标投标法》

第二十九条 　投标人在招标文件要求提交投标文件的截止时间前，可以补充、修改或者撤回已提交的投标文件，并书面通知招标人。补充、修改的内容为投标文件的组成部分。

2)《中华人民共和国民法典》

第四百七十六条 　要约可以撤销，但是有下列情形之一的除外：

（一）要约人以确定承诺期限或者其他形式明示要约不可撤销；

（二）受要约人有理由认为要约是不可撤销的，并已经为履行合同做了合理准备工作。

3)《中华人民共和国招标投标法实施条例》

第三十五条 　投标人撤回已提交的投标文件，应当在投标截止时间前书面通知招标人。招标人已收取投标保证金的，应当自收到投标人书面撤回通知之日起5日内退还。

投标截止后投标人撤销投标文件的，招标人可以不退还投标保证金。

79. 投标文件分包计划中未载明的项目能否再分包？

若招标文件明确要求所有分包计划必须在投标时提交且未载明的项目在合同实施时不允许分包，则未载明的项目就不能分包；若招标文件未作上述明确要求，经招标人批准，投标文件分包计划中未载明的项目还能分包，但分包必须满足相关规定。

【问题分析】

分包是指投标人拟在中标后将自己中标项目的一部分工作交由他人完成的行为。根据《招标投标法》第三十条规定，投标人根据招标文件载明的项目实际情况，拟在中标后将中标项目的部分非主体、非关键性工作进行分包的，应当在投标文件中载明。一般来讲，投标文件应载明拟分包的工作内容、数量，以及拟分包的单位、投标单位的保证等内容。这一要求目的是保护招标人的利益。

若招标文件明确要求所有分包计划必须在投标时提交且未载明的项目在合同实施时不允许分包，则投标人应将该条款作为实质性内容进行响应，并且应据此签订施工合同，此时未载明的项目不能分包。一旦中标人将未载明的部分工程分包，就应承担合同违约责任。

若招标文件未作上述明确要求，经招标人批准，投标文件分包计划中未载明的项目，中标人可根据《民法典》第五百一十条规定，通过补充协议与招标人协商新增分包事项，但是需满足相应条件，即分包内容不得属于主体或关键性工程、分包商应具备相应资质、不得构成转包或肢解分包、禁止全部转包或变相拆分转包等。

【法律依据】

1)《中华人民共和国招标投标法》

第三十条　投标人根据招标文件载明的项目实际情况，拟在中标后将中标项目的部分非主体、非关键性工作进行分包的，应当在投标文件中载明。

第四十八条　中标人应当按照合同约定履行义务，完成中标项目。中标人不得向他人转让中标项目，也不得将中标项目肢解后分别向他人转让。

中标人按照合同约定或者经招标人同意，可以将中标项目的部分非主体、非关键性工作分包给他人完成。接受分包的人应当具备相应的资格条件，并不得再次分包。

中标人应当就分包项目向招标人负责，接受分包的人就分包项目承担连带责任。

2)《中华人民共和国建筑法》

第二十九条 建筑工程总承包单位可以将承包工程中的部分工程发包给具有相应资质条件的分包单位；但是，除总承包合同中约定的分包外，必须经建设单位认可。施工总承包的，建筑工程主体结构的施工必须由总承包单位自行完成。

建筑工程总承包单位按照总承包合同的约定对建设单位负责；分包单位按照分包合同的约定对总承包单位负责。总承包单位和分包单位就分包工程对建设单位承担连带责任。

禁止总承包单位将工程分包给不具备相应资质条件的单位。禁止分包单位将其承包的工程再分包。

3)《中华人民共和国民法典》

第五百一十条 合同生效后，当事人就质量、价款或者报酬、履行地点等内容没有约定或者约定不明确的，可以协议补充；不能达成补充协议的，按照合同相关条款或者交易习惯确定。

4)《建设工程质量管理条例》

第二十五条第三款 施工单位不得转包或者违法分包工程。

第七十八条 本条例所称肢解发包，是指建设单位将应当由一个承包单位完成的建设工程分解成若干部分发包给不同的承包单位的行为。

本条例所称违法分包，是指下列行为：

（一）总承包单位将建设工程分包给不具备相应资质条件的单位的；

（二）建设工程总承包合同中未有约定，又未经建设单位认可，承包单位将其承包的部分建设工程交由其他单位完成的；

（三）施工总承包单位将建设工程主体结构的施工分包给其他单位的；

（四）分包单位将其承包的建设工程再分包的。

本条例所称转包，是指承包单位承包建设工程后，不履行合同约定的责任和义务，将其承包的全部建设工程转给他人或者将其承包的全部建设工程肢解以后以分包的名义分别转给其他单位承包的行为。

80. 招标文件约定的提问截止时间已过，还能否提问？

在招标文件约定的提问截止时间已过的情况下，投标人可以继续提问。

【问题分析】

根据《招标投标法实施条例》第二十一条规定，招标人可以对已发出的资格预审文件或者招标文件进行必要的澄清或者修改。该条款所说的招标人对已发出的资格预审文件或者招标文件进行澄清和修改，既可能是主动的，也可能是被动的。所谓主动，就是招标人自己发现资格预审文件或者招标文件存在遗漏、错误、相互矛盾、含义不清，以及需要调整一些要求或者存在违法的规定时，可以通过修改和澄清的方式进行补救。所谓被动，是相对于招标人主动修改和澄清而言的，尽管修改和澄清的实际自主权仍在招标人，但需要修改和澄清的问题来自潜在投标人，招标人根据潜在投标人提出的疑问和异议对资格预审文件和招标文件作出修改和澄清，是招标人和潜在投标人之间的一种良性互动。事实上，招标人作为文件编制人，自身往往很难发现其编制的文件中存在的错漏，以及可能存在的一些不尽合理甚至不合法的规定和要求，潜在投标人从投标角度提出的疑问，有助于招标人及时纠正错误，完善文件，提高采购质量。从这个意义上讲，招标人应当重视潜在投标人提出的疑问，并认真对待。

虽然《招标投标法实施条例》第二十一条规定了招标人修改和澄清的时间要求，但并未规定潜在投标人的提问截止时间。为了提高招标投标效率，一般招标人会在招标文件中约定提问截止时间，一方面能使潜在投标人尽早地仔细阅读资格预审文件和招标文件；另一方面便于招标人在统一的时间进行研究和回复。因此，潜在投标人应当在资格预审文件和招标文件规定的提问截止时间前，认真学习和研究资格预审文件和招标文件，并将自己的疑问及时反馈给招标人，以便招标人在修改和澄清招标文件时有所参考，在一定程度上也能避免自己被动地响应资格预审文件和招标文件。

在实际操作中，潜在投标人对资格预审文件和招标文件的疑问和异议均可能导致需要澄清和修改文件。疑问和异议的区别在于：一是疑问主要是关于资格预审文件和招标文件中可能存在的遗漏、错误、含义不清甚至相互矛盾等问题，而异议主要是针对资格预审文件和招标文件中可能存在的限制或者排斥潜在投标人、对潜在投标人实行歧视待遇、可能损害潜在投标人合法权益等违反法律法规规定和公平、公正、公开原则的问题；二是疑问宜在资格预审文件和招标文件规定的时间之前提出，而异议应当在《招标投标法实施条例》第二十二条规定的时间前提出，以便招标人及时纠正，防止损失的扩大。

对于潜在投标人提出的疑问和异议，无论是在规定时间前还是在规定时间后提出的，招标人都应引起足够的重视，如果问题确实存在，则招标人应依法及时予以纠正。

【法律依据】

1)《中华人民共和国招标投标法》

第二十三条　招标人对已发出的招标文件进行必要的澄清或者修改的，应当在招标文件要求提交投标文件截止时间至少十五日前，以书面形式通知所有招标文件收受人。该澄清或者修改的内容为招标文件的组成部分。

第六十五条　投标人和其他利害关系人认为招标投标活动不符合本法有关规定的，有权向招标人提出异议或者依法向有关行政监督部门投诉。

2)《中华人民共和国招标投标法实施条例》

第二十一条　招标人可以对已发出的资格预审文件或者招标文件进行必要的澄清或者修改。澄清或者修改的内容可能影响资格预审申请文件或者投标文件编制的，招标人应当在提交资格预审申请文件截止时间至少3日前，或者投标截止时间至少15日前，以书面形式通知所有获取资格预审文件或者招标文件的潜在投标人；不足3日或者15日的，招标人应当顺延提交资格预审申请文件或者投标文件的截止时间。

第二十二条　潜在投标人或者其他利害关系人对资格预审文件有异议的，应当在提交资格预审申请文件截止时间2日前提出；对招标文件有异议的，应当在投标截止时间10日前提出。招标人应当自收到异议之日起3日内作出答复；作出答复前，应当暂停招标投标活动。

81. 投标保证金不是从基本账户转出的，投标是否有效？

对于依法必须进行招标的项目，以现金或者支票形式提交的投标保证金应当从其基本账户转出，以其他非现金形式提交的投标保证金，地区或行业有规定的从其规定；对于非依法必须进行招标的项目，投标保证金的提交以招标文件规定为准。

【问题分析】

投标保证金是投标人在参与招标活动时，按照招标文件要求，以特定形式和金额向招标人提交的担保，主要是为了约束投标人在递交投标文件后不得撤销投标文件，中标后不得以无正当理由不与招标人订立合同，在签订合同时不得向招标人提出附加条件，或者不按照招标文件要求提交履约保证金，否则，招标人有权不予返还其递交的投标保证金。投标保证金一般采用银行保函、现钞、银行汇票、银行电汇、支票、信用证、专业担保公司的保证担保等，其中，现钞、银行汇票、银行电汇、支票等属于广义的现金。

根据《招标投标法实施条例》第二十六条规定，依法必须进行招标的项目的境内投标单位，以现金或者支票形式提交的投标保证金应当从其基本账户转出。也就是说，只有依法必须进行招标的项目才必须从基本账户转出，该条款并未要求非依法必须进行招标的项目的投标保证金出处。因此，对于非依法必须进行招标的项目，其投标保证金的递交应以招标文件的要求为准。为防止投标人串通投标，招标文件宜约定需通过对公账户提交投标保证金。

值得注意的是，除了以现金或者支票形式提交的投标保证金外，潜在投标人还可以采取以金融机构、担保机构出具的保函、保险等非现金形式提交。以金融机构、担保机构出具的保函、保险等非现金形式提交投标保证金的，《招标投标法实施条例》对于是否需要通过基本账户转出没有相关规定，地区或行业有规定的从其规定。例如，海南省发布的《关于进一步推进房屋建筑和市政工程招投标制度改革的若干措施（2024年版）》第二十六条规定，采用保险保证、银行保函、担保保函等电子形式提交的投标保证金，需在投标文件中同步附上线上电子保函原件、投标人从其基本账户转出支付保函费用的转账凭证以及保函机构出具的电子发票。

在实际操作中，投标人应仔细阅读招标文件的具体要求，并严格按照规定提交投标保证金，避免因不符合要求导致投标被否决。

【法律依据】

1)《中华人民共和国招标投标法实施条例》

第二十六条第二款 依法必须进行招标的项目的境内投标单位，以现金或者支票形式提交的投标保证金应当从其基本账户转出。

2)《工程建设项目勘察设计招标投标办法》

第二十四条第二款 依法必须进行招标的项目的境内投标单位，以现金或者支票形式提交的投标保证金应当从其基本账户转出。

3)《工程建设项目施工招标投标办法》

第三十七条第四款 依法必须进行施工招标的项目的境内投标单位，以现金或者支票形式提交的投标保证金应当从其基本账户转出。

4)《工程建设项目货物招标投标办法》

第二十七条第一款 招标人可以在招标文件中要求投标人以自己的名义提交投标保证金。投标保证金除现金外，可以是银行出具的银行保函、保兑支票、银行汇票或现金支票，也可以是招标人认可的其他合法担保形式。依法必须进行招标的项目的境内投标单位，以现金或者支票形式提交的投标保证金应当从其基本账户转出。

82. 建造师电子注册证书无手写签名，投标是否有效？

在招标文件将建造师注册证书作为实质性条款时，投标文件提供的建造师注册证书为一级建造师电子注册证书，持证人未在证书上手写签名，该投标无效；提供的建造师注册证书为二级建造师电子注册证书，持证人未在证书上手写签名，该投标有效，但地方有规定的从其规定。

【问题分析】

对于一级建造师电子注册证书，根据住房和城乡建设部办公厅发布的《关于全面实行一级建造师电子注册证书的通知》中电子注册证书有关使用要求，一级建造师打印电子证书后，应在个人签名处手写本人签名，未手写签名或与签名图像笔迹不一致的，该电子证书无效。因此，使用未签字的一级建造师注册证书时，该证书无效，其投标也无效。

对于二级建造师电子注册证书，根据《全国一体化在线政务服务平台 电子证照 二级建造师注册证书》关于个人签名图像的相关要求，持证人的手写签名图像为可选项，可以选择签名，也可以选择不签名。因此，投标人提供的建造师电子注册证书为二级建造师注册证书的，持证人未在证书上手写签名，该投标仍有效，但是地方有规定的应从其规定。例如，安徽省住建厅发布的《关于加强二级建造师事中事后监管工作的通知》中要求，二级建造师打印电子证书后，应在个人签名处手写本人签名，未手写签名或与签名图像笔迹不一致的，该电子证书无效。因此，其投标也无效。

【法律依据】

《关于全面实行一级建造师电子注册证书的通知》

二、电子证书有关使用要求

（二）一级建造师打印电子证书后，应在个人签名处手写本人签名，未手写签名或与签名图像笔迹不一致的，该电子证书无效。

2）《全国一体化在线政务服务平台 电子证照 二级建造师注册证书》

4.4.8 个人签名图像

说 明：持证人的手写签名图像，此项为可选项

83. 有败诉史的投标人在投标文件诉讼史中填写"无"，投标是否有效？

投标人有败诉史，投标文件诉讼史一栏填写"无"，如果招标文件明确败诉史为实质性条款，则该投标无效；如果该条款不属于实质性条款，则该投标仍然有效。

【问题分析】

评标委员会应按照招标文件的要求对投标文件进行评审。如果招标文件未明确不如实提供诉讼史将按照否决投标处理，此时投标人诉讼史没有作为实质性条款，投标人在投标文件诉讼史一栏填写"无"，虽然存在不实信息或者错报漏报此类信息，但是其在主观方面不存在弄虚作假、骗取中标的必要性，客观上也不影响评标委员会对其投标文件进行评审和比较，因此，不应认定为弄虚作假行为，在这种情况下其投标仍然有效。

如果招标文件已经明确规定必须如实提供投标人诉讼史，否则按否决投标处理。在这种情况下，该条款构成了招标文件的实质性条款，投标人有败诉史而投标文件诉讼史一栏填写"无"，则应认定为未响应招标文件实质性要求，按否决投标处理。

在实际操作中，招标文件将诉讼史作为否决条款容易引起争议，曾经或正在参与诉讼并不一定会影响企业参加投标及履行合同，有些诉讼案件反而是企业为了维护自身合法权益而主动起诉的，属于生产经营中的正常情况。只有案件终审结果认定企业有严重违约、失信或其他违法行为，可能对将来履行合同产生不利影响，才可以考虑否决投标或在评审时扣减相应分值。

【法律依据】

1)《中华人民共和国招标投标法》

第三十三条 投标人不得以低于成本的报价竞标，也不得以他人名义投标或者以其他方式弄虚作假，骗取中标。

2)《中华人民共和国招标投标法实施条例》

第四十二条 使用通过受让或者租借等方式获取的资格、资质证书投标的，属于招标投标法第三十三条规定的以他人名义投标。

投标人有下列情形之一的，属于招标投标法第三十三条规定的以其他方式弄虚作假的行为：

（一）使用伪造、变造的许可证件；

（二）提供虚假的财务状况或者业绩；

（三）提供虚假的项目负责人或者主要技术人员简历、劳动关系证明；

（四）提供虚假的信用状况；

（五）其他弄虚作假的行为。

84. 如何认定项目经理发生过变更的工程业绩？

对于项目经理发生过变更的工程业绩认定问题，应从实际工作参与度、工作责任等方面进行判断，地区和行业有规定的从其规定。

【问题分析】

根据《注册建造师执业管理办法（试行）》第十条规定，建设工程合同履行期间变更项目负责人的，经发包方同意，应当予以认可。建设工程合同履行期间变更项目负责人的，企业应当于项目负责人变更5个工作日内报建设行政主管部门和有关部门及时进行网上变更。因此，从国家政策层面来看，允许项目经理变更。

关于项目经理发生变更后业绩如何认定，目前国家政策层面没有明确规定，但是部分地区和行业有相应的规定。例如，根据西安市住房和城乡建设局《关于进一步加强房屋建筑和市政工程项目经理（总监）变更管理的通知》第七条规定，项目经理（总监）变更后，工程业绩计入继任项目经理（总监）业绩，并在公共资源交易平台锁定继任项目经理（总监）的在建（监）情况，同时在企业库个人信息中计入原项目经理（总监）参与完成该项目情况；根据《民航专业工程建设项目招标投标管理办法》第七十条规定，关键人员发生变更的工程项目，自中标之日起至竣工验收完成之日止，仅履职时间占总时间比例不低于60%的关键人员拥有相应的个人业绩。如果地方和行业对项目经理发生过变更的工程业绩如何认定没有明确规定，招标文件可以对其作出相关约定。

综合来看，对于项目经理发生过变更的工程业绩认定问题，应从实际工作参与度等方面进行判断。无论是原项目经理还是继任的项目经理，如果在项目中承担了大部分实质性、关键性的工作，并承担了该项目主要的安全、质量等方面的责任，则该工程业绩宜计入其名下。

【法律依据】

1)《注册建造师管理办法（试行）》

第十条　注册建造师担任施工项目负责人期间原则上不得更换。如发生下列情形之一的，应当办理书面交接手续后更换施工项目负责人：

（一）发包方与注册建造师受聘企业已解除承包合同的；

（二）发包方同意更换项目负责人的；

（三）因不可抗力等特殊情况必须更换项目负责人的。

建设工程合同履行期间变更项目负责人的，企业应当于项目负责人变更5个工作日内报建设行政主管部门和有关部门及时进行网上变更。

2)《民航专业工程建设项目招标投标管理办法》

第七十条　中标通知书发出后、工程竣工验收完成前，民航监督平台将对施工现场关键人员进行锁定。

项目通过竣工验收，中标人在民航监督平台上传竣工验收报告（附竣工验收表），民航地区管理局或者其委托的民航质监机构5个工作日内在民航监督平台予以确认，方可解除对关键人员的锁定。

关键人员原则上不得更换。确需变更的，由中标人通过民航监督平台提出变更申请，附证明材料，经招标人同意后，由管理局或者其委托的质量监督机构在5个工作日内予以变更。变更后的人员执业资格和技术职称等条件不得降低，且其个人业绩条件应当符合招标文件有关要求。

关键人员的范围及变更申请证明材料、被更换人员再次投标的证明材料均应符合《关于加强民航专业工程建设质量管理工作的二十条措施》（民航规〔2023〕33号）相关规定。

关键人员发生变更的工程项目，自中标之日起至竣工验收完成之日止，仅履职时间占总时间比例不低于60%的关键人员拥有相应的个人业绩。

85.联合体投标是否必须在联合体协议中明确各方工作量比例？

联合体投标可以不在联合体协议中明确各方所承担的合同工作量比例，但是必须在联合体协议中明确约定各方拟承担的工作和责任，招标文件有要求的按要求执行。

【问题分析】

根据《招标投标法》第三十一条规定，两个以上法人或者其他组织可以组成一个联合体，以一个投标人的身份共同投标。联合体各方应当签订共同投标协议，明确约定各方拟承担的工作和责任，并将共同投标协议连同投标文件一并提交招标人。所以，按照上述条款规定，联合体协议中只需要明确联合体各成员方拟承担的工作和责任即可，不需要详细列出各成员方所承担的具体工作量比例。

需要提醒的是，部分地区和行业发布的招标文件示范文本对法律规定的联合体协议内容作了进一步细化，要求投标人在投标时明确联合体成员单位各自所承担的合同工作量，在评审时，除联合体资质按照联合体协议约定的分工之外，其他审查标准按联合体协议中约定的各成员分工所占合同工作量的比例进行加权折算。

值得讨论的是，虽然明确各成员方的工作量分配是保障联合体顺利运作、避免未来纠纷的重要措施之一，但是在资格预审或者投标时，联合体的合同工作量比例无法做到十分精确，尤其是工程总承包项目，且在合同执行中，实际合同工作量也可能无法与投标时承诺的合同工作量比例完全一致。因此，要求明确合同工作量比例，对招标人和投标人均提出了更高的要求。

【法律依据】

《中华人民共和国招标投标法》

第三十一条　两个以上法人或者其他组织可以组成一个联合体，以一个投标人的身份共同投标。

联合体各方均应当具备承担招标项目的相应能力；国家有关规定或者招标文件对投标人资格条件有规定的，联合体各方均应当具备规定的相应资格条件。由同一专业的单位组成的联合体，按照资质等级较低的单位确定资质等级。

联合体各方应当签订共同投标协议，明确约定各方拟承担的工作和责任，并将共同投标协议连同投标文件一并提交招标人。联合体中标的，联合体各方应当共同与招标人签订合同，就中标项目向招标人承担连带责任。

招标人不得强制投标人组成联合体共同投标，不得限制投标人之间的竞争。

86. 电子投标文件上传不成功该如何处理?

电子投标文件上传不成功的,视为撤回投标文件,如果提交了投标保证金,则其保证金应予以退还。

【问题分析】

根据《电子招标投标办法》第二十七条规定,投标人应当在投标截止时间前完成投标文件的传输递交,并可以补充、修改或者撤回投标文件。投标截止时间前未完成投标文件传输的,视为撤回投标文件。投标截止时间后送达的投标文件,电子招标投标交易平台应当拒收。电子招标投标交易平台收到投标人送达的投标文件,应当及时向投标人发出确认回执通知,并妥善保存投标文件。因此,投标时间截止前,电子投标文件未传输、主动停止传输或其他技术原因导致上传不成功的,一概视为撤回投标文件。

为避免出现文件上传不成功的情况,投标人在递交电子投标文件时,应充分考虑上传文件时的不可预见因素,若因投标人之外的原因(如平台系统故障)导致投标文件未能上传成功,投标人有权要求责任方赔偿因此遭受的直接损失。

根据《招标投标法实施条例》第三十五条规定,投标人撤回已提交的投标文件,应当在投标截止时间前书面通知招标人。招标人已收取投标保证金的,应当自收到投标人书面撤回通知之日起5日内退还。因此,投标人电子投标文件上传不成功,如果提交了投标保证金,则招标人应当退还其投标保证金。

【法律依据】

1)《中华人民共和国招标投标法实施条例》

第三十五条 投标人撤回已提交的投标文件,应当在投标截止时间前书面通知招标人。招标人已收取投标保证金的,应当自收到投标人书面撤回通知之日起5日内退还。

2)《电子招标投标办法》

第二十七条 投标人应当在投标截止时间前完成投标文件的传输递交,并可以补充、修改或者撤回投标文件。投标截止时间前未完成投标文件传输的,视为撤回投标文件。投标截止时间后送达的投标文件，电子招标投标交易平台应当拒收。

电子招标投标交易平台收到投标人送达的投标文件，应当即时向投标人发出确认回执通知，并妥善保存投标文件。在投标截止时间前，除投标人补充、修改或者撤回投标文件外，任何单位和个人不得解密、提取投标文件。

87. 电子投标文件解密失败后该如何处理？

在投标截止时间后，因投标人原因造成投标文件解密失败的，按照撤销其投标文件处理；因投标人之外的原因造成投标文件解密失败的，按照撤回其投标文件处理。部分投标文件解密失败的，其他投标文件的开标可以继续进行。

【问题分析】

根据《电子招标投标办法》第三十一条规定，因投标人原因造成投标文件未解密的，视为撤销其投标文件，例如，投标的数字证书保管不善导致遗失、错拿、未及时展期或输错密码等。投标截止时间后投标人撤销投标文件的，招标人可以不退还已收取的投标保证金，是否退还的具体规则由招标人在招标文件中事先作出明确规定；因投标人之外的原因造成投标文件解密失败的，视为撤回其投标文件，例如，网络服务提供商断网或电力供应中断、电子交易平台存在功能缺陷或系统不稳定、数字证书工具存在功能缺陷等，此时招标人应退还已收取的投标保证金，并且投标人有权要求责任方赔偿因此遭受的直接损失。

另外，招标人可以在招标文件中明确给出投标文件解密失败的补救方案，例如，允许投标人在投标截止时间前以密封好的U盘的形式递交投标文件加密生成的备用文件，投标文件应按照招标文件的要求作出响应，如果在开标现场投标文件解密失败的，可以提取备用文件继续开标。

《电子招标投标办法》第三十一条还规定，部分投标文件未解密的，其他投标文件的开标可以继续进行。因此，招标人在投标人解密全部完成后，应当向所有投标人公布投标人名称、投标价格和招标文件规定的其他内容。这里"解密全部完成后"并不是指所有投标文件全部解密成功，而是指全部解密成功后或虽有部分未解密成功但解密时间已截止，此时均应当公布已解密的投标人名称、投标价格和招标文件规定的其他内容。

【法律依据】

1)《中华人民共和国招标投标法》

第三十六条　开标时，由投标人或者其推选的代表检查投标文件的密封情况，也可以由招标人委托的公证机构检查并公证；经确认无误后，由工作人员当众拆封，宣读投标人名称、投标价格和投标文件的其他主要内容。

招标人在招标文件要求提交投标文件的截止时间前收到的所有投标文件，开标时都应当当众予以拆封、宣读。

开标过程应当记录，并存档备查。

2)《电子招标投标办法》

第三十条　开标时，电子招标投标交易平台自动提取所有投标文件，提示招标人和投标人按招标文件规定方式按时在线解密。解密全部完成后，应当向所有投标人公布投标人名称、投标价格和招标文件规定的其他内容。

第三十一条　因投标人原因造成投标文件未解密的，视为撤销其投标文件；因投标人之外的原因造成投标文件未解密的，视为撤回其投标文件，投标人有权要求责任方赔偿因此遭受的直接损失。部分投标文件未解密的，其他投标文件的开标可以继续进行。

招标人可以在招标文件中明确投标文件解密失败的补救方案，投标文件应按照招标文件的要求作出响应。

88. 投标人串通投标的情形有哪些？

投标人串通投标的情形主要包括投标人之间协商投标报价等投标文件的实质性内容，投标人之间约定中标人，投标人之间约定部分投标人放弃投标或者中标，投标人按照所属集团、协会、商会等组织要求协同投标等。

【问题分析】

投标人串通投标，是指投标人彼此之间以口头或者书面的形式，针对某一项目就投标报价等内容互相通气，避免相互竞争，共同损害招标人利益的行为。根据《招标投标法实施条例》第三十九条规定，投标人相互串通投标的情形如下。

（1）投标人之间协商投标报价等投标文件的实质性内容。

该项规定不仅包括投标人协商抬高、压低报价，以高、中、低价格等报价策略分别投标，而且包括对一些重要技术方案、技术指标等实质性内容的协商。除此之外，同一招标项目的投标人还可能分成两个或两个以上的小集团，分别按照各自协商的原则和利益分配机制串通投标，轮流中标。

（2）投标人之间约定中标人。

投标人之间约定中标人是串通投标的一个极端表现，即围标。实现这一目的的途径有多种，包括按照招标文件规定的评标标准和方法制定不同的投标方案，故意非实质性响应招标文件等。例如，招标文件评分标准规定，同时具有质量管理体系、环境管理体系和职业健康安全管理体系认证证书，得3分，5家投标人全部满足要求，仅中标人提供了要求的三个证书，其他投标人均未提供。

（3）投标人之间约定部分投标人放弃投标或者中标。

该项规定包括购买招标文件的潜在投标人根据约定不按招标文件要求准备和提交投标文件，提交了投标文件的投标人根据约定放弃（撤销）投标，排名第一的中标候选人或者被宣布为中标的投标人按照约定放弃中标等。

（4）属于同一集团、协会、商会等组织成员的投标人按照该组织要求协同投标。

构成该项规定的串通投标需要同时满足两个条件：一是同一招标项目的不同投标人属于同一组织成员；二是这些不同的投标人按照该组织要求在同一招标项目中采取了协同行动。所谓协同行动，是指按照预先确定的策略投标，确保由该组织的成员或者特定成员中标。需要指出的是，同一组织的成员在同一招标项目中投标并不必然属于串通投标。

（5）投标人之间为谋取中标或者排斥特定投标人而采取其他联合行动。

实践中可能发生的其他联合行动，包括共同放弃投标、不提交资格预审申请文件致使投标人不足三家等。

需要说明以下四点：一是投标人除主动串通投标外，还可能被动串通投标，例如，将资质证书、印章出借给他人，用于串通投标；二是串通投标的主体不仅仅是递交投标文件的投标人，还可能是掮客，以及为实现串通目的而不参与投标的投标人；三是串通投标不局限于具体招标项目，投标人之间可能结成相互串通投标的伙伴关系或者俱乐部；四是串通投标可能发生在投标或投标前的准备阶段，也可能发生在开标、评标，甚至中标候选人公示阶段。

需要注意的是，认定串通投标的主体包括评标委员会、行政监督部门、司法机关和仲裁机构，招标人和招标代理机构并没有认定投标人串通投标的权限。对于投标人的串通投标行为，评标委员会在评标时发现的，应否决相关投标并报告有关行政监督部门，由行政监督部门依法给予行政处罚。行政监督部门在日常监督检查和处理投诉举报工作中发现的，应当依法作出处理。司法机关和仲裁机构在审理仲裁和诉讼案件时发现的，应当依法认定为串通投标。

从上述规定的串通投标情形可以看出，串通投标具有隐蔽性强、认定难、查处难等特点。为有效打击串通投标行为，《招标投标法实施条例》第四十条采用了"视为"的立法技术，对于有某种客观外在表现形式的行为，评标委员会、行政监督部门、司法机关和仲裁机构可以直接认定投标人之间存在串通投标行为。根据《招标投标法实施条例》第四十条规定，视为投标人相互串通投标的情形如下。

（1）不同投标人的投标文件由同一单位或者个人编制。

不同投标人的投标文件由同一单位或者个人编制，属于《招标投标法实施条例》第四十条第（一）项所规定的情形，是投标人相互串通投标报价的极端表现。例如，不同单位的投标文件出自同一台电脑，不同单位的投标文件的编制者为同一人。

（2）不同投标人委托同一单位或者个人办理投标事宜。

该项规定所称的投标事宜包括领取或者购买资格预审文件、招标文件、编制资格预审申请文件和投标文件、踏勘现场、出席投标预备会、提交资格预审文件和投标文件、出席开标会等。需要说明以下三点：一是委托同一单位或者同一人办理同一项目投标的不同环节的，亦属于本项所规定的情形，例如，某单位或个人领取招标文件时代表 A 投标人，出席开标会时又代表 B 投标人；二是投标人委托他人办理投标事宜的，应当要求委托人出具书面承诺，声明与受托人不存在承担同一项目的招标或者投标，以避免构成违法；三是采用电子招投标的，从同一个投标单位或者同一个自然人的 IP 地址下载招标文件或者上传投标文件，也属于该项规定的情形。

（3）不同投标人的投标文件载明的项目管理成员为同一人。

项目管理机构及其人员配置是勘察、设计、监理和施工等招标项目普遍要求的投标文件组成内容，不同投标文件中载明的项目管理成员出现同一人可能出于三种原因：一是不同投标文件由同一个单位或者个人编制；二是该单位挂靠其他单位，以不同单位的名义分别投标并编制投标文件；三是同一人受聘于不同的单位。

（4）不同投标人的投标文件异常一致或者投标报价呈规律性差异。

所谓异常一致，是指极小概率或者完全不可能一致的内容，在不同投标文件中同时出现，实践中典型的表现包括：投标文件内容错误或者打印错误雷同，由投标人自行编制文件的格式完全一致，属于某一投标人特有的业绩、标准、编号、标识等在其他投标人的投标文件中同时出现等。不同投标人的报价呈规律性差异，是不同投标人的投标文件异常一致的特殊表现。实践中典型的表现包括：不同投标人的投标报价呈等差数列，不同投标人的投标报价的差额本身呈等差数列或者规律性的百分比等。

（5）不同投标人的投标文件相互混装。

在实践中，该项规定分两种情况：一是不同投标人的投标文件由同一个单位或者个人编制，在打印、装订时出现相互混装的情况；二是不同投标人先分别编制投标文件，再按照预先协商的原则统一装订时出现相互混装的情况。

（6）不同投标人的投标保证金从同一单位或者个人的账户转出。

不同投标人的投标保证金从同一单位或者个人的账户转出，虽然经由投标人自己的基本账户转出，但所需资金均是来自同一投标人或者个人的账户。

需要说明的是，"视为"的结论并非不可推翻和不可纠正，为避免适用法律错误，评标过程中评标委员会可以视情况给予投标人澄清、说明的机会。评标结束后投标人可以通过投诉寻求行政救助，由行政监督部门作出认定。

【法律依据】

1）《中华人民共和国招标投标法》

第三十二条　投标人不得相互串通投标报价，不得排挤其他投标人的公平竞争，损害招标人或者其他投标人的合法权益。

投标人不得与招标人串通投标，损害国家利益、社会公共利益或者他人的合法权益。

禁止投标人以向招标人或者评标委员会成员行贿的手段谋取中标。

2)《中华人民共和国招标投标法实施条例》

第三十九条　禁止投标人相互串通投标。

有下列情形之一的，属于投标人相互串通投标：

（一）投标人之间协商投标报价等投标文件的实质性内容；

（二）投标人之间约定中标人；

（三）投标人之间约定部分投标人放弃投标或者中标；

（四）属于同一集团、协会、商会等组织成员的投标人按照该组织要求协同投标；

（五）投标人之间为谋取中标或者排斥特定投标人而采取的其他联合行动。

第四十条　有下列情形之一的，视为投标人相互串通投标：

（一）不同投标人的投标文件由同一单位或者个人编制；

（二）不同投标人委托同一单位或者个人办理投标事宜；

（三）不同投标人的投标文件载明的项目管理成员为同一人；

（四）不同投标人的投标文件异常一致或者投标报价呈规律性差异；

（五）不同投标人的投标文件相互混装；

（六）不同投标人的投标保证金从同一单位或者个人的账户转出。

第五十一条第（七）项　有下列情形之一的，评标委员会应当否决其投标：

（七）投标人有串通投标、弄虚作假、行贿等违法行为。

3)《工程建设项目勘察设计招标投标办法》

第三十七条第（二）项　投标人有下列情况之一的，评标委员会应当否决其投标：

（二）与其他投标人或者与招标人串通投标；

4)《工程建设项目施工招标投标办法》

第四十七条　下列行为均属招标人与投标人串通投标：

（一）招标人在开标前开启投标文件并将有关信息泄露给其他投标人，或者授意投标人撤换、修改投标文件；

（二）招标人向投标人泄露标底、评标委员会成员等信息；

（三）招标人明示或者暗示投标人压低或抬高投标报价；

（四）招标人明示或者暗示投标人为特定投标人中标提供方便；

（五）招标人与投标人为谋求特定中标人中标而采取的其他串通行为。

5)《工程建设项目货物招标投标办法》

第四十一条第二款第（七）项　有下列情形之一的，评标委员会应当否决其投标：

（七）投标人有串通投标、弄虚作假、行贿等违法行为。

6)《机电产品国际招标投标实施办法（试行）》

第四十五条　禁止招标投标法实施条例第三十九条、第四十条、第四十一条、第四十二条所规定的投标人相互串通投标、招标人与投标人串通投标、投标人以他人名义投标或者以其他方式弄虚作假的行为。

89. 投标人弄虚作假或串通投标，招标人是否有责任？

投标人弄虚作假或投标人之间串通投标谋取中标的行为违反了《招标投标法》及相关法律法规的规定，这些违法行为的责任主体是参与此类不正当竞争行为的投标人，并非招标人。

【问题分析】

根据《招标投标法》第三十二条规定，投标人不得相互串通投标报价，不得排挤其他投标人的公平竞争，损害招标人或者其他投标人的合法权益；根据《招标投标法》第三十三条规定，投标人不得以低于成本的报价竞标，也不得以他人名义投标或者以其他方式弄虚作假，骗取中标。《招标投标法实施条例》第三十九条、四十条以及四十二条对属于投标人串通投标的情形、视为投标人串通投标的情形以及投标人弄虚作假的情形作了明确规定。当两个或多个投标人之间相互串通，操纵投标价格或其他条件，以达到排除其他竞争对手的目的时，这就构成了投标人串通投标；如果投标人在提交的投标文件中提供了虚假信息或伪造资料以获取中标资格，这种行为即为弄虚作假。

《招标投标法》及《招标投标法实施条例》对参与弄虚作假或串通投标的投标

人作出了处罚规定，包括但不限于中标无效、没收违法所得、赔偿损失、罚款、取消一定期限内的投标资格直至吊销营业执照等，但其中并未涉及招标人的法律责任。

部分地区出台的招标人主体责任清单也未将投标人弄虚作假或投标人之间串通投标的行为作为招标人的主体责任。例如，《湖北省依法必须进行招标的工程建设项目招标人主体责任清单（试行）》和《安徽省工程建设项目招标人主体责任清单》中均未将投标人通过弄虚作假或投标人之间串通投标谋取中标的行为作为招标人的主体责任。因此，投标人通过弄虚作假或投标人之间串通投标谋取中标的行为不属于招标人责任。

【法律依据】

1)《中华人民共和国招标投标法》

第三十二条 投标人不得相互串通投标报价，不得排挤其他投标人的公平竞争，损害招标人或者其他投标人的合法权益。

投标人不得与招标人串通投标，损害国家利益、社会公共利益或者他人的合法权益。

禁止投标人以向招标人或者评标委员会成员行贿的手段谋取中标。

第三十三条 投标人不得以低于成本的报价竞标，也不得以他人名义投标或者以其他方式弄虚作假，骗取中标。

第五十三条 投标人相互串通投标或者与招标人串通投标的，投标人以向招标人或者评标委员会成员行贿的手段谋取中标的，中标无效，处中标项目金额千分之五以上千分之十以下的罚款，对单位直接负责的主管人员和其他直接责任人员处单位罚款数额百分之五以上百分之十以下的罚款；有违法所得的，并处没收违法所得；情节严重的，取消其一年至二年内参加依法必须进行招标的项目的投标资格并予以公告，直至由工商行政管理机关吊销营业执照；构成犯罪的，依法追究刑事责任。给他人造成损失的，依法承担赔偿责任。

第五十四条 投标人以他人名义投标或者以其他方式弄虚作假，骗取中标的，中标无效，给招标人造成损失的，依法承担赔偿责任；构成犯罪的，依法追究刑事责任。

依法必须进行招标的项目的投标人有前款所列行为尚未构成犯罪的，处中标项目金额千分之五以上千分之十以下的罚款，对单位直接负责的主管人员和其他直接责任人员处单位罚款数额百分之五以上百分之十以下的罚款；有违法所得的，并处没收违法所得；情节严重的，取消其一年至三年内参加依法必须进行招标的项目的投标资格并予以公告，直至由工商行政管理机关吊销营业执照。

2)《中华人民共和国刑法》

第二百二十三条　投标人相互串通投标报价，损害招标人或者其他投标人利益，情节严重的，处三年以下有期徒刑或者拘役，并处或者单处罚金。

投标人与招标人串通投标，损害国家、集体、公民的合法利益的，依照前款的规定处罚。

3)《中华人民共和国招标投标法实施条例》

第三十九条　禁止投标人相互串通投标。

有下列情形之一的，属于投标人相互串通投标：

（一）投标人之间协商投标报价等投标文件的实质性内容；

（二）投标人之间约定中标人；

（三）投标人之间约定部分投标人放弃投标或者中标；

（四）属于同一集团、协会、商会等组织成员的投标人按照该组织要求协同投标；

（五）投标人之间为谋取中标或者排斥特定投标人而采取的其他联合行动。

第四十条　有下列情形之一的，视为投标人相互串通投标：

（一）不同投标人的投标文件由同一单位或者个人编制；

（二）不同投标人委托同一单位或者个人办理投标事宜；

（三）不同投标人的投标文件载明的项目管理成员为同一人；

（四）不同投标人的投标文件异常一致或者投标报价呈规律性差异；

（五）不同投标人的投标文件相互混装；

（六）不同投标人的投标保证金从同一单位或者个人的账户转出。

第四十二条　使用通过受让或者租借等方式获取的资格、资质证书投标的，属于招标投标法第三十三条规定的以他人名义投标。

投标人有下列情形之一的，属于招标投标法第三十三条规定的以其他方式弄虚作假的行为：

（一）使用伪造、变造的许可证件；

（二）提供虚假的财务状况或者业绩；

（三）提供虚假的项目负责人或者主要技术人员简历、劳动关系证明；

（四）提供虚假的信用状况；

（五）其他弄虚作假的行为。

第六十七条 投标人相互串通投标或者与招标人串通投标的，投标人向招标人或者评标委员会成员行贿谋取中标的，中标无效；构成犯罪的，依法追究刑事责任；尚不构成犯罪的，依照招标投标法第五十三条的规定处罚。投标人未中标的，对单位的罚款金额按照招标项目合同金额依照招标投标法规定的比例计算。

投标人有下列行为之一的，属于招标投标法第五十三条规定的情节严重行为，由有关行政监督部门取消其1年至2年内参加依法必须进行招标的项目的投标资格：

（一）以行贿谋取中标；

（二）3年内2次以上串通投标；

（三）串通投标行为损害招标人、其他投标人或者国家、集体、公民的合法利益，造成直接经济损失30万元以上；

（四）其他串通投标情节严重的行为。

投标人自本条第二款规定的处罚执行期限届满之日起3年内又有该款所列违法行为之一的，或者串通投标、以行贿谋取中标情节特别严重的，由工商行政管理机关吊销营业执照。

法律、行政法规对串通投标报价行为的处罚另有规定的，从其规定。

第六十八条 投标人以他人名义投标或者以其他方式弄虚作假骗取中标的，中标无效；构成犯罪的，依法追究刑事责任；尚不构成犯罪的，依照招标投标法第五十四条的规定处罚。依法必须进行招标的项目的投标人未中标的，对单位的罚款金额按照招标项目合同金额依照招标投标法规定的比例计算。

投标人有下列行为之一的，属于招标投标法第五十四条规定的情节严重行为，由有关行政监督部门取消其1年至3年内参加依法必须进行招标的项目的投标资格：

（一）伪造、变造资格、资质证书或者其他许可证件骗取中标；

（二）3年内2次以上使用他人名义投标；

（三）弄虚作假骗取中标给招标人造成直接经济损失30万元以上；

（四）其他弄虚作假骗取中标情节严重的行为。

投标人自本条第二款规定的处罚执行期限届满之日起3年内又有该款所列违法行为之一的，或者弄虚作假骗取中标情节特别严重的，由工商行政管理机关吊销营业执照。

案例12 关于联合体资质认定引起争议的案例

【基本案情】

某高级中学新建项目，建设内容包括教学楼、食堂、报告厅、游泳馆、风雨操场、学生宿舍、地下室及配套设施等，项目总建筑面积约9.5万平方米，校内最高建筑高度约54米，工程费投资约4.5亿元，采用设计施工总承包方式进行公开招标。招标文件要求投标人须同时具备：①设计资质，即工程设计综合甲级资质或工程设计建筑行业甲级资质或工程设计建筑行业（建筑工程）甲级资质；②施工资质，即建筑工程施工总承包二级及以上资质。接受联合体投标。

该项目共有7家投标人参与投标，其中，有一个联合体投标人由甲、乙、丙三家公司组成。甲公司具有工程设计建筑行业甲级资质和建筑工程施工总承包三级资质，乙公司无资质，丙公司具有工程设计建筑行业（建筑工程）乙级资质和建筑工程施工总承包一级资质。三家公司的联合体协议约定甲公司承担本项目设计工作，乙公司承担本项目配套绿化施工工作，丙公司承担本项目除配套绿化之外的其余部分的施工工作。

项目评标期间，评标委员会对甲、乙、丙三家公司组成的联合体资质认定出现分歧，有的评标委员会成员认为甲、丙两家公司都同时具备设计资质和施工资质，且丙公司不具备任何资质，按照"就低不就高"原则，应认定该联合体投标人无资质，不满足招标文件要求，应按否决投标处理；有的评标委员会成员认为应该按照联合体协议中的分工确定联合体资质，即认定该联合体投标人的资质为工程设计建筑行业甲级资质和建筑工程施工总承包一级资质，满足招标文件要求。

【问题提出】

如何理解按照"就低不就高"原则认定联合体投标人资质？

【问题分析】

根据《招标投标法》第三十一条规定，由同一专业的单位组成的联合体，按照资质等级较低的单位确定资质等级。这一规定的目的是，防止资质等级较低的一方借用资质等级较高的一方的名义取得中标人资格，避免因实际履约能力不足导致中标后不能保证建设工程项目质量的风险。所以，联合体成员应具备满足联合体协议约定的成员分工所需的资格条件和能力，并且鼓励"强强联合"，即联合体协议约定同一专业分工由两个及以上单位共同承担的，按照"就低不就高"的原则确定联合体的资质；不同专业分工由不同单位分别承担的，按照各自的专业资质确定联合体的资质。

联合体投标时，若由同一专业的单位组成，其资质等级应按照联合体内资质等级较低的单位确定。例如，某建筑工程要求投标人具备建筑工程施工总承包一级及以上资质，具备建筑工程施工总承包一级资质的 A 公司和具备建筑工程施工总承包二级资质的 B 公司组成联合体参与投标，由于该项目只涉及建筑工程一个专业，虽然 A 公司具备一级资质，但由于 B 公司为二级资质，整个联合体投标人的资质等级只能认定为二级资质。显然，这一资质等级无法满足招标文件中要求的一级及以上资质条件，因此，该联合体投标人不符合资格条件。

联合体投标时，若联合体各方分别具备招标文件要求的相应资质，且分工明确，资质与分工相匹配，则联合体的资质可以认定为满足招标文件要求。例如，上述案例中的甲、乙、丙三家公司组成联合体投标，虽然甲公司具有工程设计建筑行业甲级资质和建筑工程施工总承包三级资质，乙公司无资质，丙公司具有工程设计建筑行业（建筑工程）乙级资质和建筑工程施工总承包一级资质，但是联合体协议中约定了甲公司只负责设计部分，乙公司只负责配套绿化施工部分，丙公司只负责本项目除配套绿化之外的其余部分的施工工作，且绿化工程施工不需要资质，所以联合体投标人的资质应按照其分工，认定为工程设计建筑行业甲级资质和建筑工程施工总承包一级资质。该联合体投标人资质符合招标文件规定，属于"优势互补型"联合体投标。

综上所述，不应简单以"就低不就高"原则认定联合体投标人资质，"就低不就高"的资质认定原则仅适用于联合体各方的资质属于同一专业且按照联合体分工承担相同工作的情形，当联合体各方的资质属于不同专业且按照联合体分工承担不同工作时，则不适用，否则将会造成资质认定错误。

【案例启示】

（1）联合体投标人在签订联合体协议时，必须根据自身资质情况确定拟承担的工作，并在联合体协议中明确分工，避免出现资质不满足招标文件要求的情形。

（2）联合体成员按联合体协议分工承担不需要资质的工程或设备供货时，不受"就低不就高"资质认定原则的限制。

【法律依据】

1)《中华人民共和国建筑法》

第二十七条　大型建筑工程或者结构复杂的建筑工程，可以由两个以上的承包单位联合共同承包。共同承包的各方对承包合同的履行承担连带责任。

两个以上不同资质等级的单位实行联合共同承包的，应当按照资质等级低的单位的业务许可范围承揽工程。

2)《中华人民共和国招标投标法》

第三十一条　两个以上法人或者其他组织可以组成一个联合体，以一个投标人的身份共同投标。

联合体各方均应当具备承担招标项目的相应能力；国家有关规定或者招标文件对投标人资格条件有规定的，联合体各方均应当具备规定的相应资格条件。由同一专业的单位组成的联合体，按照资质等级较低的单位确定资质等级。

联合体各方应当签订共同投标协议，明确约定各方拟承担的工作和责任，并将共同投标协议连同投标文件一并提交招标人。联合体中标的，联合体各方应当共同与招标人签订合同，就中标项目向招标人承担连带责任。

招标人不得强制投标人组成联合体共同投标，不得限制投标人之间的竞争。

3)《中华人民共和国招标投标法实施条例》

第三十七条　招标人应当在资格预审公告、招标公告或者投标邀请书中载明是否接受联合体投标。

招标人接受联合体投标并进行资格预审的，联合体应当在提交资格预审申请文件前组成。资格预审后联合体增减、更换成员的，其投标无效。

联合体各方在同一招标项目中以自己名义单独投标或者参加其他联合体投标的,相关投标均无效。

4)《工程建设项目勘察设计招标投标办法》

第二十七条 以联合体形式投标的,联合体各方应签订共同投标协议,连同投标文件一并提交招标人。

联合体各方不得再单独以自己名义,或者参加另外的联合体投同一个标。

招标人接受联合体投标并进行资格预审的,联合体应当在提交资格预审申请文件前组成。资格预审后联合体增减、更换成员的,其投标无效。

第二十八条 联合体中标的,应指定牵头人或代表,授权其代表所有联合体成员与招标人签订合同,负责整个合同实施阶段的协调工作。但是,需要向招标人提交由所有联合体成员法定代表人签署的授权委托书。

5)《工程建设项目施工招标投标办法》

第四十二条 两个以上法人或者其他组织可以组成一个联合体,以一个投标人的身份共同投标。

联合体各方签订共同投标协议后,不得再以自己名义单独投标,也不得组成新的联合体或参加其他联合体在同一项目中投标。

第四十三条 招标人接受联合体投标并进行资格预审的,联合体应当在提交资格预审申请文件前组成。资格预审后联合体增减、更换成员的,其投标无效。

第四十四条 联合体各方应当指定牵头人,授权其代表所有联合体成员负责投标和合同实施阶段的主办、协调工作,并应当向招标人提交由所有联合体成员法定代表人签署的授权书。

第四十五条 联合体投标的,应当以联合体各方或者联合体中牵头人的名义提交投标保证金。以联合体中牵头人名义提交的投标保证金,对联合体各成员具有约束力。

6)《工程建设项目货物招标投标办法》

第三十八条 两个以上法人或者其他组织可以组成一个联合体,以一个投标人的身份共同投标。

联合体各方签订共同投标协议后,不得再以自己名义单独投标,也不得组成或参加其他联合体在同一项目中投标;否则相关投标均无效。

联合体中标的,应当指定牵头人或代表,授权其代表所有联合体成员与招标人签订合同，负责整个合同实施阶段的协调工作。但是，需要向招标人提交由所有联合体成员法定代表人签署的授权委托书。

第三十九条　招标人接受联合体投标并进行资格预审的，联合体应当在提交资格预审申请文件前组成。资格预审后联合体增减、更换成员的，其投标无效。

招标人不得强制资格预审合格的投标人组成联合体。

案例13　关于未按招标文件规定格式填写引起争议的案例

【基本案情】

某地新建100 MW农光互补电站设计施工总承包招标项目，采用当地发布的招标文件示范文本进行公开招标，招标文件资格条件和评分办法均未对投标人的财务状况作出明确要求，但是在招标文件提供的投标文件格式中要求投标人提供近三年财务状况汇总表，并附经会计师事务所或审计机构审计的财务会计报表，包括资产负债表、现金流量表、利润表和财务情况说明书的扫描件。

在评标时，评标委员会发现投标人甲公司虽然提供了近三年财务状况汇总表，但未提供经会计师事务所或审计机构审计的财务会计报表，投标文件格式不符合招标文件的要求，因此否决了甲公司的投标。评标结果公示后，甲公司对否决理由提出异议。

【问题提出】

投标文件未按照招标文件规定的格式填写，是否一定按照否决投标处理？

【问题分析】

招标文件提供统一的格式和标准，一方面可以让评标委员会快速定位关键信息，从而提高评审效率，节省评审时间和成本；另一方面，统一的格式能够引导投标人按照一定的逻辑和顺序编制文件，降低因疏忽或不明确要求而遗漏重要信息的可能性，保证投标文件能够完整地响应招标文件的要求。

根据《招标投标法》第二十七条规定，投标人应当按照招标文件的要求编制投标文件。投标文件应当对招标文件提出的实质性要求和条件进行响应；根据《招标投标法实施条例》第五十一条规定，投标文件未对招标文件的实质性要求和条件作出响应的，评标委员会应当否决其投标。因此，投标文件应该对招标文件实质性要求和条件作出响应。

根据《评标委员会和评标方法暂行规定》第二十六条规定，细微偏差是指投标文件在实质上响应招标文件要求，但在个别地方存在漏项或者提供了不完整的技术信息和数据等情况，并且补正这些遗漏或者不完整不会对其他投标人造成不公平的结果。细微偏差不影响投标文件的有效性。因此，对于不影响招标文件实质性要求和条件的格式要求，如果投标文件有偏差，评标委员会不宜以投标文件格式不符合招标文件规定否决其投标。例如，本案例中，招标文件未将近三年财务状况作为实质性要求，投标人甲公司未提供相关证明材料，不宜按照否决投标处理。

需要注意的是，招标人在设置招标文件实质性要求和条件时，应注意以下几个方面：一是应根据招标项目的具体特点和需要，将对合同履行有重大影响的内容或因素设定为实质性要求和条件，如招标项目的质量要求、工期（交货期）、技术标准和要求、合同的主要条款、投标有效期、工程量清单等；二是招标人不能偏离招标投标活动的根本目的，过分强调格式、签字、装订、包装、密封等细节，这样容易造成投标被否决，影响竞争效果，并且根据《关于严格执行招标投标法规制度进一步规范招标投标主体行为的若干意见》第一条关于规范招标文件编制和发布的相关要求，应简化投标文件形式要求，一般不得将装订、纸张、明显的文字错误等列为否决投标情形；三是招标文件规定的实质性要求和条件应在评标办法中列明，并明确表示不满足该要求按否决投标处理，以防止评标委员会滥用。

【案例启示】

（1）招标文件应明确实质性要求，并规定若不满足则按照否决投标处理。对于实质性要求，在招标文件的投标文件格式中宜提供统一的格式或模板，便于投标人编制和响应。

（2）尽管有些投标文件格式并不属于实质性内容和条件，但投标人宜严格按照招标文件提供的格式要求编制文件，避免评标专家以投标文件格式不符合招标文件规定为由否决其投标。

【法律依据】

1)《中华人民共和国招标投标法》

第二十七条第一款 投标人应当按照招标文件的要求编制投标文件。投标文件应当对招标文件提出的实质性要求和条件作出响应。

2)《中华人民共和国招标投标法实施条例》

第四十九条第一款 评标委员会成员应当依照招标投标法和本条例的规定，按照招标文件规定的评标标准和方法，客观、公正地对投标文件提出评审意见。招标文件没有规定的评标标准和方法不得作为评标的依据。

第五十一条第（六）项 有下列情形之一的，评标委员会应当否决其投标：

（六）投标文件没有对招标文件的实质性要求和条件作出响应；

3)《评标委员会和评标方法暂行规定》

第二十三条 评标委员会应当审查每一投标文件是否对招标文件提出的所有实质性要求和条件作出响应。未能在实质上响应的投标，应当予以否决。

第二十四条 评标委员会应当根据招标文件，审查并逐项列出投标文件的全部投标偏差。

投标偏差分为重大偏差和细微偏差。

第二十五条 下列情况属于重大偏差：

（一）没有按照招标文件要求提供投标担保或者所提供的投标担保有瑕疵；

（二）投标文件没有投标人授权代表签字和加盖公章；

（三）投标文件载明的招标项目完成期限超过招标文件规定的期限；

（四）明显不符合技术规格、技术标准的要求；

（五）投标文件载明的货物包装方式、检验标准和方法等不符合招标文件的要求；

（六）投标文件附有招标人不能接受的条件；

（七）不符合招标文件中规定的其他实质性要求。

投标文件有上述情形之一的，为未能对招标文件作出实质性响应，并按本规定第二十三条规定作否决投标处理。招标文件对重大偏差另有规定的，从其规定。

第二十六条 细微偏差是指投标文件在实质上响应招标文件要求，但在个别地方存在漏项或者提供了不完整的技术信息和数据等情况，并且补正这些遗漏或者不完整不会对其他投标人造成不公平的结果。细微偏差不影响投标文件的有效性。

评标委员会应当书面要求存在细微偏差的投标人在评标结束前予以补正。拒不补正的，在详细评审时可以对细微偏差作不利于该投标人的量化，量化标准应当在招标文件中规定。

4)《工程建设项目勘察设计招标投标办法》

第三十六条第（三）项 投标文件有下列情况之一的，评标委员会应当否决其投标：

（三）未响应招标文件的实质性要求和条件。

5)《工程建设项目施工招标投标办法》

第五十条第二款第（六）项 有下列情形之一的，评标委员会应当否决其投标：

（六）投标文件没有对招标文件的实质性要求和条件作出响应；

6)《工程建设项目货物招标投标办法》

第四十一条第二款第（六）项 有下列情形之一的，评标委员会应当否决其投标：

（六）投标文件没有对招标文件的实质性要求和条件作出响应；

案例 14　关于投标文件承诺不实和弄虚作假引起争议的案例

【基本案情】

某新增还建房项目，总建筑面积约 30 万平方米，工程投资额约 10 亿元，主要建设内容包括建筑结构、装饰装修、给排水、电气、暖通、消防、燃气、绿化、道路等工程。施工招标文件中的资格要求为：投标人拟派项目经理须具备建筑工程专业一级注册建造师注册证书和有效的安全生产考核合格证书（B证），且未担任其他在施建设工程项目的项目经理（提供无在建工程的承诺）；投标人近五年（从投标截止日往前推算，以竣工验收时间为准）至少完成过一项建筑面积不少于 18 万平方米的房屋建筑工程施工业绩。

在中标候选人公示期间，招标人收到第三中标候选人的异议：第一中标候选人甲公司拟派项目经理存在在建项目；第二中标候选人乙公司存在业绩造假问题。经招标人核实，甲公司拟派项目经理确有在建项目，但是原中标项目因资金问题已停工超过120天；乙公司提供的业绩中有一项业绩建设规模与实际不符。

【问题提出】

（1）实践中常见的投标人弄虚作假行为有哪些？

（2）如何理解《招标投标法》中认定的弄虚作假？

【问题分析】

（1）根据《招标投标法》第三十三条规定，投标人不得以低于成本的报价竞标，也不得以他人名义投标或者以其他方式弄虚作假，骗取中标。根据《招标投标法实施条例》第四十二条规定，常见的投标人弄虚作假行为包括：一是使用通过受让或者租借方式获取的资格或者资质证书投标；二是使用伪造、变造的许可证件；三是提供虚假的财务状况或者业绩；四是提供虚假的项目负责人或者主要技术人员简历、劳动关系证明；五是提供虚假的信用状况。

本案例中，投标人甲公司拟派项目经理虽然有在建项目，但项目因资金问题已停工超过120天，根据《注册建造师执业管理办法（试行）》第九条规定，注册建造师不得同时担任两个及以上建设工程施工项目负责人，但因非承包方原因致使工程项目停工超过120天（含），经建设单位同意的除外。因此，如果甲公司拟派项目经理在投标截止时间前经原建设单位同意，则可以担任本项目的项目经理，不属于虚假承诺。

（2）《招标投标法》中认定的弄虚作假，是指投标人在招标投标活动中以骗取中标为目的的弄虚作假，应当根据具体情况予以认定，即需要判断投标人提供的虚假材料与中标是否有必然联系。例如，本案例中，如果乙公司提供的虚假业绩使其通过资格审查或使其获得业绩评分，则应认定为弄虚作假；如果乙公司提供的真实业绩使其通过资格审查或足以使其获得业绩满分，虽然有一项业绩包含有虚假信息，但是由于其他真实业绩已经足以证明其资格条件或者竞争力，纠正这种失误或者错误也不会影响其他投标人，则可以按照细微偏差给予修正，而不能简单归类于弄虚作假。

【案例启示】

（1）对投标人弄虚作假的认定应当区别于失误和错误，只有以骗取中标为目的提供的虚假材料，才属于弄虚作假。

（2）在投标之前，投标人应核实拟派项目经理的在建情况，并如实承诺，避免因虚假承诺导致投标被否决。

【法律依据】

1)《中华人民共和国招标投标法》

第三十三条　投标人不得以低于成本的报价竞标，也不得以他人名义投标或者以其他方式弄虚作假，骗取中标。

第五十四条　投标人以他人名义投标或者以其他方式弄虚作假，骗取中标的，中标无效，给招标人造成损失的，依法承担赔偿责任；构成犯罪的，依法追究刑事责任。

依法必须进行招标的项目的投标人有前款所列行为尚未构成犯罪的，处中标项目金额千分之五以上千分之十以下的罚款，对单位直接负责的主管人员和其他直接责任人员处单位罚款数额百分之五以上百分之十以下的罚款；有违法所得的，并处没收违法所得；情节严重的，取消其一年至三年内参加依法必须进行招标的项目的投标资格并予以公告，直至由工商行政管理机关吊销营业执照。

2)《中华人民共和国招标投标法实施条例》

第四十二条第二款　投标人有下列情形之一的，属于招标投标法第三十三条规定的以其他方式弄虚作假的行为：

（一）使用伪造、变造的许可证件；

（二）提供虚假的财务状况或者业绩；

（三）提供虚假的项目负责人或者主要技术人员简历、劳动关系证明；

（四）提供虚假的信用状况；

（五）其他弄虚作假的行为。

第五十一条　有下列情形之一的，评标委员会应当否决其投标：

（一）投标文件未经投标单位盖章和单位负责人签字；

（二）投标联合体没有提交共同投标协议；

（三）投标人不符合国家或者招标文件规定的资格条件；

（四）同一投标人提交两个以上不同的投标文件或者投标报价，但招标文件要求提交备选投标的除外；

（五）投标报价低于成本或者高于招标文件设定的最高投标限价；

（六）投标文件没有对招标文件的实质性要求和条件作出响应；

（七）投标人有串通投标、弄虚作假、行贿等违法行为。

3）《注册建造师执业管理办法（试行）》

第九条　注册建造师不得同时担任两个及以上建设工程施工项目负责人。发生下列情形之一的除外：

（一）同一工程相邻分段发包或分期施工的；

（二）合同约定的工程验收合格的；

（三）因非承包方原因致使工程项目停工超过120天（含），经建设单位同意的。

案例 15　关于IP地址相同和投标文件雷同引起争议的案例

【基本案情】

某新建厂房综合配套生活区施工项目，建筑面积约26万平方米，工程投资额约8亿元。招标文件评分办法对技术部分的评审包括：主要分项工程施工方案、施工进度计划及保障措施、质量考评制度及奖励措施、安全生产办理意外伤害保险的落实措施、文明施工安全保障措施等。

该项目共有8家单位参与投标，在项目评审期间，电子招标投标系统显示：投标人甲公司和投标人乙公司上传投标文件时的网络IP地址完全一致，投标人丙公司和投标人丁公司投标文件的质量考评制度及奖励措施章节雷同。评标委员会认为甲公司和乙公司、丙公司和丁公司串通投标，其投标均被否决。

评标结果公示后，4家投标人均向招标人提出异议，其中，甲公司和乙公司解释投标文件均独立编制，未串通投标，并提供了相关证明材料；丙公司和丁公司解释在编制投标文件时，对于质量考评制度及奖励措施部分均来源于网络公开的内容，才导致该部分内容雷同。

【问题提出】

IP地址一致或者投标文件部分内容雷同能否判定为投标人串通投标？

【问题分析】

根据《招标投标法实施条例》第四十条规定，不同投标人委托同一单位或者个人办理投标事宜、不同投标人的投标文件异常一致或者投标报价呈规律性差异均应视为投标人相互串通投标。需要说明的是，"视为"是一种将具有不同客观外在表现的现象等同视之的立法技术，是一种法律上的拟制。尽管如此，"视为"的结论并非不可推翻和不可纠正。为避免适用法律错误，评标过程中评标委员会可以视情况给予投标人澄清、说明的机会；评标结束后投标人可以通过投诉寻求行政救助，由行政监督部门作出认定。因此，对串通投标的认定须谨慎，IP地址一致或投标文件部分雷同均不能直接认定为投标人串通投标。

在实际操作中，IP地址相同可能是由于多种原因造成的，例如，在本案例中，在收到投标人甲和投标人乙的异议后，监管部门分别到上述两家公司办公地点进行了实地调查。经查，两家公司在向电子招标投标系统上传投标文件时，均是由两家公司的在职员工通过其笔记本电脑连接个人手机热点上网进行上传的，且均使用相同通信运营商的电话号码。监管部门在两家公司办公地点进行实地调查时，均多次查验到两家公司上传投标文件时的IP地址在两家公司的工作人员手机上出现。监管部门还采用模拟投标的方式，分别对两家公司使用的笔记本电脑进行取证，电子招标投标系统显示，两家公司的两台电脑处理器编号、内存编号、网卡（MAC）地址、硬盘序列号、电脑运行环境等硬件信息与各自当初上传投标文件时的电脑一致。因此，两家公司除IP地址相同以外，其他"特征码"均不相同。

通信运营商将上述现象解释为数据传输及信号传输是以该公司中心机房和主干网间的数据链为基础进行基站数据分发的。在分发过程中，相同中心机房及主干网覆盖范围内的IP地址池中的手机用户，对IP段的分配是随机的，且由于IP段的限制，加上NAT技术的控制，不同手机号码的热点出现IP地址雷同属于正常现象。基于以上事实，监管部门认定两家公司IP地址一致不属于串通投标的行为。

同样，对于投标文件的雷同情形，也不能一概认定为串通投标。例如，在设备招标时，如果两家投标人的部分配件使用同一设备厂家的产品，且都采用了该厂家公开发行的技术白皮书，在此情况下，投标文件可能存在部分技术参数、售后服务内容雷同的情形；部分投标人曾作为联合体成员共同参与类似项目投标，在本项目投标时都沿用了之前项目的技术方案等资料，这种情况也可能造成投标文件有雷同之处；还有本案例中丙公司和丁公司的质量考评制度及奖励措施均来源于网络公开的内容，造成投标文件部分内容雷同。

综上所述，IP地址一致和投标文件部分内容雷同仅能作为评标委员会和行政监督部门判断串通投标的线索，可以通过澄清、说明机制予以排除，只要投标人能够作出合理解释，就不应直接认定为串通投标。

【案件启示】

（1）对于投标人，在投标过程中应尽量不使用公共网络或个人手机热点下载招标文件和上传投标文件，在制作投标文件时，引用公共网络资源内容应避免未加修改直接引用。

（2）对于评标委员会和行政监督部门，不宜将IP地址一致或投标文件部分内容雷同直接判定为串通投标，可以通过澄清的方式让投标人进行解释说明，再结合实际情况进行判定。

【法律依据】

1)《中华人民共和国招标投标法》

第三十二条第一款 投标人不得相互串通投标报价，不得排挤其他投标人的公平竞争，损害招标人或者其他投标人的合法权益。

2)《中华人民共和国招标投标法实施条例》

第四十条 有下列情形之一的，视为投标人相互串通投标：

（一）不同投标人的投标文件由同一单位或者个人编制；

（二）不同投标人委托同一单位或者个人办理投标事宜；

（三）不同投标人的投标文件载明的项目管理成员为同一人；

（四）不同投标人的投标文件异常一致或者投标报价呈规律性差异；

（五）不同投标人的投标文件相互混装；

（六）不同投标人的投标保证金从同一单位或者个人的账户转出。

第五十一条 有下列情形之一的，评标委员会应当否决其投标：

（七）投标人有串通投标、弄虚作假、行贿等违法行为。

案例 16　关于异地处罚限制投标人投标引起争议的案例

【基本案情】

2024年3月，甲省某市政道路工程设计施工总承包项目招标，市政道路全长约2千米，红线宽40~57米，工程投资额约5亿元。主要建设内容包括道路、桥梁、隧道、排水、再生水、交通、照明、绿化、给水、电力、通信、燃气及其他配套工程。招标文件资格条件中的信誉要求为：未被依法暂停或取消投标资格；未被责令停产停业，暂扣或者吊销许可证，暂扣或者吊销执照；未进入清算程序，或被宣告破产，或其他丧失履约能力的情形；在最近三年内未发生重大工程质量问题。

在评标结果公示期间，招标人收到第二中标候选人对评标结果的异议，异议函提出第一中标候选人2023年10月在乙省某市政公用工程项目投标过程中存在违规行为，被乙省住建厅于2023年11月作出了取消其在乙省一年内参加依法必须进行招标的项目的投标资格的行政处罚。根据招标文件的投标人信誉要求中"未被依法暂停或取消投标资格"的要求，第一中标候选人应按照否决投标处理。

【问题提出】

（1）本案例中第一中标候选人的投标是否有效？

（2）实践中有哪些行为容易被否决投标？

【问题分析】

（1）根据《行政处罚法》第二十二条规定，行政处罚由县级以上地方人民政府具有行政处罚权的行政机关管辖。基于行政处罚机关的行政处罚权的地域性，行政处罚决定通常也具有地域性。本案例中，乙省住建厅作出的"取消投标资格"处罚，原则上仅适用于乙省一年内依法必须进行招标的项目，而不能限制该中标候选人在甲省投标，甲省的行政机关也没有执行乙省处罚决定的义务，第一中标候选人在甲省并未被取消投标资格，因此，第一中标候选人的投标有效。

需要注意的是，如果在乙省的违法违规行为被列入了国家企业信用信息公示系统中的严重违法失信企业名单、信用中国网站的失信被执行人名单等全国性失信名单，且甲省的招标文件中对这类失信企业有限制投标的规定，则在这种情况下，该第一中标候选人在甲省投标就会受到限制。

（2）否决投标是评标委员会根据法律法规和招标文件的规定对投标文件的评价和处理。在项目实践中，否决投标的情形可分为投标人资格不合格、投标文件格式不符合、投标文件内容有重大偏差及投标人有违法行为四类。

第一类，投标人资格不合格，指投标人在投标文件中提交的资格证明材料与招标文件要求完全相悖，或无法充分满足招标文件所设定的全部要件，包括但不限于投标主体、企业资质、人员资格、业绩等不符合招标文件要求。例如，某项目明确要求"投标人须为在中国境内依法设立的独立法人"，若分公司、办事处等不具备独立法人资格的主体参与投标，将被按否决投标处理。

在实际操作中，投标人因资格不合格被否决投标，多源于所提供的资格证明材料不齐全，无法完全满足招标文件提出的所有要求。以常见的业绩要求为例，投标人准备业绩证明材料时，需着重留意业绩的时间区间限定、业绩的类别要求、必须提交的业绩关键文件，以及需体现的业绩核心要点等。若招标文件规定要提供"投标人近三年（自投标截止之日向前推算，以竣工验收证明时间为准）完成的单项合同额不低于5000万元的市政公用工程施工业绩，需提供合同与竣工验收证明"，投标人提供其他行业业绩而非市政公用工程施工业绩、未同时提供合同与竣工验收证明、竣工验收证明时间不在近三年范围内、证明材料未呈现合同额等情形，均会导致投标被否决。

第二类，投标文件格式不符合，是指投标文件在排版样式、文件组成结构及对招标文件特定格式要求等方面，不符合招标文件所设定的标准与规范。例如，施工招标的技术标（暗标）中出现以往项目名称、造价工程师未在已标价工程量清单封面签字并加盖公章；货物招标未按照招标文件规定的格式提供制造商授权书。

在实际操作中，投标文件中存在的格式差异可能有被评标委员会否决投标的情况，考虑到评标委员会在评审过程中拥有一定的裁量权，对格式不符合问题没有统一的判定标准，不同的评标委员会对于格式规范的认知和把握尺度可能存在差异。因此，投标人不应忽视投标文件格式的重要性。

第三类，投标文件内容有重大偏差，是指投标文件没有响应招标文件实质性内容和要求。包括未按要求提交投标保证金，工期、质量、实质性技术条款不符合招标文件规定，对合同实质性条款未作出响应，投标价超过了最高投标限价等。例如，施工招标的安全防护、文明施工及环境保护费未按照规定计取，承诺的工程超过招标文件工期要求；服务招标的服务质量标准低于招标文件要求，服务团队人员配置不满足招标文件提出的实质性要求。

在实际操作中，货物招标项目更容易出现因投标文件内容有重大偏差而被否决投标的情形。招标文件明确规定了所采购货物的详细规格、尺寸、技术参数、质量标准、保修期等，而投标人提供的投标文件中货物规格与要求不符，或者技术参数无法达到招标文件所设定的最低标准。例如，某电梯项目招标文件要求电梯的额定载重量为 1.15 T，而投标人提供电梯的额定载重量仅为 1.0 T，就属于投标文件内容存在重大偏差。

第四类，投标人有违法行为，指投标人因串通投标或弄虚作假而违反《招标投标法》及《招标投标法实施条例》的规定。《招标投标法实施条例》第三十九条、第四十条和第四十二条列明了投标人串通投标和投标人弄虚作假的情形。

在投标人串通投标方面，投标文件排版错误异常一致、不同投标人委托同一单位或者个人办理投标事宜、A 公司的投标文件里装有 B 公司的资料等，都有可能被认定为串通投标。电子标项目串通投标的主要形式包括 IP 地址、电脑处理器编号、内存编号、网卡（MAC）地址、硬盘序列号、电脑运行环境、投标文件制作软件信息等一致。投标人弄虚作假常见的情形包括投标人伪造单位资质证书、人员资格证书、业绩、财务状况等以谋取中标。

【案例启示】 ▤▤

（1）招标人应在招标文件中明确"限制投标资格"的地域和行业范围，以避免引起争议。

（2）投标人在生产经营活动中，应守法经营，并注意预防违约失信可能引发的信用联动风险（如纳入全国信用信息平台），出现信誉风险应及时修复。

【法律依据】

1）《中华人民共和国招标投标法》

第二十六条 投标人应当具备承担招标项目的能力；国家有关规定对投标人资

格条件或者招标文件对投标人资格条件有规定的，投标人应当具备规定的资格条件。

第二十七条　投标人应当按照招标文件的要求编制投标文件。投标文件应当对招标文件提出的实质性要求和条件作出响应。

招标项目属于建设施工的，投标文件的内容应当包括拟派出的项目负责人与主要技术人员的简历、业绩和拟用于完成招标项目的机械设备等。

第三十二条　投标人不得相互串通投标报价，不得排挤其他投标人的公平竞争，损害招标人或者其他投标人的合法权益。

投标人不得与招标人串通投标，损害国家利益、社会公共利益或者他人的合法权益。

禁止投标人以向招标人或者评标委员会成员行贿的手段谋取中标。

第三十三条　投标人不得以低于成本的报价竞标，也不得以他人名义投标或者以其他方式弄虚作假，骗取中标。

2)《中华人民共和国行政处罚法》

第二十三条　行政处罚由县级以上地方人民政府具有行政处罚权的行政机关管辖。法律、行政法规另有规定的，从其规定。

3)《中华人民共和国招标投标法实施条例》

第三十九条　禁止投标人相互串通投标。

有下列情形之一的，属于投标人相互串通投标：

（一）投标人之间协商投标报价等投标文件的实质性内容；

（二）投标人之间约定中标人；

（三）投标人之间约定部分投标人放弃投标或者中标；

（四）属于同一集团、协会、商会等组织成员的投标人按照该组织要求协同投标；

（五）投标人之间为谋取中标或者排斥特定投标人而采取的其他联合行动。

第四十条　有下列情形之一的，视为投标人相互串通投标：

（一）不同投标人的投标文件由同一单位或者个人编制；

（二）不同投标人委托同一单位或者个人办理投标事宜；

（三）不同投标人的投标文件载明的项目管理成员为同一人；

（四）不同投标人的投标文件异常一致或者投标报价呈规律性差异；

（五）不同投标人的投标文件相互混装；

（六）不同投标人的投标保证金从同一单位或者个人的账户转出。

第四十二条　使用通过受让或者租借等方式获取的资格、资质证书投标的，属于招标投标法第三十三条规定的以他人名义投标。

投标人有下列情形之一的，属于招标投标法第三十三条规定的以其他方式弄虚作假的行为：

（一）使用伪造、变造的许可证件；

（二）提供虚假的财务状况或者业绩；

（三）提供虚假的项目负责人或者主要技术人员简历、劳动关系证明；

（四）提供虚假的信用状况；

（五）其他弄虚作假的行为。

第五十一条　有下列情形之一的，评标委员会应当否决其投标：

（一）投标文件未经投标单位盖章和单位负责人签字；

（二）投标联合体没有提交共同投标协议；

（三）投标人不符合国家或者招标文件规定的资格条件；

（四）同一投标人提交两个以上不同的投标文件或者投标报价，但招标文件要求提交备选投标的除外；

（五）投标报价低于成本或者高于招标文件设定的最高投标限价；

（六）投标文件没有对招标文件的实质性要求和条件作出响应；

（七）投标人有串通投标、弄虚作假、行贿等违法行为。

4）《评标委员会和评标方法暂行规定》

第二十条　在评标过程中，评标委员会发现投标人以他人的名义投标、串通投标、以行贿手段谋取中标或者以其他弄虚作假方式投标的，应当否决该投标人的投标。

第二十一条　在评标过程中，评标委员会发现投标人的报价明显低于其他投标报价或者在设有标底时明显低于标底，使得其投标报价可能低于其个别成本的，应当要求该投标人作出书面说明并提供相关证明材料。投标人不能合理说明或者不能提供相关证明材料的，由评标委员会认定该投标人以低于成本报价竞标，应当否决其投标。

第二十二条 投标人资格条件不符合国家有关规定和招标文件要求的，或者拒不按照要求对投标文件进行澄清、说明或者补正的，评标委员会可以否决其投标。

第二十三条 评标委员会应当审查每一投标文件是否对招标文件提出的所有实质性要求和条件作出响应。未能在实质上响应的投标，应当予以否决。

第二十五条 下列情况属于重大偏差：

（一）没有按照招标文件要求提供投标担保或者所提供的投标担保有瑕疵；

（二）投标文件没有投标人授权代表签字和加盖公章；

（三）投标文件载明的招标项目完成期限超过招标文件规定的期限；

（四）明显不符合技术规格、技术标准的要求；

（五）投标文件载明的货物包装方式、检验标准和方法等不符合招标文件的要求；

（六）投标文件附有招标人不能接受的条件；

（七）不符合招标文件中规定的其他实质性要求。

投标文件有上述情形之一的，为未能对招标文件作出实质性响应，并按本规定第二十三条规定作否决投标处理。招标文件对重大偏差另有规定的，从其规定。

第二十六条 细微偏差是指投标文件在实质上响应招标文件要求，但在个别地方存在漏项或者提供了不完整的技术信息和数据等情况，并且补正这些遗漏或者不完整不会对其他投标人造成不公平的结果。细微偏差不影响投标文件的有效性。

评标委员会应当书面要求存在细微偏差的投标人在评标结束前予以补正。拒不补正的，在详细评审时可以对细微偏差作不利于该投标人的量化，量化标准应当在招标文件中规定。

第二十七条 评标委员会根据本规定第二十条、第二十一条、第二十二条、第二十三条、第二十五条的规定否决不合格投标后，因有效投标不足三个使得投标明显缺乏竞争的，评标委员会可以否决全部投标。

5)《关于进一步完善失信约束制度构建诚信建设长效机制的指导意见》

（十）确保过惩相当。按照合法、关联、比例原则，依照失信惩戒措施清单，根据失信行为的性质和严重程度，采取轻重适度的惩戒措施，防止小过重惩。任何部门（单位）不得以现行规定对失信行为惩戒力度不足为由，在法律、法规或者党中央、国务院政策文件规定外增设惩戒措施或在法定惩戒标准上加重惩戒。

（十一）建立健全信用修复配套机制。相关行业主管（监管）部门应当建立有利于自我纠错、主动自新的信用修复机制。除法律、法规和党中央、国务院政策文件明确规定不可修复的失信信息外，失信主体按要求纠正失信行为、消除不良影响的，均可申请信用修复。相关部门（单位）应当制定信用修复的具体规定，明确修复方式和程序。符合修复条件的，要按照有关规定及时将其移出严重失信主体名单，终止共享公开相关失信信息，或者对相关失信信息进行标注、屏蔽或删除。

第四章
开标和评标

90.投标人少于3个是否可以开标?

投标人少于3个不得开标。但在机电产品国际招标中,重新招标后投标人仍少于3个的,可以进入两家或一家开标评标。对于国外贷款、援助资金项目,资金提供方规定当投标截止时间到达时,投标人少于3个可直接进入开标程序的,可以适用其规定。

【问题分析】

根据《招标投标法》第二十八条规定,投标人少于3个的,招标人应当依照本法重新招标。投标人不少于3个是为了保证必要的竞争性,以提高经济效益、保障招标人的合法权益。投标人少于3个的,招标人应分析原因并采取相应的措施后重新招标,重新招标后仍少于3个的,可按国家有关规定进行,例如,对于按国家有关规定需要履行审批、核准手续的依法必须进行招标的项目,报经原项目审批、核准部门审批,核准后可以不再进行招标;根据《工程建设项目勘察设计招标投标办法》和《工程建设项目施工招标投标办法》相关要求,对于其他工程建设项目的勘察、设计和施工招标,招标人可自行决定不再进行招标;对于机电产品国际招标项目,重新招标后投标人仍少于3个的,可以进入两家或一家开标评标,或者按国家有关规定需要履行审批、核准手续的依法必须进行招标的项目,报项目审批、核准部门审批,核准后也可以不再进行招标,而对于国外贷款、援助资金项目,资金提供方规定当投标截止时间到达时,投标人少于3个可直接进入开标程序的,可以适用其规定。

在实际操作中，要注意区分"投标人""潜在投标人""申请人""中标候选人""中标人"的概念。

投标人是响应招标、参加投标竞争的法人或者其他组织，须具备三个条件：一是响应招标，即获取了招标文件，编制投标文件准备参加投标活动的法人或其他组织，不响应招标，就不会成为投标人，没有准备投标的实际表现，就不会进入投标人的行列；二是参加投标竞争，也就是指按照招标文件的要求，提交投标文件，实际参与投标竞争，作为投标人进入招标投标法律关系之中；三是具有法人资格或者是依法设立的其他组织（包含允许个人参加投标时投标的个人）。

潜在投标人是指符合招标人在招标公告或投标邀请书中所列明的投标资格条件，可能感兴趣参与投标的法人或其他组织。在实际操作中，未参加资格预审或未购买招标文件的，通常不具有投标资格，因此，也就不能称为潜在投标人。

申请人是针对资格预审而言的，是指响应资格预审并递交了资格预审申请文件的法人或其他组织。申请人资格预审通过后仍不是投标人，只有当其获取招标文件，编制投标文件并按招标文件要求递交投标文件，参加投标竞争后，方为投标人。在成为投标人之前，申请人也属于潜在投标人。

中标候选人是指参加了投标，经评标委员会评审后，推荐可能成为中标人的投标人。中标候选人应满足两个条件：一是投标人；二是经评标委员会的推荐具备成为中标人的可能性。

中标人是指招标人根据评标委员会的推荐依法确定的，或评标委员会按照招标人的授权依法确定的将与招标人签订中标合同的投标人。

【法律依据】

1）《中华人民共和国招标投标法》

第二十八条第一款 投标人应当在招标文件要求提交投标文件的截止时间前，将投标文件送达投标地点。招标人收到投标文件后，应当签收保存，不得开启。投标人少于三个的，招标人应当依照本法重新招标。

2）《中华人民共和国招标投标法实施条例》

第四十四条第二款 投标人少于3个的，不得开标；招标人应当重新招标。

3)《工程建设项目勘察设计招标投标办法》

第四十八条 在下列情况下，依法必须招标项目的招标人在分析招标失败的原因并采取相应措施后，应当依照本办法重新招标：

（一）资格预审合格的潜在投标人不足三个的；

（二）在投标截止时间前提交投标文件的投标人少于三个的；

（三）所有投标均被否决的；

（四）评标委员会否决不合格投标后，因有效投标不足三个使得投标明显缺乏竞争，评标委员会决定否决全部投标的；

（五）根据第四十六条规定，同意延长投标有效期的投标人少于三个的。

第四十九条 招标人重新招标后，发生本办法第四十八条情形之一的，属于按照国家规定需要政府审批、核准的项目，报经原项目审批、核准部门审批、核准后可以不再进行招标；其他工程建设项目，招标人可自行决定不再进行招标。

4)《工程建设项目施工招标投标办法》

第三十八条第三款 依法必须进行施工招标的项目提交投标文件的投标人少于三个的，招标人在分析招标失败的原因并采取相应措施后，应当依法重新招标。重新招标后投标人仍少于三个的，属于必须审批、核准的工程建设项目，报经原审批、核准部门批准后可以不再进行招标；其他工程建设项目，招标人可自行决定不再进行招标。

5)《工程建设项目货物招标投标办法》

第三十四条第三款 依法必须进行招标的项目，提交投标文件的投标人少于三个的，招标人在分析招标失败的原因并采取相应措施后，应当重新招标。重新招标后投标人仍少于三个，按国家有关规定需要履行审批、核准手续的依法必须进行招标的项目，报项目审批、核准部门审批、核准后可以不再进行招标。

6)《机电产品国际招标投标实施办法（试行）》

第四十六条 开标应当在招标文件确定的提交投标文件截止时间的同一时间公开进行；开标地点应当为招标文件中预先确定的地点。开标由招标人或招标机构主持，邀请所有投标人参加。

投标人少于3个的，不得开标，招标人应当依照本办法重新招标；开标后认定投标人少于3个的应当停止评标，招标人应当依照本办法重新招标。重新招标后投标人仍少于3个的，可以进入两家或一家开标评标；按国家有关规定需要履行审批、核准手续的依法必须进行招标的项目，报项目审批、核准部门审批、核准后可以不再进行招标。

认定投标人数量时，两家以上投标人的投标产品为同一家制造商或集成商生产的，按一家投标人认定。对两家以上集成商或代理商使用相同制造商产品作为其项目包的一部分，且相同产品的价格总和均超过该项目包各自投标总价60％的，按一家投标人认定。

对于国外贷款、援助资金项目，资金提供方规定当投标截止时间到达时，投标人少于3个可直接进入开标程序的，可以适用其规定。

91.投标人是否必须参加开标会？

对于电子招标项目，所有投标人必须准时在线参加开标会；对于非电子招标项目，如果招标文件没有规定，则投标人可以不参加开标。但招标人有义务邀请所有投标人参加。

【问题分析】

开标是招标投标活动遵循公开原则的体现，以确保投标人提交的投标文件与提交评标委员会评审的投标文件是同一份文件。参加开标会是法律赋予投标人的权利，招标人应邀请所有投标人参加开标会，以加强投标人和招标人、投标人和投标人之间的监督。根据《招标投标法实施条例》第四十四条规定，投标人对开标有异议的，应当在开标现场提出，招标人应当当场作出答复，并制作记录。该规定既是对招标投标活动时效性的一种保障，也是对投标人行使该项权利的保护。

一般来说，参加开标会是投标人依法享有的权利，投标人可以放弃行使该项权利，但招标人有邀请所有投标人参加开标会的义务，例如，根据《工程建设项目货物招标投标办法》第四十条规定，投标人或其授权代表有权出席开标会，也可以自主决定不参加开标会。

在实际操作中，为了维护招标投标活动的严肃性和体现公开、公平、公正的原则，对于非电子标项目，招标人可能在招标文件中会强制要求投标人现场递交投标文件并参加开标会，投标人应按招标文件的规定委派代表递交投标文件并出席开标会。需要注意的是，如果招标文件要求投标人现场递交投标文件并参加开标会，应在招标文件中作出约束，明确未按要求递交投标文件或参加开标会的后果，如拒收投标文件等，否则在执行过程中容易引起争议；如果招标文件未作规定的，不得随意拒收投标文件或否决投标，且未参加开标的投标人将会被视为对开标过程没有异议。招标文件不得违法要求投标人的法定代表人、技术负责人、项目负责人或者其他特定人员到场。无论以上何种情形，招标人在投标截止时间前收到的所有投标文件，开标时都应当当众予以拆封、宣读。

根据《电子招标投标办法》第二十九条规定，电子开标应当按照招标文件确定的时间，在电子招标投标交易平台上公开进行，所有投标人均应当准时在线参加开标。采用电子招标时，投标人上传电子交易平台的投标文件是加密文件，需要投标人自行在线解密，未在规定时间内完成解密的将被视为撤销投标文件，因此，所有投标人必须准时在线参加开标。

【法律依据】

1)《中华人民共和国招标投标法》

第三十五条　开标由招标人主持，邀请所有投标人参加。

2)《中华人民共和国招标投标法实施条例》

第四十四条第三款　投标人对开标有异议的，应当在开标现场提出，招标人应当当场作出答复，并制作记录。

3)《工程建设项目勘察设计招标投标办法》

第三十一条　开标应当在招标文件确定的提交投标文件截止时间的同一时间公开进行；除不可抗力原因外，招标人不得以任何理由拖延开标，或者拒绝开标。

投标人对开标有异议的，应当在开标现场提出，招标人应当当场作出答复，并制作记录。

4)《工程建设项目施工招标投标办法》

第四十九条　开标应当在招标文件确定的提交投标文件截止时间的同一时间公开进行；开标地点应当为招标文件中确定的地点。

投标人对开标有异议的，应当在开标现场提出，招标人应当当场作出答复，并制作记录。

5）《工程建设项目货物招标投标办法》

第四十条 开标应当在招标文件确定的提交投标文件截止时间的同一时间公开进行；开标地点应当为招标文件中确定的地点。

投标人或其授权代表有权出席开标会，也可以自主决定不参加开标会。

投标人对开标有异议的，应当在开标现场提出，招标人应当当场作出答复，并制作记录。

6）《电子招标投标办法》

第二十九条 电子开标应当按照招标文件确定的时间，在电子招标投标交易平台上公开进行，所有投标人均应当准时在线参加开标。

92.招标人是否必须参加开标会？

招标人自行办理招标事宜的，应当主持开标会；招标人委托招标代理机构办理招标事宜的，可以由招标代理机构按照委托合同的约定主持开标会，招标人可以不参加。地区或行业有规定的从其规定。

【问题分析】

开标是在招标文件规定的时间和地点，开启投标人提交的投标文件，公开宣布投标人的名称、投标价格及投标文件中的其他主要内容的活动，是招标投标活动中的一个重要环节，体现了招标投标活动的公开原则。根据《招标投标法》第三十五条规定，开标由招标人主持，邀请所有投标人参加。因此，当招标人自行组织招标投标活动的，开标由招标人主持，招标人应该参加开标会；当招标人委托招标代理机构办理招标事宜的，可以由招标代理机构按照委托代理合同的约定负责开标事宜，招标人可以不参加。地区或行业有规定的从其规定。

需要注意的是，无论是招标人主持开标，还是受其委托的招标代理机构主持开标，均应严格按照法定程序和招标文件载明的规定进行。例如，应按照规定的开标时间宣布开标开始；核对出席开标的投标人身份；请投标人或其推选的代表检查投标文件密封情况；组织唱标、记录；维护开标活动的正常秩序等。

【法律依据】

1)《中华人民共和国招标投标法》

第三十五条　开标由招标人主持，邀请所有投标人参加。

2)《中华人民共和国招标投标法实施条例》

第四十四条第一款　招标人应当按照招标文件规定的时间、地点开标。

3)《水利工程建设项目招标投标管理规定》

第三十七条　开标由招标人主持，邀请所有投标人参加。

4)《公路工程建设项目招标投标管理办法》

第三十六条　开标由招标人主持，邀请所有投标人参加。开标过程应当记录，并存档备查。投标人对开标有异议的，应当在开标现场提出，招标人应当当场作出答复，并制作记录。未参加开标的投标人，视为对开标过程无异议。

5)《水运工程建设项目招标投标管理办法》

第四十三条第一款　开标由招标人或招标代理组织并主持。

6)《房屋建筑和市政基础设施工程施工招标投标管理办法》

第三十三条　开标由招标人主持，邀请所有投标人参加。开标应当按照下列规定进行：

由投标人或者其推选的代表检查投标文件的密封情况，也可以由招标人委托的公证机构进行检查并公证。经确认无误后，由有关工作人员当众拆封，宣读投标人名称、投标价格和投标文件的其他主要内容。

招标人在招标文件要求提交投标文件的截止时间前收到的所有投标文件，开标时都应当当众予以拆封、宣读。

开标过程应当记录，并存档备查。

93.监标人是否必须参加开标会？

地区、行业或招标人内部管理制度规定监标人必须参加开标会的，监标人应当参加；没有规定的，监标人可以不参加开标会。

【问题分析】

依法必须进行招标的项目的监标人，通常是指行政监督部门的工作人员，其职责是确保招标投标活动的合法合规，防止任何形式的舞弊和不当行为。无论地方或行业是否对监标人需要参加开标会作出明确规定，有关行政监督部门均可以派人参加开标，以监督开标过程严格按照法定程序进行。但是，行政监督部门不得越俎代庖，代替招标人主持开标会。

《招标投标法》及《招标投标法实施条例》对于监标人是否必须参加开标会并未作出强制要求，地区和行业有规定的，从其规定。例如，根据《水利工程建设项目招标投标管理规定》第三十八条规定，开标人员至少由主持人、监标人、开标人、唱标人、记录人组成，上述人员对开标负责。因此，水利工程建设项目监标人应当参加开标会。

非依法必须进行招标的项目的监标人，通常是指招标人按照其职责对招标投标活动负有监督责任的人员，是否必须参加开标会，由招标人自行决定。

【法律依据】

1)《中华人民共和国招标投标法》

第七条 招标投标活动及其当事人应当接受依法实施的监督。

有关行政监督部门依法对招标投标活动实施监督，依法查处招标投标活动中的违法行为。

对招标投标活动的行政监督及有关部门的具体职权划分，由国务院规定。

2)《中华人民共和国招标投标法实施条例》

第四条 国务院发展改革部门指导和协调全国招标投标工作，对国家重大建设项目的工程招标投标活动实施监督检查。国务院工业和信息化、住房城乡建设、交通运输、铁道、水利、商务等部门，按照规定的职责分工对有关招标投标活动实施监督。

县级以上地方人民政府发展改革部门指导和协调本行政区域的招标投标工作。县级以上地方人民政府有关部门按照规定的职责分工，对招标投标活动实施监督，依法查处招标投标活动中的违法行为。县级以上地方人民政府对其所属部门有关招标投标活动的监督职责分工另有规定的，从其规定。

财政部门依法对实行招标投标的政府采购工程建设项目的政府采购政策执行情况实施监督。

监察机关依法对与招标投标活动有关的监察对象实施监察。

3)《水利工程建设项目招标投标管理规定》

第三十八条　开标应当按招标文件中确定的时间和地点进行。开标人员至少由主持人、监标人、开标人、唱标人、记录人组成，上述人员对开标负责。

94. 参加评标的招标人代表能否参加开标会？

招标投标相关法律法规未对参加评标的招标人代表是否可以参加开标会作出限制，地方有规定的，从其规定。但为了保证评标的独立性和公正性，避免受到外界因素的干扰，参加评标的招标人代表不宜参加开标会。

【问题分析】

根据《招标投标法实施条例》第四十九条规定，评标委员会成员不得私下接触投标人。如果参加评标的招标人代表参加开标会，就存在与投标人私下接触的可能性。另外，开标会的主要目的是公开宣布各投标人的投标价格和其他主要内容，如果参加评标的招标人代表参加开标，就会在开标过程中知晓各投标单位的投标信息，可能影响后续评标的客观性和公正性，尤其是暗标评审。因此，为了尽量避免受到外界因素的干扰，参加评标的招标人代表不宜参加开标会。

【法律依据】

1)《中华人民共和国招标投标法》

第三十七条第五款　评标委员会成员的名单在中标结果确定前应当保密。

第四十四条　评标委员会成员应当客观、公正地履行职务，遵守职业道德，对所提出的评审意见承担个人责任。

评标委员会成员不得私下接触投标人，不得收受投标人的财物或者其他好处。

评标委员会成员和参与评标的有关工作人员不得透露对投标文件的评审和比

较、中标候选人的推荐情况以及与评标有关的其他情况。

2)《中华人民共和国招标投标法实施条例》

第四十九条第二款 评标委员会成员不得私下接触投标人，不得收受投标人给予的财物或者其他好处，不得向招标人征询确定中标人的意向，不得接受任何单位或者个人明示或者暗示提出的倾向或者排斥特定投标人的要求，不得有其他不客观、不公正履行职务的行为。

3)《评标委员会和评标方法暂行规定》

第五条 招标人应当采取必要措施，保证评标活动在严格保密的情况下进行。

95.纸质开标与电子开标有哪些区别？

纸质开标和电子开标在开标准备、投标文件的递交与受理、开标方式、开标异议及答复等方面有显著的区别。

【问题分析】

纸质开标主要流程如下。

(1) 开标前准备：招标人在开标前邀请有关单位或人员参加开标，并妥善完成各项准备工作，如布置开标场所、调试开标会需要的设备、准备开标资料、明确开标工作人员分工等。

(2) 接收投标文件。

(3) 组织开标：宣布开标纪律，公布投标人名称，宣布工作人员名单，检查投标文件的密封情况，公布标底价格（如有），开启投标文件并公布投标文件主要内容，确认开标记录，答复开标异议（如有）。

(4) 宣布开标结束。

电子开标主要流程如下。

(1) 开标前准备：招标人在开标前邀请有关单位或人员参加开标，调试开标设备。

(2) 在电子交易系统接收投标文件。

(3) 在电子交易系统进行开标：公布投标人名称，投标文件解密，公布投标文件主要内容，答复开标异议（如有）。

（4）宣布开标结束。

纸质开标与电子开标在开标准备、投标文件的递交与受理、开标方式、异议及答复等方面有显著区别。

在开标准备方面，纸质开标需要布置与投标人数量相匹配的开标场所，准备开标所需的设备和文具，如投影仪、电脑、打印机、笔、纸张、录音录像设备等；电子开标仅需准备满足开标所需的电子设备及稳定的网络。

在投标文件的递交与受理方面，对于纸质开标，投标人需打印装订纸质投标文件，签字并盖章、封标，在投标截止时间前投递至指定地点，招标人在受理投标文件后向投标人出具接收证明，投标文件的撤回和修改需要在投标截止时间前完成，并书面通知招标人；对于电子开标，投标人需线上制作电子投标文件，进行电子签名，加密后传输至电子交易平台，平台出具接收证明，电子投标文件的撤回和修改可直接在电子交易平台操作，修改好的文件重新上传即可。

在开标方式方面，纸质开标采用线下现场开标方式，招标人邀请所有投标人到场，待投标人签到、核验投标文件的密封情况后，启封投标文件，唱标并记录整个开标过程。电子开标采用交易平台线上开标方式，所有投标人必须在线参加，在电子交易平台完成签到、解密后，招标人在电子交易平台公布开标信息并完成整个开标过程的记录。

在异议及答复方面，对于纸质开标，投标人应在开标现场提出异议，由招标人负责答复并做好记录；对于电子开标，开标异议及答复均通过电子交易平台完成，电子交易平台将自动记录开标异议及答复的内容。

【法律依据】

1)《中华人民共和国招标投标法》

第二十八条　投标人应当在招标文件要求提交投标文件的截止时间前，将投标文件送达投标地点。招标人收到投标文件后，应当签收保存，不得开启。投标人少于三个的，招标人应当依照本法重新招标。

在招标文件要求提交投标文件的截止时间后送达的投标文件，招标人应当拒收。

第二十九条 投标人在招标文件要求提交投标文件的截止时间前，可以补充、修改或者撤回已提交的投标文件，并书面通知招标人。补充、修改的内容为投标文件的组成部分。

第三十六条 开标时，由投标人或者其推选的代表检查投标文件的密封情况，也可以由招标人委托的公证机构检查并公证；经确认无误后，由工作人员当众拆封，宣读投标人名称、投标价格和投标文件的其他主要内容。

招标人在招标文件要求提交投标文件的截止时间前收到的所有投标文件，开标时都应当当众予以拆封、宣读。

开标过程应当记录，并存档备查。

2)《电子招标投标办法》

第二十五条 投标人应当通过资格预审公告、招标公告或者投标邀请书载明的电子招标投标交易平台递交数据电文形式的资格预审申请文件或者投标文件。

第二十六条 电子招标投标交易平台应当允许投标人离线编制投标文件，并且具备分段或者整体加密、解密功能。

投标人应当按照招标文件和电子招标投标交易平台的要求编制并加密投标文件。

投标人未按规定加密的投标文件，电子招标投标交易平台应当拒收并提示。

第二十七条 投标人应当在投标截止时间前完成投标文件的传输递交，并可以补充、修改或者撤回投标文件。投标截止时间前未完成投标文件传输的，视为撤回投标文件。投标截止时间后送达的投标文件，电子招标投标交易平台应当拒收。

电子招标投标交易平台收到投标人送达的投标文件，应当即时向投标人发出确认回执通知，并妥善保存投标文件。在投标截止时间前，除投标人补充、修改或者撤回投标文件外，任何单位和个人不得解密、提取投标文件。

第二十九条 电子开标应当按照招标文件确定的时间，在电子招标投标交易平台上公开进行，所有投标人均应当准时在线参加开标。

第三十条 开标时，电子招标投标交易平台自动提取所有投标文件，提示招标人和投标人按招标文件规定方式按时在线解密。解密全部完成后，应当向所有投标人公布投标人名称、投标价格和招标文件规定的其他内容。

第三十九条 投标人或者其他利害关系人依法对资格预审文件、招标文件、开标和评标结果提出异议，以及招标人答复，均应当通过电子招标投标交易平台进行。

96.电子标是否必须在公共资源交易中心组织开标？

电子标是否必须在公共资源交易中心组织开标，国家未作强制要求，地方有规定的，从其规定。

【问题分析】

根据《招标公告和公示信息发布管理办法》第八条规定，依法必须招标项目的招标公告和公示信息应当在"中国招标投标公共服务平台"或者项目所在地省级电子招标投标公共服务平台发布。因此，对于依法必须进行招标的项目，国家相关法律法规只要求在国家平台或省级平台发布招标公告和公示信息即可，对于是否必须在公共资源交易中心组织开标未作要求。

随着电子化招标投标活动的不断普及，各地公共资源交易中心都已搭建了电子交易平台，并配备了满足开标要求的场所及设备。从技术层面来看，公共资源交易中心电子交易平台是具有远程开标功能的，招标人或招标代理机构、投标人、行政监督部门均可远程在线操作。在实际操作中，为了统一管理，部分地区和行业要求依法必须进行招标的项目应在当地公共资源交易中心进行开标。

【法律依据】

《招标公告和公示信息发布管理办法》

第八条 依法必须招标项目的招标公告和公示信息应当在"中国招标投标公共服务平台"或者项目所在地省级电子招标投标公共服务平台（以下统一简称"发布媒介"）发布。

97.经所有投标人同意，开标时间晚于投标截止时间是否合法？

开标时间晚于投标截止时间不合法，开标时间应与投标截止时间保持一致。

【问题分析】

根据《招标投标法》第三十四条规定，开标应当在招标文件确定的提交投标文件截止时间的同一时间公开进行。该规定是为了防止招标人或者投标人利用提交投标文件的截止时间之后与开标时间之前的这段时间做手脚，进行暗箱操作，例如，有些投标人可能会利用这段时间与招标人或招标代理机构串通，对投标文件的实质性内容进行更改等，开标时间早于或晚于投标截止时间均不符合该规定。尽管在某些情况下所有投标人可能会同意开标时间晚于投标截止时间，但这种同意并不能成为违反法律规定的理由。

【法律依据】

1)《中华人民共和国招标投标法》

第三十四条 开标应当在招标文件确定的提交投标文件截止时间的同一时间公开进行；开标地点应当为招标文件中预先确定的地点。

2)《工程建设项目勘察设计招标投标办法》

第三十一条第一款 开标应当在招标文件确定的提交投标文件截止时间的同一时间公开进行；除不可抗力原因外，招标人不得以任何理由拖延开标，或者拒绝开标。

3)《工程建设项目施工招标投标办法》

第四十九条第一款 开标应当在招标文件确定的提交投标文件截止时间的同一时间公开进行；开标地点应当为招标文件中确定的地点。

4)《工程建设项目货物招标投标办法》

第四十条第一款 开标应当在招标文件确定的提交投标文件截止时间的同一时间公开进行；开标地点应当为招标文件中确定的地点。

98.招标人在开标当天能否变更开标时间？

对于机电产品国际招标项目，招标人不能在当天变更开标时间；对于其他招标项目，招标投标相关法律法规未禁止开标当天变更开标时间，但考虑到招标投标活动的规范性、严肃性和公信力，招标人在开标当天不宜随意变更开标时间。

【问题分析】

根据《招标投标法》第三十四条规定，开标应当在招标文件确定的提交投标文件截止时间的同一时间公开进行。因此，开标时间应在招标文件中明确，使每个投标人都事先知道开标的准确时间，以便按时参加。为了维护招标投标活动的规范性、严肃性和公信力，招标人应合理安排开标时间，不宜随意变更开标时间，尤其是在开标当天，开标时间的变更会造成投标人为参加开标而作出的很多准备工作无效，有损投标人的利益。

因项目实际需要，确需变更开标时间的，应同步变更投标文件递交截止时间，并以书面形式通知所有获取招标文件的潜在投标人。开标当天或临近开标变更开标时间的，还应合理确定新的开标时间，确保投标人有足够的时间应对该时间的变更，以便为参加开标作好充足的准备，招标人不得通过开标时间的变更变相限制、排斥潜在投标人，影响投标人的公平竞争。

需要注意的是，根据《机电产品国际招标投标实施办法（试行）》第三十条规定，招标人顺延投标截止时间的，至少应当在招标文件要求提交投标文件的截止时间3日前，将变更时间书面通知所有获取招标文件的潜在投标人，并在招标网上发布变更公告。因此，对于机电产品国际招标项目，招标人不能在当天变更开标时间。

【法律依据】

1)《中华人民共和国招标投标法》

第二十三条　招标人对已发出的招标文件进行必要的澄清或者修改的，应当在招标文件要求提交投标文件截止时间至少十五日前，以书面形式通知所有招标文件收受人。该澄清或者修改的内容为招标文件的组成部分。

第三十四条　开标应当在招标文件确定的提交投标文件截止时间的同一时间公开进行；开标地点应当为招标文件中预先确定的地点。

2)《中华人民共和国招标投标法实施条例》

第二十一条　招标人可以对已发出的资格预审文件或者招标文件进行必要的澄清或者修改。澄清或者修改的内容可能影响资格预审申请文件或者投标文件编制的，招标人应当在提交资格预审申请文件截止时间至少3日前，或者投标截止时间至少15日前，以书面形式通知所有获取资格预审文件或者招标文件的潜在投标人；不足3日或者15日的，招标人应当顺延提交资格预审申请文件或者投标文件的截止时间。

第四十四条第一款 招标人应当按照招标文件规定的时间、地点开标。

3)《机电产品国际招标投标实施办法（试行）》

第二十九条 招标人可以对已发出的资格预审文件或者招标文件进行必要的澄清或者修改。澄清或者修改的内容可能影响资格预审申请文件或者投标文件编制的，招标人或招标机构应当在提交资格预审文件截止时间至少3日前，或者投标截止时间至少15日前，以书面形式通知所有获取资格预审文件或者招标文件的潜在投标人，并上传招标网存档；不足3日或者15日的，招标人或招标机构应当顺延提交资格预审申请文件或者投标文件的截止时间。该澄清或者修改内容为资格预审文件或者招标文件的组成部分。澄清或者修改的内容涉及与资格预审公告或者招标公告内容不一致的，应当在原资格预审公告或者招标公告发布的媒体和招标网上发布变更公告。

因异议或投诉处理而导致对资格预审文件或者招标文件澄清或者修改的，应当按照前款规定执行。

第三十条 招标人顺延投标截止时间的，至少应当在招标文件要求提交投标文件的截止时间3日前，将变更时间书面通知所有获取招标文件的潜在投标人，并在招标网上发布变更公告。

99.招标公告发布后能否提前投标文件递交截止时间？

招标人应合理安排招标时间，不宜随意将既定的时间提前，确有需要的可以提前投标文件递交截止时间，但是应确保留出投标人编制投标文件所需要的合理时间，并书面通知所有潜在投标人。依法必须进行招标的项目，招标人发布修改通知的时间距投标文件递交截止时间不得少于15日，且自招标文件开始发出之日起至投标人提交投标文件截止之日止不得少于20日。行业有特别规定的，还应符合相应规定。

【问题分析】

投标人编制投标文件需要一定的时间，如果从招标文件开始发出之日起至招标文件规定的投标人提交投标文件截止之日止的时间过短，可能会有一些投标人因来不及编制投标文件而不得不放弃参加投标，这对投标的竞争性显然是不利的，但这一时间也不能过长，否则会拖延招标的进程，有损招标人的利益。由于招标项目的性质不同、规模大小不同、复杂程度不同，因此，投标人编制投标文件所需的合理时间也不尽相同，对此，相关法律法规针对特定类型的项目作了最短时间的规定，例如，根据《招标投标法》第二十四条规定，依法必须进行招标的项目，自招标文件开始发出之日起至投标人提交投标文件截止之日止，最短不得少于20日；根据《建筑工程方案设计招标投标管理办法》第二十四条规定，建筑工程概念性方案设计投标文件编制一般不少于20日，其中大型公共建筑工程概念性方案设计投标文件编制一般不少于40日；建筑工程实施性方案设计投标文件编制一般不少于45日；根据《公路工程设计施工总承包管理办法》第十条规定，公路工程设计施工总承包招标，自招标文件开始发售之日起至投标人提交投标文件截止时间止，不得少于60天；根据《经营性公路建设项目投资人招标投标管理规定》，经营性公路建设项目投资人招标，自招标文件开始发售之日起至投标人提交投标文件截止之日止，不得少于45个工作日。

为了维护招标投标活动的规范性、严肃性和公信力，招标人或招标代理机构应合理安排招标时间，不应随意提前既定的时间。因项目需要，确需提前投标文件递交截止时间的，应以书面形式通知所有潜在投标人。依法必须进行招标的项目，招标人应确保修改通知发出的时间距开标时间不得少于15日，且自招标文件开始发出之日起至投标人提交投标文件截止之日止不得少于20日。行业有特别规定的，应符合相应规定。

【法律依据】

1)《中华人民共和国招标投标法》

第二十四条 招标人应当确定投标人编制投标文件所需要的合理时间；但是，依法必须进行招标的项目，自招标文件开始发出之日起至投标人提交投标文件截止之日止，最短不得少于二十日。

2）《中华人民共和国招标投标法实施条例》

第二十一条　招标人可以对已发出的资格预审文件或者招标文件进行必要的澄清或者修改。澄清或者修改的内容可能影响资格预审申请文件或者投标文件编制的，招标人应当在提交资格预审申请文件截止时间至少3日前，或者投标截止时间至少15日前，以书面形式通知所有获取资格预审文件或者招标文件的潜在投标人；不足3日或者15日的，招标人应当顺延提交资格预审申请文件或者投标文件的截止时间。

3）《工程建设项目勘察设计招标投标办法》

第十九条　招标人应当确定潜在投标人编制投标文件所需要的合理时间。

依法必须进行勘察设计招标的项目，自招标文件开始发出之日起至投标人提交投标文件截止之日止，最短不得少于二十日。

4）《工程建设项目施工招标投标办法》

第三十一条　招标人应当确定投标人编制投标文件所需要的合理时间；但是，依法必须进行招标的项目，自招标文件开始发出之日起至投标人提交投标文件截止之日止，最短不得少于二十日。

5）《工程建设项目货物招标投标办法》

第三十条　招标人应当确定投标人编制投标文件所需的合理时间。依法必须进行招标的货物，自招标文件开始发出之日起至投标人提交投标文件截止之日止，最短不得少于二十日。

6）《机电产品国际招标投标实施办法（试行）》

第二十六条第一款　招标人应当确定投标人编制投标文件所需的合理时间。依法必须进行招标的项目，自招标文件开始发售之日起至投标截止之日止，不得少于20日。

第二十九条　招标人可以对已发出的资格预审文件或者招标文件进行必要的澄清或者修改。澄清或者修改的内容可能影响资格预审申请文件或者投标文件编制的，招标人或招标机构应当在提交资格预审文件截止时间至少3日前，或者投标截止时间至少15日前，以书面形式通知所有获取资格预审文件或者招标文件的潜在投标人，并上传招标网存档；不足3日或者15日的，招标人或招标机构应当顺延提交资格预审申请文件或者投标文件的截止时间。该澄清或者修改内容为资格预审文件或者招标文件的组成部分。澄清或者修改的内容涉及与资格预审公告或者招标公告内容不一致的，应当在原资格预审公告或者招标公告发布的媒体和招标网上发布变更公告。

因异议或投诉处理而导致对资格预审文件或者招标文件澄清或者修改的，应当按照前款规定执行。

7)《建筑工程方案设计招标投标管理办法》

第二十四条　建筑工程概念性方案设计投标文件编制一般不少于二十日，其中大型公共建筑工程概念性方案设计投标文件编制一般不少于四十日；建筑工程实施性方案设计投标文件编制一般不少于四十五日。招标文件中规定的编制时间不符合上述要求的，建设主管部门对招标文件不予备案。

8)《公路工程设计施工总承包管理办法》

第十条第一款　招标人应当合理确定投标文件的编制时间，自招标文件开始发售之日起至投标人提交投标文件截止时间止，不得少于60天。

9)《经营性公路建设项目投资人招标投标管理规定》

第十六条　招标人应当合理确定资格预审申请文件和投标文件的编制时间。

编制资格预审申请文件时间，自资格预审文件开始发售之日起至潜在投标人提交资格预审申请文件截止之日止，不得少于三十个工作日。

编制投标文件的时间，自招标文件开始发售之日起至投标人提交投标文件截止之日止，不得少于四十五个工作日。

100.投标文件未按招标文件要求密封，招标人是否必须拒收？

投标文件未按招标文件要求密封，招标人应当拒收，但招标文件应尽量简化投标文件的密封要求，尽可能地减少因投标文件未按要求密封而被拒收的情形。

【问题分析】

根据《招标投标法实施条例》第三十六条规定，未按照招标文件要求密封的投标文件，招标人应当拒收。投标文件密封的主要目的是防止泄露投标文件信息导致串通投标，保护招标投标双方合法权益不受侵害。对于密封不严的投标文件，应当允许投标人在投标截止时间前修补完善后再提交，而不应将其扣留作为无效投标。需要注意的是，招标文件应尽量简化投标文件的密封要求。对于投标文件的密封情况与招标文件规定存在细微偏离但不足以泄露投标文件信息的，可以详细记录实际情况并让投标人代表签字确认后予以接收，例如，投标文件封包标记与招标文件的规定不完全一致，但不影响对其所投项目的判断；投标文件封包层有细微的破损但不足以泄露投标文件的信息。

【法律依据】

1）《中华人民共和国招标投标法实施条例》

第三十六条 未通过资格预审的申请人提交的投标文件，以及逾期送达或者不按照招标文件要求密封的投标文件，招标人应当拒收。

招标人应当如实记载投标文件的送达时间和密封情况，并存档备查。

2）《工程建设项目勘察设计招标投标办法》

第二十六条 投标人在投标截止时间前提交的投标文件，补充、修改或撤回投标文件的通知，备选投标文件等，都必须加盖所在单位公章，并且由其法定代表人或授权代表签字，但招标文件另有规定的除外。

招标人在接收上述材料时，应检查其密封或签章是否完好，并向投标人出具标明签收人和签收时间的回执。

3）《工程建设项目施工招标投标办法》

第三十八条第一款 投标人应当在招标文件要求提交投标文件的截止时间前，将投标文件密封送达投标地点。招标人收到投标文件后，应当向投标人出具标明签收人和签收时间的凭证，在开标前任何单位和个人不得开启投标文件。

第五十条第一款 投标文件有下列情形之一的，招标人应当拒收：

（一）逾期送达；

（二）未按招标文件要求密封。

4）《工程建设项目货物招标投标办法》

第三十四条第一款 投标人应当在招标文件要求提交投标文件的截止时间前，

将投标文件密封送达招标文件中规定的地点。招标人收到投标文件后，应当向投标人出具标明签收人和签收时间的凭证，在开标前任何单位和个人不得开启投标文件。

第四十一条第一款　投标文件有下列情形之一的，招标人应当拒收：

（一）逾期送达；

（二）未按招标文件要求密封。

101. 唱标时价格唱错且投标人已签字确认该如何处理？

如果开标会尚未结束，招标人应主动纠正，向所有参加开标会的投标人公开说明已宣读的错误的内容，在投标人现场见证的情况下，重新宣读正确的价格并签字确认；如果开标会已经结束，投标人已经离场，招标人或招标代理机构不可以私自修改开标记录，应将相关情况记录在案，评标委员会以正确的投标报价进行评标。

【问题分析】

根据《民法典》第一百四十三条规定，民事法律行为的有效性的判断依据之一就是"意思表示真实"，价格唱错，是因招标人或招标代理机构的错误行为导致的，显然不是投标人的真实意思，即使投标人已签字确认，也应及时纠正，否则，作为投标文件的实质性内容之一，错误的投标报价不仅可能影响招标投标活动的公平、公正，甚至会导致整个招标投标活动无效。因此，价格唱错应视情况采取相应处理措施。如果是在开标会结束前发现该问题，招标人或招标代理机构应主动纠正，向所有参加开标的投标人公开说明宣读错误的内容，在投标人现场见证的情况下，重新宣读正确的价格并签字确认；如果开标会已经结束，投标人已经离场，招标人或招标代理机构不可以私自修改开标记录，应将相关情况记录在案，评标委员会以正确的投标报价进行评标。

需要注意的是，若价格唱错的单位被推荐为中标候选人进行公示，应当公示正确的投标报价，并对公示的价格与唱标的价格不一致进行必要的说明，以免引起投标人的异议或投诉。

【法律依据】

《中华人民共和国民法典》

第一百四十三条 具备下列条件的民事法律行为有效：

（一）行为人具有相应的民事行为能力；

（二）意思表示真实；

（三）不违反法律、行政法规的强制性规定，不违背公序良俗。

---

102. 对于投标人在开标现场提出的异议，招标人如何答复？

对于投标人在开标现场提出的异议，招标人应当场作出答复，并制作记录。对于异议成立的，招标人应当及时采取纠正措施，或者提交评标委员会评审确认；对于异议不成立的，招标人应当场给予解释说明。

【问题分析】

在开标现场可能出现对投标文件提交、截标时间、开标程序、投标文件密封检查和开封、唱标内容、标底价格的合理性、开标记录、唱标次序等的争议，以及投标人和招标人或者投标人之间存在利益冲突的情形，这些争议和利益冲突如不及时加以解决，将影响招标投标的有效性以及后续评标工作，事后纠正存在困难，或者无法纠正。因此，对于开标中的问题，投标人认为不符合有关规定的，应当在开标现场提出异议，异议成立的，招标人应当及时采取纠正措施，或者提交评标委员会评审确认；异议不成立的，招标人应当场给予解释说明。

异议和答复应记入开标会的记录文件中，或者制作专门的记录以备查。异议及答复，应以书面方式为准，如果是投标人口头提出的或招标人口头答复的，也应由开标工作人员记录在案，并由投标人签字确认。

当然，并不是所有在开标现场提出的异议，招标人都能当场作出准确答复。例如，投标人认为其他投标人存在串通投标的问题，并在开标现场提出异议，招标人对于此条异议不能作出准确判断，也没有拒收投标文件或直接否决投标的权利。此种情况，为了保证投标人的合法权益以及招标投标活动的进行，招标人也应当场作出答复，但答复的内容不应对投标文件作出有效或者无效的判断处理，而是承诺将对有关问题进一步核实调查，并将异议内容及提出异议的依据或证据如实记录并递交给行政监督部门及评标委员会。招标人配合行政监督部门或评标委员会调查核实后，应当及时将最终的异议处理结果书面回复给提出异议的投标人，投标人仍然保留对相关事项投诉的权利。

【法律依据】

1)《中华人民共和国招标投标法实施条例》

第四十四条 招标人应当按照招标文件规定的时间、地点开标。

投标人少于3个的，不得开标；招标人应当重新招标。

投标人对开标有异议的，应当在开标现场提出，招标人应当当场作出答复，并制作记录。

第六十条 投标人或者其他利害关系人认为招标投标活动不符合法律、行政法规规定的，可以自知道或者应当知道之日起10日内向有关行政监督部门投诉。投诉应当有明确的请求和必要的证明材料。

就本条例第二十二条、第四十四条、第五十四条规定事项投诉的，应当先向招标人提出异议，异议答复期间不计算在前款规定的期限内。

2)《工程建设项目勘察设计招标投标办法》

第三十一条 开标应当在招标文件确定的提交投标文件截止时间的同一时间公开进行；除不可抗力原因外，招标人不得以任何理由拖延开标，或者拒绝开标。

投标人对开标有异议的，应当在开标现场提出，招标人应当当场作出答复，并制作记录。

3)《工程建设项目施工招标投标办法》

第四十九条 开标应当在招标文件确定的提交投标文件截止时间的同一时间公开进行；开标地点应当为招标文件中确定的地点。

投标人对开标有异议的，应当在开标现场提出，招标人应当当场作出答复，并制作记录。

4)《工程建设项目货物招标投标办法》

第四十条 开标应当在招标文件确定的提交投标文件截止时间的同一时间公开

进行；开标地点应当为招标文件中确定的地点。

投标人或其授权代表有权出席开标会，也可以自主决定不参加开标会。

投标人对开标有异议的，应当在开标现场提出，招标人应当当场作出答复，并制作记录。

103. 评标委员会成员中是否必须有招标人代表？

招标人可以不委派代表参加评标，但为了落实招标人主体责任、维护招标人的正当权益，招标人宜委派代表参加评标。

【问题分析】

评标是指按照招标文件规定的评标标准和方法，对各投标人的投标文件进行评价、比较和分析，从中选出最佳投标人的过程，是招标投标活动中十分重要的一个环节。评标是否真正做到公平、公正，决定着整个招标投标活动是否公平和公正，评标的质量决定着能否从众多投标竞争者中选出最能满足招标项目各项要求的中标者。专家评审制度的建设，有利于在招标投标活动中实现分权制衡，促进廉政建设。但是，招标人毕竟是招标项目的主体，为了维护招标人的正当权益，法律赋予了招标人委派代表参加评标的权利，以在评标过程中充分表达招标人的意见，与评标委员会的其他成员进行沟通，并对评标的全过程实施必要的监督。

法律法规按照内容不同，通常可分为授权性规定和强制性规定，强制性规定又可分为义务性规定和禁止性规定。以《招标投标法》第三十七条规定"评标委员会由招标人的代表和有关技术、经济等方面的专家组成，成员人数为五人以上单数，其中技术、经济等方面的专家不得少于成员总数的三分之二"为例，"评标委员会由招标人的代表和有关技术、经济等方面的专家组成"属于授权性规定，它告诉人们可以或有权做什么，一般采用"可以""有权"等词来表述；"成员人数为五人以上单数"属于义务性规定，它告诉人们应当或必须做什么，一般采用"应当""必须"等词来表述；"其中技术、经济等方面的专家不得少于成员总数的三分之二"属于禁止性规定，它告诉人们不得做什么，一般采用"不得""禁止"等词来表述。

既然"评标委员会由招标人的代表和有关技术、经济等方面的专家组成"是授权性规定，那么招标人是否委派招标人代表就属于招标人的权利，招标人有权委派招标人代表，也可以不委派，但应满足技术、经济等方面的专家不得少于成员总数的三分之二。

根据《关于严格执行招标投标法规制度进一步规范招标投标主体行为的若干意见》中第（四）条关于规范招标人代表条件和行为的相关规定，招标人应当选派或者委托责任心强、熟悉业务、公道正派的人员作为招标人代表参加评标，并遵守利益冲突回避原则，并且招标人代表发现其他评标委员会成员不按照招标文件规定的评标标准和方法评标的，应当及时提醒、劝阻并向有关招标投标行政监督部门报告。因此，为了保障招标人的正当权益，在评标过程中实施必要的沟通和监督，落实招标人主体责任，招标人宜委派代表参加评标。

【法律依据】

1)《中华人民共和国招标投标法》

第三十七条　评标由招标人依法组建的评标委员会负责。

依法必须进行招标的项目，其评标委员会由招标人的代表和有关技术、经济等方面的专家组成，成员人数为五人以上单数，其中技术、经济等方面的专家不得少于成员总数的三分之二。

前款专家应当从事相关领域工作满八年并具有高级职称或者具有同等专业水平，由招标人从国务院有关部门或者省、自治区、直辖市人民政府有关部门提供的专家名册或者招标代理机构的专家库内的相关专业的专家名单中确定；一般招标项目可以采取随机抽取方式，特殊招标项目可以由招标人直接确定。

与投标人有利害关系的人不得进入相关项目的评标委员会；已经进入的应当更换。

评标委员会成员的名单在中标结果确定前应当保密。

2)《关于严格执行招标投标法规制度进一步规范招标投标主体行为的若干意见》

（四）规范招标人代表条件和行为。招标人应当选派或者委托责任心强、熟悉业务、公道正派的人员作为招标人代表参加评标，并遵守利益冲突回避原则。严禁招标人代表私下接触投标人、潜在投标人、评标专家或相关利害关系人；严禁在评标过程中发表带有倾向性、误导性的言论或者暗示性的意见建议，干扰或影响其他评标委员会成员公正独立评标。招标人代表发现其他评标委员会成员不按照招标文件规定的评标标准和方法评标的，应当及时提醒、劝阻并向有关招标投标行政监督部门（以下简称行政监督部门）报告。

104. 评标委员会中的招标人代表须具备什么条件？

招标人应当选派或者委托责任心强、熟悉业务、公道正派的人员作为招标人代表参加评标，并遵守利益冲突回避原则，地区或行业有规定的从其规定。

【问题分析】

作为评标委员会成员，招标人代表不仅需要与其他评标专家一样，能够独立、客观、公正地履行评标职责，而且在评标过程中还应起到以下作用：一是向评标专家提供必要的信息，以便评标专家更加快速、全面地了解项目需求；二是发现其他评标委员会成员不按照招标文件规定的评标标准和方法评标的，应当及时提醒、劝阻并向有关招标投标行政监督部门报告。因此，招标人应当选派或者委托责任心强、熟悉业务、公道正派的人员参与评标。

招标人代表的委派还应遵守利益冲突回避原则，即与投标人有利害关系的人员不得进入评标委员会。另外，地方或行业对招标人代表有特殊规定的，应当从其规定，例如，根据重庆市《关于工程建设项目招标人代表参与评标活动有关要求的通知》规定，依法必须招标的工程建设项目，招标人代表应为招标人本单位正式职工，具有高级职称或者同等专业水平（具有国家部委颁发的注册师职业资格），且从事相关专业领域工作满8年（含）以上。

【法律依据】

1)《中华人民共和国招标投标法》

第三十七条 评标由招标人依法组建的评标委员会负责。

依法必须进行招标的项目，其评标委员会由招标人的代表和有关技术、经济等方面的专家组成，成员人数为五人以上单数，其中技术、经济等方面的专家不得少于成员总数的三分之二。

前款专家应当从事相关领域工作满八年并具有高级职称或者具有同等专业水平，由招标人从国务院有关部门或者省、自治区、直辖市人民政府有关部门提供的专家名册或者招标代理机构的专家库内的相关专业的专家名单中确定；一般招标项目可以采取随机抽取方式，特殊招标项目可以由招标人直接确定。

与投标人有利害关系的人不得进入相关项目的评标委员会；已经进入的应当更换。

评标委员会成员的名单在中标结果确定前应当保密。

2)《中华人民共和国招标投标法实施条例》

第四十六条　除招标投标法第三十七条第三款规定的特殊招标项目外，依法必须进行招标的项目，其评标委员会的专家成员应当从评标专家库内相关专业的专家名单中以随机抽取方式确定。任何单位和个人不得以明示、暗示等任何方式指定或者变相指定参加评标委员会的专家成员。

依法必须进行招标的项目的招标人非因招标投标法和本条例规定的事由，不得更换依法确定的评标委员会成员。更换评标委员会的专家成员应当依照前款规定进行。

评标委员会成员与投标人有利害关系的，应当主动回避。

有关行政监督部门应当按照规定的职责分工，对评标委员会成员的确定方式、评标专家的抽取和评标活动进行监督。行政监督部门的工作人员不得担任本部门负责监督项目的评标委员会成员。

3)《评标委员会和评标方法暂行规定》

第十二条　有下列情形之一的，不得担任评标委员会成员：

（一）投标人或者投标人主要负责人的近亲属；

（二）项目主管部门或者行政监督部门的人员；

（三）与投标人有经济利益关系，可能影响对投标公正评审的；

（四）曾因在招标、评标以及其他与招标投标有关活动中从事违法行为而受过行政处罚或刑事处罚的。

评标委员会成员有前款规定情形之一的，应当主动提出回避。

4）《关于严格执行招标投标法规制度进一步规范招标投标主体行为的若干意见》

（四）规范招标人代表条件和行为。招标人应当选派或者委托责任心强、熟悉业务、公道正派的人员作为招标人代表参加评标，并遵守利益冲突回避原则。严禁招标人代表私下接触投标人、潜在投标人、评标专家或相关利害关系人；严禁在评标过程中发表带有倾向性、误导性的言论或者暗示性的意见建议，干扰或影响其他评标委员会成员公正独立评标。招标人代表发现其他评标委员会成员不按照招标文件规定的评标标准和方法评标的，应当及时提醒、劝阻并向有关招标投标行政监督部门（以下简称行政监督部门）报告。

105. 评标委员会的成员是否必须同时由技术和经济类专家组成？

评标委员会的成员是否必须同时由技术和经济类专家组成，需根据项目评审需求确定。

【问题分析】

评标是指按照招标文件规定的评标标准和方法，对各投标人的投标文件进行评价、比较和分析，从中选出最佳投标人的过程。根据《招标投标法》第三十七条规定，依法必须进行招标的项目，其评标委员会由招标人的代表和有关技术、经济等方面的专家组成，成员人数为5人以上单数，其中技术、经济等方面的专家不得少于成员总数的2/3。其中的"评标委员会由招标人的代表和有关技术、经济等方面的专家组成"属于授权性规定，对于是否必须同时具有技术和经济类专家并未作强制性规定，但应满足技术、经济等方面的专家不得少于成员总数的2/3。

在实际操作中，投标文件中一般都会涉及技术和经济方面的内容。为了提高评标专家与招标项目的匹配性，确保评标质量，宜选择技术和经济类专家同时参与评审。技术类专家可以对投标文件所提方案在技术上的可行性、合理性、先进性和质量可靠性等技术指标进行评审比较，以确定在技术和质量方面能满足招标文件的要求。而经济类专家可以对投标文件所报的投标价格、投标方案的运营成本、投标人的财务状况等投标文件的商务条款进行评价、比较，以确定在经济上对招标人最有利。对于一些大型的或国际性的招标采购项目，还可聘请法律方面的专家参加评标委员会，以对投标文件的合法性进行把关。

【法律依据】

1）《中华人民共和国招标投标法》

第三十七条第二款　依法必须进行招标的项目，其评标委员会由招标人的代表和有关技术、经济等方面的专家组成，成员人数为五人以上单数，其中技术、经济等方面的专家不得少于成员总数的三分之二。

2）《评标委员会和评标方法暂行规定》

第九条第一款　评标委员会由招标人或其委托的招标代理机构熟悉相关业务的代表，以及有关技术、经济等方面的专家组成，成员人数为五人以上单数，其中技术、经济等方面的专家不得少于成员总数的三分之二。

106. 评标委员会成员是否必须独立评审？

评标委员会成员享有依法对投标文件进行独立评审的权利，不受任何单位或者个人的干预，是否对投标文件进行独立评审是评标委员会成员自主决策的事项之一，由评标委员会成员自主协商确定。地区或行业有规定的，从其规定。

【问题分析】

根据《招标投标法》第四十四条规定，评标委员会成员应当客观、公正地履行职务，遵守职业道德，对所提出的评审意见承担个人责任。这里的"客观"，是指评标委员会在评审投标文件时，必须做到实事求是，不得带有主观偏见。评标委员会成员在评审投标文件时，要综合各方面的因素，严格按照招标文件确定的标准和方法对投标文件进行客观的评价、比较、分析；而这里的"公正"，是指评标委员会成员在评标过程中要以独立、超脱的地位，不偏不倚地对待每个投标人，要严格按照招标文件规定的程序和方法评审每个投标人的投标文件，不能厚此薄彼，区别对待。

根据《评标专家和评标专家库管理办法》第八条规定，评标专家享有依法对投标文件进行独立评审、提出评审意见、不受任何单位或者个人干预的权利。

上述"独立"是指评标委员会应独立于外部条件，不受外界干扰而客观、公正地履行职务，而不是评标委员会成员之间必须要独立评审。既然是权力，那么评标专家可以选择行使权力，也可以选择不行使权力。

在实际操作中，由于在评审过程中会涉及技术、经济、法律等多个专业领域，评标委员会的组建通常也会根据招标项目的实际特点选择技术、经济、法律等各类专业的专家，为了充分利于评标专家的专业优势，集众之所长，评标委员会成员可以分工评审。但是地区和行业有规定的，从其规定，例如，根据《河南省综合评标专家库评标专家行为准则（试行）》第七条规定，评标专家应当独立完成所有的评标工作，不得抄袭或借鉴其他评标专家的评标结果。

【法律依据】

1)《中华人民共和国招标投标法》

第三十八条　招标人应当采取必要的措施，保证评标在严格保密的情况下进行。

任何单位和个人不得非法干预、影响评标的过程和结果。

第四十四条第一款　评标委员会成员应当客观、公正地履行职务，遵守职业道德，对所提出的评审意见承担个人责任。

2)《中华人民共和国招标投标法实施条例》

第六条　禁止国家工作人员以任何方式非法干涉招标投标活动。

第四十九条第一款　评标委员会成员应当依照招标投标法和本条例的规定，按照招标文件规定的评标标准和方法，客观、公正地对投标文件提出评审意见。招标文件没有规定的评标标准和方法不得作为评标的依据。

3)《评标委员会和评标方法暂行规定》

第十三条第一款　评标委员会成员应当客观、公正地履行职责，遵守职业道德，对所提出的评审意见承担个人责任。

4)《评标专家和评标专家库管理办法》

第八条　评标专家享有下列权利：

（一）接受招标人聘请，担任评标委员会成员；

（二）依法对投标文件进行独立评审，提出评审意见，不受任何单位或者个人的干预；

（三）接受参加评标活动的劳务报酬；

（四）法律、法规、规章规定的其他权利。

107. 招标人代表在评标时应注意什么？

招标人代表在评标时不得发表带有倾向性、误导性的言论或者暗示性的意见、建议，干扰或影响其他评标委员会成员公正、独立评标；发现其他评标委员会成员不按照招标文件规定的评标标准和方法评标的，应当及时提醒、劝阻，并向有关招标投标行政监督部门报告。

【问题分析】

招标人作为招标投标活动的组织者，要对所招标的标的有全面、深层次的认知，招标人代表参加评标委员会，可以在评标过程中充分表达招标人的意见，并且有向其他成员客观、公正地解释说明整个招标项目背景、目的及其他相关内容的义务，从而增强评标委员会其他成员对招标文件的理解和认知，只有评标委员会全体成员对招标项目有了准确、清晰、一致的认知，才能评审出最佳的结果，推荐出最合适的中标候选人，保证评标质量。需要注意的是，招标人代表在与评标委员会其他成员沟通过程中不得发表带有倾向性、误导性的言论或者暗示性的意见、建议，干扰或影响其他评标委员会成员公正、独立评标；发现其他评标委员会成员不按照招标文件规定的评标标准和方法评标的，应当及时提醒、劝阻，并向有关招标投标行政监督部门报告。

【法律依据】

1）《中华人民共和国招标投标法实施条例》

第四十八条第一款　招标人应当向评标委员会提供评标所必需的信息，但不得明示或者暗示其倾向或者排斥特定投标人。

第四十九条　评标委员会成员应当依照招标投标法和本条例的规定，按照招标文件规定的评标标准和方法，客观、公正地对投标文件提出评审意见。招标文件没有规定的评标标准和方法不得作为评标的依据。

评标委员会成员不得私下接触投标人，不得收受投标人给予的财物或者其他好处，不得向招标人征询确定中标人的意向，不得接受任何单位或者个人明示或者暗示提出的倾向或者排斥特定投标人的要求，不得有其他不客观、不公正履行职务的行为。

2)《评标委员会和评标方法暂行规定》

第十三条　评标委员会成员应当客观、公正地履行职责，遵守职业道德，对所提出的评审意见承担个人责任。

评标委员会成员不得与任何投标人或者与招标结果有利害关系的人进行私下接触，不得收受投标人、中介人、其他利害关系人的财物或者其他好处，不得向招标人征询其确定中标人的意向，不得接受任何单位或者个人明示或者暗示提出的倾向或者排斥特定投标人的要求，不得有其他不客观、不公正履行职务的行为。

评标委员会成员不得与任何投标人或者与招标结果有利害关系的人进行私下接触，不得收受投标人、中介人、其他利害关系人的财物或者其他好处。

3)《关于严格执行招标投标法规制度进一步规范招标投标主体行为的若干意见》

（四）规范招标人代表条件和行为。招标人应当选派或者委托责任心强、熟悉业务、公道正派的人员作为招标人代表参加评标，并遵守利益冲突回避原则。严禁招标人代表私下接触投标人、潜在投标人、评标专家或相关利害关系人；严禁在评标过程中发表带有倾向性、误导性的言论或者暗示性的意见建议，干扰或影响其他评标委员会成员公正独立评标。招标人代表发现其他评标委员会成员不按照招标文件规定的评标标准和方法评标的，应当及时提醒、劝阻并向有关招标投标行政监督部门（以下简称行政监督部门）报告。

108. 招标代理机构的工作人员能否作为招标人代表参加评标？

招标代理机构的工作人员可以作为招标人代表参加评标，地区或行业有规定的从其规定。

【问题分析】

根据《评标委员会和评标方法暂行规定》第九条规定，评标委员会由招标人或其委托的招标代理机构熟悉相关业务的代表，以及有关技术、经济等方面的专家组成。招标代理机构的工作人员可以作为招标人代表参加评标。但是部分地区或行业有规定的从其规定，例如，根据重庆市《关于工程建设项目招标人代表参与评标活动有关要求的通知》规定，依法必须招标的工程建设项目，招标人代表应为招标人本单位正式职工，那么招标代理机构的工作人员就不能作为招标人代表参加评标。

【法律依据】

《评标委员会和评标方法暂行规定》

第九条第一款 评标委员会由招标人或其委托的招标代理机构熟悉相关业务的代表，以及有关技术、经济等方面的专家组成，成员人数为五人以上单数，其中技术、经济等方面的专家不得少于成员总数的三分之二。

109. 招标代理机构的员工能否作为评标专家参与自己公司代理项目的评标？

招标代理机构的员工可以作为评标专家参与自己公司代理项目的评标，地区和行业有规定的从其规定。

【问题分析】

当招标代理机构员工以技术、经济专家身份参与评标，且不属于《评标委员会和评标方法暂行规定》第十二条规定的情形时，招标代理机构的员工可以作为评标专家参与自己公司代理项目的评标，地区和行业有规定的，从其规定。例如，根据《公路工程建设项目评标工作细则》第十二条规定，招标人及其子公司、招标人的上级主管部门或者控股公司、招标代理机构的工作人员或者退休人员不得以专家身份参与本单位招标或者招标代理项目的评标。

值得讨论的是，作为招标人委托组织招标投标活动的代理机构，其员工参与自己公司代理项目的评标，在某种程度上与评标委员会中"招标人代表"这一身份相近，如果招标人同时委派了招标人代表参加了评标，可能会构成"招标人代表"数量超过评标委员会成员1/3的事实，违背了《招标投标法》第三十七条中关于评标专家人数比例的规定。因此，招标代理机构的员工不宜参加自己公司代理的项目评标。

【法律依据】

1)《中华人民共和国招标投标法》

第三十七条第二款　依法必须进行招标的项目，其评标委员会由招标人的代表和有关技术、经济等方面的专家组成，成员人数为五人以上单数，其中技术、经济等方面的专家不得少于成员总数的三分之二。

第三十七条第四款　与投标人有利害关系的人不得进入相关项目的评标委员会；已经进入的应当更换。

2)《中华人民共和国招标投标法实施条例》

第四十六条　除招标投标法第三十七条第三款规定的特殊招标项目外，依法必须进行招标的项目，其评标委员会的专家成员应当从评标专家库内相关专业的专家名单中以随机抽取方式确定。任何单位和个人不得以明示、暗示等任何方式指定或者变相指定参加评标委员会的专家成员。

依法必须进行招标的项目的招标人非因招标投标法和本条例规定的事由，不得更换依法确定的评标委员会成员。更换评标委员会的专家成员应当依照前款规定进行。

评标委员会成员与投标人有利害关系的，应当主动回避。

有关行政监督部门应当按照规定的职责分工，对评标委员会成员的确定方式、评标专家的抽取和评标活动进行监督。行政监督部门的工作人员不得担任本部门负责监督项目的评标委员会成员。

3)《评标委员会和评标方法暂行规定》

第十二条　有下列情形之一的，不得担任评标委员会成员：

（一）投标人或者投标人主要负责人的近亲属；

（二）项目主管部门或者行政监督部门的人员；

（三）与投标人有经济利益关系，可能影响对投标公正评审的；

（四）曾因在招标、评标以及其他与招标投标有关活动中从事违法行为而受过行政处罚或刑事处罚的。

评标委员会成员有前款规定情形之一的，应当主动提出回避。

4）《公路工程建设项目评标工作细则》

第十二条 招标人协助评标委员会评标的，应当选派熟悉招标工作、政治素质高的人员，具体数量由招标人视工作量确定。评标委员会成员和招标人选派的协助评标人员应当实行回避制度。

属于下列情况之一的人员，不得进入评标委员会或者协助评标：

（一）负责招标项目监督管理的交通运输主管部门的工作人员；

（二）与投标人法定代表人或者授权参与投标的代理人有近亲属关系的人员；

（三）投标人的工作人员或者退休人员；

（四）与投标人有其他利害关系，可能影响评标活动公正性的人员；

（五）在与招标投标有关的活动中有过违法违规行为、曾受过行政处罚或者刑事处罚的人员。

招标人及其子公司、招标人的上级主管部门或者控股公司、招标代理机构的工作人员或者退休人员不得以专家身份参与本单位招标或者招标代理项目的评标。

110. 评标委员会成员应当回避的情形有哪些？

评标委员会成员应当回避的情形包括投标人或者投标人主要负责人的近亲属、项目主管部门或者行政监督部门的人员、与投标人有经济利益关系可能影响对投标公正评审的、曾因在招标评标以及其他与招标投标有关活动中从事违法行为而受过行政处罚或刑事处罚的。

【问题分析】

根据《评标委员会和评标方法暂行规定》第十二条，有下列情形之一的，不得担任评标委员会成员。

一是投标人或者投标人主要负责人的近亲属。因为他们与评标结果有直接或间接的利害关系，可能影响评标委员会成员对招标项目的公正评标，或者容易引起其他投标人对其是否能够客观、公正评标产生怀疑，因此需要回避。关于近亲属的范围，在民事诉讼和行政诉讼中，最高人民法院的司法解释是不同的：民事诉讼中的近亲属包括配偶、父母、子女、兄弟姐妹、祖父母、外祖父母、孙子女、外孙子女；行政诉讼中的近亲属包括配偶、父母、子女、兄弟姐妹、祖父母、外祖父母、孙子女、外孙子女和其他具有抚养、赡养关系的亲属。从评标委员会成员回避的角度看，近亲属的范围以从宽掌握为宜。

二是项目主管部门或者行政监督部门的人员。考虑到行政监督部门工作人员的特殊身份，行政监督部门工作人员不得担任本部门负责监督项目的评标委员会成员，以避免监管不分，影响监督效果。需要注意的是，行政监督部门既包括招标项目的招标投标行政监督部门，也包括招标项目的审核部门、主管部门和审计部门等。

三是与投标人有经济利益关系，可能影响对投标公正评审的。这里的"经济利益关系"通常是指评标委员会成员3年内曾在参加该招标项目的投标人中任职（包括一般职务）或担任顾问，其配偶或直系亲属在参加该招标项目的投标人中任职或担任顾问，或与参加该招标项目的投标人发生过法律纠纷，以及其他可能影响公正评标的情形。结合各行业、各地方的有关规定，其他可能影响公正评标的情形主要包括评标委员会成员为投标人的上级主管、控股或被控股单位的工作人员；评标委员会成员任职单位与投标人单位为同一法定代表人；评标委员会成员持有某投标单位的股份。

四是曾因在招标、评标以及其他与招标投标有关活动中从事违法行为而受过行政处罚或刑事处罚的。

在实际操作中，由于招标人不清楚评标委员会成员是否具有需要回避的情形，因此，《评标委员会和评标方法暂行规定》第十二条明确指出，评标委员会成员有上述规定情形之一的，应当主动提出回避，并且根据《招标投标法实施条例》第四十八条规定，被更换的评标委员会成员作出的评审结论无效，由更换后的评标委员会成员重新进行评审。

【法律依据】

1)《中华人民共和国招标投标法》

第三十七条　评标由招标人依法组建的评标委员会负责。

依法必须进行招标的项目，其评标委员会由招标人的代表和有关技术、经济等方面的专家组成，成员人数为五人以上单数，其中技术、经济等方面的专家不得少于成员总数的三分之二。

前款专家应当从事相关领域工作满八年并具有高级职称或者具有同等专业水平，由招标人从国务院有关部门或者省、自治区、直辖市人民政府有关部门提供的专家名册或者招标代理机构的专家库内的相关专业的专家名单中确定；一般招标项目可以采取随机抽取方式，特殊招标项目可以由招标人直接确定。

与投标人有利害关系的人不得进入相关项目的评标委员会；已经进入的应当更换。

评标委员会成员的名单在中标结果确定前应当保密。

2)《中华人民共和国招标投标法实施条例》

第四十八条 招标人应当向评标委员会提供评标所必需的信息，但不得明示或者暗示其倾向或者排斥特定投标人。

招标人应当根据项目规模和技术复杂程度等因素合理确定评标时间。超过三分之一的评标委员会成员认为评标时间不够的，招标人应当适当延长。

评标过程中，评标委员会成员有回避事由、擅离职守或者因健康等原因不能继续评标的，应当及时更换。被更换的评标委员会成员作出的评审结论无效，由更换后的评标委员会成员重新进行评审。

3)《评标委员会和评标方法暂行规定》

第十二条 有下列情形之一的，不得担任评标委员会成员：

（一）投标人或者投标人主要负责人的近亲属；

（二）项目主管部门或者行政监督部门的人员；

（三）与投标人有经济利益关系，可能影响对投标公正评审的；

（四）曾因在招标、评标以及其他与招标投标有关活动中从事违法行为而受过行政处罚或刑事处罚的。

评标委员会成员有前款规定情形之一的，应当主动提出回避。

111. 评标委员会成员有应回避而未回避的情形该如何处理？

在评标过程中，应回避而未回避的评标委员会成员作出的评审结论无效，须更换评标委员会成员，由更换后的评标委员会成员重新进行评审。评标结束后才发现评标委员会成员有应回避却未回避的情形，视情况更换应回避的评标委员会成员，或重新组建评标委员会进行评标。

【问题分析】

根据《招标投标法》第三十七条规定，与投标人有利害关系的人不得进入相关项目的评标委员会，已经进入的应当更换；根据《招标投标法实施条例》第四十八条规定，评标过程中，评标委员会成员有回避事由、擅离职守或者因健康等原因不能继续评标的，应当及时更换。被更换的评标委员会成员作出的评审结论无效，由更换后的评标委员会成员重新进行评审。

在实际操作中，如果评标结束后才发现评标委员会成员应回避而未回避，则由有关行政监督部门责令改正，更换应当回避的评标委员会成员后重新进行评审，被更换的评标委员会成员作出的评审结论无效。在评标过程中，如果发现与投标人有利害关系的评标委员会成员发表倾向性言论等对其他评标委员会成员造成了干扰，即使更换该成员也无法消除其他成员受到的影响，为了保证评标活动的公平、公正，则应重新组建评标委员会后再次评标。

评标委员会成员未按规定回避，将会给评标工作带来极大的不便，可能会造成评标时间延长、成本大幅增加等负面影响，情节严重的还会直接影响招标投标的公正性，引起利益相关方的异议及投诉。因此，在组建评标委员会时，应仔细核对需要回避的相关单位，避免给评标工作造成影响。另外，在法定回避情形下，评标专家主动提出回避也是其义务之一。评标专家在评标前应仔细核对投标人信息，以免出现应回避而未回避的情形，从而影响评标。

招标人更换评标委员会成员应注意以下几点：一是评标时发现了需要更换的情形，招标人应当及时更换；二是有些情形可能是评标时发生或者存在但事后才发现的，如有更换的可能性，招标人也应当更换；三是评标委员会成员在评标过程中不客观、不公正履行职务，拒不遵守评标纪律，影响评标正常进行的，招标人应当及时更换；四是更换评标委员会成员的原因应当是客观存在的、已严重影响评标正常进行的事由，招标人不得因为某个成员坚持正确意见、不执行招标人错误或者不正当要求而滥用更换权，操纵评标委员会；五是招标人更换评标委员会成员的，该被更换的成员已作出的评审结论无效，由更换后的成员重新进行评审。

【法律依据】

1)《中华人民共和国招标投标法》

第三十七条　评标由招标人依法组建的评标委员会负责。

依法必须进行招标的项目，其评标委员会由招标人的代表和有关技术、经济等方面的专家组成，成员人数为五人以上单数，其中技术、经济等方面的专家不得少于成员总数的三分之二。

前款专家应当从事相关领域工作满八年并具有高级职称或者具有同等专业水平，由招标人从国务院有关部门或者省、自治区、直辖市人民政府有关部门提供的专家名册或者招标代理机构的专家库内的相关专业的专家名单中确定；一般招标项目可以采取随机抽取方式，特殊招标项目可以由招标人直接确定。

与投标人有利害关系的人不得进入相关项目的评标委员会；已经进入的应当更换。

评标委员会成员的名单在中标结果确定前应当保密。

2)《中华人民共和国招标投标法实施条例》

第四十六条　除招标投标法第三十七条第三款规定的特殊招标项目外，依法必须进行招标的项目，其评标委员会的专家成员应当从评标专家库内相关专业的专家名单中以随机抽取方式确定。任何单位和个人不得以明示、暗示等任何方式指定或者变相指定参加评标委员会的专家成员。

依法必须进行招标的项目的招标人非因招标投标法和本条例规定的事由，不得更换依法确定的评标委员会成员。更换评标委员会的专家成员应当依照前款规定进行。

评标委员会成员与投标人有利害关系的，应当主动回避。

有关行政监督部门应当按照规定的职责分工，对评标委员会成员的确定方式、评标专家的抽取和评标活动进行监督。行政监督部门的工作人员不得担任本部门负责监督项目的评标委员会成员。

第四十八条　招标人应当向评标委员会提供评标所必需的信息，但不得明示或者暗示其倾向或者排斥特定投标人。

招标人应当根据项目规模和技术复杂程度等因素合理确定评标时间。超过三分之一的评标委员会成员认为评标时间不够的，招标人应当适当延长。

评标过程中，评标委员会成员有回避事由、擅离职守或者因健康等原因不能继续评标的，应当及时更换。被更换的评标委员会成员作出的评审结论无效，由更换后的评标委员会成员重新进行评审。

第七十一条 评标委员会成员有下列行为之一的，由有关行政监督部门责令改正；情节严重的，禁止其在一定期限内参加依法必须进行招标的项目的评标；情节特别严重的，取消其担任评标委员会成员的资格：

（一）应当回避而不回避；

（二）擅离职守；

（三）不按照招标文件规定的评标标准和方法评标；

（四）私下接触投标人；

（五）向招标人征询确定中标人的意向或者接受任何单位或者个人明示或者暗示提出的倾向或者排斥特定投标人的要求；

（六）对依法应当否决的投标不提出否决意见；

（七）暗示或者诱导投标人作出澄清、说明或者接受投标人主动提出的澄清、说明；

（八）其他不客观、不公正履行职务的行为。

第八十一条 依法必须进行招标的项目的招标投标活动违反招标投标法和本条例的规定，对中标结果造成实质性影响，且不能采取补救措施予以纠正的，招标、投标、中标无效，应当依法重新招标或者评标。

3）《评标委员会和评标方法暂行规定》

第十二条 有下列情形之一的，不得担任评标委员会成员：

（一）投标人或者投标人主要负责人的近亲属；

（二）项目主管部门或者行政监督部门的人员；

（三）与投标人有经济利益关系，可能影响对投标公正评审的；

（四）曾因在招标、评标以及其他与招标投标有关活动中从事违法行为而受过行政处罚或刑事处罚的。

评标委员会成员有前款规定情形之一的，应当主动提出回避。

第五十三条 评标委员会成员有下列行为之一的，由有关行政监督部门责令改正；情节严重的，禁止其在一定期限内参加依法必须进行招标的项目的评标；情节特别严重的，取消其担任评标委员会成员的资格：

（一）应当回避而不回避；

（二）擅离职守；

（三）不按照招标文件规定的评标标准和方法评标；

（四）私下接触投标人；

（五）向招标人征询确定中标人的意向或者接受任何单位或者个人明示或者暗示提出的倾向或者排斥特定投标人的要求；

（六）对依法应当否决的投标不提出否决意见；

（七）暗示或者诱导投标人作出澄清、说明或者接受投标人主动提出的澄清、说明；

（八）其他不客观、不公正履行职务的行为。

4）《评标专家和评标专家库管理办法》

第九条　评标专家负有下列义务：

（一）如实填报并及时更新个人基本信息，配合评标专家库组建单位的管理工作；

（二）存在法定回避情形的，主动提出回避；

（三）遵守评标工作纪律和评标现场秩序；

（四）按照招标文件确定的评标标准和方法客观公正地进行评标；

（五）协助、配合招标人处理异议，按规定程序复核、纠正评标报告中的错误；

（六）发现违法违规行为主动向招标人、有关行政监督部门反映，协助、配合有关行政监督部门、纪检监察机关、司法机关、审计部门开展监督、检查、调查；

（七）法律、法规、规章规定的其他义务。

第二十九条　评标专家有下列情形之一的，由有关行政监督部门责令改正，没收收受的财物，并依法处以罚款；情节严重的，禁止其在一定期限内参加依法必须进行招标项目的评标；情节特别严重的，取消其担任评标委员会成员的资格，并向社会公布；涉嫌违纪违法犯罪的，及时移送纪检监察机关、司法机关处理。

（一）提供虚假材料入库的；

（二）应当回避而不回避的；

（三）擅离职守或者扰乱评标现场秩序的；

（四）不按照招标文件确定的评标标准和方法进行评标，或者对依法应当否决的投标不提出否决意见的；

（五）与招标人、招标代理机构、投标人或者其他利害关系人私下接触或者相互串通的；

（六）向招标人征询确定中标人的意向，或者接受任何单位、个人提出的倾向、排斥特定投标人要求的；

（七）暗示或者诱导投标人作出澄清、说明，或者接受投标人主动提出的澄清、说明的；

（八）对其他评标委员会成员的独立评标施加不当影响的；

（九）违法透露对投标文件的评审和比较、中标候选人的推荐以及与评标有关的其他情况的；

（十）索取或者收受评标劳务报酬以外财物的；

（十一）不协助、不配合有关部门的监督、检查、调查工作的；

（十二）其他不客观、不公正履行职责的行为。

有关行政监督部门对评标专家前款所列情形作出处理的，应当将处理结果通报评标专家库组建单位。

112. 评标时能否要求投标人进行现场述标？

招标投标相关法律法规虽未禁止投标人在评标时现场述标，但基于评标保密等要求，不宜要求投标人现场述标。地区和行业有规定的，从其规定。

【问题分析】

招标投标相关法律法规中没有现场述标这一环节，也未对现场述标作出任何明确的规定，在实际操作中，对于方案设计、大型复杂工程等通过书面投标文件无法完全表达投标方案的项目，招标人可能会要求投标人通过现场答辩或演示、模拟操作等更加直观的方式进行现场述标，加强评标委员会对投标文件的理解。

但是现场述标可能会引起争议，例如，根据《招标投标法》规定，评标应在严格保密的情况下进行，评标委员会成员的名单在中标结果确定前应当保密，评标委员会成员和参与评标的有关工作人员不得透露对投标文件的评审和比较、中标候选人的推荐情况以及与评标有关的其他情况。那么现场述标可能会给投标人接触评标委员会成员的机会，并可能泄露与评标有关的情况。

在实际操作中，如果确因项目需要，则可在招标文件中明确规定采用提前录制视频等方式，由投标人将视频载体等作为投标文件的组成部分，在投标截止时间前递交招标人，并交由评标委员会成员进行评审。地区和行业有规定的，从其规定。例如，根据《民航专业工程标准施工招标文件（2010年版第二修订案）》规定，大型项目应当进行项目经理现场答辩，其他项目鼓励进行项目经理现场答辩，项目经理现场答辩时应核实项目经理身份，并对答辩过程进行录音录像。

【法律依据】

1）《中华人民共和国招标投标法》

第二十八条　投标人应当在招标文件要求提交投标文件的截止时间前，将投标文件送达投标地点。招标人收到投标文件后，应当签收保存，不得开启。投标人少于三个的，招标人应当依照本法重新招标。

在招标文件要求提交投标文件的截止时间后送达的投标文件，招标人应当拒收。

第三十七条第五款　评标委员会成员的名单在中标结果确定前应当保密。

第三十八条第一款　招标人应当采取必要的措施，保证评标在严格保密的情况下进行。

2）《中华人民共和国招标投标法实施条例》

第三十六条第一款　未通过资格预审的申请人提交的投标文件，以及逾期送达或者不按照招标文件要求密封的投标文件，招标人应当拒收。

第四十九条第一款　评标委员会成员应当依照招标投标法和本条例的规定，按照招标文件规定的评标标准和方法，客观、公正地对投标文件提出评审意见。招标文件没有规定的评标标准和方法不得作为评标的依据。

3）《民航专业工程标准施工招标文件（2010年版第二修订案）》

第三章 评标办法（综合评估法）

2.2.4（4）项目经理现场答辩

大型项目应当进行项目经理现场答辩，其他项目鼓励进行项目经理现场答辩。

备注：

3.项目经理现场答辩：

（1）项目经理现场答辩时应核实项目经理身份，并对答辩过程进行录音录像。

（2）项目经理先进行述标，述标内容为招标项目的重点及难点，述标时间应在招标文件中进行规定；述标后，项目经理应回答评标委员会成员提出的2道问题（所有参与答辩的项目经理，回答的问题一般为相同题目），答题时间一般不超过10分钟。

113.如何理解"招标无效""投标无效""中标无效"？

"招标无效""投标无效""中标无效"应当根据行为的实施主体、具体的行为及其发生的时间来判断。

【问题分析】

根据《招标投标法实施条例》第八十一条规定，依法必须进行招标的项目的招标投标活动违反招标投标法和本条例的规定，对中标结果造成实质性影响，且不能采取补救措施予以纠正的，招标、投标、中标无效，应当依法重新招标或者评标。

招标无效的行为实施主体是招标人或其委托的招标代理机构，一般发生在投标截止时间前，可能导致招标无效的行为主要有以下几种情形：一是违法发布公告，包括不在国家指定媒介发布资格预审公告和招标公告，在不同媒介发布的同一招标项目的公告内容不一致；二是应当采用公开招标而实际采用的邀请招标；三是资格预审文件、招标文件发售时间不符合法定要求；四是不按照资格预审文件载明的标准和方法进行资格预审，或者资格审查委员会的组建不符合法定要求；五是招标人或者招标代理机构限制、排斥潜在投标人；六是招标人或者招标代理机构向他人透露已获取招标文件的潜在投标人的名称、数量或可能影响公平竞争的有关招投标的其他情况，或者泄露标底；七是招标人或者招标代理机构与投标人串通；八是招标代理机构在所代理的招标项目中投标或者代理投标。

上述情形，如果是在投标截止前被发现的，则应责令改正并顺延投标截止时间。如果是在投标截止后被发现和查实且对中标结果造成影响的，则招标无效，依法必须进行招标的项目应当重新招标。

投标无效的行为实施主体是投标人，一般发生在投标阶段，可能导致投标无效的行为主要有以下几种情形：一是资格预审后联合体增减、更换成员的；二是联合体各方在同一招标项目中以自己名义单独投标或者参加其他联合体投标的；三是投标人不再具备资格预审文件、招标文件规定的资格条件或者其投标影响招标公正性的；四是与招标人存在利害关系且影响招标公正性的法人、其他组织或者个人参与投标的；五是单位负责人为同一人或者存在控股、管理关系的不同单位参加同一标段投标或者未划分标段的同一招标项目投标的；六是串通投标的；七是以他人名义投标等弄虚作假行为的；八是向招标人或者评标委员会成员行贿的；九是发生重大变化而不告知招标人的；十是受到财产被查封、冻结或者被责令停产停业、吊销营业执照、取消投标资格等处罚的。

投标被确认无效的，在评标过程中，相关投标应当被否决；在中标候选人公示阶段，应当取消其中标候选人资格；已发出中标通知书的，中标无效。

中标无效的行为实施主体可以是招标人、投标人、评标专家，中标无效的行为可能发生在招标投标活动的任一阶段，导致中标无效的行为主要有以下几种情形：一是招标代理机构违法泄露应当保密的与招标投标活动有关的情况和资料，或者与招标人、投标人串通损害国家利益、社会公共利益或者他人合法权益；二是依法必须进行招标的项目的招标人向他人透露可能影响公平竞争的有关招标投标的情况；三是投标人相互串通投标，或者投标人与招标人串通投标；四是投标人以他人名义投标，或者以其他方式弄虚作假骗取中标；五是依法必须进行招标的项目的招标人与投标人就投标价格、投标方案等实质性内容进行谈判；六是招标人在评标委员会依法推荐的中标候选人以外确定中标人，或者招标人在依法必须进行招标的项目的所有投标人均被评标委员会否决后自行确定中标人；七是招标人或者招标代理机构接受未通过资格预审的单位或者个人参加投标；八是招标人或者招标代理机构接受应当被拒收的投标文件；九是评标委员会的组建违反《招标投标法》及《招标投标法实施条例》规定；十是评标委员会成员收受投标人的财物或者其他好处；十一是评标委员会成员或者参加评标的有关工作人员向他人透露对投标文件的评审和比较、推荐的中标候选人及与评标有关的其他情况；十二是评标委员会成员有不客观、不公正履行职务的行为（如应当回避而不回避，擅离职守，不按照招标文件规定的评标标准和方法评标，私下接触投标人，向招标人征询确定中标人的意向，接受任何单位或者个人明示或者暗示提出的倾向或者排斥特定投标人的要求，对依法应当否决的投标不提出否决意见，暗示或者诱导投标人作出澄清、说明或者接受投标人主动提出的澄清、说明）。

以上情形，如果在中标通知书发出前发现并被查实的，则应该责令改正，重新评标；如果在中标通知书发出后发现并被查实且对中标结果造成实质性影响的，则中标无效。

需要说明的是，前面所列可能导致招标无效、投标无效、中标无效的行为，如果是在中标通知书发出后被查实且影响中标结果的，中标无效。中标被确认无效的，由招标人从符合条件的其他中标候选人中确定中标人或者重新招标。

需要注意的是，中标被确认无效的，招标人在"从其他中标候选人中确定中标人"和"重新招标"之间选择也不能是任意的，决策的核心是要平衡效率、合规性与项目需求。为了节约时间、成本，提高效率，在原招标程序合法合规、其他中标候选人符合中标条件且能够满足项目需求的情况下，招标人应尽量依次从其他中标候选人中确定中标人。但根据项目实际情况，从剩余的投标人中重新确定中标人有可能违反公平、公开、公正原则，从而产生不公平的结果时，则招标人应当重新进行招标，即招标人应优先保障程序正义，而非单纯地追求效率。当原有招标的公正性有争议时，即使重新招标成本更高、耗时更长，也应选择重新招标，否则勉强确定的中标结果可能面临合规风险和履约风险。

【法律依据】

1）《中华人民共和国招标投标法》

第五十条　招标代理机构违反本法规定，泄露应当保密的与招标投标活动有关的情况和资料的，或者与招标人、投标人串通损害国家利益、社会公共利益或者他人合法权益的，处五万元以上二十五万元以下的罚款；对单位直接负责的主管人员和其他直接责任人员处单位罚款数额百分之五以上百分之十以下的罚款；有违法所得的，并处没收违法所得；情节严重的，禁止其一年至二年内代理依法必须进行招标的项目并予以公告，直至由工商行政管理机关吊销营业执照；构成犯罪的，依法追究刑事责任。给他人造成损失的，依法承担赔偿责任。

前款所列行为影响中标结果的，中标无效。

第五十二条 依法必须进行招标的项目的招标人向他人透露已获取招标文件的潜在投标人的名称、数量或者可能影响公平竞争的有关招标投标的其他情况的，或者泄露标底的，给予警告，可以并处一万元以上十万元以下的罚款；对单位直接负责的主管人员和其他直接责任人员依法给予处分；构成犯罪的，依法追究刑事责任。

前款所列行为影响中标结果的，中标无效。

第五十三条 投标人相互串通投标或者与招标人串通投标的，投标人以向招标人或者评标委员会成员行贿的手段谋取中标的，中标无效，处中标项目金额千分之五以上千分之十以下的罚款，对单位直接负责的主管人员和其他直接责任人员处单位罚款数额百分之五以上百分之十以下的罚款；有违法所得的，并处没收违法所得；情节严重的，取消其一年至二年内参加依法必须进行招标的项目的投标资格并予以公告，直至由工商行政管理机关吊销营业执照；构成犯罪的，依法追究刑事责任。给他人造成损失的，依法承担赔偿责任。

第五十四条第一款 投标人以他人名义投标或者以其他方式弄虚作假，骗取中标的，中标无效，给招标人造成损失的，依法承担赔偿责任；构成犯罪的，依法追究刑事责任。

第五十五条 依法必须进行招标的项目，招标人违反本法规定，与投标人就投标价格、投标方案等实质性内容进行谈判的，给予警告，对单位直接负责的主管人员和其他直接责任人员依法给予处分。

前款所列行为影响中标结果的，中标无效。

第五十六条 评标委员会成员收受投标人的财物或者其他好处的，评标委员会成员或者参加评标的有关工作人员向他人透露对投标文件的评审和比较、中标候选人的推荐以及与评标有关的其他情况的，给予警告，没收收受的财物，可以并处三千元以上五万元以下的罚款，对有所列违法行为的评标委员会成员取消担任评标委员会成员的资格，不得再参加任何依法必须进行招标的项目的评标；构成犯罪的，依法追究刑事责任。

第五十七条 招标人在评标委员会依法推荐的中标候选人以外确定中标人的，依法必须进行招标的项目在所有投标被评标委员会否决后自行确定中标人的，中标无效，责令改正，可以处中标项目金额千分之五以上千分之十以下的罚款；对单位直接负责的主管人员和其他直接责任人员依法给予处分。

第五十九条　招标人与中标人不按照招标文件和中标人的投标文件订立合同的，或者招标人、中标人订立背离合同实质性内容的协议的，责令改正；可以处中标项目金额千分之五以上千分之十以下的罚款。

第六十四条　依法必须进行招标的项目违反本法规定，中标无效的，应当依照本法规定的中标条件从其余投标人中重新确定中标人或者依照本法重新进行招标。

2）《中华人民共和国招标投标法实施条例》

第三十四条　与招标人存在利害关系可能影响招标公正性的法人、其他组织或者个人，不得参加投标。

单位负责人为同一人或者存在控股、管理关系的不同单位，不得参加同一标段投标或者未划分标段的同一招标项目投标。

违反前两款规定的，相关投标均无效。

第三十七条　招标人应当在资格预审公告、招标公告或者投标邀请书中载明是否接受联合体投标。

招标人接受联合体投标并进行资格预审的，联合体应当在提交资格预审申请文件前组成。资格预审后联合体增减、更换成员的，其投标无效。

联合体各方在同一招标项目中以自己名义单独投标或者参加其他联合体投标的，相关投标均无效。

第三十八条　投标人发生合并、分立、破产等重大变化的，应当及时书面告知招标人。投标人不再具备资格预审文件、招标文件规定的资格条件或者其投标影响招标公正性的，其投标无效。

第四十八条第三款　评标过程中，评标委员会成员有回避事由、擅离职守或者因健康等原因不能继续评标的，应当及时更换。被更换的评标委员会成员作出的评审结论无效，由更换后的评标委员会成员重新进行评审。

第五十一条　有下列情形之一的，评标委员会应当否决其投标：

（一）投标文件未经投标单位盖章和单位负责人签字；

（二）投标联合体没有提交共同投标协议；

（三）投标人不符合国家或者招标文件规定的资格条件；

（四）同一投标人提交两个以上不同的投标文件或者投标报价，但招标文件要求提交备选投标的除外；

（五）投标报价低于成本或者高于招标文件设定的最高投标限价；

（六）投标文件没有对招标文件的实质性要求和条件作出响应；

（七）投标人有串通投标、弄虚作假、行贿等违法行为。

第七十条第一款 依法必须进行招标的项目的招标人不按照规定组建评标委员会，或者确定、更换评标委员会成员违反招标投标法和本条例规定的，由有关行政监督部门责令改正，可以处10万元以下的罚款，对单位直接负责的主管人员和其他直接责任人员依法给予处分；违法确定或者更换的评标委员会成员作出的评审结论无效，依法重新进行评审。

第七十一条 评标委员会成员有下列行为之一的，由有关行政监督部门责令改正；情节严重的，禁止其在一定期限内参加依法必须进行招标的项目的评标；情节特别严重的，取消其担任评标委员会成员的资格：

（一）应当回避而不回避；

（二）擅离职守；

（三）不按照招标文件规定的评标标准和方法评标；

（四）私下接触投标人；

（五）向招标人征询确定中标人的意向或者接受任何单位或者个人明示或者暗示提出的倾向或者排斥特定投标人的要求；

（六）对依法应当否决的投标不提出否决意见；

（七）暗示或者诱导投标人作出澄清、说明或者接受投标人主动提出的澄清、说明；

（八）其他不客观、不公正履行职务的行为。

第七十二条 评标委员会成员收受投标人的财物或者其他好处的，没收收受的财物，处3000元以上5万元以下的罚款，取消担任评标委员会成员的资格，不得再参加依法必须进行招标的项目的评标；构成犯罪的，依法追究刑事责任。

第八十一条 依法必须进行招标的项目的招标投标活动违反招标投标法和本条例的规定，对中标结果造成实质性影响，且不能采取补救措施予以纠正的，招标、投标、中标无效，应当依法重新招标或者评标。

114. 投标一览表的内容与投标文件正文对应的内容不一致该如何处理？

当投标一览表的内容与投标文件正文对应的内容不一致时，需要根据招标文件的约定进行判断。

【问题分析】

投标一览表通常是投标人按照招标文件规定的要求，将投标关键信息（如报价、工期、质量标准等）进行集中列示，并用于唱标的表格文件。

若招标文件规定"投标一览表的内容与正文不一致的，以投标一览表为准"，则应按投标一览表的内容评标；若招标文件未规定投标一览表的内容与正文不一致以何为准，则根据《招标投标法实施条例》第五十二条规定，可由评标委员会书面要求投标人作出必要的澄清，但澄清不得改变投标文件的实质性内容。

值得提醒的是，若投标文件未填写实质性内容，评标委员会可能会因投标人未按照招标文件要求的投标文件格式进行响应而否决其投标。

【法律依据】

1)《中华人民共和国招标投标法》

第三十九条　评标委员会可以要求投标人对投标文件中含义不明确的内容作必要的澄清或者说明，但是澄清或者说明不得超出投标文件的范围或者改变投标文件的实质性内容。

2)《中华人民共和国招标投标法实施条例》

第五十二条第一款　投标文件中有含义不明确的内容、明显文字或者计算错误，评标委员会认为需要投标人作出必要澄清、说明的，应当书面通知该投标人。投标人的澄清、说明应当采用书面形式，并不得超出投标文件的范围或者改变投标文件的实质性内容。

3)《工程建设项目施工招标投标办法》

第五十一条　评标委员会可以书面方式要求投标人对投标文件中含义不明确、对同类问题表述不一致或者有明显文字和计算错误的内容作必要的澄清、说明或补正。评标委员会不得向投标人提出带有暗示性或诱导性的问题，或向其明确投标文件中的遗漏和错误。

4)《工程建设项目货物招标投标办法》

第四十二条　评标委员会可以书面方式要求投标人对投标文件中含义不明确、对同类问题表述不一致或者有明显文字和计算错误的内容作必要的澄清、说明或补正。评标委员会不得向投标人提出带有暗示性或诱导性的问题，或向其明确投标文件中的遗漏和错误。

115.评标委员会可以要求投标人对投标文件中的哪些内容进行澄清、说明?

　　评标委员会可以要求投标人对投标文件中含义不明确、对同类问题表述不一致、有明显文字或者计算错误、有细微偏差、可能低于成本报价的内容作必要的澄清、说明，但是澄清、说明不得超出投标文件的范围或者改变投标文件的实质性内容。

【问题分析】

　　《招标投标法》赋予了评标委员会在评标过程中要求投标人进行澄清、说明的权利。该操作是评标委员会在评标过程中与投标人进行必要互动的一种方式，一方面有利于评标委员会准确地理解投标文件的内容，把握投标人的真实意思，从而对投标文件作出更为公正、客观的评价；另一方面也有助于消除评标委员会和投标人对招标文件、投标文件理解上的偏差，避免招标人和中标人在合同履行过程中出现不必要的争议。但是澄清或者说明不得超出投标文件的范围或者改变投标文件的实质性内容。

　　要求投标人澄清、说明的内容大致可归纳为以下五类。

　　第一类，投标文件中含义不明确的内容。即投标文件中的部分表述让评标委员会无法作出准确判断，可能影响评标委员会对投标文件作出客观评价或影响合同履行。例如，招标文件中要求质保期不少于1年，投标人的投标文件中仅承诺质保期不少于1年，但未明确具体的质保期年限，如果该投标人中标，则会导致履约过程存在不确定因素，对此问题，评标委员会有必要让投标人进行澄清，虽然质保期是实质性内容，但澄清内容并没有改变投标人对招标文件质保期的实质性响应，并未改变投标文件的实质性内容，需要与投标文件中未表述的内容进行区分。

　　第二类，对同类问题表述不一致的内容。同样以质保期为例，投标文件有一处内容承诺质保期一年，而其他位置承诺质保期二年，该投标文件对于质保期的表述明显前后不一致，但两处承诺均满足招标文件的要求，因此，评标委员会需要让投标人进行澄清。一般对于投标文件中同类问题前后表述不一致的问题，招标文件通常有修正规则，如以有利于招标人为原则等，若招标文件未作相应规定，评标委员会可以通过要求投标人澄清的方式进行确认。

第三类，有明显文字或者计算错误的内容。常见的此类情形：一是价格错误，如投标文件中的大写金额和小写金额不一致可归为明显的文字错误，总价金额与单价金额不一致可归为明显的计算错误，评标委员会应当按照招标文件规定的原则对价格进行修正并由投标人进行确认，按修正后的价格进行评审；二是明显的笔误，如投标截止时间是2021年1月4日，投标人在投标文件中的承诺函落款时间为2020年1月4日，这里的落款时间明显是投标人在制作标书时的笔误，若招标文件未对落款时间作出严格规定，评标委员会成员可让投标人作出澄清，让其对落款时间进行修正。

第四类，有细微偏差的内容。细微偏差是指投标文件在实质上响应招标文件要求，但在个别地方存在漏项，或者提供了不完整的技术信息和数据等，并且补正这些遗漏或者不完整的技术信息和数据不会对其他投标人造成不公平的结果。例如，在某设备的采购项目中，设备的某项参数为非实质性要求，投标人在投标文件中提供的技术信息未包含此参数的相关内容，评标委员会可以要求投标人对相关参数进行补正。拒不补正的，在详细评审时可以对细微偏差作不利于该投标人的量化，量化标准应当在招标文件中规定。

第五类，可能低于成本报价的内容。在评标过程中，评标委员会发现投标人的报价明显低于其他投标报价或者在设有标底时明显低于标底，使得其投标报价可能低于其个别成本的，不宜直接否决其投标，而是应当给予投标人澄清说明的机会，投标人不能合理说明或者不能提供相关证明材料的，由评标委员会认定该投标人以低于成本报价竞标，应当否决其投标。

在实践过程中，值得注意的是：一是澄清的通知以及投标人的澄清、说明均应采用书面形式；二是无论是评标委员会的通知还是投标人的澄清内容，都不得改变或提议改变招标文件及投标文件中的实质性内容；三是评标委员会不得给投标人有差别的澄清和说明的机会，影响或限制投标人之间的公平竞争。

在评审过程中，评标委员会应当仔细审查投标文件，对于含义不明确、对同类问题表述不一致、有明显文字或者计算错误、**有细微偏差**、可能低于成本报价的问题，应合理地要求投标人进行澄清、说明，保证评标过程的公正，避免合同履行的隐患。对于投标人而言，面对评标委员会提出的澄清、说明要求，投标人应当严格按照要求进行回复，并且回复内容不超出评标委员会要求澄清、说明的范畴，不得改变投标文件的实质性内容。

【法律依据】

1)《中华人民共和国招标投标法》

第三十九条　评标委员会可以要求投标人对投标文件中含义不明确的内容作必要的澄清或者说明，但是澄清或者说明不得超出投标文件的范围或者改变投标文件的实质性内容。

2)《中华人民共和国招标投标法实施条例》

第五十二条　投标文件中有含义不明确的内容、明显文字或者计算错误，评标委员会认为需要投标人作出必要澄清、说明的，应当书面通知该投标人。投标人的澄清、说明应当采用书面形式，并不得超出投标文件的范围或者改变投标文件的实质性内容。

评标委员会不得暗示或者诱导投标人作出澄清、说明，不得接受投标人主动提出的澄清、说明。

3)《评标委员会和评标方法暂行规定》

第十九条　评标委员会可以书面方式要求投标人对投标文件中含义不明确、对同类问题表述不一致或者有明显文字和计算错误的内容作必要的澄清、说明或者补正。澄清、说明或者补正应以书面方式进行并不得超出投标文件的范围或者改变投标文件的实质性内容。

投标文件中的大写金额和小写金额不一致的，以大写金额为准；总价金额与单价金额不一致的，以单价金额为准，但单价金额小数点有明显错误的除外；对不同文字文本投标文件的解释发生异议的，以中文文本为准。

第二十一条　在评标过程中，评标委员会发现投标人的报价明显低于其他投标报价或者在设有标底时明显低于标底，使得其投标报价可能低于其个别成本的，应当要求该投标人作出书面说明并提供相关证明材料。投标人不能合理说明或者不能提供相关证明材料的，由评标委员会认定该投标人以低于成本报价竞标，应当否决其投标。

第二十二条 投标人资格条件不符合国家有关规定和招标文件要求的，或者拒不按照要求对投标文件进行澄清、说明或者补正的，评标委员会可以否决其投标。

第二十六条 细微偏差是指投标文件在实质上响应招标文件要求，但在个别地方存在漏项或者提供了不完整的技术信息和数据等情况，并且补正这些遗漏或者不完整不会对其他投标人造成不公平的结果。细微偏差不影响投标文件的有效性。

评标委员会应当书面要求存在细微偏差的投标人在评标结束前予以补正。拒不补正的，在详细评审时可以对细微偏差作不利于该投标人的量化，量化标准应当在招标文件中规定。

116. 评标委员会发现招标文件存在错误该如何处理？

评标委员会在评标过程中发现招标文件存在错误，应暂停评标，详细记录相关情况并及时向招标人提出处理意见，视情况继续进行评标或重新招标。

【问题分析】

根据《招标投标法实施条例》第二十三条规定，招标人编制的资格预审文件、招标文件的内容违反法律、行政法规的强制性规定，违反公开、公平、公正和诚实信用原则，影响资格预审结果或者潜在投标人投标的，依法必须进行招标的项目的招标人应当在修改资格预审文件或者招标文件后重新招标。对于招标文件存在的错误，主要包括以下三个方面。

一是资格预审文件和招标文件违反法律法规的强制性规定，如投标保证金超过招标项目估算价的2%、以特定行政区域或者特定行业的业绩和奖项作为加分条件或者中标条件。

二是资格预审文件和招标文件内容违反"三公"和诚实信用原则。所谓违反"三公"原则，是指资格预审文件和招标文件中没有载明必要的信息；针对不同的潜在投标人设立有差别的资格条件，提供给不同潜在投标人的资格预审文件或者招标文件的内容不一致；指定某一特定的专利产品或者供应者，资格预审文件中载明的资格审查标准和方法或者招标文件中载明的评标标准和方法自由裁量空间过大，使潜在投标人无法准确把握招标人意图，无法科学地准备资格预审申请文件或者投标文件等。所谓违反诚实信用原则，是指资格预审文件和招标文件的内容故意隐瞒真实信息，典型表现是隐瞒工程场地条件等可能影响投标价格和建设工期的信息，恶意压低工程造价逼迫潜在投标人放弃投标或者以低于成本的价格竞标，从而影响工程质量和安全。

三是工作人员失误而导致招标文件明显不合理的其他情形，例如，招标文件误将最高投标限价400万元写成了400元，但在招标文件中附有最高投标限价的计算方式，通过该计算方式计算的最高投标限价为400万元，该错误明显为笔误。

根据《招标投标法实施条例》第四十九条规定，评标委员会成员应当依照招标投标法和本条例的规定，按照招标文件规定的评标标准和方法，客观、公正地对投标文件提出评审意见。招标文件没有规定的评标标准和方法不得作为评标的依据。因此，如果在评标过程中，即使招标文件存在错误，评标委员会也无权修改招标文件，应暂停评标，认真分析错误内容是否违反了有关强制性规定，是否存在重大缺陷导致评标无法继续，是否可能影响招标投标活动的公平、公正、公开原则，是否会对评标结果产生实质性的影响等，在详细记录相关情况后，及时向招标人提出处理意见。如果招标文件的错误内容未违反相关规定，不影响公平、公正、公开原则，不会对评标结果产生实质性的影响，则可按照有利于投标人的原则继续评标，否则根据《招标投标法实施条例》第八十一条规定，招标人应修改招标文件后重新招标。

【法律依据】

1)《中华人民共和国招标投标法实施条例》

第二十三条　招标人编制的资格预审文件、招标文件的内容违反法律、行政法规的强制性规定，违反公开、公平、公正和诚实信用原则，影响资格预审结果或者潜在投标人投标的，依法必须进行招标的项目的招标人应当在修改资格预审文件或者招标文件后重新招标。

第四十九条第一款　评标委员会成员应当依照招标投标法和本条例的规定，按照招标文件规定的评标标准和方法，客观、公正地对投标文件提出评审意见。招标文件没有规定的评标标准和方法不得作为评标的依据。

第八十一条　依法必须进行招标的项目的招标投标活动违反招标投标法和本条

例的规定，对中标结果造成实质性影响，且不能采取补救措施予以纠正的，招标、投标、中标无效，应当依法重新招标或者评标。

2）《关于严格执行招标投标法规制度进一步规范招标投标主体行为的若干意见》

（十三）提高评标质量。评标委员会成员应当遵循公平、公正、科学、择优的原则，认真研究招标文件，根据招标文件规定的评标标准和方法，对投标文件进行系统的评审和比较。评标过程中发现问题的，应当及时向招标人提出处理建议；发现招标文件内容违反有关强制性规定或者招标文件存在歧义、重大缺陷导致评标无法进行时，应当停止评标并向招标人说明情况；发现投标文件中含义不明确、对同类问题表述不一致、有明显文字和计算错误、投标报价可能低于成本影响履约的，应当先请投标人作必要的澄清、说明，不得直接否决投标；有效投标不足三个的，应当对投标是否明显缺乏竞争和是否需要否决全部投标进行充分论证，并在评标报告中记载论证过程和结果；发现违法行为的，以及评标过程和结果受到非法影响或者干预的，应当及时向行政监督部门报告。招标人既要重视发挥评标专家的专业和经验优势，又要通过科学设置评标标准和方法，引导专家在专业技术范围内规范行使自由裁量权；根据招标项目实际需要，合理设置专家抽取专业，并保证充足的评标时间。积极探索完善智能辅助评标等机制，减轻专家不必要的工作量。鼓励有条件的地方和单位探索招标人按照工作价值灵活确定评标劳务费支付标准的新机制。

117. 评标委员会发现投标人的报价明显偏低且可能低于成本价该如何处理？

评标委员会发现投标人的报价明显偏低且可能低于成本价，应当要求投标人对其投标报价进行书面说明并提供相关证明材料，投标人不能合理说明或者不能提供相关证明材料的，由评标委员会认定该投标人以低于成本报价竞标，应当否决其投标。

【问题分析】

《招标投标法》及相关法律法规禁止投标人之间低于成本价竞争，主要目的是：一方面避免出现投标人以低于成本的报价中标后，再以粗制滥造、偷工减料等违法手段不正当地降低成本，挽回其低价中标的损失，给项目质量造成危害；另一方面是为了维护正常的投标竞争秩序，防止产生投标人以低于其成本的报价进行不正当竞争，损害其他以合理报价进行竞争的投标人的利益。

但是对"低于成本的报价"的判定，在实践中是比较复杂的问题，需要根据每个投标人的不同情况加以确定。由于每个投标人的管理水平、技术能力与条件不同，即使完成同样的招标项目，其成本也不可能完全相同，管理水平高、技术先进的投标人，其生产、经营成本低，有条件以较低的报价参与投标的竞争，这是其竞争实力强的表现。实行招标投标的目的是通过投标人之间的竞争，特别在投标报价方面的竞争，择优选择中标者，因此，这里的成本是指投标人的个别成本，而不是社会平均成本，也不是行业平均成本，只要投标人的报价不低于自身的个别成本，即使是低于行业平均成本，也是完全可以的。

在评标过程中，如果评标委员会发现投标人的报价明显低于其他投标报价或者在设有标底时明显低于标底，使得其投标报价可能低于其个别成本的，应当启动澄清程序，要求该投标人作出书面说明并提供相关证明材料。投标人不能合理说明或者不能提供相关证明材料的，评标委员会应当认定该投标人以低于成本报价竞标，否决其投标。

【法律依据】

1)《中华人民共和国招标投标法》

第三十三条　投标人不得以低于成本的报价竞标，也不得以他人名义投标或者以其他方式弄虚作假，骗取中标。

2)《中华人民共和国招标投标法实施条例》

第五十一条第（五）项　有下列情形之一的，评标委员会应当否决其投标：

（五）投标报价低于成本或者高于招标文件设定的最高投标限价；

3)《工程建设项目勘察设计招标投标办法》

第三十六条第（二）项　投标文件有下列情况之一的，评标委员会应当否决其投标：

（二）投标报价不符合国家颁布的勘察设计取费标准，或者低于成本，或者高于招标文件设定的最高投标限价；

4)《工程建设项目施工招标投标办法》

第五十条第二款第（五）项　有下列情形之一的，评标委员会应当否决其投标：

（五）投标报价低于成本或者高于招标文件设定的最高投标限价；

5)《工程建设项目货物招标投标办法》

第四十一条第二款第（五）项　有下列情形之一的，评标委员会应当否决其投标：

（五）投标标价低于成本或者高于招标文件设定的最高投标限价；

6)《评标委员会和评标方法暂行规定》

第二十一条　在评标过程中，评标委员会发现投标人的报价明显低于其他投标报价或者在设有标底时明显低于标底，使得其投标报价可能低于其个别成本的，应当要求该投标人作出书面说明并提供相关证明材料。投标人不能合理说明或者不能提供相关证明材料的，由评标委员会认定该投标人以低于成本报价竞标，应当否决其投标。

118. 招标人发现评审错误但不影响中标候选人排序该如何处理？

招标人发现评标过程中有评审错误但不影响中标候选人的排序，可详细记录相关情况后，不再予以纠正，地方有规定的，从其规定。

【问题分析】

评审错误的发生，通常是因评标委员会未按照招标文件规定的评标标准和方法进行评标而造成的，招标投标有关法律法规规定，评标委员会不按照招标文件规定的评标标准和方法评标的，由有关行政监督部门责令改正；根据国务院办公厅《关于创新完善体制机制推动招标投标市场规范健康发展的意见》中第（七）条关于优化中标人确定程序的规定，招标人发现评标报告存在错误的，有权要求评标委员会进行复核纠正。同样，根据《关于严格执行招标投标法规制度进一步规范招标投标主体行为的若干意见》中第（五）条关于加强评标报告审查的规定，招标人应当在中标候选人公示前认真审查评标委员会提交的书面评标报告，发现异常情形的，依照法定程序进行复核。

但是在实际操作中，招标人发现评标过程中有评审错误但不影响中标候选人的排序，为了节约社会资源，降低时间成本，提高招标投标活动效率，保障项目快速落地，可详细记录相关情况后，不再组织原评标委员会进行复核纠正。例如，部分地区为了提高电子招标投标项目的效率，减少招标投标活动中纠正评审错误的时间，建立了快速纠错机制，招标人发现评标报告有错误但不影响中标候选人排序的，无须报告行政监督部门，可直接通过电子招标投标交易平台进行纠错。

【法律依据】

1)《中华人民共和国招标投标法实施条例》

第七十一条第（三）项 评标委员会成员有下列行为之一的，由有关行政监督部门责令改正；情节严重的，禁止其在一定期限内参加依法必须进行招标的项目的评标；情节特别严重的，取消其担任评标委员会成员的资格：

（三）不按照招标文件规定的评标标准和方法评标；

2)《工程建设项目勘察设计招标投标办法》

第五十四条第（一）项 评标委员会成员有下列行为之一的，由有关行政监督部门责令改正；情节严重的，禁止其在一定期限内参加依法必须进行招标的项目的评标；情节特别严重的，取消其担任评标委员会成员的资格：

（一）不按照招标文件规定的评标标准和方法评标；

3)《工程建设项目施工招标投标办法》

第七十八条 评标委员会成员应当回避而不回避，擅离职守，不按照招标文件规定的评标标准和方法评标，私下接触投标人，向招标人征询确定中标人的意向或者接受任何单位或者个人明示或者暗示提出的倾向或者排斥特定投标人的要求，对依法应当否决的投标不提出否决意见，暗示或者诱导投标人作出澄清、说明或者接受投标人主动提出的澄清、说明，或者有其他不能客观公正地履行职责行为的，有关行政监督部门责令改正；情节严重的，禁止其在一定期限内参加依法必须进行招标的项目的评标；情节特别严重的，取消其担任评标委员会成员的资格。

4)《工程建设项目货物招标投标办法》

第五十七条第（三）项 评标委员会成员有下列行为之一的，由有关行政监督部门责令改正；情节严重的，禁止其在一定期限内参加依法必须进行招标的项目的评标；情节特别严重的，取消其担任评标委员会成员的资格：

（三）不按照招标文件规定的评标标准和方法评标；

5)《评标委员会和评标方法暂行规定》

第五十三条第（三）项 评标委员会成员有下列行为之一的，由有关行政监督部门责令改正；情节严重的，禁止其在一定期限内参加依法必须进行招标的项目的评标；情节特别严重的，取消其担任评标委员会成员的资格：

（三）不按照招标文件规定的评标标准和方法评标；

6)《评标专家和评标专家库管理办法》

第二十九条第（四）项 评标专家有下列情形之一的，由有关行政监督部门责令改正，没收收受的财物，并依法处以罚款；情节严重的，禁止其在一定期限内参加依法必须进行招标项目的评标；情节特别严重的，取消其担任评标委员会成员的资格，并向社会公布；涉嫌违纪违法犯罪的，及时移送纪检监察机关、司法机关处理。

（四）不按照招标文件确定的评标标准和方法进行评标，或者对依法应当否决的投标不提出否决意见的；

7)《关于创新完善体制机制推动招标投标市场规范健康发展的意见》

（七）优化中标人确定程序。厘清专家评标和招标人定标的职责定位，进一步完善定标规则，保障招标人根据招标项目特点和需求依法自主选择定标方式并在招标文件中公布。建立健全招标人对评标报告的审核程序，招标人发现评标报告存在错误的，有权要求评标委员会进行复核纠正。探索招标人从评标委员会推荐的中标候选人范围内自主研究确定中标人。实行定标全过程记录和可追溯管理。

8)《关于严格执行招标投标法规制度进一步规范招标投标主体行为的若干意见》

（五）加强评标报告审查。招标人应当在中标候选人公示前认真审查评标委员会提交的书面评标报告，发现异常情形的，依照法定程序进行复核，确认存在问题的，依照法定程序予以纠正。重点关注评标委员会是否按照招标文件规定的评标标准和方法进行评标；是否存在对客观评审因素评分不一致，或者评分畸高、畸低现象；是否对可能低于成本或者影响履约的异常低价投标和严重不平衡报价进行分析研判；是否依法通知投标人进行澄清、说明；是否存在随意否决投标的情况。加大评标情况公开力度，积极推进评分情况向社会公开、投标文件被否决原因向投标人公开。

119. 第三中标候选人评审错误应如何处理？

第三中标候选人评审错误，应根据该错误是否影响中标候选人排序以及是否影响中标人的确定等作出相应的处理。

【问题分析】

若第三中标候选人评审错误不影响中标候选人的排序，为了保障招标投标活动的效率，可详细记录相关情况后，不再组织评标委员会进行复核纠正。

若第三中标候选人评审错误影响了中标候选人的排序，应根据是否影响中标人的确定作出如下相应的处理。

（1）如果影响第一中标候选人排序，则招标人应报有关行政监督部门后，组织评标委员会进行复核纠正，并重新推荐中标候选人。

（2）如果不影响第一中标候选人排序，但是第一中标候选人放弃中标或者因其他原因被取消中标资格，招标人决定重新招标的，可详细记录相关情况后，不再组织评标委员会进行复核纠正。

（3）如果不影响第一中标候选人排序，但是第一中标候选人放弃中标或者因其他原因被取消中标资格，招标人可能依次确定第二中标候选人或第三中标候选人为中标人，则招标人应报有关行政监督部门后，组织评标委员会进行复核纠正。

【法律依据】

1）《中华人民共和国招标投标法实施条例》

第五十五条　国有资金占控股或者主导地位的依法必须进行招标的项目，招标人应当确定排名第一的中标候选人为中标人。排名第一的中标候选人放弃中标、因不可抗力不能履行合同、不按照招标文件要求提交履约保证金，或者被查实存在影响中标结果的违法行为等情形，不符合中标条件的，招标人可以按照评标委员会提出的中标候选人名单排序依次确定其他中标候选人为中标人，也可以重新招标。

第八十一条　依法必须进行招标的项目的招标投标活动违反招标投标法和本条例的规定，对中标结果造成实质性影响，且不能采取补救措施予以纠正的，招标、投标、中标无效，应当依法重新招标或者评标。

2）《关于创新完善体制机制推动招标投标市场规范健康发展的意见》

（七）优化中标人确定程序。厘清专家评标和招标人定标的职责定位，进一步完善定标规则，保障招标人根据招标项目特点和需求依法自主选择定标方式并在招标文件中公布。建立健全招标人对评标报告的审核程序，招标人发现评标报告存在错误的，有权要求评标委员会进行复核纠正。探索招标人从评标委员会推荐的中标候选人范围内自主研究确定中标人。实行定标全过程记录和可追溯管理。

3）《关于严格执行招标投标法规制度进一步规范招标投标主体行为的若干意见》

（五）加强评标报告审查。招标人应当在中标候选人公示前认真审查评标委员会提交的书面评标报告，发现异常情形的，依照法定程序进行复核，确认存在问题的，依照法定程序予以纠正。重点关注评标委员会是否按照招标文件规定的评标标准和方法进行评标；是否存在对客观评审因素评分不一致，或者评分畸高、畸低现象；是否对可能低于成本或者影响履约的异常低价投标和严重不平衡报价进行分析研判；是否依法通知投标人进行澄清、说明；是否存在随意否决投标的情况。加大评标情况公开力度，积极推进评分情况向社会公开、投标文件被否决原因向投标人公开。

120. 评标专家未按照招标文件规定的评标标准和方法进行评标该如何处理？

如果评标专家未按照招标文件规定的评标标准和方法进行评标，则应根据发现问题的时间节点、是否影响中标候选人排序以及是否影响中标人的确定等视情况作出相应的处理。

【问题分析】

根据《招标投标法实施条例》第四十九条规定，评标委员会成员应当根据《招标投标法》及《招标投标法实施条例》的规定，按照招标文件规定的评标标准和方法，客观、公正地对投标文件提出评审意见。招标文件没有规定的评标标准和方法不得作为评标的依据。因此，为了保证招标投标活动符合公开、公平和公正的原则，评标委员会对各投标竞争者提交的投标文件进行评审、比较的唯一标准和方法，只能是事先提供给每一个投标人的招标文件中已载明的评标标准和方法。招标人或评标委员会都不能在评标过程中对评标标准和方法加以修改。招标文件以外的评标标准和方法不能作为评标的依据。评标委员会成员应当客观、公正地履行其职务，遵守职业道德，对所提出的评审意见承担个人责任。

在实际操作中，往往会出现因各种因素未按照招标文件规定的评标标准和方法进行评标的情况，例如，价格分计算错误、评标专家对同一投标人的同一客观评审因素的评分不一致、未按评分标准或评分规则进行评分（如招标文件中的评分标准规定，内容合理得3分、较合理得1分、不合理得0分，而评标专家给出的得分为2分或4分等）、评分畸高畸低、随意否决投标、应否决而未否决的投标、未按资格预审文件或招标文件规定的数量确定通过资格预审合格的名单或中标候选人等情形。

对于未按照招标文件规定的评标标准和方法进行评标的处理，要根据发现该情况的时间节点、是否对中标结果产生实质性影响等，采取不同的处理方式，若在评标过程中发现评标专家未按照招标文件规定的评标标准和方法进行评标，则应当场要求评标专家及时纠正；若在评标结束后、中标通知书发出前发现评标专家未按照招标文件规定的评标标准和方法进行评标，且对中标结果产生了实质性的影响，则应组织评标委员会重新评标；若在中标通知书发出后发现评标专家未按照招标文件规定的评标标准和方法进行评标，且对中标结果产生了实质性的影响，则中标无效，应重新组织招标或者评标。

为了避免评标专家不按照招标文件规定的评标标准和方法评标，从而影响招标投标活动，招标人应加强对评标报告的审查工作，发现异常的情形，及时依照法定程序进行复核，确认存在问题的，依照法定程序予以纠正。同时，招标人代表在评标过程中应及时提醒评标专家，发现问题的应及时劝阻、纠正。

【法律依据】

1)《中华人民共和国招标投标法》

第四十条第一款　评标委员会应当按照招标文件确定的评标标准和方法，对投标文件进行评审和比较；设有标底的，应当参考标底。评标委员会完成评标后，应当向招标人提出书面评标报告，并推荐合格的中标候选人。

2)《中华人民共和国招标投标法实施条例》

第四十九条第一款 评标委员会成员应当依照招标投标法和本条例的规定，按照招标文件规定的评标标准和方法，客观、公正地对投标文件提出评审意见。招标文件没有规定的评标标准和方法不得作为评标的依据。

第七十一条第（三）项 评标委员会成员有下列行为之一的，由有关行政监督部门责令改正；情节严重的，禁止其在一定期限内参加依法必须进行招标的项目的评标；情节特别严重的，取消其担任评标委员会成员的资格：

（三）不按照招标文件规定的评标标准和方法评标；

第八十一条 依法必须进行招标的项目的招标投标活动违反招标投标法和本条例的规定，对中标结果造成实质性影响，且不能采取补救措施予以纠正的，招标、投标、中标无效，应当依法重新招标或者评标。

3)《工程建设项目勘察设计招标投标办法》

第三十三条 勘察设计评标一般采取综合评估法进行。评标委员会应当按照招标文件确定的评标标准和方法，结合经批准的项目建议书、可行性研究报告或者上阶段设计批复文件，对投标人的业绩、信誉和勘察设计人员的能力以及勘察设计方案的优劣进行综合评定。

招标文件中没有规定的标准和方法，不得作为评标的依据。

第五十四条第（一）项 评标委员会成员有下列行为之一的，由有关行政监督部门责令改正；情节严重的，禁止其在一定期限内参加依法必须进行招标的项目的评标；情节特别严重的，取消其担任评标委员会成员的资格：

（一）不按照招标文件规定的评标标准和方法评标；

4)《工程建设项目施工招标投标办法》

第七十八条 评标委员会成员应当回避而不回避，擅离职守，不按照招标文件规定的评标标准和方法评标，私下接触投标人，向招标人征询确定中标人的意向或者接受任何单位或者个人明示或者暗示提出的倾向或者排斥特定投标人的要求，对依法应当否决的投标不提出否决意见，暗示或者诱导投标人作出澄清、说明或者接受投标人主动提出的澄清、说明，或者有其他不能客观公正地履行职责行为的，有关行政监督部门责令改正；情节严重的，禁止其在一定期限内参加依法必须进行招标的项目的评标；情节特别严重的，取消其担任评标委员会成员的资格。

5)《工程建设项目货物招标投标办法》

第五十七条第（三）项　评标委员会成员有下列行为之一的，由有关行政监督部门责令改正；情节严重的，禁止其在一定期限内参加依法必须进行招标的项目的评标；情节特别严重的，取消其担任评标委员会成员的资格：

（三）不按照招标文件规定的评标标准和方法评标；

6)《评标委员会和评标方法暂行规定》

第十七条第一款　评标委员会应当根据招标文件规定的评标标准和方法，对投标文件进行系统地评审和比较。招标文件中没有规定的标准和方法不得作为评标的依据。

第五十三条第（三）项　评标委员会成员有下列行为之一的，由有关行政监督部门责令改正；情节严重的，禁止其在一定期限内参加依法必须进行招标的项目的评标；情节特别严重的，取消其担任评标委员会成员的资格：

（三）不按照招标文件规定的评标标准和方法评标；

7)《评标专家和评标专家库管理办法》

第九条第（四）项　评标专家负有下列义务：

（四）按照招标文件确定的评标标准和方法客观公正地进行评标；

第二十九条第（四）项　评标专家有下列情形之一的，由有关行政监督部门责令改正，没收收受的财物，并依法处以罚款；情节严重的，禁止其在一定期限内参加依法必须进行招标项目的评标；情节特别严重的，取消其担任评标委员会成员的资格，并向社会公布；涉嫌违纪违法犯罪的，及时移送纪检监察机关、司法机关处理。

（四）不按照招标文件确定的评标标准和方法进行评标，或者对依法应当否决的投标不提出否决意见的；

8)《关于创新完善体制机制推动招标投标市场规范健康发展的意见》

（七）优化中标人确定程序。厘清专家评标和招标人定标的职责定位，进一步完善定标规则，保障招标人根据招标项目特点和需求依法自主选择定标方式并在招标文件中公布。建立健全招标人对评标报告的审核程序，招标人发现评标报告存在错误的，有权要求评标委员会进行复核纠正。探索招标人从评标委员会推荐的中标候选人范围内自主研究确定中标人。实行定标全过程记录和可追溯管理。

9)《关于严格执行招标投标法规制度进一步规范招标投标主体行为的若干意见》

（四）规范招标人代表条件和行为。招标人应当选派或者委托责任心强、熟悉业务、公道正派的人员作为招标人代表参加评标，并遵守利益冲突回避原则。严禁招标人代表私下接触投标人、潜在投标人、评标专家或相关利害关系人；严禁在评标过程中发表带有倾向性、误导性的言论或者暗示性的意见建议，干扰或影响其他评标委员会成员公正独立评标。招标人代表发现其他评标委员会成员不按照招标文件规定的评标标准和方法评标的，应当及时提醒、劝阻并向有关招标投标行政监督部门（以下简称行政监督部门）报告。

（五）加强评标报告审查。招标人应当在中标候选人公示前认真审查评标委员会提交的书面评标报告，发现异常情形的，依照法定程序进行复核，确认存在问题的，依照法定程序予以纠正。重点关注评标委员会是否按照招标文件规定的评标标准和方法进行评标；是否存在对客观评审因素评分不一致，或者评分畸高、畸低现象；是否对可能低于成本或者影响履约的异常低价投标和严重不平衡报价进行分析研判；是否依法通知投标人进行澄清、说明；是否存在随意否决投标的情况。加大评标情况公开力度，积极推进评分情况向社会公开、投标文件被否决原因向投标人公开。

---

121. 如何理解"评标复核""重新评审""重新评标"？

"评标复核""重新评审""重新评标"是招标投标活动中三个不同的概念，虽然都与评标有关，但并非一回事。

【问题分析】

要区分"评标复核""重新评审""重新评标"这三个概念，首先需要了解它们的意思及适用场景，以免在实践过程中混淆使用。

根据《评标专家和评标专家库管理办法》第九条规定，评标专家负有协助、配合招标人处理异议，按规定程序复核、纠正评标报告中的错误的义务；根据《关于严格执行招标投标法规制度进一步规范招标投标主体行为的若干意见》第（五）条规定，招标人应当在中标候选人公示前认真审查评标委员会提交的书面评标报告，发现异常情形的，依照法定程序进行复核；根据国务院办公厅《关于创新完善体制机制推动招标投标市场规范健康发展的意见》第（七）条规定，招标人发现评标报告存在错误的，有权要求评标委员会进行复核纠正。由此可见，"评标复核"是原评标委员会对评标过程中的特定问题进行核查和纠正的一种行为，一般应限定于可量化的客观评审错误（如未按照招标文件规定的评标标准和方法进行评标；客观评审因素评分不一致或者评分畸高、畸低；未依法通知投标人进行澄清、说明；随意否决投标等）。"评标复核"发生的场景：一是在评标完成后、中标候选人公示前，招标人发现异常情形时要求原评标委员会进行复核；二是在中标候选人公示后，投标人或其他利害关系人提出了异议，招标人要求原评标委员会进行复核。评标复核后若未发现问题，应维持原评审结论。需要说明的是，在实际操作中，若复核后发现确有问题，经修正后可能导致排名发生变化，此时仍属于"纠正错误"，因为修正后的结果仍是原评审逻辑的自然延伸。

对于"重新评审"和"重新评标"，通常认为，前者是由原评标委员会重新进行评审，后者是组建新的评标委员会重新进行评标。例如，《政府采购货物和服务招标投标管理办法》第六十四条、第六十七条，以及《机电产品国际招标投标实施办法（试行）》第一百零八条均有相关的规定。但《招标投标法》及《招标投标法实施条例》中并没有明确地提及"重新评审"这一概念，只是在相关条款中存在一些与重新评审类似的规定。例如，根据《招标投标法实施条例》第四十八条规定，在评标过程中，若评标委员会成员有回避事由、擅离职守或者因健康等原因不能继续评标的，应当及时更换，被更换的评标委员会成员作出的评审结论无效，由更换后的评标委员会成员重新进行评审；根据《招标投标法实施条例》第七十条规定，依法必须进行招标的项目，如果招标人不按照规定组建评标委员会，或者确定、更换评标委员会成员违反了相关规定，则违法确定或者更换的评标委员会成员作出的评审结论无效，须依法重新进行评审。由此可见，《招标投标法》及《招标投标法实施条例》中的"重新进行评审"强调的是需要更换部分评标委员会成员的情形，由更换后的成员重新进行评审，被更换成员的评审结论无效，而其他未被更换的成员已完成的评审结论仍然有效，无须重新评审。"重新进行评审"可能发生在评标过程中，也可能发生在评标结束后。"重新评标"出现在《招标投标法实施条例》第八十一条的规定中，该条提及的"重新评标"包括组织原评标委员会进行重新评标，以及重新组建评标委员会进行评标两种情形。需要指出的是，"组织原评标委员会进行重新评标"和"评标复核"在本质上是同一类纠错机制，针对"做得不对"（如标准执行错误、程序瑕疵、技术错误等）的情形，由原评标委员会自我纠正，属于同一行为的不同表述；而"重新组建评标委员会进行评标"不仅是一种纠错机制，更是针对"不能做"（如程序违法、参加招投标人员丧失资格等）的情形而采取的是对评标结果"推倒重来"的一种程序重构。例如，评标委员会存在受贿、串通投标等违法违规行为，或者专家组成不合法等情形，导致原评标委员会已丧失公信力，不能通过组织其重新评标来纠错。

【法律依据】

1）《中华人民共和国招标投标法实施条例》

第四十八条第三款 评标过程中，评标委员会成员有回避事由、擅离职守或者因健康等原因不能继续评标的，应当及时更换。被更换的评标委员会成员作出的评审结论无效，由更换后的评标委员会成员重新进行评审。

第七十条第一款 依法必须进行招标的项目的招标人不按照规定组建评标委员会，或者确定、更换评标委员会成员违反招标投标法和本条例规定的，由有关行政监督部门责令改正，可以处10万元以下的罚款，对单位直接负责的主管人员和其他直接责任人员依法给予处分；违法确定或者更换的评标委员会成员作出的评审结论无效，依法重新进行评审。

第八十一条 依法必须进行招标的项目的招标投标活动违反招标投标法和本条例的规定，对中标结果造成实质性影响，且不能采取补救措施予以纠正的，招标、投标、中标无效，应当依法重新招标或者评标。

2）《机电产品国际招标投标实施办法（试行）》

第五十四条第三款 评标过程中，评标委员会成员有回避事由、擅离职守或者因健康等原因不能继续评标的，应当于评标当日报相应主管部门后按照所缺专家的人数重新随机抽取，及时更换。被更换的评标委员会成员作出的评审结论无效，由更换后的评标委员会成员重新进行评审。

第六十七条第四款　使用国外贷款、援助资金的项目，招标人或招标机构应当自收到评标委员会提交的书面评标报告之日起3日内向资金提供方报送评标报告，并自获其出具不反对意见之日起3日内在招标网上进行评标结果公示。资金提供方对评标报告有反对意见的，招标人或招标机构应当及时将资金提供方的意见报相应的主管部门，并依照本办法重新招标或者重新评标。

第一百零八条　依法必须进行招标的项目的招标投标活动违反招标投标法、招标投标法实施条例和本办法的规定，对中标结果造成实质性影响，且不能采取补救措施予以纠正的，招标、投标、中标无效，应当依照本办法重新招标或者重新评标。

重新评标应当由招标人依照本办法组建新的评标委员会负责。前一次参与评标的专家不得参与重新招标或者重新评标。依法必须进行招标的项目，重新评标的结果应当依照本办法进行公示。

除法律、行政法规和本办法规定外，招标人不得擅自决定重新招标或重新评标。

3）《政府采购货物和服务招标投标管理办法》

第六十四条　评标结果汇总完成后，除下列情形外，任何人不得修改评标结果：

（一）分值汇总计算错误的；

（二）分项评分超出评分标准范围的；

（三）评标委员会成员对客观评审因素评分不一致的；

（四）经评标委员会认定评分畸高、畸低的。

评标报告签署前，经复核发现存在以上情形之一的，评标委员会应当当场修改评标结果，并在评标报告中记载；评标报告签署后，采购人或者采购代理机构发现存在以上情形之一的，应当组织原评标委员会进行重新评审，重新评审改变评标结果的，书面报告本级财政部门。

投标人对本条第一款情形提出质疑的，采购人或者采购代理机构可以组织原评标委员会进行重新评审，重新评审改变评标结果的，应当书面报告本级财政部门。

第六十七条　评标委员会或者其成员存在下列情形导致评标结果无效的，采购人、采购代理机构可以重新组建评标委员会进行评标，并书面报告本级财政部门，但采购合同已经履行的除外：

（一）评标委员会组成不符合本办法规定的；

（二）有本办法第六十二条第一至五项情形的；

（三）评标委员会及其成员独立评标受到非法干预的；

（四）有政府采购法实施条例第七十五条规定的违法行为的。

有违法违规行为的原评标委员会成员不得参加重新组建的评标委员会。

4）《工程建设项目勘察设计招标投标办法》

第五十三条第二款 依法必须进行招标的项目的招标人不按照规定组建评标委员会，或者确定、更换评标委员会成员违反招标投标法和招标投标法实施条例规定的，由有关行政监督部门责令改正，可以处10万元以下的罚款，对单位直接负责的主管人员和其他直接责任人员依法给予处分；违法确定或者更换的评标委员会成员作出的评审结论无效，依法重新进行评审。

5）《工程建设项目施工招标投标办法》

第七十九条 依法必须进行招标的项目的招标人不按照规定组建评标委员会，或者确定、更换评标委员会成员违反招标投标法和招标投标法实施条例规定的，由有关行政监督部门责令改正，可以处10万元以下的罚款，对单位直接负责的主管人员和其他直接责任人员依法给予处分；违法确定或者更换的评标委员会成员作出的评审决定无效，依法重新进行评审。

6）《建筑工程设计招标投标管理办法》

第三十一条 招标人不按照规定组建评标委员会，或者评标委员会成员的确定违反本办法规定的，由县级以上地方人民政府住房城乡建设主管部门责令改正，可以处10万元以下的罚款，相应评审结论无效，依法重新进行评审。

7）《公路工程建设项目招标投标管理办法》

第四十七条第二款 评标过程中，评标委员会成员有回避事由、擅离职守或者因健康等原因不能继续评标的，应当及时更换。被更换的评标委员会成员作出的评审结论无效，由更换后的评标委员会成员重新进行评审。

8）《水运工程建设项目招标投标管理办法》

第四十七条第二款 在评标过程中，评标委员会成员因存在回避事由、健康等原因不能继续评标，或者擅离职守的，应当及时更换。被更换的评标委员会成员已作出的评审结论无效，由更换后的评标专家重新进行评审。已形成评标报告的，应当作相应修改。

9)《评标专家和评标专家库管理办法》

第九条第（五）项　评标专家负有下列义务：

（五）协助、配合招标人处理异议，按规定程序复核、纠正评标报告中的错误；

10)《关于创新完善体制机制推动招标投标市场规范健康发展的意见》

（七）优化中标人确定程序。厘清专家评标和招标人定标的职责定位，进一步完善定标规则，保障招标人根据招标项目特点和需求依法自主选择定标方式并在招标文件中公布。建立健全招标人对评标报告的审核程序，招标人发现评标报告存在错误的，有权要求评标委员会进行复核纠正。探索招标人从评标委员会推荐的中标候选人范围内自主研究确定中标人。实行定标全过程记录和可追溯管理。

11)《关于严格执行招标投标法规制度进一步规范招标投标主体行为的若干意见》

（五）加强评标报告审查。招标人应当在中标候选人公示前认真审查评标委员会提交的书面评标报告，发现异常情形的，依照法定程序进行复核，确认存在问题的，依照法定程序予以纠正。重点关注评标委员会是否按照招标文件规定的评标标准和方法进行评标；是否存在对客观评审因素评分不一致，或者评分畸高、畸低现象；是否对可能低于成本或者影响履约的异常低价投标和严重不平衡报价进行分析研判；是否依法通知投标人进行澄清、说明；是否存在随意否决投标的情况。加大评标情况公开力度，积极推进评分情况向社会公开、投标文件被否决原因向投标人公开。

---

122. 评标委员会是否有核实投标文件内容真伪的义务？

评标委员会没有核实投标文件内容真伪的义务，但在评标过程中，评标委员会发现投标人弄虚作假的，应按照招标文件规定否决其投标。

【问题分析】

招标投标活动遵循诚实信用的原则，投标人不得弄虚作假，否则会失去中标资格，同时还要依法承担相应的法律责任。根据《招标投标法》第四十条规定，评标委员会应当按照招标文件确定的评标标准和方法，对投标文件进行评审和比较。因此，评标委员会的主要职责是依据招标文件对投标文件进行客观评审，而不是核实投标文件内容的真伪。况且，为了保证评标活动免受外界干扰，评标委员会评标时往往是在封闭的环境中进行的，评标委员会也不具备核实投标文件真伪的条件和能力，但是，如果投标文件作假痕迹明显，在评标过程中评标委员会发现了弄虚作假的情况，则评标委员会应按照招标文件的规定进行否决处理。

综上所述，评标委员会在评标过程中没有核实投标文件内容真伪的义务，但有权要求投标人对投标文件中不明确的内容进行澄清或说明，并在特定情况下进行进一步的核查。投标人应当对自己投标文件的内容负责，确保真实、准确、完整。

【法律依据】

1)《中华人民共和国招标投标法》

第五条　招标投标活动应当遵循公开、公平、公正和诚实信用的原则。

第三十三条　投标人不得以低于成本的报价竞标，也不得以他人名义投标或者以其他方式弄虚作假，骗取中标。

第四十条第一款　评标委员会应当按照招标文件确定的评标标准和方法，对投标文件进行评审和比较；设有标底的，应当参考标底。评标委员会完成评标后，应当向招标人提出书面评标报告，并推荐合格的中标候选人。

第五十四条　投标人以他人名义投标或者以其他方式弄虚作假，骗取中标的，中标无效，给招标人造成损失的，依法承担赔偿责任；构成犯罪的，依法追究刑事责任。

依法必须进行招标的项目的投标人有前款所列行为尚未构成犯罪的，处中标项目金额千分之五以上千分之十以下的罚款，对单位直接负责的主管人员和其他直接责任人员处单位罚款数额百分之五以上百分之十以下的罚款；有违法所得的，并处没收违法所得；情节严重的，取消其一年至三年内参加依法必须进行招标的项目的投标资格并予以公告，直至由工商行政管理机关吊销营业执照。

2)《评标委员会和评标方法暂行规定》

第二十条　在评标过程中，评标委员会发现投标人以他人的名义投标、串通投标、以行贿手段谋取中标或者以其他弄虚作假方式投标的，应当否决该投标人的投标。

案例 17　关于在开标现场发现投标文件存在问题引起争议的案例

【基本案情】

某办公楼装修施工项目，工程费投资额约1300万元。招标文件规定，所有投标人的法定代表人或其委托代理人须准时参加开标会，且参加开标会的投标人代表须单独出具法定代表人身份证明或法定代表人授权委托书，否则予以拒收。

在招标文件规定的投标截止时间前，共有8家投标人递交了投标文件，其中，投标人A公司未单独出具法定代表人身份证明或法定代表人授权委托书，但招标代理机构受理了A公司的投标文件；开标时，发现投标人B公司的《投标函》中投标报价大小写不一致，且大写报价存在明显错误，经与投标人确认后，招标代理机构按小写报价唱标；唱标时，发现投标人C公司和投标人D公司在投标文件中注明的项目经理为同一人，C公司和D公司要求当场撤销其投标文件，招标代理机构与招标人沟通后，现场退还了这两家投标人的投标文件，并要求两家投标人的授权代表签字确认；开标结束后，有投标人对开标过程中招标人和招标代理机构的处理方式提出异议。

【问题提出】

招标人和招标代理机构对上述问题的处理是否妥当？

【问题分析】

根据《招标投标法实施条例》第三十六条规定，未通过资格预审的申请人提交的投标文件，以及逾期送达或者不按照招标文件要求密封的投标文件，招标人应当拒收。因此，除招标文件另有约定外，只有当未通过资格预审的申请人提交的投标文件、逾期送达的投标文件和未按招标文件要求密封的投标文件，招标人才可以拒收。

在实际操作中，除法定拒收投标文件的情形之外，招标文件可能也会明确约定其他拒收的情形，例如，在本案例中，A公司未单独出具法定代表人授权委托书，虽然不属于《招标投标法实施条例》第三十六条规定的依法予以拒收的情形，但属于招标文件明确约定的其他拒收情形，因此，招标人和招标代理机构应当拒收A公司的投标文件。

在出现投标人报价存在明显错误时，根据《工程建设项目施工招标投标办法》第五十三条规定，评标委员会在对实质上响应招标文件要求的投标进行报价评估时，除招标文件另有约定外，应当按下述原则进行修正：一是用数字表示的数额与用文字表示的数额不一致时，以文字数额为准；二是单价与工程量的乘积与总价之间不一致时，以单价为准。若单价有明显的小数点错位，应以总价为准，并修改单价。但修正的主体应该是评标委员会，而不是招标人或招标代理机构。本案例中的招标代理机构对B公司的处理方式明显不妥，应如实唱标并作好记录，由评标委员会进行处理。

根据《招标投标法实施条例》第三十五条规定，投标截止后投标人不得撤销投标文件。本案例中的招标人和招标代理机构退还C公司和D公司的投标文件的做法明显违反了该规定。在开标时，即使发现投标人存在串通投标、弄虚作假的嫌疑，也应作好记录，由评标委员会或行政监督部门予以认定并依法作出处理，而不应在开标现场退还其投标文件。

【案例启示】

（1）招标人和招标代理机构在受理投标文件时，除法定拒收的情形以外，还应关注招标文件中约定的拒收情形。

（2）招标人和招标代理机构在开标时应本着如实记录的原则，对投标文件不作有效性判断。

【法律依据】

1)《中华人民共和国招标投标法》

第三十六条第二款　招标人在招标文件要求提交投标文件的截止时间前收到的所有投标文件，开标时都应当当众予以拆封、宣读。

2)《中华人民共和国招标投标法实施条例》

第三十五条　投标人撤回已提交的投标文件，应当在投标截止时间前书面通知招标人。招标人已收取投标保证金的，应当自收到投标人书面撤回通知之日起5日内退还。

投标截止后投标人撤销投标文件的，招标人可以不退还投标保证金。

第三十六条　未通过资格预审的申请人提交的投标文件，以及逾期送达或者不按照招标文件要求密封的投标文件，招标人应当拒收。

招标人应当如实记载投标文件的送达时间和密封情况，并存档备查。

3)《工程建设项目施工招标投标办法》

第五十条第一款　投标文件有下列情形之一的，招标人应当拒收：

（一）逾期送达；

（二）未按招标文件要求密封。

第五十三条　评标委员会在对实质上响应招标文件要求的投标进行报价评估时，除招标文件另有约定外，应当按下述原则进行修正：

（一）用数字表示的数额与用文字表示的数额不一致时，以文字数额为准；

（二）单价与工程量的乘积与总价之间不一致时，以单价为准。若单价有明显的小数点错位，应以总价为准，并修改单价。

按前款规定调整后的报价经投标人确认后产生约束力。

投标文件中没有列入的价格和优惠条件在评标时不予考虑。

案例18　关于评标基准价计算引起争议的案例

【基本案情】

某国道改扩建工程施工项目，采用公开招标方式，招标文件公布的最高投标限价为17962.5639万元，评标采用双信封形式合理低价法。招标文件包含的规定如下。

（1）在第二信封开标时，招标人将当场计算并宣布评标基准价。

（2）未通过第一信封（商务文件和技术文件）评审的投标报价不参与评标基准价计算。在第二信封开标过程中，若招标人发现投标文件出现"未在投标函上填写投标总价"或"投标报价高于招标人公布的最高投标限价"的情形，经监标人确认后，招标人将如实记录，该投标报价不参与评标基准价的计算。

（3）评标价平均值的计算：除按照招标文件规定开标时被宣布为不参加评标基准价计算的投标报价以外，所有投标人的评标价（投标函文字报价）的算术平均值即为评标价平均值。

（4）评标基准价的确定：招标人设置评标基准价系数，在第一信封开标时，该系数由招标人在电子交易平台上从97%、98%、99%中随机抽取，评标价平均值乘以现场抽取的评标基准价系数即为评标基准价。

（5）在第二信封开标后，如果投标人认为评标基准价计算有误，有权在开标时提出异议，经招标人当场核实确认之后，可重新宣布评标基准价。在评标过程中，评标委员会应对招标人计算的评标基准价进行复核，存在计算错误的应予以修正，并在评标报告中作出说明。除此之外，评标基准价在整个评标期间保持不变，不随任何因素发生变化。

截至招标文件规定的第一信封投标截止时间，该项目共有23个投标人参加投标，第一信封开标结束后，评标委员会按照招标文件的规定进行了评审，其中15个投标人未通过第一信封评审。随后，招标人和招标代理机构对通过第一信封评审的8个投标人的投标文件进行第二信封开标，开标过程中未发现投标文件存在"未在投标函上填写投标总价"或"投标报价高于招标人公布的最高投标限价"的情形，以8个投标人的投标函文字报价的平均值乘以随机抽取的系数（99%）后确定并公布了评标基准价。

在第二信封评审过程中，3个投标人因"安全生产费不符合招标文件规定"而被否决，评标委员会以剩余5个投标人的评标价重新计算了评标基准价，并以此进行了评分，按照综合得分由高到低的顺序推荐了中标候选人。中标候选人公示期间，招标人收到投标人关于评标结果的异议函，异议函中提出公示的评标报告中的评标基准价与第二信封开标时公布的评标基准价不一致。招标人核实后发现投标人的异议函内容属实，组织原评标委员会对评标结果进行了纠正，并重新推荐了中标候选人。

【问题提出】

（1）评标基准价的计算方式有哪些？

（2）公路工程的评标基准价应如何计算？

【问题分析】

（1）评标基准价是评标过程中的一个重要参考值，主要用于衡量各投标人的报价是否合理。常见的评标基准价计算方式如下。

① 直接以所有有效投标报价的最低值作为评标基准价。这种计算方式简单、直接，能最大限度地激发投标人通过降低报价争取中标的机会，有助于招标人获得较为经济的中标价格或建设成本。但是，投标人之间可能会为了达到最低报价而进行激烈的价格竞争，甚至出现互相压价的恶意竞争情况，从而影响项目实施质量和服务水平，给招标人带来潜在的风险和损失。

② 将所有有效投标报价相加，然后除以有效投标的数量，得到的平均值即为评标基准价。这种计算方式综合了多个投标人的投标报价，能够在一定程度上抵消掉个别投标人的异常报价，使评标基准价更具稳定性和可靠性，更能代表市场的普遍价格水平，一方面为招标人提供一个较为合理的参考标准，减少了因个别极端报价对评标结果产生的过度影响，使评标结果更具客观性和公正性；另一方面有助于引导投标人进行理性报价，避免恶意低价竞争的情况发生。但是，尽管平均值能在一定程度上削弱极端值的影响，但如果存在少数几个报价过高或过低的投标人，仍然可能对平均值产生较大影响，使评标基准价偏离正常的市场价格范围，从而影响评标结果。

③ 将所有有效投标报价去掉一定数量的最高价和最低价后再相加，然后除以剩余有效投标的数量，得到的平均值即为评标基准价。这种计算方式去掉了一定数量的最高价和最低价，能有效排除个别投标人因恶意报价、失误或其他原因导致的极端值对评标基准价的干扰，使评标基准价更能反映大多数投标人的合理报价水平，进一步提高了评标基准价的稳定性和可靠性，更能体现市场的真实价格水平和项目的合理成本。但是，确定去掉最高价和最低价的数量时需要谨慎考虑，数量过多可能会削弱部分投标人的参与度，数量过少则可能无法完全消除极端值的影响，因此，需要根据具体项目情况进行分析和判断，增加了规则制定和实施的难度。

④ 将所有有效投标报价去掉一定数量的最高价和最低价后再相加，然后除以剩余有效投标的数量，得到的平均值再下浮一定比例即为评标基准价。这种计算方式也是通过先剔除极端报价，能够有效避免部分过高或过低报价对评标基准价产生影响，并且平均值下浮的做法考虑到了招标人可能希望在合理价格的基础上进一步降

低成本，有助于招标人在保证项目质量和服务水平的前提下，获得更有利的价格条件。但是，下浮比例的确定也需谨慎考虑。如果下浮比例过大，会导致投标人的利润空间过小，影响其参与项目的积极性，甚至可能导致一些优质投标人因无法接受过低的价格而退出竞争，最终影响项目的质量和实施效果；如果下浮比例过小，则无法达到招标人降低成本的目的。在实际操作中，下浮比例通常为1%~3%。

⑤ 将所有有效投标报价去掉一定数量的最高价和最低价后再相加，然后除以剩余有效投标的数量，得到的平均值再下浮一定比例后，最后与招标控制价（或标底）加权计算（招标控制价权重比例应事先在招标文件中进行约定）。这种计算方式既考虑了市场竞争因素，兼顾了招标人对项目成本的控制要求，又能防止评标基准价偏离招标人预期过多，保障了招标人的利益。但是，招标控制价（或标底）的权重比例需要事先在招标文件中约定，其设置往往带有一定的主观性，如果权重设置不合理，则会导致评标基准价过于偏向招标控制价（或标底），忽视了市场实际报价情况，影响了招标人的利益。

（2）根据《公路工程建设项目招标投标管理办法》第三十七条规定，投标文件按照招标文件规定采用双信封形式密封的，仅对通过第一信封（商务文件和技术文件）评审的第二信封（报价文件）进行开标，宣读投标报价。未通过第一信封（商务文件和技术文件）评审的，对其第二信封不予拆封，并当场退还给投标人。根据《公路工程标准施工招标文件（2018年版）》相关规定，采用双信封形式招标且采用合理低价法或综合评分法的项目，在计算评标价平均值时，除未在投标函上填写投标总价、投标报价或调价函中的报价超出招标人公布的最高投标限价、投标报价或调价函中报价的大写金额无法确定具体数值、投标函上填写的标段号与投标文件封套上标记的标段号不一致等原因在开标现场被宣布为不进入评标基准价计算的投标报价以外，剩余所有投标人的评标价去掉一个最高值和一个最低值后的算术平均值即为评标价平均值（如果参与评标价平均值计算的有效投标人少于5家，则计算评标价平均值时不去掉最高值和最低值）。在计算评标基准价时，招标人可以将评标价平均值直接作为评标基准价，或者将评标价平均值下浮一定比例作为评标基准价，该下浮比例可以直接在招标文件中进行约定，也可以在开标现场随机抽取。如果投标人认为评标基准价计算有误，有权在开标现场提出，经招标人当场核实确认之后，可重新宣布评标基准价。在评标过程中，评标委员会应对招标人计算的评标基准价进行复核，存在计算错误的应予以修正，并在评标报告中作出说明。开标现场宣布的评标基准价除计算有误经评标委员会修正外，在整个评标期间保持不变，不随任何因素发生变化。

【案例启示】

（1）在设置评标基准价时，招标人应根据项目具体情况进行细致的分析和判断，选择合适的评标基准价计算方式，并符合行业相关要求。

（2）在计算评标基准价时，评标委员会不应犯"经验主义"错误，而是应严格按照招标文件规定的方法进行计算。

【法律依据】

1）《公路工程建设项目招标投标管理办法》

第十六条　对依法必须进行招标的公路工程建设项目，招标人应当根据交通运输部制定的标准文本，结合招标项目具体特点和实际需要，编制资格预审文件和招标文件。

资格预审文件和招标文件应当载明详细的评审程序、标准和方法，招标人不得另行制定评审细则。

第二十八条　招标人应当根据招标项目的具体特点以及本办法的相关规定，在招标文件中合理设定评标标准和方法。评标标准和方法中不得含有倾向或者排斥潜在投标人的内容，不得妨碍或者限制投标人之间的竞争。禁止采用抽签、摇号等博彩性方式直接确定中标候选人。

第三十二条　投标人应当按照招标文件要求装订、密封投标文件，并按照招标文件规定的时间、地点和方式将投标文件送达招标人。

公路工程勘察设计和施工监理招标的投标文件应当以双信封形式密封，第一信封内为商务文件和技术文件，第二信封内为报价文件。

对公路工程施工招标，招标人采用资格预审方式进行招标且评标方法为技术评分最低标价法的，或者采用资格后审方式进行招标的，投标文件应当以双信封形式密封，第一信封内为商务文件和技术文件，第二信封内为报价文件。

第三十七条　投标文件按照招标文件规定采用双信封形式密封的，开标分两个步骤公开进行：

第一步骤对第一信封内的商务文件和技术文件进行开标，对第二信封不予拆封并由招标人予以封存。

第二步骤宣布通过商务文件和技术文件评审的投标人名单，对其第二信封内的报价文件进行开标，宣读投标报价。未通过商务文件和技术文件评审的，对其第二信封不予拆封，并当场退还给投标人；投标人未参加第二信封开标的，招标人应当在评标结束后及时将第二信封原封退还投标人。

第四十二条 评标委员会应当按照招标文件确定的评标标准和方法进行评标。招标文件没有规定的评标标准和方法不得作为评标的依据。

第四十四条 公路工程施工招标，评标采用综合评估法或者经评审的最低投标价法。综合评估法包括合理低价法、技术评分最低标价法和综合评分法。

合理低价法，是指对通过初步评审的投标人，不再对其施工组织设计、项目管理机构、技术能力等因素进行评分，仅依据评标基准价对评标价进行评分，按照得分由高到低排序，推荐中标候选人的评标方法。

技术评分最低标价法，是指对通过初步评审的投标人的施工组织设计、项目管理机构、技术能力等因素进行评分，按照得分由高到低排序，对排名在招标文件规定数量以内的投标人的报价文件进行评审，按照评标价由低到高的顺序推荐中标候选人的评标方法。招标人在招标文件中规定的参与报价文件评审的投标人数量不得少于3个。

综合评分法，是指对通过初步评审的投标人的评标价、施工组织设计、项目管理机构、技术能力等因素进行评分，按照综合得分由高到低排序，推荐中标候选人的评标方法。其中评标价的评分权重不得低于50%。

经评审的最低投标价法，是指对通过初步评审的投标人，按照评标价由低到高排序，推荐中标候选人的评标方法。

公路工程施工招标评标，一般采用合理低价法或者技术评分最低标价法。技术特别复杂的特大桥梁和特长隧道项目主体工程，可以采用综合评分法。工程规模较小、技术含量较低的工程，可以采用经评审的最低投标价法。

第四十六条第一款 评标委员会成员应当客观、公正、审慎地履行职责，遵守职业道德。评标委员会成员应当依据评标办法规定的评审顺序和内容逐项完成评标工作，对本人提出的评审意见以及评分的公正性、客观性、准确性负责。

2）《公路工程标准施工招标文件（2018年版）》

第二章 投标人须知

5.2 开标程序（双信封形式）

5.2.1 主持人按下列程序对投标文件第一个信封（商务及技术文件）进行开标：

（1）宣布开标纪律；

（2）公布在投标截止时间前递交投标文件的投标人数量；

（3）宣布开标人、唱标人、记录人等有关人员姓名；

（4）按照投标人须知前附表规定由投标人推选的代表检查投标文件的密封情况；

（5）按照投标人须知前附表规定的开标顺序当众开标，公布标段名称、投标人名称、投标保证金的递交情况、工期及其他内容，并记录在案；

（6）投标人代表、招标人代表、记录人等有关人员在开标记录上签字确认；

（7）开标结束。

5.2.2 在投标文件第一个信封（商务及技术文件）开标现场，投标文件第二个信封（报价文件）不予开封，由招标人密封保存。

5.2.3 招标人将按照本章第5.1款规定的时间和地点对投标文件第二个信封（报价文件）进行开标。主持人按下列程序进行开标：

（1）宣布开标纪律；

（2）当众拆开投标文件第一个信封（商务及技术文件）评审结果的密封袋，宣布通过投标文件第一个信封（商务及技术文件）评审的投标人名单；

（3）宣布开标人、唱标人、记录人等有关人员姓名；

（4）按照投标人须知前附表规定由投标人推选的代表检查投标文件的密封情况；

（5）按照投标人须知前附表规定的开标顺序当众开标，开标人只拆封通过投标文件第一个信封（商务及技术文件）评审的投标文件第二个信封（报价文件），公布标段名称、投标人名称、投标报价及其他内容，并记录在案；

（6）计算并宣布评标基准价；

（7）将未通过投标文件第一个信封（商务及技术文件）评审的投标文件第二个信封（报价文件）退还给投标人；

（8）投标人代表、招标人代表、记录人等有关人员在开标记录上签字确认；

（9）开标结束。

5.2.4 若采用合理低价法或综合评分法，在投标文件第二个信封（报价文件）开标现场，招标人将按第三章"评标办法"规定的原则计算并宣布评标基准价。若招标人发现投标文件出现以下任一情况，其投标报价将不再参加评标基准价的计算：

（1）未在投标函上填写投标总价；

（2）投标报价或调价函中的报价超出招标人公布的最高投标限价（如有）；

（3）投标报价或调价函中报价的大写金额无法确定具体数值；

（4）投标函上填写的标段号与投标文件封套上标记的标段号不一致。

如果投标人认为某一标段的评标基准价计算有误，有权在开标现场提出，经招标人当场核实确认之后，可重新宣布评标基准价。开标现场宣布的评标基准价除计算有误经评标委员会修正外，在整个评标期间保持不变，不随任何因素发生变化。

5.2.5 在投标文件第一个信封（商务及技术文件）或第二个信封（报价文件）开标过程中，若招标人宣读的内容与投标文件不符，投标人有权在开标现场提出疑问，经招标人当场核查确认之后，可重新宣读其投标文件。若投标人现场未提出疑问，则认为投标人已确认招标人宣读的内容。

第三章 评标办法（合理低价法、综合评分法）

2.2.2 评标基准价计算方法

评标基准价的计算：在开标现场，招标人将当场计算并宣布评标基准价。

（1）评标价的确定。

方法一：评标价＝投标函文字报价

方法二：评标价＝投标函文字报价－暂估价－暂列金额（不含计日工总额）

方法三：……

（2）评标价平均值的计算。

除按第二章"投标人须知"第5.2.4项规定开标现场被宣布为不进入评标基准价计算的投标报价之外，所有投标人的评标价去掉一个最高值和一个最低值后的算术平均值即为评标价平均值（如果参与评标价平均值计算的有效投标人少于5家时，则计算评标价平均值时不去掉最高值和最低值）；

（3）评标基准价的确定。

方法一：将评标价平均值直接作为评标基准价。

方法二：将评标价平均值下浮__%，作为评标基准价。

方法三：招标人设置评标基准价系数，由投标人代表现场抽取，评标价平均值乘以现场抽取的评标基准价系数作为评标基准价。

方法四：……

在评标过程中，评标委员会应对招标人计算的评标基准价进行复核，存在计算错误的应予以修正并在评标报告中作出说明。除此之外，评标基准价在整个评标期间保持不变，不随任何因素发生变化。

案例 19　关于招标人复核评标结果的案例

【基本案情】

某高校实训基地项目，总建筑面积约2.7万平方米，总投资额约1.4亿元，项目主要建设内容为实验、教室用房等。项目采用公开招标方式进行施工总承包招标，招标文件评分办法中要求投标人拟派项目经理具备两个类似建筑工程的施工业绩，并要求同时提供类似业绩的中标通知书、合同协议书和竣工验收证明材料。

在评标过程中，评标委员会认为招标文件中的业绩要求必须提供中标通知书，对非招标发包的工程构成歧视，属于以不合理条件限制、排斥潜在投标人或投标人的情形，并且提供合同协议书和竣工验收证明材料已经可以证明投标人的履约能力，因此，评标委员会按照业绩提供合同协议书和竣工验收证明材料对所有投标人进行了评审和比较。

评标结束后，招标人对评标结果进行复核，发现第一中标候选人甲公司提供了拟派项目经理的两个类似建筑工程施工业绩，其中一个业绩提供了中标通知书、合同协议书和竣工验收证明材料，但另一个业绩仅提供了合同协议书和竣工验收证明材料，但评标委员会按两个业绩均满足要求给予了满分。招标人认为评标委员会未按照招标文件规定的评标标准和方法进行评标，于是向当地行政监督部门提出纠正。

【问题提出】

（1）招标人认为评标结果错误能否自行组织原评标委员会进行复核？

（2）评标委员会能否就评分标准和方法进行讨论并按讨论意见进行评审？

【问题分析】

（1）根据《关于严格执行招标投标法规制度进一步规范招标投标主体行为的若干意见》中第（五）条规定，招标人应当在中标候选人公示前认真审查评标委员会提交的书面评标报告，发现异常情形的，依照法定程序进行复核，确认存在问题的，依照法定程序予以纠正；根据《招标投标法实施条例》第七十一条规定，评标委员会成员不按照招标文件规定的评标标准和方法评标的，由有关行政监督部门责令改正。因此，招标人在发现评标结果错误后，应当先组织原评标委员会对有关的问题予以纠正，招标人无法组织原评标委员会予以纠正或者原评标委员会无法自行予以纠正的，招标人应当报告行政监督部门，由有关行政监督部门依法作出处理，问题纠正后再公示中标候选人。

在实际操作中，招标人在对评标报告进行审查时，应重点关注评标委员会是否按照招标文件规定的评标标准和方法进行评标；是否存在对客观评审因素评分不一致，或者评分畸高、畸低现象；是否对可能低于成本或者影响履约的异常低价投标和严重不平衡报价进行分析研判；是否依法通知投标人进行澄清、说明；是否存在随意否决投标的情况。其中，在审查是否按照招标文件规定的评标标准和方法进行评标时，不是要求招标人对投标文件所有内容重新进行复核，而是对评标办法中客观且容易判断的内容进行复核，例如，招标文件规定内容合理得3分、较合理得1分、不合理得0分，而评标专家给出的得分为2分或4分，就属于未按照招标文件规定的评标标准和方法进行评标。

值得注意的是，在组织原评标委员会进行纠错时，只能对招标人或行政监督部门所提出的错误进行纠正，而不应对投标文件的其他内容重新进行评审。

（2）根据《招标投标法实施条例》第四十九条规定，评标委员会成员应当依照《招标投标法》及《招标投标法实施条例》的规定，按照招标文件规定的评标标准和方法，客观、公正地对投标文件提出评审意见。招标文件没有规定的评标标准和方法不得作为评标的依据。因此，为了保证招标投标活动符合公开、公平和公正的原则，评标委员会对各投标竞争者提交的投标文件进行评审、比较的唯一标准和方法，只能是在事先已提供给每一个投标人的招标文件中载明的评标标准和方法。评标委员会不能在评标过程中对评标标准和方法进行讨论、修改，招标文件以外的评标标准和方法不能作为评标的依据。

在评标过程中，如果招标文件存在错误，则评标委员会应暂停评标，认真分析错误内容是否违反了有关强制性规定、招标文件是否存在重大缺陷导致评标无法继续、是否可能影响招标投标活动的公平公正原则，以及是否会对评标结果产生实质性的影响等，而不能像本案例中的评标委员会一样擅自修改评审标准，并按照修改后的标准进行评标。

【案例启示】

（1）评标委员会应严格按照招标文件规定的评标标准和方法，客观、公正地对投标文件进行评审。招标文件没有规定的评标标准和方法不得作为评标的依据。

（2）招标人应当在中标候选人公示前认真审查评标委员会提交的书面评标报告，发现异常情形的，依照法定程序进行复核，确认存在问题的，依照法定程序予以纠正。

【法律依据】

1）《中华人民共和国招标投标法实施条例》

第四十六条第二款　依法必须进行招标的项目的招标人非因招标投标法和本条例规定的事由，不得更换依法确定的评标委员会成员。更换评标委员会的专家成员应当依照前款规定进行。

第四十九条第一款　评标委员会成员应当依照招标投标法和本条例的规定，按照招标文件规定的评标标准和方法，客观、公正地对投标文件提出评审意见。招标文件没有规定的评标标准和方法不得作为评标的依据。

第七十一条第（三）项　评标委员会成员有下列行为之一的，由有关行政监督部门责令改正；情节严重的，禁止其在一定期限内参加依法必须进行招标的项目的评标；情节特别严重的，取消其担任评标委员会成员的资格：

（三）不按照招标文件规定的评标标准和方法评标；

第八十一条　依法必须进行招标的项目的招标投标活动违反招标投标法和本条例的规定，对中标结果造成实质性影响，且不能采取补救措施予以纠正的，招标、投标、中标无效，应当依法重新招标或者评标。

2)《关于严格执行招标投标法规制度进一步规范招标投标主体行为的若干意见》

（五）加强评标报告审查。招标人应当在中标候选人公示前认真审查评标委员会提交的书面评标报告，发现异常情形的，依照法定程序进行复核，确认存在问题的，依照法定程序予以纠正。重点关注评标委员会是否按照招标文件规定的评标标准和方法进行评标；是否存在对客观评审因素评分不一致，或者评分畸高、畸低现象；是否对可能低于成本或者影响履约的异常低价投标和严重不平衡报价进行分析研判；是否依法通知投标人进行澄清、说明；是否存在随意否决投标的情况。加大评标情况公开力度，积极推进评分情况向社会公开、投标文件被否决原因向投标人公开。

案例 20　关于未提供信用查询结果截图而被否决投标引起争议的案例

【基本案情】

某依法必须进行招标的项目，采用公开招标方式，招标文件规定投标人在"信用中国"网站未被列入失信被执行人名单，同时要求投标人在投标文件中提供"信用中国"网站失信被执行人查询结果截图。在评标过程中，评标专家发现 A 公司的投标文件未提供该截图，评标委员会成员就是否应该否决 A 公司的投标文件产生了争议。有评委认为 A 公司未提供查询结果截图，不满足招标文件要求，应直接否决其投标；有评委认为可以要求 A 公司在规定时间内补交查询截图，如果查询结果符合要求，就可以继续参与评审。

【问题提出】

（1）招标文件要求提供"信用中国"网站失信被执行人查询结果截图是否属于实质性要求？

（2）评标委员会是否可以要求投标人对未提供查询截图的行为进行澄清或补正？

【案例分析】

（1）根据《招标投标法》第二十七条规定，投标人应当按照招标文件的要求编制投标文件。投标文件应当对招标文件提出的实质性要求和条件作出响应。A公司的投标是否应该被否决，实质上是判断招标文件要求投标文件附"信用中国"网站失信被执行人查询结果截图这一要求是否属于实质性要求。如果招标文件明确规定"未提供查询结果截图的投标将被否决"，则未附截图属于未响应招标文件的实质性要求。根据《招标投标法》及《招标投标法实施条例》有关规定，评标委员会应直接否决其投标。

需要说明的是，依据《关于在招标投标活动中对失信被执行人实施联合惩戒的通知》，招标投标活动中对失信被执行人的查询应由评标委员会、招标人或招标代理机构负责，而不应将此义务强加给投标人，况且查询结果在开标前都可能是动态变化的，投标人所附查询结果截图并不能作为投标人未被列为失信被执行人的依据。如果未提供查询结果截图的行为未对评标结果造成实质性影响，则可以考虑不否决其投标，经评标委员会查询（如限于评标条件，评标委员会无法查询，可由招标人或招标代理机构查询），若投标人被列为失信被执行人，评标委员会应依法否决其投标；若投标人未被列为失信被执行人，则继续参与评审，避免因形式上的要求导致实质上合格的投标人被排除。

（2）根据《招标投标法实施条例》第五十二条规定，投标文件中有含义不明确的内容、明显文字或者计算错误，评标委员会可以要求投标人作出必要澄清、说明。该项目的招标文件要求投标文件附"信用中国"网站失信被执行人查询结果截图，但A公司投标文件未按要求提供，其投标行为事实清楚、明确，既不是含义不明的内容，更不是明显文字错误或者计算错误的问题，因此，不属于投标人可以澄清、说明的范畴，评标委员会无权要求投标人对此进行澄清或说明。

【案例启示】

（1）投标人应认真阅读招标文件，严格按照招标文件要求编制投标文件，避免因疏忽导致投标被否决。

（2）评标委员会应严格按照法定程序评标，切勿随意启动对投标文件的澄清或说明。

【法律依据】

1)《中华人民共和国招标投标法》

第十九条第一款 招标人应当根据招标项目的特点和需要编制招标文件。招标文件应当包括招标项目的技术要求、对投标人资格审查的标准、投标报价要求和评标标准等所有实质性要求和条件以及拟签订合同的主要条款。

第二十七条第一款 投标人应当按照招标文件的要求编制投标文件。投标文件应当对招标文件提出的实质性要求和条件作出响应。

2)《中华人民共和国招标投标法实施条例》

第五十二条 投标文件中有含义不明确的内容、明显文字或者计算错误，评标委员会认为需要投标人作出必要澄清、说明的，应当书面通知该投标人。投标人的澄清、说明应当采用书面形式，并不得超出投标文件的范围或者改变投标文件的实质性内容。

评标委员会不得暗示或者诱导投标人作出澄清、说明，不得接受投标人主动提出的澄清、说明。

3)《关于在招标投标活动中对失信被执行人实施联合惩戒的通知》

四、联合惩戒措施

（一）限制失信被执行人的投标活动

依法必须进行招标的工程建设项目，招标人应当在资格预审公告、招标公告、投标邀请书及资格预审文件、招标文件中明确规定对失信被执行人的处理方法和评标标准，在评标阶段，招标人或者招标代理机构、评标专家委员会应当查询投标人是否为失信被执行人，对属于失信被执行人的投标活动依法予以限制。

两个以上的自然人、法人或者其他组织组成一个联合体，以一个投标人的身份共同参加投标活动的，应当对所有联合体成员进行失信被执行人信息查询。联合体中有一个或一个以上成员属于失信被执行人的，联合体视为失信被执行人。

案例 21 关于有效投标数量不足 3 个而否决全部投标的案例

【基本案情】

某市政道路工程设计项目，采用公开招标方式。在招标文件规定的投标截止时间，共有 6 家投标单位递交了投标文件，在评标时，有 4 家投标单位因初步审查不合格而被否决，评标委员会认为剩余投标单位数量不足 3 家，否决了全部投标。

【问题提出】

有效投标数量不足 3 个，评标委员会是否应当否决全部投标？

【问题分析】

《评标委员会和评标方法暂行规定》第二十七条明确指出，因有效投标数量不足 3 个使得投标明显缺乏竞争的，评标委员会可以否决全部投标。"有效投标"是指评标委员会否决不合格投标后剩余的合格投标，"投标明显缺乏竞争"通常是指在评标过程中，招标项目的竞争程度显著低于预期，无法实现充分的市场竞争择优目的。评标委员会可以否决全部投标的前提是，必须同时满足有效投标数量不足 3 个和投标明显缺乏竞争的条件。当有效投标数量不足 3 个时，根据《关于严格执行招标投标法规制度进一步规范招标投标主体行为的若干意见》第（十三）条规定，评标委员会应当对投标是否明显缺乏竞争进行充分论证后决定是否否决全部投标，并在评标报告中记载论证过程和结果。

评标委员会在判断投标是否明显缺乏竞争时，应从两个角度考虑：一是招标公告和招标文件是否存在歧视性条款、是否存在明显脱离市场规律的不合理要求；二是剩余有效投标的报价与市场价格相比是否合理。世界银行《采购指南》中也有相关规定，缺乏竞争性不应仅仅以投标人的数量来确定。如果招标广告的刊登令人满意，而所报的价格与市场价格相比是合理的，即使只有一份投标书，招标过程也可以被认为有效。

因此，本案例中评标委员会以有效投标数量不足 3 个来判定投标是否缺乏竞争显然是不妥的，投标人的竞争是在投标截止时间之前就已经形成，并非在评标过程中。投标人的竞争是与其所在的市场竞争，而不是与一两个特定投标人的竞争。因此，即便只有一个有效投标，其投标文件实质性响应招标文件要求，投标报价与市场价格相比是合理的，也应判断其具有竞争性。

【案例启示】

有效投标数量不足3个的项目，评标委员会应当对投标是否明显缺乏竞争进行充分论证，而不应简单地以有效投标数量作为是否具备竞争性的判定依据。

【法律依据】

1）《中华人民共和国招标投标法》

第二十八条第一款　投标人应当在招标文件要求提交投标文件的截止时间前，将投标文件送达投标地点。招标人收到投标文件后，应当签收保存，不得开启。投标人少于三个的，招标人应当依照本法重新招标。

第四十二条第一款　评标委员会经评审，认为所有投标都不符合招标文件要求的，可以否决所有投标。

2）《评标委员会和评标方法暂行规定》

第二十七条　评标委员会根据本规定第二十条、第二十一条、第二十二条、第二十三条、第二十五条的规定否决不合格投标后，因有效投标不足三个使得投标明显缺乏竞争的，评标委员会可以否决全部投标。

投标人少于三个或者所有投标被否决的，招标人在分析招标失败的原因并采取相应措施后，应当依法重新招标。

3）《工程建设项目勘察设计招标投标办法》

第四十八条第（四）项　在下列情况下，依法必须招标项目的招标人在分析招标失败的原因并采取相应措施后，应当依照本办法重新招标：

（四）评标委员会否决不合格投标后，因有效投标不足三个使得投标明显缺乏竞争，评标委员会决定否决全部投标的；

4）《工程建设项目货物招标投标办法》

第四十一条第三款　依法必须招标的项目评标委员会否决所有投标的，或者评标委员会否决一部分投标后其他有效投标不足三个使得投标明显缺乏竞争，决定否决全部投标的，招标人在分析招标失败的原因并采取相应措施后，应当重新招标。

5)《关于严格执行招标投标法规制度进一步规范招标投标主体行为的若干意见》

（十三）提高评标质量。评标委员会成员应当遵循公平、公正、科学、择优的原则，认真研究招标文件，根据招标文件规定的评标标准和方法，对投标文件进行系统的评审和比较。评标过程中发现问题的，应当及时向招标人提出处理建议；发现招标文件内容违反有关强制性规定或者招标文件存在歧义、重大缺陷导致评标无法进行时，应当停止评标并向招标人说明情况；发现投标文件中含义不明确、对同类问题表述不一致、有明显文字和计算错误、投标报价可能低于成本影响履约的，应当先请投标人作必要的澄清、说明，不得直接否决投标；有效投标不足三个的，应当对投标是否明显缺乏竞争和是否需要否决全部投标进行充分论证，并在评标报告中记载论证过程和结果；发现违法行为的，以及评标过程和结果受到非法影响或者干预的，应当及时向行政监督部门报告。招标人既要重视发挥评标专家的专业和经验优势，又要通过科学设置评标标准和方法，引导专家在专业技术范围内规范行使自由裁量权；根据招标项目实际需要，合理设置专家抽取专业，并保证充足的评标时间。积极探索完善智能辅助评标等机制，减轻专家不必要的工作量。鼓励有条件的地方和单位探索招标人按照工作价值灵活确定评标劳务费支付标准的新机制。

123. 招标人收到评标报告后未在3日内公示中标候选人，该如何处理？

依法必须进行招标的项目，招标人收到评标报告后未在3日内公示中标候选人，行政监督部门可责令招标人限期改正，要求其尽快按照规定公示中标候选人。招标人拒不改正的，可暂停该项目的招标投标活动。

【问题分析】

根据《招标投标法实施条例》第五十四条规定，依法必须进行招标的项目，招标人应当自收到评标报告之日起3日内公示中标候选人，公示期不得少于3日。在实际工作中，招标人在安排评标时间时，应注意尽量避免把评标时间安排在法定节假日前一天，否则可能会出现不能及时公示的问题。

此外，实际操作中应注意区分中标候选人公示和中标结果公示的应用。中标候选人公示与中标结果公示均是为了更好地发挥社会监督作用，但两者有显著区别。一是向社会公开相关信息的时间点不同，前者是在最终结果确定前，后者是在最终结果确定后；二是中标候选人公示期间，投标人或者其他利害关系人可以依法对评标结果提出异议，中标结果公示后则不能再对评标结果提出异议。

【法律依据】

《中华人民共和国招标投标法实施条例》

第五十四条　依法必须进行招标的项目，招标人应当自收到评标报告之日起3

日内公示中标候选人，公示期不得少于3日。

投标人或者其他利害关系人对依法必须进行招标的项目的评标结果有异议的，应当在中标候选人公示期间提出。招标人应当自收到异议之日起3日内作出答复；作出答复前，应当暂停招标投标活动。

124. 依法必须招标项目的中标候选人公示信息应包含哪些内容？

依法必须招标项目的中标候选人公示应当载明以下内容：①中标候选人排序、名称、投标报价、质量、工期（交货期），以及评标情况；②中标候选人按照招标文件要求承诺的项目负责人姓名及其相关证书名称和编号；③中标候选人响应招标文件要求的资格能力条件；④提出异议的渠道和方式；⑤招标文件规定公示的其他内容。

【问题分析】

上述公示内容中的评标情况是否应包括投标人各评分因素的得分情况，实践中有争议，公示细项评分固然有利于进一步增强社会监督效果。但是参照《招标投标法》第四十四条有关不得透露对投标文件的评审和比较等与评标有关的其他情况的规定，是否公示细项评分需要综合考虑，既要方便社会监督，又要减少纠纷以保证效率。例如，湖北省电子招投标交易平台，公示的评标情况资料包含了符合要求的投标一览表、否决投标的情况说明、其他情况说明、各投标人评分比较一览表或者经评审的价格一览表，以工程项目为例，该平台公示的评标情况为经评审合格的各投标人的价格、施工组织设计、项目管理机构、其他评审因素的最终得分及最终总分。

需要说明的是，非依法必须进行招标的项目属于招标人自愿采用招标程序的情形，法律法规未强制要求此类项目公示中标候选人，是否公示由招标人自主决定，但基于招标人自愿选择招标的初衷，以及公示可体现采购程序的公正性，提升招标信息的公开透明度，最大化提升招标公信力，因此，实践中非依法必须进行招标的项目招标人宜主动公示中标候选人信息。

值得注意的是，非依法必须进行招标的项目是否需要公示中标候选人还要看招标文件约定、招标人内控管理要求，以及行业、地方规定，例如，昆明市晋宁区明确规定，进场交易的非依法必须进行招标的项目公告、公示等信息应在全国公共资源交易平台（云南·昆明）及有关规定中指定的媒介同步发布，属于保密信息或按规定不予公开的除外。

【法律依据】

1)《招标公告和公示信息发布管理办法》

第六条 依法必须招标项目的中标候选人公示应当载明以下内容：

（一）中标候选人排序、名称、投标报价、质量、工期（交货期），以及评标情况；

（二）中标候选人按照招标文件要求承诺的项目负责人姓名及其相关证书名称和编号；

（三）中标候选人响应招标文件要求的资格能力条件；

（四）提出异议的渠道和方式；

（五）招标文件规定公示的其他内容。

依法必须招标项目的中标结果公示应当载明中标人名称。

2)《中华人民共和国招标投标法实施条例》

第五十四条 依法必须进行招标的项目，招标人应当自收到评标报告之日起3日内公示中标候选人，公示期不得少于3日。

投标人或者其他利害关系人对依法必须进行招标的项目的评标结果有异议的，应当在中标候选人公示期间提出。招标人应当自收到异议之日起3日内作出答复；作出答复前，应当暂停招标投标活动。

125. 招标人公示了中标候选人是否意味着确定了中标人？

公示中标候选人属于定标的前置程序，不能认为确定了中标人。

【问题分析】

在招标投标过程中，评标委员会根据招标文件规定的评标标准和方法，对投标文件进行评审和比较，以此推荐中标候选人。中标候选人公示是招标人将评标结果通知所有投标人，并公开宣布中标候选人的名单及排序的法定程序。招标人公示中标候选人是在最终结果确定前进行的，属于定标的前置程序，目的是在确定最终中标结果前让社会公众有机会了解可能的中标人，有利于进一步加强社会监督，保证评标结果的公正和公平。

根据《招标投标法实施条例》《工程建设项目招标投标活动投诉处理办法》等相关法律法规规定，在中标候选人公示期间，投标人和其他利害关系人对评标结果有异议，可以依法向招标人提出。异议成立的，招标人应当组织原评标委员会对有关的问题予以纠正。招标人无法组织原评标委员会予以纠正或者评标委员会无法自行予以纠正的，招标人应当报告有关行政监督部门，由行政监督部门依法作出处理。招标人不处理异议或者投标人对招标人的答复不满意的，可以向有关行政监督部门投诉。

只有在公示期满且没有异议或异议处理结束后，招标人才会向中标候选人发出中标通知书，正式确认其中标。此时，中标候选人才正式成为中标人，并与招标人签订合同，开始履行合同义务。

【法律依据】

1)《中华人民共和国招标投标法》

第六十五条　投标人和其他利害关系人认为招标投标活动不符合本法有关规定的，有权向招标人提出异议或者依法向有关行政监督部门投诉。

2)《中华人民共和国招标投标法实施条例》

第五十四条　依法必须进行招标的项目，招标人应当自收到评标报告之日起3日内公示中标候选人，公示期不得少于3日。

投标人或者其他利害关系人对依法必须进行招标的项目的评标结果有异议的，应当在中标候选人公示期间提出。招标人应当自收到异议之日起3日内作出答复；作出答复前，应当暂停招标投标活动。

第五十五条　国有资金占控股或者主导地位的依法必须进行招标的项目，招标人应当确定排名第一的中标候选人为中标人。排名第一的中标候选人放弃中标、因不可抗力不能履行合同、不按照招标文件要求提交履约保证金，或者被查实存在影

响中标结果的违法行为等情形，不符合中标条件的，招标人可以按照评标委员会提出的中标候选人名单排序依次确定其他中标候选人为中标人，也可以重新招标。

第六十条第一款 投标人或者其他利害关系人认为招标投标活动不符合法律、行政法规规定的，可以自知道或者应当知道之日起10日内向有关行政监督部门投诉。投诉应当有明确的请求和必要的证明材料。

3)《工程建设项目招标投标活动投诉处理办法》

第三条 投标人或者其他利害关系人认为招标投标活动不符合法律、法规和规章规定的，有权依法向有关行政监督部门投诉。

126. 因评标原因改变中标候选人排序，是否需要重新公示？

在中标候选人公示后，因评标原因导致中标候选人排序有变化的，需要重新公示中标候选人。

【问题分析】

依法必须进行招标的项目，招标人应当在收到评标报告后的3日内公示中标候选人。中标候选人公示的内容包括中标候选人的排序、名称、投标报价、质量、工期（交货期）、资格能力条件、项目负责人及评标情况等信息。

中标候选人公示的作用在于向包括投标人及其他利害关系人在内的社会公众告知评标结果，是遵循招标投标活动公开原则的表现，也是保障社会公众监督权、知情权和相关方救助权益的必要举措，投标人及其他利害关系人对评标结果有异议的，可以在公示期内提出。中标候选人公示本质上是对评标结果的公开，因评标原因导致中标候选人发生变化，就意味着第一次的评标结果有误，理应按法定程序纠正后重新公示中标候选人。

【法律依据】

1)《中华人民共和国招标投标法实施条例》

第五十四条 依法必须进行招标的项目，招标人应当自收到评标报告之日起3日内公示中标候选人，公示期不得少于3日。

投标人或者其他利害关系人对依法必须进行招标的项目的评标结果有异议的，应当在中标候选人公示期间提出。招标人应当自收到异议之日起3日内作出答复；作出答复前，应当暂停招标投标活动。

第五十五条 国有资金占控股或者主导地位的依法必须进行招标的项目，招标人应当确定排名第一的中标候选人为中标人。排名第一的中标候选人放弃中标、因不可抗力不能履行合同、不按照招标文件要求提交履约保证金，或者被查实存在影响中标结果的违法行为等情形，不符合中标条件的，招标人可以按照评标委员会提出的中标候选人名单排序依次确定其他中标候选人为中标人，也可以重新招标。

2)《招标公告和公示信息发布管理办法》

第六条 依法必须招标项目的中标候选人公示应当载明以下内容：

（一）中标候选人排序、名称、投标报价、质量、工期（交货期），以及评标情况；

（二）中标候选人按照招标文件要求承诺的项目负责人姓名及其相关证书名称和编号；

（三）中标候选人响应招标文件要求的资格能力条件；

（四）提出异议的渠道和方式；

（五）招标文件规定公示的其他内容。

依法必须招标项目的中标结果公示应当载明中标人名称。

127. 第一中标候选人放弃中标后，招标人能否直接选择重新招标？

第一中标候选人放弃中标后，招标人可以选择依次确定其他中标候选人为中标人，也可以选择重新招标，但如何选择并非任意的。

【问题分析】

根据《招标投标法实施条例》第五十五条规定，排名第一的中标候选人放弃中标、因不可抗力不能履行合同、不按照招标文件要求提交履约保证金，或者被查实存在影响中标结果的违法行为等情形，不符合中标条件的，招标人可以按照评标委员会提出的中标候选人名单排序依次确定其他中标候选人为中标人，也可以重新招标。

虽然《招标投标法》及《招标投标法实施条例》赋予了招标人选择的权利，但招标人要理性行使这一权利，并非任意选择。招标人可根据项目实际情况选择其他中标候选人为中标人或重新招标。

第一种情况，招标人选择其他中标候选人为中标人。招标人按照评标委员会提出的中标候选人名单排序，依次确定其他中标候选人为中标人（不含仅有一名中标候选人的情况）。选择其他中标候选人为中标人这一方法，对于招标人而言，能够尽快确定新的中标人，避免耽误项目工期，减少重新招标增加的费用支出和时间成本，从而提高了采购效率；对于投标人而言，也显得更加公平，因为投标人的投标价格已经在首次招标的开标环节中进行了公开，重新招标可能会改变其原有的竞争地位。在其他中标候选人符合中标条件且能够满足采购需求的情况下，招标人应尽量按中标候选人名单排序依次确定中标人。当然，招标人在选择该方法确定新的中标人前，应当综合考虑后续中标候选人的投标报价及其企业实力，确保其能够履行合同义务。

第二种情况，招标人选择重新招标。如果依次确定其他中标候选人与招标人预期差距较大，或者对招标人明显不利，例如，排名在后的中标候选人报价偏高，或已在其他合同标段中标，履约能力受到限制，或存在串通投标等违法行为等，则招标人可以选择重新招标。

【法律依据】

1)《中华人民共和国招标投标法》

第六十四条 依法必须进行招标的项目违反本法规定，中标无效的，应当依照本法规定的中标条件从其余投标人中重新确定中标人或者依照本法重新进行招标。

2)《中华人民共和国招标投标法实施条例》

第五十五条 国有资金占控股或者主导地位的依法必须进行招标的项目，招标人应当确定排名第一的中标候选人为中标人。排名第一的中标候选人放弃中标、因不可抗力不能履行合同、不按照招标文件要求提交履约保证金，或者被查实存在影响中标结果的违法行为等情形，不符合中标条件的，招标人可以按照评标委员会提出的中标候选人名单排序依次确定其他中标候选人为中标人，也可以重新招标。

3)《评标委员会和评标方法暂行规定》

第四十八条 国有资金占控股或者主导地位的项目，招标人应当确定排名第一的中标候选人为中标人。排名第一的中标候选人放弃中标、因不可抗力提出不能履行合同，或者招标文件规定应当提交履约保证金而在规定的期限内未能提交，或者被查实存在影响中标结果的违法行为等情形，不符合中标条件的，招标人可以按照评标委员会提出的中标候选人名单排序依次确定其他中标候选人为中标人。依次确定其他中标候选人与招标人预期差距较大，或者对招标人明显不利的，招标人可以重新招标。

招标人可以授权评标委员会直接确定中标人。

国务院对中标人的确定另有规定的，从其规定。

128. 经查实第一中标候选人有违法行为，该如何处理？

经查实第一中标候选人有违法行为但不影响中标结果的，招标人可确定其为中标人，继续与其履行合同；经查实第一中标候选人有违法行为且影响中标结果的，中标无效，招标人应当按照评标委员会提出的中标候选人名单排序依次确定其他中标候选人为中标人，或重新招标。

【问题分析】

如果中标候选人存在《行政处罚法》中规定的警告、罚款等行政处罚违法行为，例如，违反工程建设安全文明施工管理制度而产生罚款等，这种行为与此次参与的招标投标活动并无关联，对中标结果不造成影响，招标人可以继续与其履行合同。

根据《招标投标法》及《招标投标法实施条例》相关规定，影响中标结果的违法行为包括弄虚作假、串通投标、投标人行贿以谋取中标，或者招标文件载明的属于实质性要求和条件的其他违法行为。这些违法行为一般应发生在本次招标活动中，但招标文件另有规定的除外。如果这些违法行为被查实，包括经评标委员会、行政监督部门或者司法机关查实，则根据《招标投标法实施条例》第五十五规定，招标人可以按照评标委员会提出的中标候选人名单排序依次确定其他中标候选人为中标人，也可以重新招标。

【法律依据】

1)《中华人民共和国行政处罚法》

第九条　行政处罚的种类：

（一）警告、通报批评；

（二）罚款、没收违法所得、没收非法财物；

（三）暂扣许可证件、降低资质等级、吊销许可证件；

（四）限制开展生产经营活动、责令停产停业、责令关闭、限制从业；

（五）行政拘留；

（六）法律、行政法规规定的其他行政处罚。

2)《中华人民共和国招标投标法》

第三十二条　投标人不得相互串通投标报价，不得排挤其他投标人的公平竞争，损害招标人或者其他投标人的合法权益。

投标人不得与招标人串通投标，损害国家利益、社会公共利益或者他人的合法权益。

禁止投标人以向招标人或者评标委员会成员行贿的手段谋取中标。

第三十三条　投标人不得以低于成本的报价竞标，也不得以他人名义投标或者以其他方式弄虚作假，骗取中标。

第六十四条　依法必须进行招标的项目违反本法规定，中标无效的，应当依照本法规定的中标条件从其余投标人中重新确定中标人或者依照本法重新进行招标。

3)《中华人民共和国招标投标法实施条例》

第三十九条　禁止投标人相互串通投标。

有下列情形之一的，属于投标人相互串通投标：

（一）投标人之间协商投标报价等投标文件的实质性内容；

（二）投标人之间约定中标人；

（三）投标人之间约定部分投标人放弃投标或者中标；

（四）属于同一集团、协会、商会等组织成员的投标人按照该组织要求协同投标；

（五）投标人之间为谋取中标或者排斥特定投标人而采取的其他联合行动。

第四十条　有下列情形之一的，视为投标人相互串通投标：

（一）不同投标人的投标文件由同一单位或者个人编制；

（二）不同投标人委托同一单位或者个人办理投标事宜；

（三）不同投标人的投标文件载明的项目管理成员为同一人；

（四）不同投标人的投标文件异常一致或者投标报价呈规律性差异；

（五）不同投标人的投标文件相互混装；

（六）不同投标人的投标保证金从同一单位或者个人的账户转出。

第四十一条　禁止招标人与投标人串通投标。

有下列情形之一的，属于招标人与投标人串通投标：

（一）招标人在开标前开启投标文件并将有关信息泄露给其他投标人；

（二）招标人直接或者间接向投标人泄露标底、评标委员会成员等信息；

（三）招标人明示或者暗示投标人压低或者抬高投标报价；

（四）招标人授意投标人撤换、修改投标文件；

（五）招标人明示或者暗示投标人为特定投标人中标提供方便；

（六）招标人与投标人为谋求特定投标人中标而采取的其他串通行为。

第四十二条　使用通过受让或者租借等方式获取的资格、资质证书投标的，属于招标投标法第三十三条规定的以他人名义投标。

投标人有下列情形之一的，属于招标投标法第三十三条规定的以其他方式弄虚作假的行为：

（一）使用伪造、变造的许可证件；

（二）提供虚假的财务状况或者业绩；

（三）提供虚假的项目负责人或者主要技术人员简历、劳动关系证明；

（四）提供虚假的信用状况；

（五）其他弄虚作假的行为。

第五十五条　国有资金占控股或者主导地位的依法必须进行招标的项目，招标人应当确定排名第一的中标候选人为中标人。排名第一的中标候选人放弃中标、因不可抗力不能履行合同、不按照招标文件要求提交履约保证金，或者被查实存在影响中标结果的违法行为等情形，不符合中标条件的，招标人可以按照评标委员会提出的中标候选人名单排序依次确定其他中标候选人为中标人，也可以重新招标。

第六十七条第一款　投标人相互串通投标或者与招标人串通投标的，投标人向招标人或者评标委员会成员行贿谋取中标的，中标无效；构成犯罪的，依法追究刑事责任；尚不构成犯罪的，依照招标投标法第五十三条的规定处罚。投标人未中标的，对单位的罚款金额按照招标项目合同金额依照招标投标法规定的比例计算。

129. 招标人启动履约能力审查需具备什么条件？

履约能力审查是招标人的一项权利，招标人启动履约能力审查的前提是中标候选人经营、财务状况发生较大变化或者存在违法行为，且招标人认为可能会影响其履约能力。

【问题分析】

在招标投标过程中，投标人的经营、财务状况可能会发生较大变化，投标人也可能因违法而受到停产停业整顿、吊销营业执照等处罚，或者被采取查封冻结财产和账户等强制措施。投标人也可能发生合并、分立、破产等重大变化，导致其不再具备招标文件规定的资格条件。当出现以上情况时，都可能影响投标人的履约能力。虽然《招标投标法实施条例》规定投标人具有对其重大变化的告知义务，但并非所有投标人会主动履行上述告知义务。

若投标人未主动履行上述告知义务，评标结束到发出中标通知书前中标候选人的经营、财务状况发生较大变化，或者中标候选人存在违法行为等，招标人认为可能影响中标候选人履约能力的，可要求原评标委员会按照招标文件规定的标准和方法，启动对影响中标候选人履约能力的审查程序。首先，经营状况和财务状况的变化可能会导致中标候选人不再满足招标文件规定的资格要求；其次，违法行为不限于本次招标投标活动中发生，只要发生违法行为且对本次招标的评标结果和合同的履行产生影响，都应包括在内。而中标候选人违法行为可能导致丧失中标资格以及丧失履约能力两种后果，前者如存在串通投标、弄虚作假、行贿等，后者如因违法而被责令停产停业、查封冻结财产等，存在以上情形时其投标应当被否决，或者在中标通知书发出后宣布中标无效。

需要说明的是，中标候选人虽有违法行为，但招标人认为不影响中标结果或者履约能力的，不需要启动履约能力审查。

对于审查的时间，招标人应在评标结束后中标通知书发出前启动履约能力审查。如果在评标过程中出现有关情形，则由评标委员会在评审时一并审查即可；如果中标通知书已经发出，表明合同已经成立，则按照《民法典》的相关规定执行。

履约能力审查是招标人的一项权利，但履约能力审查的主体为原评标委员会。这样规定是为了防止招标人擅自变更评标结果，同时也有利于评审尺度的统一。因此，招标人不能自行对中标候选人进行履约能力审查。同时，在审查依据上，原评标委员会应当按照招标文件规定的评审标准和方法进行履约能力审查。

【法律依据】

《中华人民共和国招标投标法实施条例》

第五十六条　中标候选人的经营、财务状况发生较大变化或者存在违法行为，招标人认为可能影响其履约能力的，应当在发出中标通知书前由原评标委员会按照招标文件规定的标准和方法审查确认。

130.什么是评定分离？评定分离如何定标？

评定分离是指将招标投标程序中的"评标委员会评标"与"招标人定标"作为相对独立的两个环节进行分离，评标委员会按招标文件规定的评标办法，向招标人推荐合格的中标候选人。定标委员会按照科学、民主决策原则，建立健全内部控制程序和决策约束机制，在综合考虑信用、报价、履约能力等方面的基础上，择优确定中标人。

【问题分析】

评定分离将传统招标中的"评标"与"定标"两个环节分离，由不同主体分别负责，评标由招标人依法组建评标委员会，根据招标文件规定的评标方法和标准对投标人的投标报价、技术标、商务标等内容进行评审，向招标人推荐一定数量的中标候选人。定标由招标人组建定标委员会，按照招标文件规定的定标办法、定标要素、"择优"和"比劣"标准，结合评标委员会的评标报告、招标人的清标报告、建设单位对投标人的履约评价、投标人报价情况以及投标人信用情况等因素择优确定中标人。评定分离方式通过分权制衡，推动招标投标活动从"程序合规"向"结果择优"转变，是优化市场环境、落实主体责任的一项改革措施，但需配套透明的规则和监管机制以确保公平性。

评定分离的定标方法主要有价格竞争定标法、票决定标法、集体议事法。

价格竞争定标法指以投标价格作为定标主要依据的方法，具体方法由招标人在招标文件中加以约定。该方法可以引申出多种定标方法，比如最低投标价法、次低价法、第 N（事先约定的数字）低价法、平均值法等。该方法的特点是招标程序较简单，能充分竞价，主要适用于具有通用技术、性能标准或者招标人对其技术、性能标准没有特殊要求的招标项目。

票决定标法又分为票决数量法和票决计分法。票决数量法是指招标人组建定标委员会，定标委员会成员对中标候选人进行记名投票，得票最高的即为中标人，当最高得票相同时，对得票最高的中标候选人再次进行记名投票，直至选出中标人；票决计分法是定标委员会成员对中标候选人进行投票记分排名，如果中标候选人数量为 N，则取中标候选人最高得分为 N 分，其次为 $N-1$ 分、最低得分为 1 分，汇总定标委员会各成员记名投票打分情况，总得分最高的即为中标人，当最高得分相同时，对得分最高的中标候选人再次进行记名投票打分，直至选出中标人，该方法的优点是择优功能突出，具备一定的竞价功能，但招标人主要负责人的廉政压力和定标委员的廉政风险较大，主要适用于重大项目或技术复杂或招标人对其技术、性能标准有特殊要求及采用新技术、新工艺的招标项目。

集体议事法指由招标人的法定代表人或者主要负责人担任定标委员会组长，组建定标委员会进行集体商议，定标委员会成员各自发表意见，最终由定标委员会组长确定中标候选人及排序，该方法的特点是招标人的法定代表人或者主要负责人个人有定标权，既可以是择优，也可以是竞价，还可以是择优与竞价的有机结合，但招标人的法定代表人或者主要负责人个人廉政压力与廉政风险巨大，如果招标人没有完善的集体议事规则加以规避廉政风险、化解廉政压力，则不宜采用集体议事法。

评定分离政策实际上在扩大招标人自主权的同时也对招标人提出了更高的要求，而且存在一些风险，主要表现在以下几个方面：一是决策监督内控机制不完善，定标流程过于随意，不合规，容易引发投诉，还可能因利益输送、人情关系等因素偏向特定投标人；二是定标标准主观性过强，缺乏量化依据，定标决策依赖

"个人偏好"，导致结果不公平；三是专业能力不足，缺乏定标经验或技术判断力，导致选择不匹配的中标人；四是招标人在同一类项目中确定的定标规则和价值取向缺乏连续性和稳定性。

各地区推行的评定分离政策是在现有法律法规的基础上的一种探索和制度创新。根据《招标投标法》第四十条规定，评标委员会完成评标后，应当向招标人提出书面评标报告，并推荐合格的中标候选人。招标人根据评标委员会提出的书面评标报告和推荐的中标候选人确定中标人。法律明确规定了评标委员会的"推荐权"和招标人的"定标权"，并未禁止招标人自主确定中标人。评定分离政策将定标权交还招标人，符合"招标人确定中标人"的法定原则。根据《招标投标法实施条例》第五十五条规定，国有资金占控股或者主导地位的依法必须进行招标的项目，招标人应当确定排名第一的中标候选人为中标人。因此，从行政法规的层面来看，《招标投标法实施条例》在《招标投标法》第四十条的授权下，对"国有资金占控股或者主导地位的依法必须进行招标的项目"的定标权作出特别规定，确定排名第一的中标候选人为中标人成为法定事由。但《招标投标法实施条例》并未通过"评定合一"取代《招标投标法》中"评定分离"的制度设计。

【法律依据】

1)《中华人民共和国招标投标法》

第四十条　评标委员会应当按照招标文件确定的评标标准和方法，对投标文件进行评审和比较；设有标底的，应当参考标底。评标委员会完成评标后，应当向招标人提出书面评标报告，并推荐合格的中标候选人。

招标人根据评标委员会提出的书面评标报告和推荐的中标候选人确定中标人。招标人也可以授权评标委员会直接确定中标人。

国务院对特定招标项目的评标有特别规定的，从其规定。

2)《中华人民共和国招标投标法实施条例》

第五十三条　评标完成后，评标委员会应当向招标人提交书面评标报告和中标候选人名单。中标候选人应当不超过3个，并标明排序。

评标报告应当由评标委员会全体成员签字。对评标结果有不同意见的评标委员会成员应当以书面形式说明其不同意见和理由，评标报告应当注明该不同意见。评标委员会成员拒绝在评标报告上签字又不书面说明其不同意见和理由的，视为同意评标结果。

第五十五条　国有资金占控股或者主导地位的依法必须进行招标的项目，招标人应当确定排名第一的中标候选人为中标人。排名第一的中标候选人放弃中标、因不可抗力不能履行合同、不按照招标文件要求提交履约保证金，或者被查实存在影响中标结果的违法行为等情形，不符合中标条件的，招标人可以按照评标委员会提出的中标候选人名单排序依次确定其他中标候选人为中标人，也可以重新招标。

3）《关于创新完善体制机制推动招标投标市场规范健康发展的意见》

（七）优化中标人确定程序。厘清专家评标和招标人定标的职责定位，进一步完善定标规则，保障招标人根据招标项目特点和需求依法自主选择定标方式并在招标文件中公布。建立健全招标人对评标报告的审核程序，招标人发现评标报告存在错误的，有权要求评标委员会进行复核纠正。探索招标人从评标委员会推荐的中标候选人范围内自主研究确定中标人。实行定标全过程记录和可追溯管理。

4）《关于进一步加强房屋建筑和市政基础设施工程招标投标监管的指导意见》

（四）探索推进评定分离方法。招标人应科学制定评标定标方法，组建评标委员会，通过资格审查强化对投标人的信用状况和履约能力审查，围绕高质量发展要求优先考虑创新、绿色等评审因素。评标委员会对投标文件的技术、质量、安全、工期的控制能力等因素提供技术咨询建议，向招标人推荐合格的中标候选人。由招标人按照科学、民主决策原则，建立健全内部控制程序和决策约束机制，根据报价情况和技术咨询建议，择优确定中标人，实现招标投标过程的规范透明，结果的合法公正，依法依规接受监督。

131. 招标代理机构是否可以发出中标通知书？

中标通知书应由招标人发出，基于招标人和招标代理机构的委托代理关系，招标人也可以委托招标代理机构发出，实践中通常是由招标人和招标代理机构共同发出的。

【问题分析】

在招标投标活动中，招标代理机构都以委托授权作为前提。中标通知书的发送主体的问题，其关键是委托授权给谁的问题。由招标代理机构执行的招标，招标结果的法律约束力来自委托授权的成立。招标人依法委托招标代理机构办理招标事宜的，应当由招标人与招标代理机构签订委托代理协议，依法确定委托代理的事项，约定双方的权利及义务。只要在招标代理委托协议中明确规定"由招标代理机构公布招标结果，并向中标人发出中标通知，向其他投标人发出未中标通知"等条款，招标代理机构发出中标通知书就是合法的。此时，招标代理机构发出中标通知书等同于招标人发出中标通知书。

虽然招标人委托招标代理机构实施招标采购工作，但招标人是主体，招标代理机构发布的招标公告、招标文件、评标结果公示、中标通知书等，都需要招标人确认后才能发出，所以，即使中标通知书由招标代理机构发出，也是经过招标人确认的，代表招标人的意见。

因此，只要招标人与招标代理机构签订了委托代理协议，在协议中明确委托招标代理机构发出中标通知书，那么招标代理机构发出中标通知书就是合法的。

【法律依据】

1）《中华人民共和国招标投标法》

第十五条　招标代理机构应当在招标人委托的范围内办理招标事宜，并遵守本法关于招标人的规定。

第四十五条第一款　中标人确定后，招标人应当向中标人发出中标通知书，并同时将中标结果通知所有未中标的投标人。

2）《中华人民共和国招标投标法实施条例》

第十三条第一款　招标代理机构在其资格许可和招标人委托的范围内开展招标代理业务，任何单位和个人不得非法干涉。

3）《工程建设项目施工招标投标办法》

第五十六条第三款　中标通知书由招标人发出。

4）《工程建设项目货物招标投标办法》

第五十条第二款　中标通知书由招标人发出，也可以委托其招标代理机构发出。

132. 中标通知书发出30日之后还能否签订合同?

从合同效力的角度来讲,中标通知书发出30日之后依法签订的合同仍有效;从程序管理的角度来讲,中标通知书发出30日之后签订合同存在一定的法律风险。

【问题分析】

根据《招标投标法》第四十五条、《民法典》第四百八十三条,以及《关于适用〈中华人民共和国民法典〉合同编通则若干问题的解释》第四条的规定,中标通知书自到达中标人时合同成立;根据《民法典》第五百零二条规定,依法成立的合同,自成立时生效;根据《招标投标法》第四十六条规定,招标人和中标人应当自中标通知书发出之日起30内,按照招标文件和中标人的投标文件订立书面合同。虽然中标通知书自到达中标人时合同成立,但是《招标投标法》仍规定需在30日内签订书面合同,主要是基于以下几个方面的考虑:一是明确招标人和中标人的权利义务,招标文件和投标文件内容较为分散,可能存在理解不一致的地方,通过订立书面合同,能对双方的权利义务进行系统梳理和细化,明确项目的具体内容、质量标准、价款支付方式、履行期限、验收标准等关键条款,减少纠纷发生的可能性;二是便于行政监督与管理,书面合同是行政监督部门对招标投标活动进行监督的重要依据,行政监督部门可通过审查书面合同,确保招标投标活动依法依规进行,防止出现违法违规行为,如订立阴阳合同、擅自变更合同实质性内容等,同时,也便于对合同履行情况进行跟踪和管理,保障公共利益和社会秩序;三是符合证据要求,书面合同作为一种正式的法律文件,具有较高的证据效力,在合同履行过程中,如果双方发生纠纷,则书面合同能够为解决纠纷提供明确的依据,便于司法机关或仲裁机构查明事实、分清责任,相比之下,虽然中标通知书等文件也能证明合同成立,但在具体的权利和义务认定上,书面合同更加全面和准确;四是规范合同订立程序,规定在中标通知书发出之日起30日内订立书面合同,为招标人和中标人提供了一个明确的时间期限,促使双方及时完成合同的签订,避免拖延,保障招标投标活动的顺利进行和项目的及时实施,如果没有这个时间限制,则可能会出现双方长时间不签订合同,导致项目搁置,影响经济秩序和公共利益。

根据《民法典》第一百五十三条规定，违反法律、行政法规的强制性规定的民事法律行为无效。但是，该强制性规定不导致该民事法律行为无效的除外。该条款提到两次"强制性规定"，前面的强制性规定属于效力性规定，而后面的强制性规定指的是管理性规定。所谓效力性规定，是指法律及行政法规明确规定如果违反了这些规定则合同无效，这种规定的目的是保护国家利益或社会公共利益，即使法律没有明确说违反该规定会导致合同无效，但如果合同继续履行会损害国家利益或社会公共利益，那么合同也无效；而所谓的管理性规定，虽然也是强制性的，但违反它并不会导致合同无效，它更多的是为了管理或规范某些行为，而不是直接否定合同的效力。《招标投标法》并没有规定发出中标通知书之后超过30日签订的合同无效，且超过30日签订合同通常不会损害国家利益和社会公共利益。

综上所述，即使招标人和中标人是在中标通知书发出30日之后签订的合同，只要合同是基于双方真实意思表示，且不存在其他违反法律法规导致合同无效的情形，就依然是有效的。虽然中标通知书发出30日之后签订的合同有效，但违反发出中标通知书30日内签订合同的规定仍可能带来诸多法律风险。例如，程序瑕疵、工期延误、经济赔偿、合同纠纷，甚至行政处罚等。因此，在实际操作中，招标人和中标人应尽量在中标通知书发出之后30日内完成合同签订，如遇特殊情况，应及时沟通并作好风险防范，必要时向行政监督部门报告。

需要提醒的是，中标通知书发出前，若投标有效期已过，是不能直接发出中标通知书的，更别说签订合同。投标有效期是投标文件保持有效的期限，在法律上投标文件属于附期限的要约，而中标通知书属于承诺，根据《民法典》第四百八十一条规定，承诺应当在要约确定的期限内到达要约人，因此超过要约期限作出的承诺不具备法律效力。《工程建设项目勘察设计招标投标办法》第四十六条、《工程建设项目施工招标投标办法》第二十九条、《工程建设项目货物招标投标办法》第二十八条均规定，如果在原投标有效期结束前还未完成定标的，招标人可以书面形式要求所有投标人延长投标有效期。投标人同意延长的，相当于双方通过协商延长了要约期限，使中标通知书的发出符合法律规定，中标行为没有法律上的瑕疵；投标人拒绝延长的，其投标失效。如果同意延长投标有效期的投标人少于3个的，则招标人应当重新招标。

值得讨论的是，有观点认为根据《民法典》第四百八十六条"受要约人超过承诺期限发出承诺，或者在承诺期限内发出承诺，按照通常情形不能及时到达要约人的，为新要约；但是，要约人及时通知受要约人该承诺有效的除外"的规定，对于投标有效期届满后发出的中标通知书，只要中标人明确表示接受，就视为中标通知书未延迟发出。但《民法典》第四百八十六条的延迟承诺补救规则主要适用于普通民事合同，而招标投标活动还受《招标投标法》特别规制，中标通知书的效力以程序合法为核心，不宜简单通过要约人"通知接受"补救。二者属于一般法与特别法的关系，招标投标活动优先适用特别法。也有观点认为在投标有效期届满后发出中标通知书，此时中标通知书的性质已发生变化，相当于招标人向中标人发出的一个新要约。如果中标人愿意签约，则视为对新要约的承诺，中标有效；如果中标人不愿意签约，则视为不对新要约的承诺，中标无效。但这种观点与《招标投标法》《民法典》《民法典合同编司法解释》中体现的在招标投标活动中，招标文件是要约邀请，投标文件是要约，中标通知书是承诺的说法不符，法律依据不足，因此，在实践中存在争议。

【法律依据】

1）《中华人民共和国招标投标法》

第四十五条　中标人确定后，招标人应当向中标人发出中标通知书，并同时将中标结果通知所有未中标的投标人。

中标通知书对招标人和中标人具有法律效力。中标通知书发出后，招标人改变中标结果的，或者中标人放弃中标项目的，应当依法承担法律责任。

第四十六条　招标人和中标人应当自中标通知书发出之日起三十日内，按照招标文件和中标人的投标文件订立书面合同。招标人和中标人不得再行订立背离合同实质性内容的其他协议。

招标文件要求中标人提交履约保证金的，中标人应当提交。

2）《中华人民共和国民法典》

第一百五十三条第一款　违反法律、行政法规的强制性规定的民事法律行为无效。但是，该强制性规定不导致该民事法律行为无效的除外。

第四百八十一条第一款　承诺应当在要约确定的期限内到达要约人。

第四百八十三条　承诺生效时合同成立，但是法律另有规定或者当事人另有约定的除外。

第四百八十六条　受要约人超过承诺期限发出承诺，或者在承诺期限内发出承诺，按照通常情形不能及时到达要约人的，为新要约；但是，要约人及时通知受要约人该承诺有效的除外。

第五百零二条第一款　依法成立的合同，自成立时生效，但是法律另有规定或者当事人另有约定的除外。

3)《中华人民共和国招标投标法实施条例》

第七十三条第（四）项　依法必须进行招标的项目的招标人有下列情形之一的，由有关行政监督部门责令改正，可以处中标项目金额10‰以下的罚款；给他人造成损失的，依法承担赔偿责任；对单位直接负责的主管人员和其他直接责任人员依法给予处分：

（四）无正当理由不与中标人订立合同；

4)《关于适用〈中华人民共和国民法典〉合同编通则若干问题的解释》

第四条第一款　采取招标方式订立合同，当事人请求确认合同自中标通知书到达中标人时成立的，人民法院应予支持。合同成立后，当事人拒绝签订书面合同的，人民法院应当依据招标文件、投标文件和中标通知书等确定合同内容。

5)《工程建设项目勘察设计招标投标办法》

第四十六条　评标定标工作应当在投标有效期内完成，不能如期完成的，招标人应当通知所有投标人延长投标有效期。

同意延长投标有效期的投标人应当相应延长其投标担保的有效期，但不得修改投标文件的实质性内容。

拒绝延长投标有效期的投标人有权收回投标保证金。招标文件中规定给予未中标人补偿的，拒绝延长的投标人有权获得补偿。

6)《工程建设项目施工招标投标办法》

第二十九条　招标文件应当规定一个适当的投标有效期，以保证招标人有足够的时间完成评标和与中标人签订合同。投标有效期从投标人提交投标文件截止之日起计算。

在原投标有效期结束前，出现特殊情况的，招标人可以书面形式要求所有投标人延长投标有效期。投标人同意延长的，不得要求或被允许修改其投标文件的实质性内容，但应当相应延长其投标保证金的有效期;投标人拒绝延长的，其投标失效，但投标人有权收回其投标保证金。因延长投标有效期造成投标人损失的，招标人应当给予补偿，但因不可抗力需要延长投标有效期的除外。

7)《工程建设项目货物招标投标办法》

第二十八条 招标文件应当规定一个适当的投标有效期，以保证招标人有足够的时间完成评标和与中标人签订合同。投标有效期从招标文件规定的提交投标文件截止之日起计算。

在原投标有效期结束前，出现特殊情况的，招标人可以书面形式要求所有投标人延长投标有效期。投标人同意延长的，不得要求或被允许修改其投标文件的实质性内容，但应当相应延长其投标保证金的有效期;投标人拒绝延长的，其投标失效，但投标人有权收回其投标保证金及银行同期存款利息。

依法必须进行招标的项目同意延长投标有效期的投标人少于三个的，招标人在分析招标失败的原因并采取相应措施后，应当重新招标。

133. 工程质量保修期设置超过法律规定的时限是否可行？

工程质量保修期能否设置超过法律规定的最低年限，要结合工程类型、结构特点判断。

【问题分析】

根据《建设工程质量管理条例》第四十条、第四十二条规定，在正常使用条件下，建设工程的最低保修期限为：基础设施工程、房屋建筑的地基基础工程和主体结构工程，为设计文件规定的该工程的合理使用年限；屋面防水工程、有防水要求的卫生间、房间和外墙面的防渗漏，为5年；供热与供冷系统，为2个采暖期、供冷期；电气管线、给排水管道、设备安装和装修工程，为2年；其他项目的保修期限由发包方与承包方约定。建设工程在超过合理使用年限后需要继续使用的，产权所有人应当委托具有相应资质等级的勘察、设计单位鉴定，并根据鉴定结果采取加固、维修等措施，重新界定使用期。

由此可见，对于基础设施工程、房屋建筑的地基基础工程和主体结构工程，不能直接设置超过法律规定的最低保修期限。对于其他工程的工程质量保修期，法律没有禁止不能设置超过最低期限，可由发承包双方在合同中约定，但应注意期限的合理性。防水、供热、管线、装修等工程均有各自的设计使用年限，但这与工程质量保修期有着本质区别。前者是技术可靠性目标，是在正常设计、施工、维护条件下可满足功能需求的预期年限，由材料耐久性、设备性能、集成水平等技术参数决定，超出质量保修期后出现的问题多因维护不当或自然损耗；后者是保障工程交付初期的基本质量，是承包人对工程质量问题承担维修责任的法定期限，目的是约束承包人在约定的时期内对工程质量负责。适当地延长质量保修期，有利于承包人重视材料选型、工序质量，有利于提升工程整体质量水平；但质量保修期设置太长，不仅会增加工程成本，还可能造成承包人报价偏高或合同保修条款无法履约等情形。

需要说明的是，在项目实践中，缺陷责任期与工程质量保修期两个概念容易混淆。缺陷责任期是指承包人按照合同约定承担缺陷修复义务，且发包人预留质量保证金的期限，自工程实际竣工日期起计算，缺陷责任期一般为1年，最长不超过2年，由发承包双方在合同中约定。缺陷责任期可以在短期内确保承包人及时修复施工缺陷，通过质量保证金机制强化承包人修复责任，同时也解决了承包人因保修期过长导致的质量保证金长期占用问题。缺陷责任期通常包含在工程质量保修期内，缺陷责任期届满，退还质量保证金，承包人的工程质量保修期仍然存在。

缺陷责任期的作用本质是"以经济手段强化短期施工质量责任"，其与工程质量保修期形成"近期刚性约束＋远期法定保障"的双层机制。缺陷责任期通过保证金制度，在工程竣工后最易暴露问题的阶段，高效平衡发包人与承包人利益，弥补单纯依赖工程质量保修期可能存在的修复滞后、维权困难等缺陷。两者协同作用，共同推动工程质量责任的全周期落实。

【法律依据】

1)《中华人民共和国建筑法》

第六十二条　建筑工程实行质量保修制度。

建筑工程的保修范围应当包括地基基础工程、主体结构工程、屋面防水工程和其他土建工程，以及电气管线、上下水管线的安装工程，供热、供冷系统工程等项目；保修的期限应当按照保证建筑物合理寿命年限内正常使用，维护使用者合法权益的原则确定。具体的保修范围和最低保修期限由国务院规定。

2)《建设工程质量管理条例》

第三十九条 建设工程实行质量保修制度。

建设工程承包单位在向建设单位提交工程竣工验收报告时，应当向建设单位出具质量保修书。质量保修书中应当明确建设工程的保修范围、保修期限和保修责任等。

第四十条 在正常使用条件下，建设工程的最低保修期限为：

（一）基础设施工程、房屋建筑的地基基础工程和主体结构工程，为设计文件规定的该工程的合理使用年限；

（二）屋面防水工程、有防水要求的卫生间、房间和外墙面的防渗漏，为5年；

（三）供热与供冷系统，为2个采暖期、供冷期；

（四）电气管线、给排水管道、设备安装和装修工程，为2年。

其他项目的保修期限由发包方与承包方约定。

建设工程的保修期，自竣工验收合格之日起计算。

第四十二条 建设工程在超过合理使用年限后需要继续使用的，产权所有人应当委托具有相应资质等级的勘察、设计单位鉴定，并根据鉴定结果采取加固、维修等措施，重新界定使用期。

3)《中华人民共和国民法典》

第七百九十五条 施工合同的内容一般包括工程范围、建设工期、中间交工工程的开工和竣工时间、工程质量、工程造价、技术资料交付时间、材料和设备供应责任、拨款和结算、竣工验收、质量保修范围和质量保证期、相互协作等条款。

4)《建设工程施工合同（示范文本）》

1.1.4.4 缺陷责任期：是指承包人按照合同约定承担缺陷修复义务，且发包人预留质量保证金（已缴纳履约保证金的除外）的期限，自工程实际竣工日期起计算。

1.1.4.5 保修期：是指承包人按照合同约定对工程承担保修责任的期限，从工程竣工验收合格之日起计算。

5)《建设工程质量保证金管理办法》

第二条 本办法所称建设工程质量保证金（以下简称保证金）是指发包人与承包人在建设工程承包合同中约定，从应付的工程款中预留，用以保证承包人在缺陷责任期内对建设工程出现的缺陷进行维修的资金。

缺陷是指建设工程质量不符合工程建设强制性标准、设计文件，以及承包合同的约定。

缺陷责任期一般为1年，最长不超过2年，由发、承包双方在合同中约定。

134. 工程进度款的支付方式和支付比例有哪些？

工程进度款的支付方式和支付比例通常根据相关法律法规、工程特点在合同中进行约定。

【问题分析】

根据《建设工程价款结算暂行办法》第十三条规定，工程进度款结算方式包括按月结算与支付、分段结算与支付两种。按月结算与支付是指按月支付进度款，竣工后清算；分段结算与支付是指当年开工、当年不能竣工的工程按照工程形象进度，划分不同阶段支付工程进度款。

在实际操作中，还存在其他结算方式。例如，对于建设内容较少、工期较短（如在12个月以内完成）的工程，可在施工过程中分几次预支，竣工后一次结算。

根据《建设工程价款结算暂行办法》第十三条规定，一般要求发包人应按不低于工程价款的60%，不高于工程价款的90%向承包人支付工程进度款。根据《关于完善建设工程价款结算有关办法的通知》规定，政府机关、事业单位、国有企业建设工程进度款支付应不低于已完成工程价款的80%；同时，在确保不超出工程总概（预）算以及工程决（结）算工作顺利开展的前提下，除按合同约定保留不超过工程价款总额3%的质量保证金外，进度款支付比例可由发承包双方根据项目实际情况自行确定。部分地区有更严格的规定，例如，湖北省住房和城乡建设厅规定，自2023年10月11日起，在湖北省行政区域内新发包的施工工期在一年及以上的房屋建筑和市政基础设施工程，政府机关、事业单位、国有企业投资项目工程进度款支付比例不得低于已完工程价款的85%。

需要说明的是，根据《关于完善建设工程价款结算有关办法的通知》规定，当年不能竣工的项目可以通过合同约定，实行过程结算。发承包双方将施工过程按时间或进度节点划分施工周期，对周期内已完成且无争议的工程量（含变更、签证、索赔等）进行价款计算、确认和支付，支付金额不得超出已完工部分对应的批复概（预）算。经双方确认的过程结算文件作为竣工结算文件的组成部分，竣工后原则上不再重复审核。

【法律依据】

1)《建设工程价款结算暂行办法》

第十三条第（一）项和第（三）项 工程进度款结算与支付应当符合下列规定：

（一）工程进度款结算方式

1. 按月结算与支付。即实行按月支付进度款，竣工后清算的办法。合同工期在两个年度以上的工程，在年终进行工程盘点，办理年度结算。

2. 分段结算与支付。即当年开工、当年不能竣工的工程按照工程形象进度，划分不同阶段支付工程进度款。具体划分在合同中明确。

（三）工程进度款支付

1. 根据确定的工程计量结果，承包人向发包人提出支付工程进度款申请，14天内，发包人应按不低于工程价款的60%，不高于工程价款的90%向承包人支付工程进度款。按约定时间发包人应扣回的预付款，与工程进度款同期结算抵扣。

2. 发包人超过约定的支付时间不支付工程进度款，承包人应及时向发包人发出要求付款的通知，发包人收到承包人通知后仍不能按要求付款，可与承包人协商签订延期付款协议，经承包人同意后可延期支付，协议应明确延期支付的时间和从工程计量结果确认后第15天起计算应付款的利息（利率按同期银行贷款利率计）。

3. 发包人不按合同约定支付工程进度款，双方又未达成延期付款协议，导致施工无法进行，承包人可停止施工，由发包人承担违约责任。

2)《关于完善建设工程价款结算有关办法的通知》

一、提高建设工程进度款支付比例。政府机关、事业单位、国有企业建设工程进度款支付应不低于已完成工程价款的80%；同时，在确保不超出工程总概（预）算以及工程决（结）算工作顺利开展的前提下，除按合同约定保留不超过工程价款总额3%的质量保证金外，进度款支付比例可由发承包双方根据项目实际情况自行确定。在结算过程中，若发生进度款支付超出实际已完成工程价款的情况，承包单位应按规定在结算后30日内向发包单位返还多收到的工程进度款。

二、当年开工、当年不能竣工的新开工项目可以推行过程结算。发承包双方通过合同约定，将施工过程按时间或进度节点划分施工周期，对周期内已完成且无争议的工程量（含变更、签证、索赔等）进行价款计算、确认和支付，支付金额不得超出已完工部分对应的批复概（预）算。经双方确认的过程结算文件作为竣工结算文件的组成部分，竣工后原则上不再重复审核。

135. 工程履约担保和工程款支付担保是否必须同时发生？

工程履约担保和工程款支付担保并非必须同时发生，其适用条件和法律性质不同，具体是否同时发生取决于工程性质、合同约定及法律规定。两者之间并不存在互为依存的关系。

【问题分析】

工程履约担保是承包单位向建设单位提供的担保，主要为了保障建设单位的利益，确保其按合同约定履行义务。根据《民法典》第六百八十一条规定，当事人可以约定一方向对方提供履约担保。根据《招标投标法》第四十六条规定，招标文件要求中标人提交履约保证金的，中标人应当提交。从以上法律规定可以看出，关于提供履约担保的要求是一种法律授权性规定，工程履约担保本质上是一种约定义务，是合同双方自愿协商的结果，适用前提是双方在合同中明确约定或按照招标文件的要求，而非法律直接强制。

工程款支付担保是建设单位向承包单位提供的担保，为了保障承包单位的权益，确保其按时支付工程款。工程款支付担保是一种强制性义务，《保障农民工工资支付条例》第二十四条明确规定，建设单位应当向施工单位提供工程款支付担保，否则将会承担相应的行政处罚。部分地区也出台了相关规定，例如，《北京市工程建设领域保障农民工工资支付实施办法》明确要求建设单位必须提供工程款支付担保，《湖北省房屋建筑和市政基础设施工程领域工程款支付担保管理实施办法（试行）》规定在其行政区域内的房屋市政工程应当实行工程款支付担保。

除地方和行业有特别规定以外，即使建设单位向承包单位提供了工程款支付担保，如果合同没有约定，承包单位也可以不向建设单位提供工程履约担保，但不管承包单位是否向建设单位提供工程履约担保，建设单位都必须向承包单位提供工程款支付担保。

值得讨论的是，经建设单位和承包单位协商一致，合同中能否约定不用向承包单位支付工程款支付担保。《保障农民工工资支付条例》出台前，国家层面并无统一的法律法规强制要求提供工程款支付担保，主要是一些地方性规定、行业惯例及合同约定。而《保障农民工工资支付条例》出台后，工程款支付担保从地方性、选择性义务转变为全国性、强制性义务。根据《民法典》第一百五十三条规定，违反法律、行政法规的强制性规定的民事法律行为无效。当然，这里的强制性规定需要区分是效力性规定还是管理性规定，如果属于效力性规定，则合同条款无效；如果属于管理性规定，则不影响合同效力，但可能会面临行政处罚。鉴于《保障农民工工资支付条例》第二十四条的规定是为了保障农民工工资支付，具有社会公共利益的性质，因此，在司法实践中，这一条款很可能被视为效力性规定，如果合同双方约定排除这一义务，则很可能因违反效力性规定导致该约定无效，即涉及农民工权益保障的强制性规定不得通过合同约定予以排除。因此，此类合同条款存在很大的法律风险。

值得注意的是，在地方和行业规定中，非所有工程均强制要求必须提供工程款支付担保，例如，湖北省规定建设单位和承包单位为同一法人主体的，可以不提供工程款支付担保；山东省、重庆市规定政府投资项目可以由财政资金保障代替工程款支付担保。还有些地方规定合同金额较低或工期较短的工程豁免工程款支付担保。需要提醒的是，若地方政策允许对工程款支付担保进行特殊豁免，建设单位一定要确认自身项目是否符合豁免条件，并留存合规证据。

【法律依据】

1)《中华人民共和国民法典》

第一百五十三条　违反法律、行政法规的强制性规定的民事法律行为无效。但是，该强制性规定不导致该民事法律行为无效的除外。

违背公序良俗的民事法律行为无效。

第五百八十六条第一款　当事人可以约定一方向对方给付定金作为债权的担保。定金合同自实际交付定金时成立。

第六百八十一条　保证合同是为保障债权的实现，保证人和债权人约定，当债务人不履行到期债务或者发生当事人约定的情形时，保证人履行债务或者承担责任的合同。

2)《中华人民共和国招标投标法》

第四十六条第二款　招标文件要求中标人提交履约保证金的，中标人应当提交。

3)《中华人民共和国招标投标法实施条例》

第五十八条　招标文件要求中标人提交履约保证金的，中标人应当按照招标文件的要求提交。履约保证金不得超过中标合同金额的10％。

4)《保障农民工工资支付条例》

第二十四条第一款　建设单位应当向施工单位提供工程款支付担保。

第五十七条第一款第（一）项　有下列情形之一的，由人力资源和社会保障行政部门、相关行业工程建设主管部门按照职责责令限期改正；逾期不改正的，责令项目停工，并处5万元以上10万元以下的罚款：

（一）建设单位未依法提供工程款支付担保；

5)《工程建设项目施工招标投标办法》

第六十二条第二款　招标人要求中标人提供履约保证金或其他形式履约担保的，招标人应当同时向中标人提供工程款支付担保。

136. 建设单位是否可以同时收取履约保证金和质量保证金？

国家明确规定，在工程项目竣工前，承包人已经缴纳履约保证金的，发包人不得同时预留质量保证金，因此，建设单位不能同时收取履约保证金和质量保证金。

【问题分析】

国务院办公厅发布的《关于清理规范工程建设领域保证金的通知》第四条、

《建设工程质量保证金管理办法》第六条中均有明确规定，在工程项目竣工前，承包人已经缴纳履约保证金的，建设单位不得同时预留工程质量保证金。

履约保证金指发包人为防止承包人在合同执行过程中违反合同规定，弥补给发包人造成的经济损失而要求承包人交纳的一定数目的费用。发包人不得将履约保证金挪用，并应在工程竣工验收后退还给承包人。《招标投标法实施条例》第五十八条明确了履约保证金的上限值，即不得超过中标合同金额的10%。

质量保证金是指发包人与承包人在建设承包合同中约定，从应付的工程款中预留，用以保证承包人在缺陷责任期内对建设工程出现的缺陷进行维修的资金。质量保证金应在缺陷责任期满后退还。《建设工程质量保证金管理办法》第七条明确了保证金总预留比例不得高于工程价款结算总额的3%。

值得注意的是，发包人要求承包人缴纳质量保证金的，只能采用工程竣工结算时一次性扣留质量保证金的方式，在工程竣工验收并退还履约保证金后，在支付最后一笔工程款时扣留相应比例的质量保证金。《建设工程施工合同示范文本》约定的在支付工程进度款时逐次扣留的方式不再适用。为了减轻企业负担，国家政策鼓励通过保函替代现金形式缴纳保证金，部分地区对政府投资项目的履约保证金和质量保证金管理更加严格，要求必须采用保函形式。随着营商环境不断优化，部分地区缴纳保证金比例的政策也在不断动态调整，例如，浙江省2020年发布的《关于在全省工程建设领域改革保证金制度的通知》将政府投资项目的履约保证金从最高不超过中标合同金额的5%降至2%，工程质量保证金从最高不超过工程价款结算总额的2.5%降至1.5%；湖北省也规定工程质量保证金预留比例不得高于工程价款结算总额的1.5%。因此，在实际工作中应关注各地关于履约保证金和质量保证金缴纳方式和比例的最新规定，以免违规操作。需要指出的是，地方政策可降低缴纳比例，但不得突破国家规定的上限（履约保证金不得超过中标合同金额的10%，质量保证金不得高于工程价款结算总额的3%）。

【法律依据】

1)《中华人民共和国招标投标法实施条例》

第五十八条 招标文件要求中标人提交履约保证金的，中标人应当按照招标文件的要求提交。履约保证金不得超过中标合同金额的10%。

2)《建设工程质量保证金管理办法》

第六条第一款　在工程项目竣工前，已经缴纳履约保证金的，发包人不得同时预留工程质量保证金。

第七条　发包人应按照合同约定方式预留保证金，保证金总预留比例不得高于工程价款结算总额的3%。合同约定由承包人以银行保函替代预留保证金的，保函金额不得高于工程价款结算总额的3%。

3)《关于清理规范工程建设领域保证金的通知》

四、严格工程质量保证金管理。工程质量保证金的预留比例上限不得高于工程价款结算总额的5%。在工程项目竣工前，已经缴纳履约保证金的，建设单位不得同时预留工程质量保证金。

137. 招标人和中标人是否可以就合同内容进行谈判？

招标人和中标人是否可以就合同内容进行谈判，主要取决于谈判的内容和性质。招标人和中标人不能就合同的实质性内容进行谈判，但可以对合同的非实质性内容进行谈判。

【问题分析】

根据《招标投标法》第二十七条规定，投标人应当按照招标文件的要求编制投标文件。投标文件应当对招标文件提出的实质性要求和条件作出响应。中标人的投标文件要最大限度地响应招标文件的要求，包括合同内容在内的招标文件的实质性要求，招标人和中标人必须按照招标文件和中标人投标文件的内容签订合同。

在实际操作中，中标通知书发出后，招标人和中标人通常需要就合同细节进行进一步的谈判与协商。招标人可能会出于降低成本、提高质量或其他的考虑，从而提出新的要求；而中标人也可能要求提高价格、延长工期或调整付款方式等。如果允许经过谈判可随意变更合同的实质性内容，就可能出现招标人虚假招标、投标人虚假投标，或者一方利用自身的优势逼迫另一方订立不平等合同的情形，导致招标投标活动失去公正性和公平性。尽管《民法典》中规定了当事人经协商，达成一致，可以变更合同，但考虑到招标投标关系着市场竞争秩序，并且受到严格监管的特性，以及《招标投标法》第四十六条的明确规定，禁止招标人和中标人随意变更合同的实质性内容。

从理论上来讲，只要是不影响当事人基本权利和义务的条款，都不属于合同的实质性内容。对于合同内容的变更，如果变化幅度较小，没有对合同双方的主要权利和义务产生重大影响，或者未对当事人的利益产生重大调整，那么这种变更就属于正常的合同变更，不构成合同实质性内容的偏离。因此，法律并不禁止合同双方就合同的非实质性内容进行谈判。

需要注意的是，如果在编制招标文件时出现疏忽，导致招标项目的一些实质性要求没有写进招标文件中，那么投标人在编制投标文件时通常也不会对这些要求作出响应。招标文件和投标文件都没有涉及这些内容，中标合同往往也不会进行约定，这就可能导致项目无法顺利进行。在这种情况下，如果双方通过协商后达成补充约定，则不属于对合同实质性内容进行变更。首先，根据《招标投标法》相关规定，招标文件和中标人的投标文件中的实质性内容应当写进合同里；其次，根据《民法典》相关规定，合同生效后，如果当事人对质量、价款或者报酬、履行地点等内容没有约定或者约定不明确，可以通过协商补充约定，如果双方不能达成补充协议，则按照合同相关条款或者交易习惯确定。因此，如果招标文件和中标人的投标文件都没有涉及相关核心内容，则双方可以通过协商谈判在中标合同中进行补充约定，这种行为不属于对合同实质性内容的变更。

【法律依据】

1)《中华人民共和国民法典》

第五百一十条　合同生效后，当事人就质量、价款或者报酬、履行地点等内容没有约定或者约定不明确的，可以协议补充；不能达成补充协议的，按照合同相关条款或者交易习惯确定。

第五百四十三条　当事人协商一致，可以变更合同。

2)《中华人民共和国招标投标法》

第二十七条第一款　投标人应当按照招标文件的要求编制投标文件。投标文件应当对招标文件提出的实质性要求和条件作出响应。

第四十六条第一款　招标人和中标人应当自中标通知书发出之日起三十日内，

按照招标文件和中标人的投标文件订立书面合同。招标人和中标人不得再行订立背离合同实质性内容的其他协议。

3)《中华人民共和国招标投标法实施条例》

第五十七条第一款 招标人和中标人应当依照招标投标法和本条例的规定签订书面合同，合同的标的、价款、质量、履行期限等主要条款应当与招标文件和中标人的投标文件的内容一致。招标人和中标人不得再行订立背离合同实质性内容的其他协议。

4)《关于审理建设工程施工合同纠纷案件适用法律问题的解释（一）》

第二条 招标人和中标人另行签订的建设工程施工合同约定的工程范围、建设工期、工程质量、工程价款等实质性内容，与中标合同不一致，一方当事人请求按照中标合同确定权利义务的，人民法院应予支持。

138.签订合同后因规划调整、设计变更是否应当重新招标？

在签订合同后，因规划调整、设计变更导致项目需要调整时，是否需要重新招标主要取决于变更是否突破合同的实质性内容、影响公平竞争及合同约定与地方规定。

【问题分析】

《招标投标法》第四十六条规定合同签订后不得擅自变更实质性内容，《招标投标法实施条例》第五十七条规定合同的标的、价款、质量、履行期限等主要条款应当与招标文件和中标人的投标文件的内容一致。《民法典》第四百八十八条规定标的、数量、质量、价款或者报酬、履行期限、履行地点和方式、违约责任和解决争议方法等属于实质性内容。

对于工程项目而言，由于其一般投资规模大、建设周期长、技术要求高、设计变更多、受国家政策调控影响大，以及不确定因素多等特点，履行过程中不可避免地会发生工程变更。如果遇到属于工程标的、价款、质量、履行期限等变更，就要重新招标，那么在"公平"和"效率"两者之间就会明显失衡，工程也很难顺利推进。在最高人民法院发布的《全国民事审判工作会议纪要》中，关于因设计变更、建设工程规划指标调整等客观原因导致工期、工程价款或工程项目性质变更不应认定为变更中标合同实质性内容的表述，就是司法实践对《招标投标法》第四十六条合同实质性内容不得变更这一原则的例外性解释，体现了对建设工程领域特殊性和复杂性的考虑。《招标投标法》禁止变更合同实质性内容的根本目的在于防止阴阳合同或通过补充协议变相规避招标程序。但建设工程具有长期性、复杂性的特点，规划调整、设计变更等客观原因导致项目约定的内容变更是行业的常态。《全国民事审判工作会议纪要》的表述旨在平衡"维护招标严肃性"与"保障工程实际需求"之间的关系。需要说明的是，并非所有因客观原因导致的变更都不属于变更中标合同实质性内容，实践中判断是否属于对合同实质性内容的变更，需从"客观性""必要性""程序性"三个方面从严把握，重点关注以下几点：一是变更需由不可归责于发包人或承包人的客观原因引发，例如，政府规划调整，地质条件与原勘察不符，技术规范或强制性标准更新；二是工期或价款的调整需与设计变更、规划指标调整等客观原因存在直接因果关系；三是变更事项超出签约时的合理预见范围，且无法通过风险分配条款覆盖。在招标投标活动中，要避免以"客观原因"之名行规避招标之实。通常只有基于客观原因且符合行业惯例的局部调整，才会被认定不构成对中标合同实质性内容的变更。例如，若变更内容属于原招标项目的合理延伸（如工程量增减、局部优化），则可通过补充协议处理，无须重新招标。若变更部分属于全新工程、货物或服务，且达到国家规定的必须招标规模标准，则应重新招标。如果符合《招标投标法实施条例》第九条第（四）项规定，需要向原中标人采购工程、货物或者服务，否则将影响施工或者功能配套要求，则可以不进行招标。例如，某市政道路工程签约后，因规划调整需新增一座桥梁，桥梁属于新增的工程内容，超出原招标范围，且不是原中标人实施，也不影响施工，需重新招标。实践中经常出现因设计变更和工程量变化引起合同总价调整，本质上不是变更招标文件和投标文件实质性内容，因为建设工程施工合同中，一般都已明确工程变更原则，合同单价和总价计算方法并没有变更，只是依据合同约定执行。

需要说明的是，部分地区明确规定变更导致合同价款增减超过10%或变更金额较大时，需重新履行招标程序。例如，《重庆市招标投标条例》规定在建工程依法追加的主体加层工程或者通过招标采购的货物需要补充追加，且追加金额超过原合同金额10%的，需要重新招标；《江苏省工程建设项目招标范围和规模标准规定》要求在建工程追加的附属小型工程，追加投资额超过原投资总额的10%，需要重新招标；《上海市建设工程招标投标管理办法》规定在建工程追加的附属小型工程或者主体加层工程，造价累计超过1000万元的，需要重新招标。此外，涉及政府投资项目的重大变更，根据《政府投资条例》第二十一条规定，拟变更建设地点或者拟对建设规模、建设内容等作较大变更的，应当按照规定的程序报原审批部门审批，原则上也应该重新招标。

【法律依据】

1）《中华人民共和国招标投标法》

第四十六条第一款 招标人和中标人应当自中标通知书发出之日起三十日内，按照招标文件和中标人的投标文件订立书面合同。招标人和中标人不得再行订立背离合同实质性内容的其他协议。

2）《中华人民共和国民法典》

第四百六十五条 依法成立的合同，受法律保护。

依法成立的合同，仅对当事人具有法律约束力，但是法律另有规定的除外。

第四百八十八条 承诺的内容应当与要约的内容一致。受要约人对要约的内容作出实质性变更的，为新要约。有关合同标的、数量、质量、价款或者报酬、履行期限、履行地点和方式、违约责任和解决争议方法等的变更，是对要约内容的实质性变更。

第五百四十三条 当事人协商一致，可以变更合同。

3）《中华人民共和国招标投标法实施条例》

第九条第一款第（四）项 除招标投标法第六十六条规定的可以不进行招标的特殊情况外，有下列情形之一的，可以不进行招标：

（四）需要向原中标人采购工程、货物或者服务，否则将影响施工或者功能配套要求；

第五十七条第一款 招标人和中标人应当依照招标投标法和本条例的规定签订书面合同，合同的标的、价款、质量、履行期限等主要条款应当与招标文件和中标人的投标文件的内容一致。招标人和中标人不得再行订立背离合同实质性内容的其他协议。

4)《政府投资条例》

第二十一条 政府投资项目应当按照投资主管部门或者其他有关部门批准的建设地点、建设规模和建设内容实施；拟变更建设地点或者拟对建设规模、建设内容等作较大变更的，应当按照规定的程序报原审批部门审批。

5)《关于审理建设工程施工合同纠纷案件适用法律问题的解释（一）》

第二十三条 发包人将依法不属于必须招标的建设工程进行招标后，与承包人另行订立的建设工程施工合同背离中标合同的实质性内容，当事人请求以中标合同作为结算建设工程价款依据的，人民法院应予支持，但发包人与承包人因客观情况发生了在招标投标时难以预见的变化而另行订立建设工程施工合同的除外。

6)《全国民事审判工作会议纪要》

第二十三条第二款 建设工程开工后，发包方与承包方因设计变更、建设工程规划指标调整等原因，通过补充协议、会谈纪要、往来函件、签证等形式变更工期、工程价款、工程项目性质的，不应认定为变更中标合同的实质性内容。

139. 合同签订后中标人被举报有弄虚作假骗取中标的行为，该如何处理？

在行政监督部门正式立案后，招标人应配合行政监督部门的调查工作，并及时向中标人发出暂停履行合同的书面通知，待行政监督部门作出行政处理决定后再依法采取下一步行动。

【问题分析】

接到行政监督部门的立案通知后，招标人应主动向行政监督部门提供招标文件、中标人的投标文件、评标记录、合同等材料，配合行政监督部门查明事实。若合同尚未履行或部分履行，招标人可基于行政调查程序，书面通知中标人暂停施工或付款，避免损失的扩大。若行政监督部门查实中标人存在弄虚作假骗取中标行为的，将根据《招标投标法》第五十四条、《招标投标法实施条例》第六十八条的规定作出处理，宣布中标无效，对中标人处以中标项目金额5‰~10‰的罚款，没收违法所得；情节严重的，取消其1~3年内参加依法必须招标项目的投标资格，并列入失信联合惩戒名单；情节特别严重的，由工商行政管理机关吊销营业执照。招标人收到行政监督部门的行政处理决定书后，应依法与中标人解除合同。根据《招标投标法》第六十四条，招标人可从其余投标人中重新确定中标人或重新进行招标，将处理结果书面通知所有投标人，并向行政监督部门备案。

需要说明的是，关于合同签订后是否还可以确定其他中标候选人为中标人，行业内是有争议的，一种观点认为如果合同生效后解除合同，此时招标投标活动已完成，不应该再适用《招标投标法实施条例》第五十五条确定其他中标候选人为中标人，依法必须进行招标的项目只能选择重新招标；另一种观点认为如果招标人与中标人解除合同之后仍处于投标有效期内，招标人是可以按照评标委员会提出的中标候选人名单的顺序依次确定其他中标候选人为中标人的。《招标投标法实施条例》第五十五条允许招标人按照评标委员会提出的中标候选人名单排序依次确定其他中标候选人为中标人，目的是节约时间和成本，提高效率。依据法理，如果合同签订但未开始履行，且仍处于投标有效期内，则可以确定其他中标候选人为中标人。当然，如果依次选择中标人对招标人明显不利，则招标人也可以选择重新招标。但在实际操作中，基于审计、监管部门的不同意见，以及电子招标投标交易平台的限制，最稳妥的方式还是重新招标，而非直接依次确定其他中标候选人为中标人，以避免审计风险。

中标人弄虚作假骗取中标的行为导致中标无效，双方签订的合同自始无效，已履行的部分需根据《民法典》第一百五十七条处理，原则上应互相返还因该行为取得的财产（如追回已支付的工程款），若工程已施工且无法恢复原状（如建筑物已建成），可对已完工程的合理价值进行折价补偿。此外，招标人还可向中标人主张赔偿损失（如重新招标费用、工期延误损失等）。若已施工部分质量合格，则根据《民法典》第七百九十三条，招标人仍需参照合同约定支付工程款，但可扣除因欺诈导致的损失；若工程质量不合格，招标人可拒绝支付工程款，并要求中标人承担修复或拆除费用。

【法律依据】

1)《中华人民共和国民法典》

第一百五十七条 民事法律行为无效、被撤销或者确定不发生效力后，行为人因该行为取得的财产，应当予以返还；不能返还或者没有必要返还的，应当折价补偿。有过错的一方应当赔偿对方由此所受到的损失；各方都有过错的，应当各自承担相应的责任。法律另有规定的，依照其规定。

第七百九十三条　建设工程施工合同无效，但是建设工程经验收合格的，可以参照合同关于工程价款的约定折价补偿承包人。

建设工程施工合同无效，且建设工程经验收不合格的，按照以下情形处理：

（一）修复后的建设工程经验收合格的，发包人可以请求承包人承担修复费用；

（二）修复后的建设工程经验收不合格的，承包人无权请求参照合同关于工程价款的约定折价补偿。

发包人对因建设工程不合格造成的损失有过错的，应当承担相应的责任。

2）《中华人民共和国招标投标法》

第五十四条　投标人以他人名义投标或者以其他方式弄虚作假，骗取中标的，中标无效，给招标人造成损失的，依法承担赔偿责任；构成犯罪的，依法追究刑事责任。

依法必须进行招标的项目的投标人有前款所列行为尚未构成犯罪的，处中标项目金额千分之五以上千分之十以下的罚款，对单位直接负责的主管人员和其他直接责任人员处单位罚款数额百分之五以上百分之十以下的罚款；有违法所得的，并处没收违法所得；情节严重的，取消其一年至三年内参加依法必须进行招标的项目的投标资格并予以公告，直至由工商行政管理机关吊销营业执照。

第六十四条　依法必须进行招标的项目违反本法规定，中标无效的，应当依照本法规定的中标条件从其余投标人中重新确定中标人或者依照本法重新进行招标。

3）《中华人民共和国招标投标法实施条例》

第五十五条　国有资金占控股或者主导地位的依法必须进行招标的项目，招标人应当确定排名第一的中标候选人为中标人。排名第一的中标候选人放弃中标、因不可抗力不能履行合同、不按照招标文件要求提交履约保证金，或者被查实存在影响中标结果的违法行为等情形，不符合中标条件的，招标人可以按照评标委员会提出的中标候选人名单排序依次确定其他中标候选人为中标人，也可以重新招标。

第六十八条　投标人以他人名义投标或者以其他方式弄虚作假骗取中标的，中标无效；构成犯罪的，依法追究刑事责任；尚不构成犯罪的，依照招标投标法第五十四条的规定处罚。依法必须进行招标的项目的投标人未中标的，对单位的罚款金额按照招标项目合同金额依照招标投标法规定的比例计算。

投标人有下列行为之一的，属于招标投标法第五十四条规定的情节严重行为，由有关行政监督部门取消其1年至3年内参加依法必须进行招标的项目的投标资格：

（一）伪造、变造资格、资质证书或者其他许可证件骗取中标；

（二）3年内2次以上使用他人名义投标；

（三）弄虚作假骗取中标给招标人造成直接经济损失30万元以上；

（四）其他弄虚作假骗取中标情节严重的行为。

投标人自本条第二款规定的处罚执行期限届满之日起3年内又有该款所列违法行为之一的，或者弄虚作假骗取中标情节特别严重的，由工商行政管理机关吊销营业执照。

140.合同签订后发现评审错误造成中标人发生变化，该如何处理？

合同签订后发现评审错误造成中标人发生变化，需根据法律法规的规定、评审错误的性质及合同履行状态综合考虑处理方式。

【问题分析】

发现评委评审错误后，招标人应确认评委评审错误的性质及影响。一种情况是评委因客观技术性评审错误（如计算错误、资格条件误判等）而造成中标人发生变化；另一种情况是评委因主观违法违规行为评审错误（如受贿、串通投标等）而造成中标人发生变化。

如果评委评审错误是主观违法违规行为导致的，则应根据《民法典》第一百五十三条及一百五十四条规定，确定合同无效，并可分以下几种情况处理：一是签订合同后未进场施工的，取消其中标资格，确认合同无效；二是签订合同后已经进场施工的，取消其中标资格，确认合同无效，责令退场清算；三是签订合同后已施工完成且经验收合格的，招标人可以参照《民法典》中关于合同无效后工程价款的约定折价补偿中标人；四是签订合同后已完成施工但验收不合格的，在这种情况下，如果修复后的建设工程经验收合格，则招标人可以请求中标人承担修复费用，但过错方需承担赔偿责任，如果修复后的建设工程经验收不合格，则中标人无权请求参照合同关于工程价款的约定折价补偿。若评委构成《招标投标法》第五十六条规定的违法行为，则需由行政监督部门进一步调查，原合同被撤销或被确认无效的，行政监督部门可责令重新评标或重新招标，招标人应依法重新组织评标或招标。

如果评委评审错误是客观技术性评审导致的，则可根据合同签订时间及施工进度，分以下几种情况处理：一是签订合同后未进场的，可根据《民法典》第一百四十七条关于重大误解的相关规定，请求人民法院或仲裁机构予以撤销；二是合同签订后已经进场施工的，需兼顾法律效力、工程进度和损失情况。若推翻合同会导致工程停滞、公共利益受损，则合同双方可基于维护交易安全原则认可合同效力，经协商一致，合同继续有效，若构成"重大误解"或"显失公平"，则可请求人民法院或仲裁机构予以撤销；三是合同签订后已完成施工的，合同双方可以参照《民法典》第七百九十三条规定，按照合同约定折价补偿中标人。

在实际操作中，根据《关于严格执行招标投标法规制度进一步规范招标投标主体行为的若干意见》的要求，招标人应在中标候选人公示前认真审查评标委员会提交的书面评标报告，若发现有明显错误或程序问题，招标人应要求评标委员会进行复核纠正，否则可能会被认定为未依法履行职责。

【法律依据】

1)《中华人民共和国招标投标法》

第四十条 评标委员会应当按照招标文件确定的评标标准和方法，对投标文件进行评审和比较；设有标底的，应当参考标底。评标委员会完成评标后，应当向招标人提出书面评标报告，并推荐合格的中标候选人。

招标人根据评标委员会提出的书面评标报告和推荐的中标候选人确定中标人。招标人也可以授权评标委员会直接确定中标人。

国务院对特定招标项目的评标有特别规定的，从其规定。

第五十六条 评标委员会成员收受投标人的财物或者其他好处的，评标委员会成员或者参加评标的有关工作人员向他人透露对投标文件的评审和比较、中标候选人的推荐以及与评标有关的其他情况的，给予警告，没收收受的财物，可以并处三千元以上五万元以下的罚款，对有所列违法行为的评标委员会成员取消担任评标委员会成员的资格，不得再参加任何依法必须进行招标的项目的评标；构成犯罪的，依法追究刑事责任。

2)《中华人民共和国招标投标法实施条例》

第七十一条 评标委员会成员有下列行为之一的,由有关行政监督部门责令改正;情节严重的,禁止其在一定期限内参加依法必须进行招标的项目的评标;情节特别严重的,取消其担任评标委员会成员的资格:

(一)应当回避而不回避;

(二)擅离职守;

(三)不按照招标文件规定的评标标准和方法评标;

(四)私下接触投标人;

(五)向招标人征询确定中标人的意向或者接受任何单位或者个人明示或者暗示提出的倾向或者排斥特定投标人的要求;

(六)对依法应当否决的投标不提出否决意见;

(七)暗示或者诱导投标人作出澄清、说明或者接受投标人主动提出的澄清、说明;

(八)其他不客观、不公正履行职务的行为。

第七十二条 评标委员会成员收受投标人的财物或者其他好处的,没收收受的财物,处3000元以上5万元以下的罚款,取消担任评标委员会成员的资格,不得再参加依法必须进行招标的项目的评标;构成犯罪的,依法追究刑事责任。

3)《中华人民共和国民法典》

第一百四十七条 基于重大误解实施的民事法律行为,行为人有权请求人民法院或者仲裁机构予以撤销。

第一百五十一条 一方利用对方处于危困状态、缺乏判断能力等情形,致使民事法律行为成立时显失公平的,受损害方有权请求人民法院或者仲裁机构予以撤销。

第一百五十三条 违反法律、行政法规的强制性规定的民事法律行为无效。但是,该强制性规定不导致该民事法律行为无效的除外。

违背公序良俗的民事法律行为无效。

第一百五十四条 行为人与相对人恶意串通,损害他人合法权益的民事法律行为无效。

第七百九十三条 建设工程施工合同无效，但是建设工程经验收合格的，可以参照合同关于工程价款的约定折价补偿承包人。

建设工程施工合同无效，且建设工程经验收不合格的，按照以下情形处理：

（一）修复后的建设工程经验收合格的，发包人可以请求承包人承担修复费用；

（二）修复后的建设工程经验收不合格的，承包人无权请求参照合同关于工程价款的约定折价补偿。

发包人对因建设工程不合格造成的损失有过错的，应当承担相应的责任。

4）《关于严格执行招标投标法规制度进一步规范招标投标主体行为的若干意见》

（五）加强评标报告审查。招标人应当在中标候选人公示前认真审查评标委员会提交的书面评标报告，发现异常情形的，依照法定程序进行复核，确认存在问题的，依照法定程序予以纠正。重点关注评标委员会是否按照招标文件规定的评标标准和方法进行评标；是否存在对客观评审因素评分不一致，或者评分畸高、畸低现象；是否对可能低于成本或者影响履约的异常低价投标和严重不平衡报价进行分析研判；是否依法通知投标人进行澄清、说明；是否存在随意否决投标的情况。加大评标情况公开力度，积极推进评分情况向社会公开、投标文件被否决原因向投标人公开。

案例 22 关于非依法必须进行招标的项目定标的案例

【基本案情】

某国有企业办公楼装修改造工程，工程造价 350 万元，采用公开招标方式，评标委员会按照得分由高到低推荐了 3 名中标候选人。评标结果如下。

第一中标候选人：A 公司，投标报价 340.5 万元，得分 92.1 分；

第二中标候选人：B 公司，投标报价 332.1 万元，得分 90.8 分；

第三中标候选人：C 公司，投标报价 320.8 万元，得分 87.8 分。

招标人收到评标报告后，经研究，并未选择排名第一的 A 公司为中标人，而是选择了排名第二的 B 公司。

【问题提出】

招标人是否有权选择非排名第一的候选人为中标人？

【问题分析】

按照《必须招标的工程项目规定》，该项目未达到招标限额，属于非依法必须进行招标的项目。根据《招标投标法》第二条规定，在我国境内进行的招标投标活动均应遵循该法。该项目采用招标方式，应遵守《招标投标法》的有关规定。根据《招标投标法》第四十条规定，招标人应根据评标委员会提出的书面评标报告和推荐的中标候选人确定中标人。《招标投标法实施条例》第五十五条进一步规定，国有资金占控股或者主导地位的依法必须进行招标的项目，招标人应当确定排名第一的中标候选人为中标人（例外情形除外）。但并未对非依法必须进行招标的项目该如何确定中标人作出明确规定。据此，有人认为对于非依法必须进行招标的项目，招标人可以在评标委员会推荐的中标候选人中任意选择中标人。此观点忽视了《招标投标法》第四十一条的规定，中标人应当符合两个条件之一：一是能够最大限度地满足招标文件中规定的各项综合评价标准（综合得分最高），二是能够满足招标文件的实质性要求，并且经评审的投标价格最低（经评审的投标价最低）。该条款并未区分依法必须进行招标的项目和非依法必须进行招标的项目，因此，该条款同样适用于非依法必须进行招标的项目。对于非依法必须进行招标的项目，招标人是否有权选择非排名第一的候选人为中标人，取决于选择的非排名第一的候选人是否满足上述两个条件之一。本案例中，A公司综合得分最高，表明其最大限度地满足了招标文件的综合评价标准，C公司成为中标候选人，说明其能够满足招标文件的实质性要求，并且投标价格最低。但招标人选择的B公司不符合《招标投标法》第四十一条规定的中标条件。

无论是否属于依法必须进行招标的项目，或者采用何种评标方法，招标人都不能任意从评标委员会推荐的中标候选人中选择中标人，需要综合考虑《招标投标法》第四十一条规定的两个中标条件。

值得提醒的是，如果招标文件明确约定了必须确定排名第一的中标候选人为中标人，即使是非依法必须进行招标的项目，招标人也不能再另行选择中标人。

【案例启示】

（1）应体系化地理解法律法规。招标投标法律法规的适用条件应避免断章取义，片面理解或执行某一条款可能导致招标行为违法。实践中应从法律体系、立法目的及实务案例多角度出发，确保招标投标活动合法合规。

（2）注意招标文件的约定内容。招标人的行为除要遵守法律法规的规定以外，还要符合招标文件的约定。招标人在招标过程中，要同时遵守法律法规和招标文件的合法约定，避免引起争议。

【法律依据】

1)《中华人民共和国招标投标法》

第二条 在中华人民共和国境内进行招标投标活动，适用本法。

第四十条 评标委员会应当按照招标文件确定的评标标准和方法，对投标文件进行评审和比较；设有标底的，应当参考标底。评标委员会完成评标后，应当向招标人提出书面评标报告，并推荐合格的中标候选人。

招标人根据评标委员会提出的书面评标报告和推荐的中标候选人确定中标人。招标人也可以授权评标委员会直接确定中标人。

国务院对特定招标项目的评标有特别规定的，从其规定。

第四十一条 中标人的投标应当符合下列条件之一：

（一）能够最大限度地满足招标文件中规定的各项综合评价标准；

（二）能够满足招标文件的实质性要求，并且经评审的投标价格最低；但是投标价格低于成本的除外。

2)《中华人民共和国招标投标法实施条例》

第五十五条 国有资金占控股或者主导地位的依法必须进行招标的项目，招标人应当确定排名第一的中标候选人为中标人。排名第一的中标候选人放弃中标、因不可抗力不能履行合同、不按照招标文件要求提交履约保证金，或者被查实存在影响中标结果的违法行为等情形，不符合中标条件的，招标人可以按照评标委员会提出的中标候选人名单排序依次确定其他中标候选人为中标人，也可以重新招标。

案例 23 关于中标人放弃中标承担法律责任的案例

【基本案情】

某年产 10 GWh 锂离子动力电池 EPC 总承包项目，项目总投资额 12 亿元，招标人为某新能源科技有限公司，采用公开招标方式，招标文件要求提交投标保证金80万元。该项目共有10家单位参加投标，经评标委员会评审，评标结果如下。

第一中标候选人：A建设集团，投标报价10.8亿元；

第二中标候选人：B建筑公司，投标报价11.2亿元；

第三中标候选人：C建工集团，投标报价11.5亿元。

招标人依法确定第一中标候选人A建设集团为中标人，并于2023年8月向其发出中标通知书。A建设集团收到中标通知书后，以资金链断裂为由放弃中标。鉴于第二中标候选人与第一中标候选人投标报价差距较大，招标人决定重新招标，并要求A建设集团承担因其放弃中标给招标人带来的损失，包括重新招标费用50万元（主要是二次招标发生的招标代理服务费），车企违约金150万元（招标人在招标前已与某车企签订2024年9月起供货的协议，延期需支付每日5万元的违约金），延期投产的预期利润损失1000万元，共计1200万元，扣除A建设集团交纳的投标保证金80万元后，A建设集团还应赔偿招标人1120万元。

【问题提出】

（1）招标人要求A建设集团赔偿的损失范围合理吗？

（2）中标人放弃中标，招标人是否可以退还中标人投标保证金？

【问题分析】

（1）中标人放弃中标，是否应当向招标人赔偿损失，《招标投标法》及《招标投标法实施条例》并没有具体规定。根据《招标投标法》第四十五条、《民法典》第四百八十三条规定，中标通知书发出后，招标人和中标人之间的合同关系依法成立，因此，应受《民法典》的制约，根据《民法典》第五百七十七条规定，A建设集团放弃中标应承担赔偿损失的违约责任。此外，根据《民法典》第五百八十四条规定，当事人一方不履行合同义务或者履行合同义务不符合约定，造成对方损失的，损失赔偿额应当相当于因违约所造成的损失，包括合同履行后可以获得的利益；但是，不得超过违约一方订立合同时预见到或者应当预见到的因违约可能造成的损失。从该条款的规定可知，赔偿范围可包括直接损失和间接损失。直接损失一般是指因违约行为直接导致的现有财产的实际减少或必要费用的支出；间接损失，又称可得利益损失，是指因违约行为导致的未来可预期利益的损失，而非实际减少的直接财产的损失。主张间接损失需满足"因果关系"(损失与违约行为存在法律认可的因果关系)、"可预见性"(违约方在订立合同时可预见的损失)和"确定性"(必然或高度可能发生的利益,而非推测性损失),并且需通过证据进行证明。间接损失通常包括经营利润损失、生产或交易中断损失、机会损失、违约导致的第三方赔偿等。在本案例中,重新招标费用属于直接损失,通过招标代理合同和招标代理服务费发票就可以证明损失金额;车企违约金和预期利润损失属于间接损失,因招标人对于延期需要支付车企违约金的协议并未在招标文件中披露,因此,车企违约金不属于投标人可以预见的情形,招标人的主张无法得到支持。延期投产的预期利润损失需通过招标文件(合同)、财务数据、市场分析、第三方评估等形成完整证据链,证明其满足可预见性、因果关系和确定性等法定要件。在司法实践中,法院通常对赔偿间接损失的主张持谨慎态度,举证难度较大,如果招标人主张赔偿金额过大,则通常得不到支持。

(2)中标人放弃中标的"正当理由"通常是指非因中标人主观过错或商业风险导致无法履行合同,且无法履行合同具有合法性和不可归责性,例如,不可抗力因素、招标文件存在重大缺陷、招标人违约或违法、重大情势变更等情形。A建设集团"资金链断裂"应视为企业自身经营风险,属于中标人应自行承担的商业风险,而非外部不可抗力或不可归责的客观原因。在中标通知书发出后,根据《招标投标法》第四十五条规定,招标人与中标人之间的合同关系已成立,此时放弃中标属于单方违约行为。根据《招标投标法实施条例》第七十四条规定,中标人无正当理由放弃中标的,不管中标人的行为是否给招标人造成损失,均不予退还中标人提交的投标保证金。

需要说明的是,如果是在中标候选人公示期内放弃中标资格,此时中标通知书尚未发出,还未确定中标人,则中标候选人放弃中标资格应视为投标人撤销投标文件的行为。根据《招标投标法实施条例》第三十五条规定,投标人撤销投标文件的,招标人可以不退还招标保证金。因此,中标候选人在公示期内放弃中标资格,招标人是否退还投标保证金,可根据中标候选人放弃中标资格是否给招标人造成损失决定。需要注意的是,招标人对于中标候选人放弃中标资格退还保证金的行为要慎重,防止巡视审计风险。为了避免争议,招标文件可以规定发生此类情形的,投标保证金不予退还。

【案例启示】

（1）合同约定对于主张赔偿损失的重要性。司法实践优先保护直接损失，对预期利润、机会损失等间接损失持审慎态度，在合同进行约定是突破"可预见性"限制的关键，例如，在招标文件合同条款中明确给出预期利润损失的计算公式或参照标准。

（2）投标人应谨慎评估自身的履约能力。投标人在投标前要认真评估自身的履约能力，慎重选择放弃中标的行为。放弃中标不仅会面临投标保证金不予退还的风险，还可能被要求赔偿损失及信用记录受损。

（3）重视投标保证金的退还规定。无论是招标人还是投标人，在实际操作中均应重视投标保证金的退还规定。招标人在招标文件中应清晰列明投标保证金不予退还的情形，避免引起争议。投标人也应尽量避免因主观过错造成无法收回投标保证金的情况发生。

【法律依据】

1）《中华人民共和国招标投标法》

第四十五条　中标人确定后，招标人应当向中标人发出中标通知书，并同时将中标结果通知所有未中标的投标人。

中标通知书对招标人和中标人具有法律效力。中标通知书发出后，招标人改变中标结果的，或者中标人放弃中标项目的，应当依法承担法律责任。

2）《中华人民共和国招标投标法实施条例》

第三十五条第二款　投标截止后投标人撤销投标文件的，招标人可以不退还投标保证金。

第七十四条　中标人无正当理由不与招标人订立合同，在签订合同时向招标人提出附加条件，或者不按照招标文件要求提交履约保证金的，取消其中标资格，投标保证金不予退还。对依法必须进行招标的项目的中标人，由有关行政监督部门责令改正，可以处中标项目金额10‰以下的罚款。

3）《中华人民共和国民法典》

第四百八十三条　承诺生效时合同成立，但是法律另有规定或者当事人另有约定的除外。

第五百七十七条 当事人一方不履行合同义务或者履行合同义务不符合约定的，应当承担继续履行、采取补救措施或者赔偿损失等违约责任。

第五百八十四条 当事人一方不履行合同义务或者履行合同义务不符合约定，造成对方损失的，损失赔偿额应当相当于因违约所造成的损失，包括合同履行后可以获得的利益；但是，不得超过违约一方订立合同时预见到或者应当预见到的因违约可能造成的损失。

案例 24 关于招标人主体变更引发合同签订纠纷的案例

【基本案情】

某市计划投资建设一座污水处理厂，总投资额约 8 亿元。该项目由 A 投资公司作为招标人负责招标。经过公开招标程序，B 建筑公司中标。在中标通知书发出后，A 投资公司新成立了 C 建设运营公司，负责该污水处理厂的建设、运营和管理工作。在准备签订施工合同阶段，A 投资公司通知 B 建筑公司，要求将合同签订主体变更为 C 建设运营公司。A 投资公司解释称，C 建设运营公司是专门为该项目设立的，负责项目的建设、运营和管理工作，因此由 C 建设运营公司作为合同主体更为合适。B 建筑公司不同意变更合同主体，坚持要求与 A 投资公司签订施工合同。B 建筑公司认为招标人是 A 投资公司，中标通知书也是由 A 投资公司发出的，合同主体应为 A 投资公司，C 建设运营公司是新成立的公司，资信能力和履约能力尚未得到验证，存在履约风险。

【问题提出】

（1）A 投资公司是否有权要求变更合同主体？

（2）B 建筑公司是否有权拒绝与 C 建设运营公司签订合同？

【问题分析】

（1）中标通知书是招标人向中标人发出的书面中标通知，表明中标人已成功中标，并确认了中标结果。根据《招标投标法》第四十五条、《民法典》第四百八十三条规定，中标通知书发出后，代表承诺生效，招标人和中标人之间的合同关系依法成立。招标人是A投资公司，中标人是B建筑公司，根据《招标投标法》第四十六条规定，合同主体应为A投资公司和B建筑公司。根据《民法典》第五百四十三条规定，当事人协商一致，可以变更合同。A投资公司要求将合同主体变更为C建设运营公司，属于合同权利义务的转让，根据《民法典》第五百五十五条规定，A投资公司要求变更合同主体必须征得B建筑公司同意。若B建筑公司不同意，则A投资公司无权单方面变更合同主体。

（2）根据《民法典》第四百六十五条规定，合同是当事人之间设立、变更、终止民事法律关系的协议，具有相对性。合同的权利义务仅对合同当事人有效，未经对方同意，任何一方不得擅自变更合同主体或转让权利义务。B建筑公司有权要求与A投资公司签订合同，因为A投资公司是招标人和中标通知书的发出主体。若A投资公司坚持变更合同主体导致合同无法履行，B建筑公司有权拒绝，并根据《民法典》第五百七十七条、第五百八十四条规定追究其违约责任，要求赔偿损失，包括实际损失和预期利润。同时，B建筑公司放弃中标资格的行为属于合法维权，不构成违约。

在实际操作中，A投资公司与B建筑公司可以协商，在合同中明确由A投资公司作为合同主体，同时约定C建设运营公司作为具体执行单位（A投资公司将项目的具体实施工作委托C建设运营公司，但合同的法律责任仍由A投资公司承担），负责项目的实施、管理和运营，其行为视为A投资公司的行为，A投资公司对C建设运营公司的履约行为承担连带责任。若B建筑公司同意与C建设运营公司签订合同，但是担心其资信和履约能力，则可以要求A投资公司提供担保，确保C建设运营公司的履约能力。若协商不成，则B建筑公司可向行政监督部门投诉，要求A投资公司履行招标程序并签订合同；也可向法院提起诉讼，要求A投资公司承担违约责任并赔偿损失。

当然，合同主体变更的情形并不限于本案例中所述情况，实践中需分类处理，如下。

①企业合并或分立。在合同履行过程中，合同一方（如A公司）因企业合并或分立，其权利义务由新成立的公司（如B公司）继承。根据《民法典》第六十七条规定，当事人不得因合并或分立而不履行合同义务，合并或分立后的法人或其他组

织应承继原合同的权利义务。

②股权转让或资产重组。合同一方（如A公司）通过股权转让或资产重组，将其合同权利义务转让给第三方（如C公司）。根据《民法典》第五百五十五条规定，当事人一方经对方同意，可以将自己在合同中的权利和义务一并转让给第三人。如果招标人在招标过程中将其招标项目转让给其他人，实质上就是投资主体发生变化，那么可参照上述规定处理。

③政府机构改革或职能调整。在政府投资项目中，招标人（某政府部门）因机构改革或职能调整，其权利义务由新成立的部门继承，政府机构合并或职能调整属于名称或职能的变更，不影响合同的法律效力。

④合同主体名称变更。合同一方因名称变更（如由A公司更名为C公司），但其法律主体未发生变化。根据《民法典》第五百三十二条规定，当事人不得因名称变更而不履行合同义务。

【案例启示】

（1）合同主体的确定至关重要。在招标投标和合同签订过程中，合同主体的确定是核心问题。一旦合同主体确定，未经法定程序或协商一致，就不得随意变更。

（2）权利义务转让必须依法进行。合同权利义务的转让必须符合《民法典》的相关规定，未经对方同意不得擅自转让。

（3）招标投标程序的严肃性必须维护。招标投标程序是公开、公平、公正选择中标人的法定程序，任何擅自变更合同主体的行为都会破坏程序的严肃性。

【法律依据】

1）《中华人民共和国招标投标法》

第四十五条　中标人确定后，招标人应当向中标人发出中标通知书，并同时将中标结果通知所有未中标的投标人。

中标通知书对招标人和中标人具有法律效力。中标通知书发出后，招标人改变中标结果的，或者中标人放弃中标项目的，应当依法承担法律责任。

第四十六条第一款　招标人和中标人应当自中标通知书发出之日起三十日内，按照招标文件和中标人的投标文件订立书面合同。招标人和中标人不得再行订立背离合同实质性内容的其他协议。

2)《中华人民共和国民法典》

第六十七条　法人合并的，其权利和义务由合并后的法人享有和承担。

法人分立的，其权利和义务由分立后的法人享有连带债权，承担连带债务，但是债权人和债务人另有约定的除外。

第一百六十一条　民事主体可以通过代理人实施民事法律行为。

依照法律规定、当事人约定或者民事法律行为的性质，应当由本人亲自实施的民事法律行为，不得代理。

第一百六十二条　代理人在代理权限内，以被代理人名义实施的民事法律行为，对被代理人发生效力。

第四百六十五条　依法成立的合同，受法律保护。

依法成立的合同，仅对当事人具有法律约束力，但是法律另有规定的除外。

第四百八十三条　承诺生效时合同成立，但是法律另有规定或者当事人另有约定的除外。

第四百九十五条　当事人约定在将来一定期限内订立合同的认购书、订购书、预订书等，构成预约合同。

当事人一方不履行预约合同约定的订立合同义务的，对方可以请求其承担预约合同的违约责任。

第五百三十二条　合同生效后，当事人不得因姓名、名称的变更或者法定代表人、负责人、承办人的变动而不履行合同义务。

第五百四十三条　当事人协商一致，可以变更合同。

第五百四十五条　债权人可以将债权的全部或者部分转让给第三人，但是有下列情形之一的除外：

（一）根据债权性质不得转让；

（二）按照当事人约定不得转让；

（三）依照法律规定不得转让。

当事人约定非金钱债权不得转让的，不得对抗善意第三人。当事人约定金钱债权不得转让的，不得对抗第三人。

第五百四十六条第一款　债权人转让债权，未通知债务人的，该转让对债务人不发生效力。

第五百五十五条 当事人一方经对方同意，可以将自己在合同中的权利和义务一并转让给第三人。

第五百五十六条 合同的权利和义务一并转让的，适用债权转让、债务转移的有关规定。

第五百七十七条 当事人一方不履行合同义务或者履行合同义务不符合约定的，应当承担继续履行、采取补救措施或者赔偿损失等违约责任。

第五百八十四条 当事人一方不履行合同义务或者履行合同义务不符合约定，造成对方损失的，损失赔偿额应当相当于因违约所造成的损失，包括合同履行后可以获得的利益；但是，不得超过违约一方订立合同时预见到或者应当预见到的因违约可能造成的损失。

案例 25 关于合同内容变更是否需要另行招标引起争议的案例

【基本案情】

某城市主干路建设项目，总投资额4.5亿元，主要建设内容包括车行道、绿化带及人行道，配套建设内容包括交通、排水、给水、绿化、电力电信、照明等。经过公开招标程序，选定了施工总承包单位，中标价为4.3亿元。在招标完成后，双方签订了施工总承包合同，合同签约价约4.3亿元。

在项目实施过程中，市自然资源和规划局和市水务局对该区域排水方案进行了调整，经设计单位重新复核雨污水收集范围，调整了排水方案设计，并由专家会审并报水务局审核通过。排水方案变更内容如下。

（1）雨水系统变更：部分路段原2孔（第一个孔道尺寸为4米×4米、第二个孔道尺寸为5米×4米）雨水箱涵调整为3孔（三个孔道尺寸均为6米×4米）雨水箱涵。

（2）污水系统变更：部分路段污水管径由d400调整至d800。

（3）现状箱涵改造：部分路段现状四通节点预留箱涵尺寸为2孔（两个孔道尺

寸均为5米×4米），该段已成为3孔（三个孔道尺寸均为6米×4米）上游雨水箱涵的瓶颈，需进行扩容改造，沿旧箱涵新建一孔（孔道尺寸为7米×4米）箱涵，拆除旧箱涵部分结构瓶颈，实现雨水流量扩容改造。设计单位对本项目施工图进行了修改调整，并通过了图审。经审计单位核算，工程费用增加约1.2亿元，施工工期需延长约6个月。

关于工程变更内容是否需要另行招标，建设单位和施工单位产生了争议，建设单位认为变更的工程内容属于对合同实质性内容的重大调整，超出了原招标范围，应当重新招标；施工单位认为变更的部分是属于客观原因导致的必要调整，不需要另行招标，直接签订补充协议即可。

【问题提出】

因规划调整、设计变更等导致合同变更的部分是否需要另行招标？

【问题分析】

根据《招标投标法》第四十六条规定，合同签订后不得再行订立背离合同实质性内容的其他协议；根据《招标投标法实施条例》第五十七条规定，合同的标的、价款、质量、履行期限等主要条款应当与招标文件和中标人的投标文件的内容一致；根据《民法典》第四百八十八条规定，标的、数量、质量、价款或者报酬、履行期限、履行地点和方式、违约责任和解决争议方法等属于实质性内容。该项目因规划调整和设计变更导致建设规模、工程内容、施工工期、工程造价均发生了变化，可能需重新招标。但对于工程项目而言，由于其一般具有投资规模大、建设周期长、技术要求高、设计变更多、受国家政策调控影响大、不确定因素多等特点，履行过程中不可避免地会发生工程变更。如果一遇到属于工程标的、价款、质量、履行期限等的变更，就要重新招标，那么工程很难顺利推进。基于此，最高人民法院发布的《全国民事审判工作会议纪要》指出，建设工程开工后，因设计变更、建设工程规划指标调整等客观原因，导致变更工期、工程价款、工程项目性质的，不应认定为变更中标合同的实质性内容。该项目的排水规划调整具有外部性和不可归责性，其设计的变更属于客观原因，在招标时无法预见，且本次变更的工程内容是原排水系统的功能延伸，具有技术不可分割性。若进行单独招标，由另一家单位中标，可能影响工程整体性，因此，该项目符合《招标投标法实施条例》第九条规定的可以不进行招标的情形。

综上所述，该项目因政府规划调整引发的设计变更属于"客观情况重大变化"，非实质性背离合同，符合法定豁免招标的条件。鉴于本次变更超过了原批准的建设规模，且工程费用增加较多，建设单位在签订补充协议前，向项目审批部门提交了详细的项目变更说明和不重新招标的申请报告，项目审批部门经过调查和论证，最终批准建设单位与施工总承包单位就合同变更部分进行协商谈判。双方在遵循主合同约定的前提下，本着公平、公正、等价有偿的原则，签订了补充协议，明确了变更的工程内容、变更价款、工期等条款，并严格按照变更后的内容履行合同义务。

当然，并非所有因客观原因导致的变更都不需要重新招标。实践中判断变更内容是否需要重新招标，除把握客观性和必要性以外，还应从经济性、可分割性、现场管理、承包人的履约能力及合同约定等方面综合考虑。地方和行业有规定的，应优先遵守地方和行业的相关规定。例如，根据深圳市人民政府《关于进一步规范建设工程招标投标活动的通知》规定，对于在建工程追加的与主体工程不可分割的附属工程或者主体加层工程，且承包人未发生变更的，可以不进行施工招标，追加的附属工程造价不得超过原合同造价的10%且不超过5000万元；根据广州市交通运输局《关于进一步优化普通公路招投标管理等工作的通知》规定，普通公路新建、改扩建及养护工程项目变更内容涉及工程造价增加未达到签约合同价10%的，直接按合同条款调整；累计金额达到签约合同价10%~30%或超过30%但未超过400万元的，对新增加内容进行谈判；累计金额超过签约合同价30%且超过400万元的，对新增内容重新招标，但新增加内容为与原工程不可分割的工程，经交通运输主管部门审核同意后可以不用重新招标。

【案例启示】

（1）合同条款须具有前瞻性。合同中应明确约定设计变更的调价机制及政府行为导致的变更免责条款，同时细化变更估价程序与协商机制，避免争议。

（2）变更程序应加强合规性管理。重大设计变更需履行专家论证、行政审批、图审及审计程序，确保变更合法合规。对涉及价款调整的变更，应同步签署补充协议并留存政府批文、会议纪要等客观证据。同时，建设单位应要求跟踪审计单位对变更工程量进行全过程审核，确保造价调整的合理性。

（3）加强招标风险的动态评估。若变更后新增工程达到招标规模且具备可分割性，发包人需警惕规避招标的法律风险。对于与原工程紧密关联的变更，可优先与中标人进行协商，通过变更条款的方式解决；对于独立性较强的新增工程，应充分评估是否需要履行招标程序。

【法律依据】

1)《中华人民共和国招标投标法》

第四十六条第一款　招标人和中标人应当自中标通知书发出之日起三十日内，按照招标文件和中标人的投标文件订立书面合同。招标人和中标人不得再行订立背离合同实质性内容的其他协议。

2)《中华人民共和国招标投标法实施条例》

第九条第一款第（四）项　除招标投标法第六十六条规定的可以不进行招标的特殊情况外，有下列情形之一的，可以不进行招标：

（四）需要向原中标人采购工程、货物或者服务，否则将影响施工或者功能配套要求；

第五十七条第一款　招标人和中标人应当依照招标投标法和本条例的规定签订书面合同，合同的标的、价款、质量、履行期限等主要条款应当与招标文件和中标人的投标文件的内容一致。招标人和中标人不得再行订立背离合同实质性内容的其他协议。

3)《中华人民共和国民法典》

第四百六十五条　依法成立的合同，受法律保护。

依法成立的合同，仅对当事人具有法律约束力，但是法律另有规定的除外。

第四百八十八条　承诺的内容应当与要约的内容一致。受要约人对要约的内容作出实质性变更的，为新要约。有关合同标的、数量、质量、价款或者报酬、履行期限、履行地点和方式、违约责任和解决争议方法等的变更，是对要约内容的实质性变更。

4)《关于审理建设工程施工合同纠纷案件适用法律问题的解释（一）》

第二十三条　发包人将依法不属于必须招标的建设工程进行招标后，与承包人另行订立的建设工程施工合同背离中标合同的实质性内容，当事人请求以中标合同作为结算建设工程价款依据的，人民法院应予支持，但发包人与承包人因客观情况发生了在招标投标时难以预见的变化而另行订立建设工程施工合同的除外。

5）《全国民事审判工作会议纪要》

第二十三条第二款 建设工程开工后，发包方与承包方因设计变更、建设工程规划指标调整等原因，通过补充协议、会谈纪要、往来函件、签证等形式变更工期、工程价款、工程项目性质的，不应认定为变更中标合同的实质性内容。

案例 26 关于政府采购工程法律适用引起争议的案例

【基本案情】

某市妇幼保健院新建一栋住院大楼，项目总投资额约1.5亿元，经公开招标程序，A建筑公司以1.3亿元中标，并与保健院签订了施工合同，合同约定工期为600日历天，签约合同金额1.3亿元。

在施工过程中，医院提出以下变更需求：一是设计变更，根据新医疗规范，医院需增加新生儿重症监护室的建筑面积，涉及结构改造；二是功能调整，为应对突发公共卫生事件，医院要求增加负压手术室，涉及通风系统和电气系统改造。

上述变更导致工程量大幅增加，经双方协商，追加金额初步估算为1500万元，占原合同金额的11.5％。双方就是否可以直接签订补充合同产生了争议，A建筑公司认为该变更需求是不可预见且必要的，可以直接签订补充合同；保健院认为变更金额已超过10％，违反了《政府采购法》第四十九条的规定，不能签订补充合同。

【问题提出】

（1）政府采购工程是否需要遵守《政府采购法》第四十九条的规定？

（2）政府采购工程合同变更金额超过原合同金额的10％该如何处理？

【问题分析】

（1）根据《政府采购法》第四十九规定，政府采购合同履行中，采购人需追加与合同标的相同的货物、工程或者服务的，在不改变合同其他条款的前提下，可以与供应商协商签订补充合同，但所有补充合同的采购金额不得超过原合同采购金额的10％，该条款明确规定适用于工程采购。虽然《政府采购法》第四条规定了政府采购工程进行招标投标的适用《招标投标法》，但《招标投标法》主要规范的是招标投标程序，对招标、投标、开标、评标、定标等环节均有详细规定，其重点在于程序公正，并没有合同管理的内容，此处宜理解为政府采购工程采用招标方式的程序和环节适用《招标投标法》，但合同履行阶段的变更、追加、监督等方面仍需遵守《政府采购法》的相关规定。

（2）最终医院与A建筑公司就变更部分按照独立可分割性原则，将其中1200万元（10％以内）的变更金额通过补充合同直接签订，余下的300万元报财政部门同意后，通过竞争性磋商重新履行了政府采购程序。

在实际操作中，为了避免因对法律适用的理解不同引起争议，宜在合同条款中明确"合同变更金额不得超过原合同金额的10％"，同时注明追加金额是包括所有补充合同的累计金额，而非单次变更金额。

【案例启示】

（1）严格遵守法律规定。政府采购合同履行过程中应严格遵守相关法律规定，同时应正确理解法律条文的立法目的，避免法律适用错误。

（2）注重程序合规性。合同变更必须严格履行法定程序，避免程序瑕疵导致合同无效、行政处罚等法律风险。

（3）合理规划变更需求。在项目实施前，应充分评估和论证设计方案的可行性，尽量减少合同履行中的变更需求。

【法律依据】

1）《中华人民共和国政府采购法》

第四条　政府采购工程进行招标投标的，适用招标投标法。

第四十九条　政府采购合同履行中，采购人需追加与合同标的相同的货物、工程或者服务的，在不改变合同其他条款的前提下，可以与供应商协商签订补充合同，但所有补充合同的采购金额不得超过原合同采购金额的百分之十。

2）《中华人民共和国政府采购法实施条例》

第七条　政府采购工程以及与工程建设有关的货物、服务，采用招标方式采购的，适用《中华人民共和国招标投标法》及其实施条例；采用其他方式采购的，适用政府采购法及本条例。

前款所称工程，是指建设工程，包括建筑物和构筑物的新建、改建、扩建及其相关的装修、拆除、修缮等；所称与工程建设有关的货物，是指构成工程不可分割的组成部分，且为实现工程基本功能所必需的设备、材料等；所称与工程建设有关的服务，是指为完成工程所需的勘察、设计、监理等服务。

第六十七条第一款第（五）（六）项 采购人有下列情形之一的，由财政部门责令限期改正，给予警告，对直接负责的主管人员和其他直接责任人员依法给予处分，并予以通报：

（五）政府采购合同履行中追加与合同标的相同的货物、工程或者服务的采购金额超过原合同采购金额10％；

（六）擅自变更、中止或者终止政府采购合同；

3）《中华人民共和国招标投标法》

第四十六条第一款 招标人和中标人应当自中标通知书发出之日起三十日内，按照招标文件和中标人的投标文件订立书面合同。招标人和中标人不得再行订立背离合同实质性内容的其他协议。

第六章

异议和投诉

141. 异议和投诉有何区别？

异议和投诉均是投标人或其他利害关系人认为招标投标活动不符合法律法规的规定而提出的一种抗议，但二者在受理和答复主体、程序和期限等方面有着明显的区别。

【问题分析】

从受理和答复主体来看，异议的受理和答复主体是招标人；投诉的受理和答复主体是行政监督部门，投诉人就同一事项向两个以上有权受理的行政监督部门投诉的，由最先收到投诉的行政监督部门负责处理。

从程序和期限来看，潜在投标人或者其他利害关系人对资格预审文件有异议的，应当在提交资格预审申请文件截止时间2日前提出；对招标文件有异议的，应当在投标截止时间10日前提出，招标人应当自收到异议之日起3日内作出答复，作出答复前应当暂停招标投标活动；投标人对开标有异议的，应当在开标现场提出，招标人应当当场作出答复，并制作记录；投标人或者其他利害关系人对依法必须进行招标的项目的评标结果有异议的，应当在中标候选人公示期间提出，招标人应当自收到异议之日起3日内作出答复，作出答复前应当暂停招标投标活动。投标人或者其他利害关系人认为招标投标活动不符合法律、行政法规规定的，可以自知道或者应当知道之日起10日内向有关行政监督部门投诉，投诉应当有明确的请求和必要的证明材料，行政监督部门应当自收到投诉之日起3个工作日内决定是否受理投诉，并自受理投诉之日起30个工作日内作出书面处理决定。

值得注意的是，根据《招标投标法实施条例》第六十条规定，投标人、潜在投标人或者其他利害关系人对资格预审文件、招标文件、开标、评标结果提出投诉前，应当先提出异议。

【法律依据】

1)《中华人民共和国招标投标法》

第六十五条　投标人和其他利害关系人认为招标投标活动不符合本法有关规定的，有权向招标人提出异议或者依法向有关行政监督部门投诉。

2)《中华人民共和国招标投标法实施条例》

第二十二条　潜在投标人或者其他利害关系人对资格预审文件有异议的，应当在提交资格预审申请文件截止时间2日前提出；对招标文件有异议的，应当在投标截止时间10日前提出。招标人应当自收到异议之日起3日内作出答复；作出答复前，应当暂停招标投标活动。

第四十四条第三款　投标人对开标有异议的，应当在开标现场提出，招标人应当当场作出答复，并制作记录。

第五十四条　依法必须进行招标的项目，招标人应当自收到评标报告之日起3日内公示中标候选人，公示期不得少于3日。

投标人或者其他利害关系人对依法必须进行招标的项目的评标结果有异议的，应当在中标候选人公示期间提出。招标人应当自收到异议之日起3日内作出答复；作出答复前，应当暂停招标投标活动。

第六十条　投标人或者其他利害关系人认为招标投标活动不符合法律、行政法规规定的，可以自知道或者应当知道之日起10日内向有关行政监督部门投诉。投诉应当有明确的请求和必要的证明材料。

就本条例第二十二条、第四十四条、第五十四条规定事项投诉的，应当先向招标人提出异议，异议答复期间不计算在前款规定的期限内。

第六十一条　投诉人就同一事项向两个以上有权受理的行政监督部门投诉的，由最先收到投诉的行政监督部门负责处理。

行政监督部门应当自收到投诉之日起3个工作日内决定是否受理投诉，并自受理投诉之日起30个工作日内作出书面处理决定；需要检验、检测、鉴定、专家评审的，所需时间不计算在内。

投诉人捏造事实、伪造材料或者以非法手段取得证明材料进行投诉的，行政监督部门应当予以驳回。

第六十二条 行政监督部门处理投诉，有权查阅、复制有关文件、资料，调查有关情况，相关单位和人员应当予以配合。必要时，行政监督部门可以责令暂停招标投标活动。

3)《工程建设项目招标投标活动投诉处理办法》

第二条 本办法适用于工程建设项目招标投标活动的投诉及其处理活动。

前款所称招标投标活动，包括招标、投标、开标、评标、中标以及签订合同等各阶段。

第三条 投标人或者其他利害关系人认为招标投标活动不符合法律、法规和规章规定的，有权依法向有关行政监督部门投诉。

前款所称其他利害关系人是指投标人以外的，与招标项目或者招标活动有直接和间接利益关系的法人、其他组织和自然人。

第四条 各级发展改革、工业和信息化、住房城乡建设、水利、交通运输、铁道、商务、民航等招标投标活动行政监督部门，依照《国务院办公厅印发国务院有关部门实施招标投标活动行政监督的职责分工的意见的通知》（国办发[2000]34号）和地方各级人民政府规定的职责分工，受理投诉并依法作出处理决定。

对国家重大建设项目（含工业项目）招标投标活动的投诉，由国家发展改革委受理并依法做出处理决定。对国家重大建设项目招标投标活动的投诉，有关行业行政监督部门已经收到的，应当通报国家发展改革委，国家发展改革委不再受理。

第五条 行政监督部门处理投诉时，应当坚持公平、公正、高效原则，维护国家利益、社会公共利益和招标投标当事人的合法权益。

第六条 行政监督部门应当确定本部门内部负责受理投诉的机构及其电话、传真、电子信箱和通讯地址，并向社会公布。

第七条 投诉人投诉时，应当提交投诉书。投诉书应当包括下列内容：

（一）投诉人的名称、地址及有效联系方式；

（二）被投诉人的名称、地址及有效联系方式；

（三）投诉事项的基本事实；

（四）相关请求及主张；

（五）有效线索和相关证明材料。

对招标投标法实施条例规定应先提出异议的事项进行投诉的，应当附提出异议的证明文件。已向有关行政监督部门投诉的，应当一并说明。

投诉人是法人的，投诉书必须由其法定代表人或者授权代表签字并盖章；其他组织或自然人投诉的，投诉书必须由其主要负责人或者投诉人本人签字，并附有效身份证明复印件。

投诉书有关材料是外文的，投诉人应当同时提供其中文译本。

第八条 投诉人不得以投诉为名排挤竞争对手，不得进行虚假、恶意投诉，阻碍招标投标活动的正常进行。

第九条 投诉人认为招标投标活动不符合法律行政法规规定的，可以在知道或者应当知道之日起十日内提出书面投诉。依照有关行政法规提出异议的，异议答复期间不计算在内。

第十条 投诉人可以自己直接投诉，也可以委托代理人办理投诉事务。代理人办理投诉事务时，应将授权委托书连同投诉书一并提交给行政监督部门。授权委托书应当明确有关委托代理权限和事项。

第十一条 行政监督部门收到投诉书后，应当在三个工作日内进行审查，视情况分别做出以下处理决定：

（一）不符合投诉处理条件的，决定不予受理，并将不予受理的理由书面告知投诉人；

（二）对符合投诉处理条件，但不属于本部门受理的投诉，书面告知投诉人向其他行政监督部门提出投诉；

对于符合投诉处理条件并决定受理的，收到投诉书之日即为正式受理。

第十二条 有下列情形之一的投诉，不予受理：

（一）投诉人不是所投诉招标投标活动的参与者，或者与投诉项目无任何利害关系；

（二）投诉事项不具体，且未提供有效线索，难以查证的；

（三）投诉书无投诉人真实姓名、签字和有效联系方式的；以法人名义投诉的，投诉书未经法定代表人签字并加盖公章的；

（四）超过投诉时效的；

（五）已经作出处理决定，并且投诉人没有提出新的证据的；

（六）投诉事项应先提出异议没有提出异议、已进入行政复议或行政诉讼程序的。

142. 异议答复有何要求？未在法定期限答复异议如何处理？

对资格预审文件、招标文件、开标、评标结果阶段的异议答复的时间、形式要求各有不同。未在法定期限答复异议属于违反《招标投标法实施条例》的行为，由有关行政监督部门责令改正。

【问题分析】

对于资格预审文件或招标文件的异议，潜在投标人或者其他利害关系人对资格预审文件有异议的，应当在提交资格预审申请文件截止时间2日前提出；对招标文件有异议的，应当在投标截止时间10日前提出。招标人应当自收到异议之日起3日内作出答复；作出答复前应当暂停招标投标活动。

对于开标的异议，投标人认为不符合有关规定的，应当在开标现场提出异议，招标人应当当场作出答复。投标人异议成立的，招标人应当及时采取纠正措施，或者提交评标委员会评审确认；投标人异议不成立的，招标人应当当场给予解释说明。异议和答复应记入开标会记录或者制作专门记录以备查。

对于评标结果的异议，投标人或者其他利害关系人对依法必须进行招标的项目的评标结果有异议的，应当在中标候选人公示期间提出。招标人应当自收到异议之日起3日内作出答复；作出答复前，应当暂停招标投标活动。

招标人不按照规定对异议作出答复，继续进行招标投标活动的，由有关行政监督部门责令改正。依法必须进行招标的项目，未在法定期限答复异议，对中标结果造成实质性影响，且不能采取补救措施予以纠正的，招标、投标、中标无效，应当依法重新招标或者评标。地方有规定的从其规定，例如，根据《湖北省公共资源招标投标违法违规行为记录量化管理办法》规定，在湖北省行政区域内各级公共资源交易平台招标投标的项目，招标人、招标代理机构及其相关人员不在法定时限内对投标人或其他利害关系人提出的"异议"作出答复的，记1分；根据《威海市工程建设项目招标投标不良行为量化管理办法》规定，在威海市行政区域内的工程建设项目招标投标活动，招标人、招标代理机构不在法定时限内对投标人、潜在投标人或者其他利害关系人提出的"异议"作出答复的，记2分。

【法律依据】

《中华人民共和国招标投标法实施条例》

第二十二条 潜在投标人或者其他利害关系人对资格预审文件有异议的，应当在提交资格预审申请文件截止时间2日前提出；对招标文件有异议的，应当在投标截止时间10日前提出。招标人应当自收到异议之日起3日内作出答复；作出答复前，应当暂停招标投标活动。

第四十四条第三款 投标人对开标有异议的，应当在开标现场提出，招标人应当当场作出答复，并制作记录。

第五十四条第二款 投标人或者其他利害关系人对依法必须进行招标的项目的评标结果有异议的，应当在中标候选人公示期间提出。招标人应当自收到异议之日起3日内作出答复；作出答复前，应当暂停招标投标活动。

第七十七条第二款 招标人不按照规定对异议作出答复，继续进行招标投标活动的，由有关行政监督部门责令改正，拒不改正或者不能改正并影响中标结果的，依照本条例第八十一条的规定处理。

第八十一条 依法必须进行招标的项目的招标投标活动违反招标投标法和本条例的规定，对中标结果造成实质性影响，且不能采取补救措施予以纠正的，招标、投标、中标无效，应当依法重新招标或者评标。

143. 是否可以拒绝超出法定时限的异议？

对于超出法定时限的异议，招标人可以书面告知异议人不予受理，但仍应对异议内容进行核实，确有问题的应依法纠正。

【问题分析】

关于招标人能否拒绝超出法定时限的异议，招标投标相关法律法规无明确规定，但从法律法规对异议的规定来看，其在保障异议人的异议权的同时，也对异议权的时限提出了要求，兼顾了公平和效率。若招标人受理超出时限的异议，由于提出异议的时间不确定，可能对正常的招标投标程序造成影响，违背了法律法规设置时限要求的初衷，因此，招标人有权不予受理。例如，根据《深圳市工程建设项目招标投标活动异议和投诉处理办法》规定，未在法定的异议期限内提出的异议，招标人可以不予受理，并向异议提起人发出异议不予受理通知书。

需要说明的是，对于逾期提出的异议，若确实存在问题，招标人也应本着公平、公正的原则认真对待，及时依法予以纠正。

【法律依据】

《中华人民共和国招标投标法实施条例》

第二十二条 潜在投标人或者其他利害关系人对资格预审文件有异议的，应当在提交资格预审申请文件截止时间2日前提出；对招标文件有异议的，应当在投标截止时间10日前提出。招标人应当自收到异议之日起3日内作出答复；作出答复前，应当暂停招标投标活动。

第四十四条第三款 投标人对开标有异议的，应当在开标现场提出，招标人应当当场作出答复，并制作记录。

第五十四条第二款 投标人或者其他利害关系人对依法必须进行招标的项目的评标结果有异议的，应当在中标候选人公示期间提出。招标人应当自收到异议之日起3日内作出答复；作出答复前，应当暂停招标投标活动。

144. 同一投标人就同一事项能否重复提出异议？

招标人作出异议答复后，异议人能否在异议期内就同一事项重复提出异议，应根据异议人补充提供的证据进行综合判断。

【问题分析】

如果异议人在异议期内对同一事项重复提出异议，只有当提出新的证据且新证据来源合法，内容与异议事项具有关联性时，招标人才应予以受理。根据《招标投标法实施条例》第二十二条、第四十四条、第五十四条规定，招标人应对投标人在规定时限内提出的异议予以答复，但法律法规未对答复质量作出要求。异议答复应当体现效率原则，重在及时消除异议人的疑惑，过于强调答复的质量将延迟招标人的答复时间，降低招标投标效率。异议并不是解决有关招标投标争议的最终手段，如果异议人对异议答复不满意，则可以向有关行政监督管理部门投诉。

【法律依据】

《中华人民共和国招标投标法实施条例》

第二十二条 潜在投标人或者其他利害关系人对资格预审文件有异议的，应当在提交资格预审申请文件截止时间2日前提出；对招标文件有异议的，应当在投标截止时间10日前提出。招标人应当自收到异议之日起3日内作出答复；作出答复前，应当暂停招标投标活动。

第四十四条第三款 投标人对开标有异议的，应当在开标现场提出，招标人应当当场作出答复，并制作记录。

第五十四条第二款 投标人或者其他利害关系人对依法必须进行招标的项目的评标结果有异议的，应当在中标候选人公示期间提出。招标人应当自收到异议之日起3日内作出答复；作出答复前，应当暂停招标投标活动。

第六十条 投标人或者其他利害关系人认为招标投标活动不符合法律、行政法规规定的，可以自知道或者应当知道之日起10日内向有关行政监督部门投诉。投诉应当有明确的请求和必要的证明材料。

就本条例第二十二条、第四十四条、第五十四条规定事项投诉的，应当先向招标人提出异议，异议答复期间不计算在前款规定的期限内。

145. 评标结果公示前能否对评标结果提出异议？

在评标结果公示前，投标人或者其他利害关系人不能对评标结果提出异议。

【问题分析】

根据《招标投标法实施条例》第五十四条规定，投标人或者其他利害关系人对依法必须进行招标的项目的评标结果有异议的，应当在中标候选人公示期间提出。

对于投标人或者其他利害关系人来说，评标结果未公示，应当处于保密的状态，此时提出异议可能存在评标结果提前泄露，或者异议人捏造事实的情形。因此，在评标结果公示前，投标人或者其他利害关系人不能对评标结果提出异议。

对于招标人来说，根据《关于严格执行招标投标法规制度进一步规范招标投标主体行为的若干意见》第一条第（五）项规定，招标人应当在中标候选人公示前认真审查评标委员会提交的书面评标报告，发现异常情形的，依照法定程序进行复核，确认存在问题的，依照法定程序予以纠正。

【法律依据】

1）《中华人民共和国招标投标法》

第四十四条第三款 评标委员会成员和参与评标的有关工作人员不得透露对投标文件的评审和比较、中标候选人的推荐情况以及与评标有关的其他情况。

2）《中华人民共和国招标投标法实施条例》

第五十三条第一款 评标完成后，评标委员会应当向招标人提交书面评标报告和中标候选人名单。中标候选人应当不超过3个，并标明排序。

第五十四条第二款 投标人或者其他利害关系人对依法必须进行招标的项目的评标结果有异议的，应当在中标候选人公示期间提出。招标人应当自收到异议之日起3日内作出答复；作出答复前，应当暂停招标投标活动。

3）《关于严格执行招标投标法规制度进一步规范招标投标主体行为的若干意见》

第一条第（五）项 一、强化招标人主体责任

（五）加强评标报告审查。招标人应当在中标候选人公示前认真审查评标委员会提交的书面评标报告，发现异常情形的，依照法定程序进行复核，确认存在问题的，依照法定程序予以纠正。重点关注评标委员会是否按照招标文件规定的评标标准和方法进行评标；是否存在对客观评审因素评分不一致，或者评分畸高、畸低现象；是否对可能低于成本或者影响履约的异常低价投标和严重不平衡报价进行分析研判；是否依法通知投标人进行澄清、说明；是否存在随意否决投标的情况。加大评标情况公开力度，积极推进评分情况向社会公开、投标文件被否决原因向投标人公开。

146. 招标人认为异议成立该如何处理？

招标投标活动中招标人认为资格预审文件、招标文件、开标或评标结果阶段的异议成立时的处理方式各不相同。

【问题分析】

当资格预审文件或招标文件异议成立时，招标人可以对已发出的资格预审文件或招标文件进行必要的澄清或修改。澄清或者修改的内容可能影响资格预审申请文件或投标文件编制的，招标人应当在提交资格预审申请文件截止时间至少3日前，或者投标截止时间至少15日前，以书面形式通知所有获取资格预审文件或者招标文件的潜在投标人；不足3日或者15日的，招标人应当顺延提交资格预审申请文件或者投标文件的截止时间。招标人编制的资格预审文件、招标文件的内容违反法律、行政法规的强制性规定，违反公开、公平、公正和诚实信用原则，影响资格预审结果或者潜在投标人投标的，依法必须进行招标的项目的招标人应当在修改资格预审文件或招标文件后重新招标。

当开标过程中异议成立时，招标人应及时采取纠正措施，或者提交评标委员会评审确认。异议和答复应记入开标会记录或者制作专门记录以备查。开标现场可能出现对投标文件提交、截标时间、开标程序、投标文件密封检查和开封、唱标内容、标底价格的合理性、开标记录、唱标次序等的争议，以及投标人与招标人或者投标人相互之间存在利益冲突的情形，这些争议和存在利益冲突的情形如不及时加以解决，将影响招标投标活动的有效性以及后续评标工作，导致事后纠正存在困难或者无法纠正。

当评标结果异议成立时，招标人应及时组织原评标委员会对有关的问题予以纠正，无法组织原评标委员会或者原评标委员会无法自行予以纠正的，应当报告行政监督部门，由有关行政监督部门依法作出处理，问题纠正后重新公示中标候选人。对于国有资金占控股或者主导地位的依法必须进行招标的项目，如果排名第一的中标候选人被查实存在影响中标结果的违法行为，包括弄虚作假、串通投标、行贿，或者招标文件载明的属于实质性要求和条件的其他违法行为，则招标人可以依次选择其他中标候选人为中标人，也可以重新招标。

【法律依据】

1)《中华人民共和国招标投标法》

第四十一条 中标人的投标应当符合下列条件之一：

（一）能够最大限度地满足招标文件中规定的各项综合评价标准；

（二）能够满足招标文件的实质性要求，并且经评审的投标价格最低；但是投标价格低于成本的除外。

第五十条 招标代理机构违反本法规定，泄露应当保密的与招标投标活动有关的情况和资料的，或者与招标人、投标人串通损害国家利益、社会公共利益或者他人合法权益的，处五万元以上二十五万元以下的罚款；对单位直接负责的主管人员和其他直接责任人员处单位罚款数额百分之五以上百分之十以下的罚款；有违法所得的，并处没收违法所得；情节严重的，禁止其一年至二年内代理依法必须进行招标的项目并予以公告，直至由工商行政管理机关吊销营业执照；构成犯罪的，依法追究刑事责任。给他人造成损失的，依法承担赔偿责任。

前款所列行为影响中标结果的，中标无效。

第五十一条 招标人以不合理的条件限制或者排斥潜在投标人的，对潜在投标人实行歧视待遇的，强制要求投标人组成联合体共同投标的，或者限制投标人之间竞争的，责令改正，可以处一万元以上五万元以下的罚款。

第五十二条 依法必须进行招标的项目的招标人向他人透露已获取招标文件的潜在投标人的名称、数量或者可能影响公平竞争的有关招标投标的其他情况的，或者泄露标底的，给予警告，可以并处一万元以上十万元以下的罚款；对单位直接负责的主管人员和其他直接责任人员依法给予处分；构成犯罪的，依法追究刑事责任。

前款所列行为影响中标结果的，中标无效。

第五十三条 投标人相互串通投标或者与招标人串通投标的，投标人以向招标人或者评标委员会成员行贿的手段谋取中标的，中标无效，处中标项目金额千分之五以上千分之十以下的罚款，对单位直接负责的主管人员和其他直接责任人员处单位罚款数额百分之五以上百分之十以下的罚款；有违法所得的，并处没收违法所得；情节严重的，取消其一年至二年内参加依法必须进行招标的项目的投标资格并予以公告，直至由工商行政管理机关吊销营业执照；构成犯罪的，依法追究刑事责任。给他人造成损失的，依法承担赔偿责任。

第五十四条　投标人以他人名义投标或者以其他方式弄虚作假，骗取中标的，中标无效，给招标人造成损失的，依法承担赔偿责任；构成犯罪的，依法追究刑事责任。

依法必须进行招标的项目的投标人有前款所列行为尚未构成犯罪的，处中标项目金额千分之五以上千分之十以下的罚款，对单位直接负责的主管人员和其他直接责任人员处单位罚款数额百分之五以上至百分之十以下的罚款；有违法所得的，并处没收违法所得；情节严重的，取消其一年至三年内参加依法必须进行招标的项目的投标资格并予以公告，直至由工商行政管理机关吊销营业执照。

第五十五条　依法必须进行招标的项目，招标人违反本法规定，与投标人就投标价格、投标方案等实质性内容进行谈判的，给予警告，对单位直接负责的主管人员和其他直接责任人员依法给予处分。

前款所列行为影响中标结果的，中标无效。

第五十六条　评标委员会成员收受投标人的财物或者其他好处的，评标委员会成员或者参加评标的有关工作人员向他人透露对投标文件的评审和比较、中标候选人的推荐以及与评标有关的其他情况的，给予警告，没收收受的财物，可以并处三千元以上五万元以下的罚款，对有所列违法行为的评标委员会成员取消担任评标委员会成员的资格，不得再参加任何依法必须进行招标的项目的评标；构成犯罪的，依法追究刑事责任。

第五十七条　招标人在评标委员会依法推荐的中标候选人以外确定中标人的，依法必须进行招标的项目在所有投标被评标委员会否决后自行确定中标人的，中标无效，责令改正，可以处中标项目金额千分之五以上千分之十以下的罚款；对单位直接负责的主管人员和其他直接责任人员依法给予处分。

2）《中华人民共和国招标投标法实施条例》

第二十一条　招标人可以对已发出的资格预审文件或者招标文件进行必要的澄清或者修改。澄清或者修改的内容可能影响资格预审申请文件或者投标文件编制的，招标人应当在提交资格预审申请文件截止时间至少3日前，或者投标截止时间至少15日前，以书面形式通知所有获取资格预审文件或者招标文件的潜在投标人；不足3日或者15日的，招标人应当顺延提交资格预审申请文件或者投标文件的截止时间。

第二十二条　潜在投标人或者其他利害关系人对资格预审文件有异议的，应当在提交资格预审申请文件截止时间2日前提出；对招标文件有异议的，应当在投标截止时间10日前提出。招标人应当自收到异议之日起3日内作出答复；作出答复前，应当暂停招标投标活动。

第二十三条　招标人编制的资格预审文件、招标文件的内容违反法律、行政法规的强制性规定，违反公开、公平、公正和诚实信用原则，影响资格预审结果或者潜在投标人投标的，依法必须进行招标的项目的招标人应当在修改资格预审文件或者招标文件后重新招标。

第四十四条　招标人应当按照招标文件规定的时间、地点开标。

投标人少于3个的，不得开标；招标人应当重新招标。

投标人对开标有异议的，应当在开标现场提出，招标人应当当场作出答复，并制作记录。

第五十四条　依法必须进行招标的项目，招标人应当自收到评标报告之日起3日内公示中标候选人，公示期不得少于3日。

投标人或者其他利害关系人对依法必须进行招标的项目的评标结果有异议的，应当在中标候选人公示期间提出。招标人应当自收到异议之日起3日内作出答复；作出答复前，应当暂停招标投标活动。

第五十五条　国有资金占控股或者主导地位的依法必须进行招标的项目，招标人应当确定排名第一的中标候选人为中标人。排名第一的中标候选人放弃中标、因不可抗力不能履行合同、不按照招标文件要求提交履约保证金，或者被查实存在影响中标结果的违法行为等情形，不符合中标条件的，招标人可以按照评标委员会提出的中标候选人名单排序依次确定其他中标候选人为中标人，也可以重新招标。

第五十六条　中标候选人的经营、财务状况发生较大变化或者存在违法行为，招标人认为可能影响其履约能力的，应当在发出中标通知书前由原评标委员会按照招标文件规定的标准和方法审查确认。

第八十一条　依法必须进行招标的项目的招标投标活动违反招标投标法和本条例的规定，对中标结果造成实质性影响，且不能采取补救措施予以纠正的，招标、投标、中标无效，应当依法重新招标或者评标。

147.哪些事项必须先提出异议才能投诉?

潜在投标人或者其他利害关系人要对资格预审文件、招标文件、开标或评标结果提出投诉前,应当事先提出异议。

【问题分析】

对于资格预审文件、招标文件、开标或评标结果的投诉,之所以要求投诉之前必须先进行异议,主要考虑以下原因:一是鼓励投标人和其他利害关系人通过异议方式解决招标投标争议,一般争议通过招标人的解释说明即可快速得到化解,而投诉处理必须经过调查,并履行法定程序,时间相对较长,降低了招标投标活动的效率;二是减轻行政负担,以便有效利用有限的行政资源处理异议程序无法解决的投诉。

对于其他问题,无须先提出异议,可直接向有关行政监督部门投诉。例如,招标项目按照国家有关规定需要履行项目审批手续而未取得批准的;招标人进行招标项目的相应资金未落实的;投标人与招标人串通投标,损害国家利益、社会公共利益或者他人的合法权益的;投标人以向招标人或者评标委员会成员行贿的手段谋取中标的。另外,招标人认为招标投标活动中存在违法违规行为,但由于自身是异议受理和答复的主体,因此,可直接向行政监督部门投诉。

【法律依据】

1)《中华人民共和国招标投标法》

第九条 招标项目按照国家有关规定需要履行项目审批手续的,应当先履行审批手续,取得批准。

招标人应当有进行招标项目的相应资金或者资金来源已经落实,并应当在招标文件中如实载明。

2)《中华人民共和国招标投标法实施条例》

第二十二条 潜在投标人或者其他利害关系人对资格预审文件有异议的,应当在提交资格预审申请文件截止时间2日前提出;对招标文件有异议的,应当在投标截止时间10日前提出。招标人应当自收到异议之日起3日内作出答复;作出答复前,应当暂停招标投标活动。

第四十四条　招标人应当按照招标文件规定的时间、地点开标。

投标人少于3个的，不得开标；招标人应当重新招标。

投标人对开标有异议的，应当在开标现场提出，招标人应当当场作出答复，并制作记录。

第五十四条　依法必须进行招标的项目，招标人应当自收到评标报告之日起3日内公示中标候选人，公示期不得少于3日。

投标人或者其他利害关系人对依法必须进行招标的项目的评标结果有异议的，应当在中标候选人公示期间提出。招标人应当自收到异议之日起3日内作出答复；作出答复前，应当暂停招标投标活动。

第六十条第二款　就本条例第二十二条、第四十四条、第五十四条规定事项投诉的，应当先向招标人提出异议，异议答复期间不计算在前款规定的期限内。

148. 投诉人的投诉事项是否需要提供相应的证明材料？

投诉人的投诉事项需要提供相应的证明材料，投诉事项不具体，未提供有效线索，难以查证的投诉，不予受理。

【问题分析】

投诉人不能仅因为其认为招标投标活动不符合有关规定就提起投诉，还必须有明确的请求并附必要的证明材料，主要的原因在于：一是投诉属于行政救助手段，行政监督部门作出投诉处理决定必须经由法定的调查处理程序，明确的请求和相关证据有利于提高效率；二是根据《招标投标法实施条例》第六十二条规定，行政监督部门在调查、处理投诉的过程中有权责令暂停招投标活动，因此，投诉不能空穴来风，更不能捏造事实，恶意投诉，必须基于投诉人有相应证明事实的材料。

根据《招标投标法实施条例》第六十条规定，投标人或者其他利害关系人认为招标投标活动不符合法律、行政法规规定的，可以自知道或者应当知道之日起10日内向有关行政监督部门投诉。投诉应当有明确的请求和必要的证明材料。已向有关行政监督部门投诉的，应当一并说明。投诉人是法人的，投诉书必须由法定代表人或者授权代表签字并盖章；投诉人是其他组织或自然人的，投诉书必须由其主要负责人或投诉人本人签字，并附有效身份证明复印件。投诉书有关材料是外文的，投诉人应当同时提供其中文译本。

在实际操作中，根据《招标投标法实施条例》第六十一条规定，投诉人捏造事实、伪造材料或者以非法手段取得证明材料进行投诉的，行政监督部门应当予以驳回。

【法律依据】

1)《中华人民共和国招标投标法实施条例》

第六十条 投标人或者其他利害关系人认为招标投标活动不符合法律、行政法规规定的，可以自知道或者应当知道之日起10日内向有关行政监督部门投诉。投诉应当有明确的请求和必要的证明材料。

就本条例第二十二条、第四十四条、第五十四条规定事项投诉的，应当先向招标人提出异议，异议答复期间不计算在前款规定的期限内。

第六十一条第三款 投诉人捏造事实、伪造材料或者以非法手段取得证明材料进行投诉的，行政监督部门应当予以驳回。

第六十二条第一款 行政监督部门处理投诉，有权查阅、复制有关文件、资料，调查有关情况，相关单位和人员应当予以配合。必要时，行政监督部门可以责令暂停招标投标活动。

2)《工程建设项目施工招标投标办法》

第八十九条 投标人或者其他利害关系人认为工程建设项目施工招标投标活动不符合国家规定的，可以自知道或者应当知道之日起10日内向有关行政监督部门投诉。投诉应当有明确的请求和必要的证明材料。

3)《工程建设项目招标投标活动投诉处理办法》

第七条 投诉人投诉时，应当提交投诉书。投诉书应当包括下列内容：

（一）投诉人的名称、地址及有效联系方式；

（二）被投诉人的名称、地址及有效联系方式；

（三）投诉事项的基本事实；

（四）相关请求及主张；

（五）有效线索和相关证明材料。

对招标投标法实施条例规定应先提出异议的事项进行投诉的，应当附提出异议的证明文件。已向有关行政监督部门投诉的，应当一并说明。

投诉人是法人的，投诉书必须由其法定代表人或者授权代表签字并盖章；其他组织或自然人投诉的，投诉书必须由其主要负责人或者投诉人本人签字，并附有效身份证明复印件。

投诉书有关材料是外文的，投诉人应当同时提供其中文译本。

149. 超过法定时限的投诉事项属实该如何处理？

投诉人的投诉超过法定时限的，行政监督部门可对该投诉不予受理。但招标投标活动确实存在违法行为，投诉情况属实的，应依法予以纠正。

【问题分析】

《招标投标法》及《招标投标法实施条例》等法律法规中均对投诉时限作出了相关规定，规定投诉时限是基于提高效率和维护法律关系的稳定性而考虑的。督促参与招标投标活动的行为主体，特别是投标人或者其他利害关系人要关注招标投标活动的合法性，及时运用法律武器维护自身的合法权益，防止滥用投诉影响招标投标活动的效率，损害招标人的利益，所以投诉需要在法定时限内提出。根据《工程建设项目招标投标活动投诉处理办法》第十二条规定，超过投诉时效的投诉不予受理。

投诉时间超过法定时限，对属实的投诉事项不予处理，损害的是招标投标活动各参与方的合法权益，与《招标投标法》遵循的“公开、公平、公正和诚实信用”的原则不符。因此，对于招标投标活动确实存在违法行为的，应依据相关法律法规作出处理，例如，招标人不按规定的比例收取投标保证金、履约保证金或者不按照规定退还投标保证金及银行同期存款利息的，由有关行政监督部门责令改正，可以处5万元以下的罚款，给他人造成损失的，依法承担赔偿责任；投标人出让或者出租资格、资质证书供他人投标的，依照法律、行政法规的规定给予行政处罚，构成犯罪的，依法追究刑事责任；评标委员会成员不按照招标文件规定的评标标准和方法评标，由有关行政监督部门责令改正，情节严重的，禁止其在一定期限内参加依法必须进行招标的项目的评标，情节特别严重的，取消其担任评标委员会成员的资格。

【法律依据】

1)《中华人民共和国招标投标法》

第四十九条　违反本法规定，必须进行招标的项目而不招标的，将必须进行招标的项目化整为零或者以其他任何方式规避招标的，责令限期改正，可以处项目合同金额千分之五以上千分之十以下的罚款；对全部或者部分使用国有资金的项目，可以暂停项目执行或者暂停资金拨付；对单位直接负责的主管人员和其他直接责任人员依法给予处分。

第五十条　招标代理机构违反本法规定，泄露应当保密的与招标投标活动有关的情况和资料的，或者与招标人、投标人串通损害国家利益、社会公共利益或者他人合法权益的，处五万元以上二十五万元以下的罚款；对单位直接负责的主管人员和其他直接责任人员处单位罚款数额百分之五以上百分之十以下的罚款；有违法所得的，并处没收违法所得；情节严重的，禁止其一年至二年内代理依法必须进行招标的项目并予以公告，直至由工商行政管理机关吊销营业执照；构成犯罪的，依法追究刑事责任。给他人造成损失的，依法承担赔偿责任。

前款所列行为影响中标结果的，中标无效。

第五十一条　招标人以不合理的条件限制或者排斥潜在投标人的，对潜在投标人实行歧视待遇的，强制要求投标人组成联合体共同投标的，或者限制投标人之间竞争的，责令改正，可以处一万元以上五万元以下的罚款。

第五十二条　依法必须进行招标的项目的招标人向他人透露已获取招标文件的潜在投标人的名称、数量或者可能影响公平竞争的有关招标投标的其他情况的，或者泄露标底的，给予警告，可以并处一万元以上十万元以下的罚款；对单位直接负责的主管人员和其他直接责任人员依法给予处分；构成犯罪的，依法追究刑事责任。

前款所列行为影响中标结果的，中标无效。

第五十三条　投标人相互串通投标或者与招标人串通投标的，投标人以向招标人或者评标委员会成员行贿的手段谋取中标的，中标无效，处中标项目金额千分之五以上千分之十以下的罚款，对单位直接负责的主管人员和其他直接责任人员处单位罚款数额百分之五以上百分之十以下的罚款；有违法所得的，并处没收违法所得；情节严重的，取消其一年至二年内参加依法必须进行招标的项目的投标资格并予以公告，直至由工商行政管理机关吊销营业执照；构成犯罪的，依法追究刑事责任。给他人造成损失的，依法承担赔偿责任。

第五十四条　投标人以他人名义投标或者以其他方式弄虚作假，骗取中标的，中标无效，给招标人造成损失的，依法承担赔偿责任；构成犯罪的，依法追究刑事责任。

依法必须进行招标的项目的投标人有前款所列行为尚未构成犯罪的，处中标项目金额千分之五以上千分之十以下的罚款，对单位直接负责的主管人员和其他直接责任人员处单位罚款数额百分之五以上百分之十以下的罚款；有违法所得的，并处没收违法所得；情节严重的，取消其一年至三年内参加依法必须进行招标的项目的投标资格并予以公告，直至由工商行政管理机关吊销营业执照。

第五十五条　依法必须进行招标的项目，招标人违反本法规定，与投标人就投标价格、投标方案等实质性内容进行谈判的，给予警告，对单位直接负责的主管人员和其他直接责任人员依法给予处分。

前款所列行为影响中标结果的，中标无效。

第五十六条　评标委员会成员收受投标人的财物或者其他好处的，评标委员会成员或者参加评标的有关工作人员向他人透露对投标文件的评审和比较、中标候选人的推荐以及与评标有关的其他情况的，给予警告，没收收受的财物，可以并处三千元以上五万元以下的罚款，对有所列违法行为的评标委员会成员取消担任评标委员会成员的资格，不得再参加任何依法必须进行招标的项目的评标；构成犯罪的，依法追究刑事责任。

第五十七条　招标人在评标委员会依法推荐的中标候选人以外确定中标人的，依法必须进行招标的项目在所有投标被评标委员会否决后自行确定中标人的，中标无效，责令改正，可以处中标项目金额千分之五以上千分之十以下的罚款；对单位直接负责的主管人员和其他直接责任人员依法给予处分。

第五十八条　中标人将中标项目转让给他人的，将中标项目肢解后分别转让给他人的，违反本法规定将中标项目的部分主体、关键性工作分包给他人的，或者分包人再次分包的，转让、分包无效，处转让、分包项目金额千分之五以上千分之十以下的罚款；有违法所得的，并处没收违法所得；可以责令停业整顿；情节严重的，由工商行政管理机关吊销营业执照。

第五十九条　招标人与中标人不按照招标文件和中标人的投标文件订立合同的，或者招标人、中标人订立背离合同实质性内容的协议的，责令改正；可以处中标项目金额千分之五以上千分之十以下的罚款。

第六十条　中标人不履行与招标人订立的合同的，履约保证金不予退还，给招标人造成的损失超过履约保证金数额的，还应当对超过部分予以赔偿；没有提交履约保证金的，应当对招标人的损失承担赔偿责任。

中标人不按照与招标人订立的合同履行义务，情节严重的，取消其二年至五年内参加依法必须进行招标的项目的投标资格并予以公告，直至由工商行政管理机关吊销营业执照。

因不可抗力不能履行合同的，不适用前两款规定。

第六十一条　本章规定的行政处罚，由国务院规定的有关行政监督部门决定。本法已对实施行政处罚的机关作出规定的除外。

第六十二条　任何单位违反本法规定，限制或者排斥本地区、本系统以外的法人或者其他组织参加投标的，为招标人指定招标代理机构的，强制招标人委托招标代理机构办理招标事宜的，或者以其他方式干涉招标投标活动的，责令改正；对单位直接负责的主管人员和其他直接责任人员依法给予警告、记过、记大过的处分，情节较重的，依法给予降级、撤职、开除的处分。

个人利用职权进行前款违法行为的，依照前款规定追究责任。

第六十三条　对招标投标活动依法负有行政监督职责的国家机关工作人员徇私舞弊、滥用职权或者玩忽职守，构成犯罪的，依法追究刑事责任；不构成犯罪的，依法给予行政处分。

第六十四条　依法必须进行招标的项目违反本法规定，中标无效的，应当依照本法规定的中标条件从其余投标人中重新确定中标人或者依照本法重新进行招标。

第六十五条　投标人和其他利害关系人认为招标投标活动不符合本法有关规定的，有权向招标人提出异议或者依法向有关行政监督部门投诉。

2)《中华人民共和国招标投标法实施条例》

第六十条　投标人或者其他利害关系人认为招标投标活动不符合法律、行政法规规定的，可以自知道或者应当知道之日起10日内向有关行政监督部门投诉。投诉应当有明确的请求和必要的证明材料。

就本条例第二十二条、第四十四条、第五十四条规定事项投诉的，应当先向招标人提出异议，异议答复期间不计算在前款规定的期限内。

第六十三条　招标人有下列限制或者排斥潜在投标人行为之一的，由有关行政监督部门依照招标投标法第五十一条的规定处罚：

（一）依法应当公开招标的项目不按照规定在指定媒介发布资格预审公告或者

招标公告；

（二）在不同媒介发布的同一招标项目的资格预审公告或者招标公告的内容不一致，影响潜在投标人申请资格预审或者投标。

依法必须进行招标的项目的招标人不按照规定发布资格预审公告或者招标公告，构成规避招标的，依照招标投标法第四十九条的规定处罚。

第六十四条 招标人有下列情形之一的，由有关行政监督部门责令改正，可以处10万元以下的罚款：

（一）依法应当公开招标而采用邀请招标；

（二）招标文件、资格预审文件的发售、澄清、修改的时限，或者确定的提交资格预审申请文件、投标文件的时限不符合招标投标法和本条例规定；

（三）接受未通过资格预审的单位或者个人参加投标；

（四）接受应当拒收的投标文件。

招标人有前款第一项、第三项、第四项所列行为之一的，对单位直接负责的主管人员和其他直接责任人员依法给予处分。

第六十五条 招标代理机构在所代理的招标项目中投标、代理投标或者向该项目投标人提供咨询的，接受委托编制标底的中介机构参加受托编制标底项目的投标或者为该项目的投标人编制投标文件、提供咨询的，依照招标投标法第五十条的规定追究法律责任。

第六十六条 招标人超过本条例规定的比例收取投标保证金、履约保证金或者不按照规定退还投标保证金及银行同期存款利息的，由有关行政监督部门责令改正，可以处5万元以下的罚款；给他人造成损失的，依法承担赔偿责任。

第六十七条 投标人相互串通投标或者与招标人串通投标的，投标人向招标人或者评标委员会成员行贿谋取中标的，中标无效；构成犯罪的，依法追究刑事责任；尚不构成犯罪的，依照招标投标法第五十三条的规定处罚。投标人未中标的，对单位的罚款金额按照招标项目合同金额依照招标投标法规定的比例计算。

投标人有下列行为之一的，属于招标投标法第五十三条规定的情节严重行为，由有关行政监督部门取消其1年至2年内参加依法必须进行招标的项目的投标资格：

（一）以行贿谋取中标；

（二）3年内2次以上串通投标；

（三）串通投标行为损害招标人、其他投标人或者国家、集体、公民的合法利益，造成直接经济损失30万元以上；

（四）其他串通投标情节严重的行为。

投标人自本条第二款规定的处罚执行期限届满之日起3年内又有该款所列违法行为之一的，或者串通投标、以行贿谋取中标情节特别严重的，由工商行政管理机关吊销营业执照。

法律、行政法规对串通投标报价行为的处罚另有规定的，从其规定。

第六十八条 投标人以他人名义投标或者以其他方式弄虚作假骗取中标的，中标无效；构成犯罪的，依法追究刑事责任；尚不构成犯罪的，依照招标投标法第五十四条的规定处罚。依法必须进行招标的项目的投标人未中标的，对单位的罚款金额按照招标项目合同金额依照招标投标法规定的比例计算。

投标人有下列行为之一的，属于招标投标法第五十四条规定的情节严重行为，由有关行政监督部门取消其1年至3年内参加依法必须进行招标的项目的投标资格：

（一）伪造、变造资格、资质证书或者其他许可证件骗取中标；

（二）3年内2次以上使用他人名义投标；

（三）弄虚作假骗取中标给招标人造成直接经济损失30万元以上；

（四）其他弄虚作假骗取中标情节严重的行为。

投标人自本条第二款规定的处罚执行期限届满之日起3年内又有该款所列违法行为之一的，或者弄虚作假骗取中标情节特别严重的，由工商行政管理机关吊销营业执照。

第六十九条 出让或者出租资格、资质证书供他人投标的，依照法律、行政法规的规定给予行政处罚；构成犯罪的，依法追究刑事责任。

第七十条 依法必须进行招标的项目的招标人不按照规定组建评标委员会，或者确定、更换评标委员会成员违反招标投标法和本条例规定的，由有关行政监督部门责令改正，可以处10万元以下的罚款，对单位直接负责的主管人员和其他直接责任人员依法给予处分；违法确定或者更换的评标委员会成员作出的评审结论无效，依法重新进行评审。

国家工作人员以任何方式非法干涉选取评标委员会成员的，依照本条例第八十条的规定追究法律责任。

第七十一条 评标委员会成员有下列行为之一的，由有关行政监督部门责令改正；情节严重的，禁止其在一定期限内参加依法必须进行招标的项目的评标；情节特别严重的，取消其担任评标委员会成员的资格：

（一）应当回避而不回避；

（二）擅离职守；

（三）不按照招标文件规定的评标标准和方法评标；

（四）私下接触投标人；

（五）向招标人征询确定中标人的意向或者接受任何单位或者个人明示或者暗示提出的倾向或者排斥特定投标人的要求；

（六）对依法应当否决的投标不提出否决意见；

（七）暗示或者诱导投标人作出澄清、说明或者接受投标人主动提出的澄清、说明；

（八）其他不客观、不公正履行职务的行为。

第七十二条 评标委员会成员收受投标人的财物或者其他好处的，没收收受的财物，处3000元以上5万元以下的罚款，取消担任评标委员会成员的资格，不得再参加依法必须进行招标的项目的评标；构成犯罪的，依法追究刑事责任。

第七十三条 依法必须进行招标的项目的招标人有下列情形之一的，由有关行政监督部门责令改正，可以处中标项目金额10‰以下的罚款；给他人造成损失的，依法承担赔偿责任；对单位直接负责的主管人员和其他直接责任人员依法给予处分：

（一）无正当理由不发出中标通知书；

（二）不按照规定确定中标人；

（三）中标通知书发出后无正当理由改变中标结果；

（四）无正当理由不与中标人订立合同；

（五）在订立合同时向中标人提出附加条件。

第七十四条 中标人无正当理由不与招标人订立合同，在签订合同时向招标人提出附加条件，或者不按照招标文件要求提交履约保证金的，取消其中标资格，投标保证金不予退还。对依法必须进行招标的项目的中标人，由有关行政监督部门责令改正，可以处中标项目金额10‰以下的罚款。

第七十五条 招标人和中标人不按照招标文件和中标人的投标文件订立合同，合同的主要条款与招标文件、中标人的投标文件的内容不一致，或者招标人、中标人订立背离合同实质性内容的协议的，由有关行政监督部门责令改正，可以处中标项目金额5‰以上10‰以下的罚款。

第七十六条 中标人将中标项目转让给他人的，将中标项目肢解后分别转让给他人的，违反招标投标法和本条例规定将中标项目的部分主体、关键性工作分包给他人的，或者分包人再次分包的，转让、分包无效，处转让、分包项目金额5‰以上10‰以下的罚款；有违法所得的，并处没收违法所得；可以责令停业整顿；情节严重的，由工商行政管理机关吊销营业执照。

第七十七条 投标人或者其他利害关系人捏造事实、伪造材料或者以非法手段取得证明材料进行投诉，给他人造成损失的，依法承担赔偿责任。

招标人不按照规定对异议作出答复，继续进行招标投标活动的，由有关行政监督部门责令改正，拒不改正或者不能改正并影响中标结果的，依照本条例第八十一条的规定处理。

第七十八条 国家建立招标投标信用制度。有关行政监督部门应当依法公告对招标人、招标代理机构、投标人、评标委员会成员等当事人违法行为的行政处理决定。

第七十九条 项目审批、核准部门不依法审批、核准项目招标范围、招标方式、招标组织形式的，对单位直接负责的主管人员和其他直接责任人员依法给予处分。

有关行政监督部门不依法履行职责，对违反招标投标法和本条例规定的行为不依法查处，或者不按照规定处理投诉、不依法公告对招标投标当事人违法行为的行政处理决定的，对直接负责的主管人员和其他直接责任人员依法给予处分。

项目审批、核准部门和有关行政监督部门的工作人员徇私舞弊、滥用职权、玩忽职守，构成犯罪的，依法追究刑事责任。

第八十条 国家工作人员利用职务便利，以直接或者间接、明示或者暗示等任何方式非法干涉招标投标活动，有下列情形之一的，依法给予记过或者记大过处分；情节严重的，依法给予降级或者撤职处分；情节特别严重的，依法给予开除处分；构成犯罪的，依法追究刑事责任：

（一）要求对依法必须进行招标的项目不招标，或者要求对依法应当公开招标的项目不公开招标；

（二）要求评标委员会成员或者招标人以其指定的投标人作为中标候选人或者中标人，或者以其他方式非法干涉评标活动，影响中标结果；

（三）以其他方式非法干涉招标投标活动。

第八十一条　依法必须进行招标的项目的招标投标活动违反招标投标法和本条例的规定，对中标结果造成实质性影响，且不能采取补救措施予以纠正的，招标、投标、中标无效，应当依法重新招标或者评标。

3）《工程建设项目招标投标活动投诉处理办法》

第十二条　有下列情形之一的投诉，不予受理：

（一）投诉人不是所投诉招标投标活动的参与者，或者与投诉项目无任何利害关系；

（二）投诉事项不具体，且未提供有效线索，难以查证的；

（三）投诉书无投诉人真实姓名、签字和有效联系方式的；以法人名义投诉的，投诉书未经法定代表人签字并加盖公章的；

（四）超过投诉时效的；

（五）已经作出处理决定，并且投诉人没有提出新的证据的；

（六）投诉事项应先提出异议没有提出异议、已进入行政复议或行政诉讼程序的。

第二十条第（二）项　行政监督部门应当根据调查和取证情况，对投诉事项进行审查，按照下列规定做出处理决定：

（二）投诉情况属实，招标投标活动确实存在违法行为的，依据《中华人民共和国招标投标法》《中华人民共和国招标投标法实施条例》及其他有关法规、规章作出处罚。

150. 评标结果公示期内能否对招标文件进行投诉？

潜在投标人或者其他利害关系人在法定期限内对招标文件提出过异议的，若评标结果公示期仍在招标文件投诉有效期内，异议人可以对招标文件中提出过异议的事项进行投诉。

【问题分析】

根据《招标投标法实施条例》第二十二条规定，潜在投标人或者其他利害关系人对招标文件有异议的，应当在投标截止时间10日前提出。招标人应当自收到异议之日起3日内作出答复，作出答复前应当暂停招标投标活动。根据《招标投标法实施条例》第六十条规定，投标人或者其他利害关系人认为招标投标活动不符合法律、行政法规规定的，可以自知道或者应当知道之日起10日内向有关行政监督部门投诉。从上述时间节点来看，理论上是存在"开标后，仍处在对招标文件投诉有效期内"的情况的。例如，如果投标人在投标截止时间前第10日提出异议，招标人在收到异议后第3日作出答复，则异议人对招标文件的投诉有效期将从投标截止时间前第7日开始计算。如果招标人在投标截止时间后3日内发布了评标结果公示，则该异议人在评标结果公示期间是处于对招标文件投诉有效期内的。

【法律依据】

1)《中华人民共和国招标投标法》

第六十五条 投标人和其他利害关系人认为招标投标活动不符合本法有关规定的，有权向招标人提出异议或者依法向有关行政监督部门投诉。

2)《中华人民共和国招标投标法实施条例》

第二十二条 潜在投标人或者其他利害关系人对资格预审文件有异议的，应当在提交资格预审申请文件截止时间2日前提出；对招标文件有异议的，应当在投标截止时间10日前提出。

第六十条 投标人或者其他利害关系人认为招标投标活动不符合法律、行政法规规定的，可以自知道或者应当知道之日起10日内向有关行政监督部门投诉。投诉应当有明确的请求和必要的证明材料。

就本条例第二十二条、第四十四条、第五十四条规定事项投诉的，应当先向招标人提出异议，异议答复期间不计算在前款规定的期限内。

151. 国有企业非依法必须进行招标的项目应该向哪个部门投诉？

国有企业非依法必须进行招标的项目，可参照《国有企业采购管理规范》的规定，向企业依制度确定的对企业采购活动负有监督管理责任的部门或企业上级管理部门投诉。

【问题分析】

根据《招标投标法》第二条规定，在中华人民共和国境内进行招标投标活动，适用《招标投标法》法。该规定并未对依法必须进行招标的项目和非依法必须进行招标的项目的投诉规定作出区分，采用招标方式的，可向有关行政监督部门投诉。但在实际操作中，国有企业非依法必须进行招标的项目，采用招标方式的，通常没有行政监督部门，因此，可参照《国有企业采购管理规范》的规定，向企业依制度确定的对企业采购活动负有监督管理的责任主体部门或企业实体的上级管理部门投诉，地方有规定的从其规定。国有企业非依法必须进行招标的项目，采用非招标方式的，现行法律法规中对向哪个部门投诉无相关规定，也可参照《国有企业采购管理规范》的规定，向企业依制度确定的对企业采购活动负有监督管理的责任主体部门或企业实体的上级管理部门投诉。投诉人对处理意见不满意的，可采用诉讼的方式寻求法律帮助。

【法律依据】

1)《中华人民共和国招标投标法》

第二条 在中华人民共和国境内进行招标投标活动，适用本法。

第六十五条 投标人和其他利害关系人认为招标投标活动不符合本法有关规定的，有权向招标人提出异议或者依法向有关行政监督部门投诉。

2)《国有企业采购管理规范》

11.1.2.2 异议供应商对采购实体的解释答复不满意，或采购实体没有在规定时间内答复，可向企业实体的上级管理部门投诉。

11.3.1 企业依制度规定确定对企业采购活动监督管理的责任主体部门，履行监督职责。

152. 投标人认为评标结果错误是否可以投诉评标委员会？

投标人认为评标结果错误，应先就评标结果向招标人提出异议，对异议答复不满意的可以投诉，但被投诉人不应是评标委员会，而是招标人。

【问题分析】

根据《招标投标法实施条例》第五十四条规定，投标人或者其他利害关系人对依法必须进行招标的项目的评标结果有异议的，应当在中标候选人公示期间提出，招标人应当自收到异议之日起3日内作出答复；根据《招标投标法实施条例》第六十条规定，投标人或者其他利害关系人对评标结果进行投诉的，应当先向招标人提出异议。由此可见，对评标结果提出投诉的前提是已经提出了异议，而异议的答复主体是招标人，投标人对异议答复不满意，实际上是对招标人的答复不满意。因此，即使是评标委员会的行为导致了评标结果错误，被投诉人也应是招标人。

【法律依据】

1)《中华人民共和国招标投标法实施条例》

第五十四条 依法必须进行招标的项目，招标人应当自收到评标报告之日起3日内公示中标候选人，公示期不得少于3日。

投标人或者其他利害关系人对依法必须进行招标的项目的评标结果有异议的，应当在中标候选人公示期间提出。招标人应当自收到异议之日起3日内作出答复；作出答复前，应当暂停招标投标活动。

第六十条 投标人或者其他利害关系人认为招标投标活动不符合法律、行政法规规定的，可以自知道或者应当知道之日起10日内向有关行政监督部门投诉。投诉应当有明确的请求和必要的证明材料。

就本条例第二十二条、第四十四条、第五十四条规定事项投诉的，应当先向招标人提出异议，异议答复期间不计算在前款规定的期限内。

2)《工程建设项目招标投标活动投诉处理办法》

第七条 投诉人投诉时，应当提交投诉书。投诉书应当包括下列内容：

（一）投诉人的名称、地址及有效联系方式；

（二）被投诉人的名称、地址及有效联系方式；

（三）投诉事项的基本事实；

（四）相关请求及主张；

（五）有效线索和相关证明材料。

153. 未参加投标的潜在投标人是否可以提起投诉?

未参加投标的潜在投标人需根据招标投标活动所处的阶段、投诉事项及是否属于利害关系人判断是否可以提起投诉。

【问题分析】

对于资格预审文件或者招标文件,潜在投标人认为资格预审公告或者招标公告内容不符合法律法规的规定时,无论其是否已获取资格预审文件或招标文件,都可以向招标人提出异议,对异议答复不满意的可以在法定时限内向有关行政监督部门提起投诉。根据《招标投标法实施条例》第二十二条规定,潜在投标人认为资格预审文件或者招标文件的内容不符合法律法规的规定时,必须是已按照公告或者投标邀请书的规定获取资格预审文件或者招标文件后,才能按程序提起异议和投诉。

对于开标过程,根据《招标投标法实施条例》第四十四条规定,未参加投标的潜在投标人,不属于投标人,因此,未参加投标的潜在投标人无法对开标过程提出异议,更无法提起投诉。

对于评标结果,根据《招标投标法实施条例》第五十四条规定,潜在投标人虽然未参与投标,但若属于利害关系人,可以在评标公示期内对评标结果提出异议,对异议答复不满意的可以在法定时限内向有关行政监督部门提起投诉。

根据《招标投标法实施条例》第六十条规定,除资格预审文件、招标文件、开标或评标结果之外的其他事项,未参加投标的潜在投标人,如果属于利害关系人,认为招标投标活动不符合法律、行政法规规定的,则可以按照法定程序向有关行政监督部门提起投诉。

【法律依据】

1)《中华人民共和国招标投标法》

第六十五条 投标人和其他利害关系人认为招标投标活动不符合本法有关规定的,有权向招标人提出异议或者依法向有关行政监督部门投诉。

2)《中华人民共和国招标投标法实施条例》

第二十二条 潜在投标人或者其他利害关系人对资格预审文件有异议的,应当在提交资格预审申请文件截止时间2日前提出；对招标文件有异议的，应当在投标截止时间10日前提出。招标人应当自收到异议之日起3日内作出答复；作出答复前，应当暂停招标投标活动。

第四十四条第三款　投标人对开标有异议的，应当在开标现场提出，招标人应当当场作出答复，并制作记录。

第五十四条　依法必须进行招标的项目，招标人应当自收到评标报告之日起3日内公示中标候选人，公示期不得少于3日。

投标人或者其他利害关系人对依法必须进行招标的项目的评标结果有异议的，应当在中标候选人公示期间提出。招标人应当自收到异议之日起3日内作出答复；作出答复前，应当暂停招标投标活动。

第六十条　投标人或者其他利害关系人认为招标投标活动不符合法律、行政法规规定的，可以自知道或者应当知道之日起10日内向有关行政监督部门投诉。投诉应当有明确的请求和必要的证明材料。

就本条例第二十二条、第四十四条、第五十四条规定事项投诉的，应当先向招标人提出异议，异议答复期间不计算在前款规定的期限内。

3）《工程建设项目施工招标投标办法》

第八十九条　投标人或者其他利害关系人认为工程建设项目施工招标投标活动不符合国家规定的，可以自知道或者应当知道之日起10日内向有关行政监督部门投诉。投诉应当有明确的请求和必要的证明材料。

4）《工程建设项目招标投标活动投诉处理办法》

第三条　投标人或者其他利害关系人认为招标投标活动不符合法律、法规和规章规定的，有权依法向有关行政监督部门投诉。

前款所称其他利害关系人是指投标人以外的，与招标项目或者招标活动有直接和间接利益关系的法人、其他组织和自然人。

154. 有异议或投诉的项目是否一定要暂停招标投标活动？

对于有异议的项目，潜在投标人或者其他利害关系人对资格预审文件、招标文件、评标结果提出异议的，异议答复前应暂停招标投标活动；对于有投诉的项目，招标人收到行政监督部门下达的责令暂停招标投标活动通知的，应当暂停招标投标活动。

【问题分析】

根据《招标投标法实施条例》第二十二条、第五十四条规定，对资格预审文件、招标文件、评标结果的异议，异议答复前应暂停招标投标活动。要求暂停招标投标活动的规定可以进一步强化招标人及时答复异议的义务，防止招标人故意拖延。需要说明的是，应当暂停的招标投标活动，是指异议一旦成立，招标投标活动就会受到影响，且在异议答复期间需要暂停下一个招标投标环节的活动。

潜在投标人或者其他利害关系人认为招标投标活动不符合法律、法规有关规定的，有权向招标人提出异议或者依法向有关行政监督部门投诉。根据《招标投标法实施条例》第六十二条规定，行政监督部门可以视情况责令暂停招标投标活动。

值得注意的是，行政监督部门责令暂停招标投标活动，与《招标投标法实施条例》第二十二条、第五十四条规定的招标人对异议作出答复前暂停招标投标活动是有区别的。前者是由行政监督部门作出的强制性行为，招标人必须接受；后者是招标人的法定义务，属于招标人应当依照《招标投标法实施条例》主动作出暂停招标投标活动的行为。

【法律依据】

《中华人民共和国招标投标法实施条例》

第二十二条 潜在投标人或者其他利害关系人对资格预审文件有异议的，应当在提交资格预审申请文件截止时间2日前提出；对招标文件有异议的，应当在投标截止时间10日前提出。招标人应当自收到异议之日起3日内作出答复；作出答复前，应当暂停招标投标活动。

第五十四条 依法必须进行招标的项目，招标人应当自收到评标报告之日起3日内公示中标候选人，公示期不得少于3日。

投标人或者其他利害关系人对依法必须进行招标的项目的评标结果有异议的，应当在中标候选人公示期间提出。招标人应当自收到异议之日起3日内作出答复；作出答复前，应当暂停招标投标活动。

第六十二条 行政监督部门处理投诉，有权查阅、复制有关文件、资料，调查有关情况，相关单位和人员应当予以配合。必要时，行政监督部门可以责令暂停招标投标活动。

155. 评定分离项目的评标结果公示期间，异议成立是否应重新招标？

对于评定分离项目，在评标结果公示期间对中标候选人异议成立是否应重新招标，需根据异议的问题类型及各地的规定决定。

【问题分析】

若异议的问题属于评审错误，影响了中标候选人推荐的结果，或虽然不影响中标候选人推荐的结果，但可能影响定标的，则应按照法定程序予以纠正，不需要重新招标。例如，评标委员会对中标候选人业绩评审错误，虽然不影响中标候选人推荐的结果，但招标文件将业绩情况作为定标因素，如果不予以纠正，则可能影响定标结果。

异议的问题不属于评审错误，而属于因中标候选人自身原因影响定标结果，这种情形是否应重新招标，需视各地方规定。例如，《湖北省评定分离招标文件示范文本》规定，投标人的数量少于或等于10家时，评标委员会推荐的中标候选人数量不超过3家；投标人的数量大于10家时，评标委员会推荐的中标候选人数量不超过5家。在中标候选人公示期间，中标候选人放弃或被查实有违法违规行为、取消中标候选人资格的，当剩余中标候选人数量大于或等于3家时，招标人应继续定标；当剩余中标候选人数量少于3家时，招标人可以继续定标或选择由原评标委员会递补至3家后继续定标，也可以重新招标。

【法律依据】

《关于严格执行招标投标法规制度进一步规范招标投标主体行为的若干意见》

第一条第（五）项 一、强化招标人主体责任

（五）加强评标报告审查。招标人应当在中标候选人公示前认真审查评标委员会提交的书面评标报告，发现异常情形的，依照法定程序进行复核，确认存在问题的，依照法定程序予以纠正。重点关注评标委员会是否按照招标文件规定的评标标准和方法进行评标；是否存在对客观评审因素评分不一致，或者评分畸高、畸低现象；是否对可能低于成本或者影响履约的异常低价投标和严重不平衡报价进行分析研判；是否依法通知投标人进行澄清、说明；是否存在随意否决投标的情况。加大

评标情况公开力度，积极推进评分情况向社会公开、投标文件被否决原因向投标人公开。

156. 对于评定分离项目，投标人能否对定标结果提出异议或投诉？

现行招标投标法律法规未对"评定分离"作出统一的规定，各地在理解和执行评定分离政策上存在差异，因此，对于评定分离项目，投标人能否对定标结果提出异议或投诉因各地规定不同而有所区别。

【问题分析】

现行招标投标法律法规对评标、定标的公示程序规定了中标候选人公示（评标结果公示）和中标结果公告两个阶段。根据《招标投标法实施条例》第五十四条规定，投标人或者其他利害关系人对依法必须进行招标的项目的评标结果有异议的，应当在中标候选人公示期间提出；根据《招标投标法》第四十五条规定，中标人确定后，招标人应当向中标人发出中标通知书，并同时将中标结果通知所有未中标的投标人；根据《招标公告和公示信息发布管理办法》第六条规定，依法必须招标项目的中标结果公示应当载明中标人名称；根据《招标投标法实施条例》第六十条规定，投标人或者其他利害关系人认为招标投标活动不符合法律、行政法规规定的，可以自知道或者应当知道之日起10日内向有关行政监督部门投诉。就评标结果投诉的，应当先向招标人提出异议。按照上述规定，投标人对评标结果有异议的，应在中标候选人公示期间提出，一般不能对中标结果公告提出异议，但可以进行投诉。因为中标候选人公示环节已充分公布信息，保障了相关人提出异议的权利，中标结果公告主要是将中标结果进行告知，是招标人的义务，而定标结果就相当于现行《招标投标法》体系中的中标结果，如果按照上述法律法规理解，投标人是不能对定标结果再提出异议的，但可以向有关行政监督部门投诉。

需要说明的是，由于现行招标投标法律法规未对评定分离作出统一的规定，国家层面可供借鉴的只有《中华人民共和国招标投标法（修订草案公开征求意见稿）》，基于"评定分离"的需要，征求意见稿将现行《招标投标法实施条例》规定的中标候选人公示与某些地区目前执行的评定分离政策规定的中标人公示（拟定中标人公示）合并为一个程序，统称为中标人公示，并要求自定标结束之日起 3 日内发布中标人公示，公示期不得少于 3 日，公示内容包括中标人的名称、确定中标人的主要理由、中标候选人名单等内容。投标人或者其他利害关系人对评标、定标结果有异议的，应当在中标人公示期间提出。依法必须进行招标的项目，招标人应当自中标通知书发出之日起 3 日内发布中标结果公告。即《中华人民共和国招标投标法（修订草案公开征求意见稿）》对评标、定标的公示程序规定了中标人公示和中标结果公告两个阶段。由于各地在理解和执行评定分离政策上存在差异，在制定相关规定时缺乏统一的依据，导致在评定分离项目中，在中标候选人公示（评标结果公示）和中标结果公告的规定和要求上存在差异。例如，湖北省的评定分离政策规定招标人应当自收到评标报告之日起 3 日内公示评标结果，公示期不得少于 3 日，对评标结果有异议的，应当在中标候选人公示期间提出。招标人应当在定标工作完成后的 3 日内向中标人发出中标通知书，同时发布中标结果公告。按照湖北省的规定，定标结果是一个告知性公示，投标人对定标结果不能再提出异议，只能进行投诉。江苏省的评定分离政策规定招标人应当自收到评标报告之日起 3 日内依法进行评标结果公示，评标结果公示期间，因异议或投诉导致中标候选人发生改变的，应当重新公示中标候选人。招标人应当自收到定标报告之日起 3 日内发布拟定中标人公示，公示期不得少于 3 日，投标人或者其他利害关系人对中标结果有异议的，应当在拟定中标人公示期间提出。拟定中标人公示期内无异议或投诉的，招标人应当在公示期满后及时发出中标通知书，同时发布中标结果公告。按照江苏省的规定，在中标候选人公示和中标结果公告之间还设置了拟定中标人公示环节，投标人对定标结果有异议的，可以在拟定中标人公示期内提出，对异议答复不满意的还可以进行投诉。但对于在中标候选人公示期间已经处理过的异议和投诉，不得在拟定中标人公示期间以相同理由再次提出相同异议或投诉。

【法律依据】

1)《中华人民共和国招标投标法》

第四十五条第一款　中标人确定后，招标人应当向中标人发出中标通知书，并同时将中标结果通知所有未中标的投标人。

2)《中华人民共和国招标投标法实施条例》

第五十四条　依法必须进行招标的项目，招标人应当自收到评标报告之日起3日内公示中标候选人，公示期不得少于3日。

投标人或者其他利害关系人对依法必须进行招标的项目的评标结果有异议的，应当在中标候选人公示期间提出。招标人应当自收到异议之日起3日内作出答复；作出答复前，应当暂停招标投标活动。

第六十条　投标人或者其他利害关系人认为招标投标活动不符合法律、行政法规规定的，可以自知道或者应当知道之日起10日内向有关行政监督部门投诉。投诉应当有明确的请求和必要的证明材料。

就本条例第二十二条、第四十四条、第五十四条规定事项投诉的，应当先向招标人提出异议，异议答复期间不计算在前款规定的期限内。

3)《工程建设项目招标投标活动投诉处理办法》

第九条　投诉人认为招标投标活动不符合法律行政法规规定的，可以在知道或者应当知道之日起十日内提出书面投诉。依照有关行政法规提出异议的，异议答复期间不计算在内。

4)《招标公告和公示信息发布管理办法》

第二条　本办法所称招标公告和公示信息，是指招标项目的资格预审公告、招标公告、中标候选人公示、中标结果公示等信息。

第六条第二款　依法必须招标项目的中标结果公示应当载明中标人名称。

案例 27　关于同一事项重复提出异议的案例

【基本案情】

某公寓二期精装修工程一标段项目，建设内容包括3栋楼的室内装修，共计210套公寓，招标文件规定：本项目招标控制价为960万元，详见投标人须知前附表十二的招标控制价明细，不平衡报价系数 H 的取值为80。

在招标文件发布过程中，收到潜在投标人甲公司提出的异议"关于最高投标限价，附件中未提供招标文件第58页所列的表格及明细，未公示的详表包括：分部分项工程和单价措施项目清单与计价表、总价措施项目清单与计价表、其他项目清单与计价表、规费和税金项目计价表、发包人提供材料和工程设备一览表"。招标人收到异议函第2天进行了回复，并在发布招标公告的电子招投标交易平台发布了澄清公告，回复当天，异议人再次提出异议"公告的澄清文件中对招标文件第58页所列控制价详表未公示综合单价分析表"。

【问题提出】

投标人就同一事项能重复提出异议吗？

【问题分析】

本项目潜在投标人甲公司对招标文件未提供最高投标限价表格及明细提出异议，招标人发布澄清公告后，甲公司认为公告的澄清文件中未提供综合单价分析表，属于未完全回复首次提出的异议的内容，于是就该事项再次提出异议。

对于此问题，有观点认为招标人的澄清公告未完全解决异议人的疑问，只要在法律法规规定的期限内，异议人可以就此问题再次提出异议，以进一步明确本项目控制价及明细要求，且相关法律法规并未限制异议人重复提出异议；也有观点认为，招标人已经就异议内容进行了答复，综合单价分析表属于招标控制价文件的组成部分，并不属于招标控制价明细的内容，其作用主要是方便在评标阶段与投标人的已标价工程量清单进行对比和偏差分析，未提供并不影响投标文件编制，甲公司不应再次提出异议。

在实际操作中，招标投标活动应当讲求效率，异议的回复和处理也不例外，招标人的回复重在及时消除异议人的疑虑，而一味地强调回复的质量将导致招标人回复时间延长，降低招标投标活动的效率。在本案例中，招标人已就该异议人的疑问给予了答复，《建设工程工程量清单计价标准》及招标文件中并未规定必须提供招标控制价全部内容，异议人可按照招标文件和澄清文件编制招标文件，不应就同一事项重复提出异议。需要说明的是，如果异议人认为招标人回复不能消除疑虑，对编制投标文件造成实质性影响，则可以根据《招标投标法实施条例》第六十条的规定向有关行政监督部门进行投诉，寻求行政救助。

【处理结果】

在收到异议人首次提出的异议后，招标人应在法定期限内进行回复，发布澄清公告，并补充相关资料；当收到该异议人就同一事项提出的重复异议，且未提供新的证明材料时，招标人可不予受理，项目后续可正常组织开标评标活动。

【法律依据】

1)《工程建设项目招标投标活动投诉处理办法》

第十二条第（五）项 有下列情形之一的投诉，不予受理：

（五）已经作出处理决定，并且投诉人没有提出新的证据的；

2)《中华人民共和国招标投标法实施条例》

第五十四条 依法必须进行招标的项目，招标人应当自收到评标报告之日起3日内公示中标候选人，公示期不得少于3日。

投标人或者其他利害关系人对依法必须进行招标的项目的评标结果有异议的，应当在中标候选人公示期间提出。招标人应当自收到异议之日起3日内作出答复；作出答复前，应当暂停招标投标活动。

第六十条 投标人或者其他利害关系人认为招标投标活动不符合法律、行政法规规定的，可以自知道或者应当知道之日起10日内向有关行政监督部门投诉。投诉应当有明确的请求和必要的证明材料。

就本条例第二十二条、第四十四条、第五十四条规定事项投诉的，应当先向招标人提出异议，异议答复期间不计算在前款规定的期限内。

案例28 关于国有企业非依法必须进行招标的项目异议与投诉案例

【基本案情】

某市的某国有企业老办公楼装修改造项目，采用公开招标方式，估算金额376万元，改造内容包括拆除原装修及垃圾外运、按现设计图纸进行材料采购及装修施工，招标文件规定投标人必须具备建筑装修装饰工程专业承包二级及以上资质，近五年（从投标截止时间往前推算，以竣工验收时间为准）完成过一项建设地点在本市范围内的合同金额300万元以上的房屋建筑工程装饰装修施工，并提供业绩证明，如中标通知书（如有）、合同协议书、竣工验收报告或竣工验收证明，施工总承包工程或工程总承包的施工内容包括精装修工程施工均可，并在人员、设备、资金等方面具有相应的施工能力。

招标公告发布后，某外地的甲装饰公司对招标文件中规定的"完成过一项建设地点在本市范围内的合同金额300万元以上的房屋建筑工程装饰装修施工，并提供业绩证明"的要求提出了异议，认为要求本地业绩排斥了潜在投标人。招标人按期进行了回复，异议人对回复不满意，向招标文件中公布的行政监督部门提出投诉。

【问题提出】

（1）投标人提出的异议是否成立？

（2）非依法必须进行招标的项目能否要求投标人为本地企业或者在本地设有分支机构的外地企业？

【问题分析】

（1）本项目合同估算价为376万元，根据《必须招标的工程项目规定》第五条规定，未达到依法必须进行招标项目的限额标准，不属于依法必须进行招标的项目，但本项目采用了公开招标方式，仍然适用《招标投标法》及《招标投标法实施条例》的相关规定。根据《招标投标法实施条例》第三十二条规定，"依法必须进行招标的项目以特定行政区域或者特定行业的业绩、奖项作为加分条件或者中标条件"属于以不合理的条件限制、排斥潜在投标人或者投标人的情形之一。本项目虽采用了公开招标方式，但并不受《招标投标法》及《招标投标法实施条例》中有关依法必须进行招标的项目的条款规定限制。因此，可以设置本地业绩的要求，投标人提出的异议不成立。

（2）采用公开招标方式的非依法必须进行招标的项目，能否要求投标人为本地企业或者在本地设有分支机构的外地企业。有观点认为，根据《招标投标法》第六条规定，依法必须进行招标的项目，其招标投标活动不受地区或者部门的限制，言外之意是非依法必须进行招标的项目，其招标投标活动可以受地区或部门的限制。根据《工程建设项目施工招标投标办法》第五条规定，施工招标投标活动不受地区或者部门的限制，该条规定并未区分是依法必须进行招标的项目，还是非依法必须进行招标的项目，因此，非依法必须进行招标的项目也不得限定投标人为本地企业还是在本地设有分支机构的外地企业。

【处理结果】

监督部门作出处理意见：某国有企业老办公楼装修改造项目为非依法必须进行招标的项目，由招标人自主决定采购方式，采用公开招标方式的适用《招标投标法》及《招标投标法实施条例》的相关规定，但不适用其中有关依法必须进行招标的项目的限制。在该项目调查过程中，未发现招标人有违反招标投标相关法律法规的行为。

【法律依据】

1）《中华人民共和国招标投标法》

第二条　在中华人民共和国境内进行招标投标活动，适用本法。

第六条　依法必须进行招标的项目，其招标投标活动不受地区或者部门的限制。任何单位和个人不得违法限制或者排斥本地区、本系统以外的法人或者其他组织参加投标，不得以任何方式非法干涉招标投标活动。

第六十五条　投标人和其他利害关系人认为招标投标活动不符合本法有关规定的，有权向招标人提出异议或者依法向有关行政监督部门投诉。

2）《中华人民共和国民法典》

第十二条　中华人民共和国领域内的民事活动，适用中华人民共和国法律。法律另有规定的，依照其规定。

3）《中华人民共和国招标投标法实施条例》

第四条　国务院发展改革部门指导和协调全国招标投标工作，对国家重大建设项目的工程招标投标活动实施监督检查。国务院工业和信息化、住房城乡建设、交通运输、铁道、水利、商务等部门，按照规定的职责分工对有关招标投标活动实施监督。

县级以上地方人民政府发展改革部门指导和协调本行政区域的招标投标工作。县级以上地方人民政府有关部门按照规定的职责分工，对招标投标活动实施监督，依法查处招标投标活动中的违法行为。县级以上地方人民政府对其所属部门有关招标投标活动的监督职责分工另有规定的，从其规定。

财政部门依法对实行招标投标的政府采购工程建设项目的政府采购政策执行情

况实施监督。

监察机关依法对与招标投标活动有关的监察对象实施监察。

第三十二条 招标人不得以不合理的条件限制、排斥潜在投标人或者投标人。

招标人有下列行为之一的，属于以不合理条件限制、排斥潜在投标人或者投标人：

（一）就同一招标项目向潜在投标人或者投标人提供有差别的项目信息；

（二）设定的资格、技术、商务条件与招标项目的具体特点和实际需要不相适应或者与合同履行无关；

（三）依法必须进行招标的项目以特定行政区域或者特定行业的业绩、奖项作为加分条件或者中标条件；

（四）对潜在投标人或者投标人采取不同的资格审查或者评标标准；

（五）限定或者指定特定的专利、商标、品牌、原产地或者供应商；

（六）依法必须进行招标的项目非法限定潜在投标人或者投标人的所有制形式或者组织形式；

（七）以其他不合理条件限制、排斥潜在投标人或者投标人。

4)《工程建设项目施工招标投标办法》

第五条 工程施工招标投标活动，依法由招标人负责。任何单位和个人不得以任何方式非法干涉工程施工招标投标活动。

施工招标投标活动不受地区或者部门的限制。

案例29 关于工程总承包的分包项目投诉的案例

【基本案情】

国有企业甲公司参与某建筑工程总承包项目的投标并中标后，采用公开询价方式对其中的钢材进行采购，采购文件约定满足技术要求且价格最低的为成交单位。该采购项目共有乙、丙、丁3家公司参与了报价并通过了技术审查，其中，乙公司报价450万元，丙公司报价460万元，丁公司报价490万元，但最终甲公司与丙公司签订了合同。乙公司认为甲公司违反了《招标投标法实施条例》和《工程建设项目货物招标投标办法》的相关规定，向项目所在地的住建局进行投诉，请求对甲公司不按法律规定招标方式进行采购的违法行为进行查处。

当地住建局收到投诉后，要求甲公司说明采购情况，收到甲公司采购过程说明后，住建局作出了建议乙公司向有查处职责的部门投诉举报的处理意见。乙公司对处理意见不服，认为住建局未履行查处职责，并提起行政复议。

【问题提出】

（1）本案例中采购项目是否适用招标投标相关法律法规的规定？

（2）乙公司应向哪个部门投诉？

【问题分析】

（1）在本案例中，虽然采购人甲公司为国有企业，采购预算也超过了400万元，但根据《房屋建筑和市政基础设施项目工程总承包管理办法》第二十一条规定，工程总承包单位可以采用直接发包的方式进行分包。有观点认为，采用公开发布公告的方式进行采购的都属于招标，都应当遵守《招标投标法》及《招标投标法实施条例》的规定。然而，甲公司采用询价的方式进行采购，不属于《招标投标法》第二条的适用范围，所以并不适用于招标投标相关法律法规规定。投诉人的投诉内容适用法律错误，当地住建局应不予受理或者驳回。

（2）如果乙公司认为甲公司在项目采购过程中存在侵犯其合法权益的行为，应当向甲公司采购监督部门或上级管理部门进行投诉，或者按照《民法典》中对于民事纠纷的相关要求，采取诉讼等其他法定救助方式进行维权。

【处理结果】

当地住建局作出处理意见：某建筑工程总承包的钢材采购分包项目为非依法必须进行招标的项目，由工程总承包单位甲公司自主决定采购方式。依据采购人确定的采购程序，采购方式为询价采购，不属于招标投标活动，不适用招标投标相关法律法规的规定。若投诉人认为采购人在采购过程中存在侵犯合法权益的行为，则应采取其他法定救助渠道进行维权，建议其向有查处职责的部门投诉举报。

行政复议结果：乙公司投诉的采购项目并不属于依法必须进行招标的项目，且实际上采购人甲公司也未采用招标方式进行货物采购，故住建局不具有相应的查处职责。在此基础上，针对乙公司的查处申请，住建局经调查后作出的处理意见内容亦符合法律法规规定。考虑到本案是针对"不作为"的案件,乙公司的请求是确认住建局"不作为"违法,由于住建局并不具有查处的法定职责,根据《行政复议法实施条例》第四十八条规定,行政复议机关驳回了乙公司的行政复议申请。

【法律依据】

1)《中华人民共和国招标投标法》

第二条 在中华人民共和国境内进行招标投标活动,适用本法。

第六十五条 投标人和其他利害关系人认为招标投标活动不符合本法有关规定的,有权向招标人提出异议或者依法向有关行政监督部门投诉。

2)《中华人民共和国民法典》

第十二条 中华人民共和国领域内的民事活动,适用中华人民共和国法律。法律另有规定的,依照其规定。

3)《中华人民共和国招标投标法实施条例》

第四条 国务院发展改革部门指导和协调全国招标投标工作,对国家重大建设项目的工程招标投标活动实施监督检查。国务院工业和信息化、住房城乡建设、交通运输、铁道、水利、商务等部门,按照规定的职责分工对有关招标投标活动实施监督。

县级以上地方人民政府发展改革部门指导和协调本行政区域的招标投标工作。县级以上地方人民政府有关部门按照规定的职责分工,对招标投标活动实施监督,依法查处招标投标活动中的违法行为。县级以上地方人民政府对其所属部门有关招标投标活动的监督职责分工另有规定的,从其规定。

财政部门依法对实行招标投标的政府采购工程建设项目的政府采购政策执行情况实施监督。

监察机关依法对与招标投标活动有关的监察对象实施监察。

第二十二条 潜在投标人或者其他利害关系人对资格预审文件有异议的,应当在提交资格预审申请文件截止时间2日前提出;对招标文件有异议的,应当在投标截止时间10日前提出。招标人应当自收到异议之日起3日内作出答复;作出答复前,应当暂停招标投标活动。

第四十四条第三款 投标人对开标有异议的,应当在开标现场提出,招标人应当当场作出答复,并制作记录。

第五十四条 依法必须进行招标的项目,招标人应当自收到评标报告之日起3

日内公示中标候选人，公示期不得少于3日。

投标人或者其他利害关系人对依法必须进行招标的项目的评标结果有异议的，应当在中标候选人公示期间提出。招标人应当自收到异议之日起3日内作出答复；作出答复前，应当暂停招标投标活动。

第六十条 投标人或者其他利害关系人认为招标投标活动不符合法律、行政法规规定的，可以自知道或者应当知道之日起10日内向有关行政监督部门投诉。投诉应当有明确的请求和必要的证明材料。

就本条例第二十二条、第四十四条、第五十四条规定事项投诉的，应当先向招标人提出异议，异议答复期间不计算在前款规定的期限内。

4)《中华人民共和国行政复议法实施条例》

第四十八条 有下列情形之一的，行政复议机关应当决定驳回行政复议申请：

（一）申请人认为行政机关不履行法定职责申请行政复议，行政复议机关受理后发现该行政机关没有相应法定职责或者在受理前已经履行法定职责的；

（二）受理行政复议申请后，发现该行政复议申请不符合行政复议法和本条例规定的受理条件的。

上级行政机关认为行政复议机关驳回行政复议申请的理由不成立的，应当责令其恢复审理。

5)《房屋建筑和市政基础设施项目工程总承包管理办法》

第二十一条 工程总承包单位可以采用直接发包的方式进行分包。但以暂估价形式包括在总承包范围内的工程、货物、服务分包时，属于依法必须进行招标的项目范围且达到国家规定规模标准的，应当依法招标。

案例 30 关于发布中标结果公告后对中标人提出异议和投诉的案例

【基本案情】

某产业园施工总承包项目，建筑工程的主要内容为建设厂房、仓库、综合楼等，总建筑面积约35万平方米，招标公告要求投标人具有建设行政主管部门颁发的建筑工程施工总承包一级及以上资质，并取得有效的安全生产许可证，类似业绩要求为具有单个合同总建筑面积不低于35万平方米的工业建筑施工业绩，证明材料要求同时提供中标通知书（如有）、施工合同、竣工证明文件（竣工验收报告或竣工验收记录或竣工备案表），建筑面积以施工合同信息为准。评分办法中规定拟派项目经理以项目经理身份主持过2个及以上类似项目得6分，主持过1个类似项目得3分。

评标完成后，招标人根据评标报告进行了评标结果公示，公示期间未收到异议，随后发布了中标结果公告。在公告发布后第二天，第三中标候选人根据评标结果公示、全国建筑市场监管公共服务平台及地方政府网站上公开的相关信息，对中标人拟派项目经理的其中一项业绩涉嫌弄虚作假提出异议，招标人按期答复后，异议人对异议答复不满意，向行政监督部门投诉。

【问题提出】

（1）发布中标结果公告后，投标人或者其他利害关系人是否还能对评标结果提出异议？

（2）行政监督部门能否受理发布中标结果公告后提出的投诉？

【问题分析】

（1）根据《招标投标法实施条例》第五十四条规定，投标人或者其他利害关系人对依法必须进行招标项目的评标结果有异议的，应当在中标候选人公示期间提出，本项目所示的情形已超出法律规定的对评标结果提出异议的有效时限，对于超出时限的异议，招标人可以书面告知异议人不予受理，但如果异议内容属实，则应依法纠正。

（2）根据《招标投标法》第六十五条规定，投标人和其他利害关系人认为招标投标活动不符合本法有关规定的，有权向招标人提出异议或者依法向有关行政监督部门投诉；根据《招标投标法实施条例》第六十条规定，投标人或者其他利害关系人认为招标投标活动不符合法律、行政法规规定的，可以自知道或者应当知道之日起10日内向有关行政监督部门投诉。法律赋予了投标人在招标投标活动任一阶段提出投诉的权利，但是就资格预审文件、招标文件、开标、评标结果投诉的，应当先提出异议。评标结果公示与中标结果公告属于招标投标活动的不同阶段，在评标结果公示阶段，投标人或其他利害关系人对评标结果有异议的，必须先在公示期内向招标人提出书面异议，未在公示期内提出异议的，后续投诉可能被行政监督部门驳回（视为放弃权利）；在中标结果公告阶段，如果投诉内容针对的是评标结果（如评审错误等），则仍应遵守"先异议后投诉"的规则，必须先在评标结果公示阶段提出异议。若投诉内容与评标无关（如中标人业绩造假、串通投标等问题），可不经异议程序而直接投诉。需要说明的是，未按时间和程序要求提出的投诉，行政监督部门可以书面告知投诉人不予受理，但如果投诉内容属实，则应依法进行处理。

【处理结果】

在接到投诉后，行政监督部门向招标人下达了暂停招标投标活动的通知。经调查核实，被投诉人提供的业绩中不存在弄虚作假的行为，投诉人的投诉事项不成立，行政监督部门发出了投诉无效的处理决定书，该项目可依法启动后续的招标投标活动。根据处理意见，招标人与中标人可在规定期限内签订合同。

【法律依据】

1）《中华人民共和国招标投标法》

第六十五条　投标人和其他利害关系人认为招标投标活动不符合本法有关规定的，有权向招标人提出异议或者依法向有关行政监督部门投诉。

2）《中华人民共和国招标投标法实施条例》

第二十二条　潜在投标人或者其他利害关系人对资格预审文件有异议的，应当在提交资格预审申请文件截止时间2日前提出；对招标文件有异议的，应当在投标截止时间10日前提出。招标人应当自收到异议之日起3日内作出答复；作出答复前，应当暂停招标投标活动。

第四十四条第三款　投标人对开标有异议的，应当在开标现场提出，招标人应当当场作出答复，并制作记录。

第五十四条　依法必须进行招标的项目，招标人应当自收到评标报告之日起3日内公示中标候选人，公示期不得少于3日。

投标人或者其他利害关系人对依法必须进行招标的项目的评标结果有异议的，应当在中标候选人公示期间提出。招标人应当自收到异议之日起3日内作出答复；作出答复前，应当暂停招标投标活动。

第六十条 投标人或者其他利害关系人认为招标投标活动不符合法律、行政法规规定的，可以自知道或者应当知道之日起10日内向有关行政监督部门投诉。投诉应当有明确的请求和必要的证明材料。

就本条例第二十二条、第四十四条、第五十四条规定事项投诉的，应当先向招标人提出异议，异议答复期间不计算在前款规定的期限内。

3)《工程建设项目招标投标活动投诉处理办法》

第十八条第一款 行政监督部门处理投诉，有权查阅、复制有关文件、资料，调查有关情况，相关单位和人员应当予以配合。必要时，行政监督部门可以责令暂停招标投标活动。

案例31 关于在评定分离项目的评标结果公示期间发现中标候选人投标无效的案例

【基本案情】

某依法必须进行招标的施工项目，采用评定分离方式招标，招标文件规定如下。

（1）项目经理必须具备一级建造师资格并提供注册证书。

（2）投标人大于或等于10家时，推荐中标候选人不超过5家，投标人小于10家时，推荐中标候选人不超过3家，中标候选人不排序。

（3）在中标候选人公示期间，中标候选人放弃或被查实存在违法违规行为、取消中标候选人资格的，剩余中标候选人大于或等于3家时招标人应继续定标，少于3家时招标人可以继续定标，或选择由原评标委员会递补至3家后继续定标，也可以重新招标。

本项目最终投标人有15家，评标结束后公示了5家中标候选人，其中，中标候选人甲公司综合得分第一。公示期间招标人收到了异议函，异议函指出甲公司拟派项目经理的一级建造师电子注册证书无手写签名，根据《关于全面实行一级建造师电子注册证书的通知》规定，该电子证书无效，甲公司投标应被否决。

【问题提出】

（1）评标结果的异议成立，该如何纠正评标结果？

（2）评定分离项目的评标结果异议成立，是否可以重新招标？

【问题分析】

（1）本项目要求项目经理具备一级建造师执业资格并提供注册证书，甲公司拟派项目经理的一级建造师电子注册证书无手写签名，根据《关于全面实行一级建造师电子注册证书的通知》规定，一级建造师打印电子证书后，应在个人签名处手写本人签名，未手写签名或与签名图像笔迹不一致的，该电子证书无效。甲公司提供无效的一级建造师注册证书，不符合本项目资格要求，评标委员会应当否决其投标。

招标人对甲公司的投标文件进行了核查，认定异议内容属实，评标委员会应当否决其投标，推荐其作为中标候选人的结果应予以纠正。但对该问题如何纠正，产生了两种不同观点：一种观点是基于《招标投标法实施条例释义》对第五十四条的解读，认为有关评标结果的异议成立的，招标人应当组织原评标委员会对有关的问题予以纠正，招标人无法组织原评标委员会予以纠正或者评标委员会无法自行予以纠正的，招标人再报告行政监督部门，由有关行政监督部门依法作出处理；另一种观点源于《招标投标法实施条例》第七十一条的规定，认为评标委员会的评标错误只能由有关行政监督部门责令改正。这两种说法看似矛盾，实际上是将异议处理与责令改正这两种独立程序混淆。异议处理是针对评标结果错误的纠正，属于招标程序中的内部纠错机制，由招标人主导；而责令改正是针对评标委员会成员违法行为的一种行政命令，属于外部监管措施，由行政监督部门主导。当评标结果异议成立时，应优先由招标人组织原评标委员会对有关的问题予以纠正，当招标人无法组织原评标委员会纠正（如原评标委员会成员无法联系、拒绝配合等），或者原评标委员会自身无法纠正（如对异议问题存在重大分歧、超出其能力范围等）时，就需要报告行政监督部门，由行政监督部门依法处理，以确保问题得到公正解决。需要说明的是，即使评标委员会成员因评标错误被追责，招标人仍可先行组织纠正评标结果，无须等待行政处罚程序完成，这也体现了招标投标的效率与公平原则。值得提醒的是，招标人能否直接组织原评标委员会纠正，仍需满足地方综合监管机构和行政监督部门的规定。

（2）该项目评标结果异议成立，是否可以重新招标，也出现了不同观点。有观点认为，本项目为评定分离项目，公示的中标候选人并未排序，而被异议的中标候选人在中标公示期间被查实存在违法违规行为、取消中标候选人资格的，或主动放弃中标候选人资格的，不符合《招标投标法实施条例》第五十五条相关规定的情形，不能直接重新招标，应按照招标文件中规定的"在中标候选人公示期间，中标候选人放弃或被查实存在违法违规行为、取消中标候选人资格的，剩余中标候选人大于或等于3家时招标人应继续定标，少于3家时招标人可以继续定标，或选择由原评标委员会递补至3家后继续定标，也可以重新招标"执行；也有观点认为，根据《招标投标法实施条例》第五十五条规定，国有资金占控股或者主导地位的依法必须进行招标的项目，招标人应当确定排名第一的中标候选人为中标人。排名第一的中标候选人放弃中标、因不可抗力不能履行合同、不按照招标文件要求提交履约保证金，或者被查实存在影响中标结果的违法行为等情形，不符合中标条件的，招标人可以按照评标委员会提出的中标候选人名单排序依次确定其他中标候选人为中标人，也可以重新招标，本项目中的甲公司综合得分第一，异议成立属于"不符合中标条件"的情形，可以重新招标，该观点错误地将综合得分第一等同于中标候选人排序第一，且将评标委员会的评审错误视为"不符合中标条件"的情形。

在实际操作中，招标文件属于要约邀请，投标人按规定要求提交的投标文件属于要约，只要要约邀请中的内容未违反现行法律法规的强制性规定，遵循了公开、公平、公正和诚实信用的原则，招标文件中规定的评定分离内容就对招标、投标双方均具有约束效力。故该项目评标结果异议成立，招标人应继续定标，不能重新招标。

【处理结果】

招标人依法组织原评标委员会对评标结果进行了纠正，定标委员会在剩余的4家中标候选人中确定了中标人。

【法律依据】

1)《中华人民共和国招标投标法实施条例》

第五十四条第二款　投标人或者其他利害关系人对依法必须进行招标的项目的评标结果有异议的，应当在中标候选人公示期间提出。招标人应当自收到异议之日起3日内作出答复；作出答复前，应当暂停招标投标活动。

第五十五条　国有资金占控股或者主导地位的依法必须进行招标的项目，招标人应当确定排名第一的中标候选人为中标人。排名第一的中标候选人放弃中标、因不可抗力不能履行合同、不按照招标文件要求提交履约保证金，或者被查实存在影

响中标结果的违法行为等情形，不符合中标条件的，招标人可以按照评标委员会提出的中标候选人名单排序依次确定其他中标候选人为中标人，也可以重新招标。

第七十一条 评标委员会成员有下列行为之一的，由有关行政监督部门责令改正；情节严重的，禁止其在一定期限内参加依法必须进行招标的项目的评标；情节特别严重的，取消其担任评标委员会成员的资格：

（一）应当回避而不回避；

（二）擅离职守；

（三）不按照招标文件规定的评标标准和方法评标；

（四）私下接触投标人；

（五）向招标人征询确定中标人的意向或者接受任何单位或者个人明示或者暗示提出的倾向或者排斥特定投标人的要求；

（六）对依法应当否决的投标不提出否决意见；

（七）暗示或者诱导投标人作出澄清、说明或者接受投标人主动提出的澄清、说明；

（八）其他不客观、不公正履行职务的行为。

2）《中华人民共和国民法典》

第四百七十二条 要约是希望与他人订立合同的意思表示，该意思表示应当符合下列条件：

（一）内容具体确定；

（二）表明经受要约人承诺，要约人即受该意思表示约束。

第四百七十三条 要约邀请是希望他人向自己发出要约的表示。拍卖公告、招标公告、招股说明书、债券募集办法、基金招募说明书、商业广告和宣传、寄送的价目表等为要约邀请。

第六百四十四条 招标投标买卖的当事人的权利和义务以及招标投标程序等，依照有关法律、行政法规的规定。

3）《关于全面实行一级建造师电子注册证书的通知》

第二条第（二）项 一级建造师打印电子证书后，应在个人签名处手写本人签名，未手写签名或与签名图像笔迹不一致的，该电子证书无效。

附录 A   法律依据

1. 《中华人民共和国招标投标法》

（1999 年 8 月 30 日第九届全国人民代表大会常务委员会第十一次会议通过，根据 2017 年 12 月 27 日第十二届全国人民代表大会常务委员会第三十一次会议《关于修改〈中华人民共和国招标投标法〉、〈中华人民共和国计量法〉的决定》修正）

2. 《中华人民共和国政府采购法》

（2002 年 6 月 29 日第九届全国人民代表大会常务委员会第二十八次会议通过，根据 2014 年 8 月 31 日第十二届全国人民代表大会常务委员会第十次会议《关于修改〈中华人民共和国保险法〉等五部法律的决定》修正）

3. 《中华人民共和国建筑法》

（1997 年 11 月 1 日第八届全国人民代表大会常务委员会第二十八次会议通过，根据 2011 年 4 月 22 日第十一届全国人民代表大会常务委员会第二十次会议《关于修改〈中华人民共和国建筑法〉的决定》第一次修正，根据 2019 年 4 月 23 日第十三届全国人民代表大会常务委员会第十次会议《关于修改〈中华人民共和国建筑法〉等八部法律的决定》第二次修正）

4. 《中华人民共和国民法典》

（2020 年 5 月 28 日第十三届全国人民代表大会第三次会议通过）

5. 《中华人民共和国公司法》

（1993 年 12 月 29 日第八届全国人民代表大会常务委员会第五次会议通过，根据 1999 年 12 月 25 日第九届全国人民代表大会常务委员会第十三次会议《关于修改〈中华人民共和国公司法〉的决定》第一次修正，根据 2004 年 8 月 28 日第十届全国人民代表大会常务委员会第十一次会议《关于修改〈中华人民共和国公司法〉的决定》第二次修正，2005 年 10 月 27 日第十届全国人民代表大会常务委员会第十八次会议第一次修订，根据 2013 年 12 月 28 日第十二届全国人民代表大会常务委员会第六次会议《关于修改〈中华人民共和国海洋环境保护法〉等七部法律的决定》第三次修正，根据 2018 年 10 月 26 日第十三届全国人民代表大会常务委员会第六次会议《关于修改〈中华人民共和国公司法〉的决定》第四次修正，2023 年 12 月 29 日第十四届全国人民代表大会常务委员会第七次会议第二次修订）

6.《中华人民共和国行政许可法》

（2003 年 8 月 27 日第十届全国人民代表大会常务委员会第四次会议通过，根据 2019 年 4 月 23 日第十三届全国人民代表大会常务委员会第十次会议《关于修改〈中华人民共和国建筑法〉等八部法律的决定》修正）

7.《中华人民共和国行政处罚法》

（1996 年 3 月 17 日第八届全国人民代表大会第四次会议通过，根据 2009 年 8 月 27 日第十一届全国人民代表大会常务委员会第十次会议《关于修改部分法律的决定》第一次修正，根据 2017 年 9 月 1 日第十二届全国人民代表大会常务委员会第二十九次会议《关于修改〈中华人民共和国法官法〉等八部法律的决定》第二次修正，2021 年 1 月 22 日第十三届全国人民代表大会常务委员会第二十五次会议修订）

8.《中华人民共和国刑法》

（1979 年 7 月 1 日第五届全国人民代表大会第二次会议通过，1997 年 3 月 14 日第八届全国人民代表大会第五次会议修订。根据 1998 年 12 月 29 日第九届全国人民代表大会常务委员会第六次会议通过的《全国人民代表大会常务委员会关于惩治骗购外汇、逃汇和非法买卖外汇犯罪的决定》、1999 年 12 月 25 日第九届全国人民代表大会常务委员会第十三次会议通过的《中华人民共和国刑法修正案》、2001 年 8 月 31 日第九届全国人民代表大会常务委员会第二十三次会议通过的《中华人民共和国刑法修正案（二）》、2001 年 12 月 29 日第九届全国人民代表大会常务委员会第二十五次会议通过的《中华人民共和国刑法修正案（三）》、2002 年 12 月 28 日第九届全国人民代表大会常务委员会第三十一次会议通过的《中华人民共和国刑法修正案（四）》、2005 年 2 月 28 日第十届全国人民代表大会常务委员会第十四次会议通过的《中华人民共和国刑法修正案（五）》、2006 年 6 月 29 日第十届全国人民代表大会常务委员会第二十二次会议通过的《中华人民共和国刑法修正案（六）》、2009 年 2 月 28 日第十一届全国人民代表大会常务委员会第七次会议通过的《中华人民共和国刑法修正案（七）》、2009年8月27日第十一届全国人民代表大会常务委员会第十次会议通过的《全国人民代表大会常务委员会关于修改部分法律的决定》、2011年2月25日第十一届全国人民代表大会常务委员会第十九次会议通过的《中华人民共和国刑法修正案（八）》、2015年8月29日第十二届全国人民代表大会常务委员会第十六次会议通过的《中华人民共和国刑法修正案（九）》、2017年11月4日第十二届全国人民代表大会常务委员会第三十次会议通过的《中华人民共和国刑法修正案（十）》、2020年12月26日第十三届全国人民代表大会常务委员会第二十四次会议通过的《中华人民共和国刑法修正案（十一）》和2023年12月29日第十四届全国人民代表大会常务委员会第七次会议通过的《中华人民共和国刑法修正案（十二）》修正）

9. 《中华人民共和国档案法》

（1987年9月5日第六届全国人民代表大会常务委员会第二十二次会议通过，根据1996年7月5日第八届全国人民代表大会常务委员会第二十次会议《关于修改〈中华人民共和国档案法〉的决定》第一次修正，根据2016年11月7日第十二届全国人民代表大会常务委员会第二十四次会议《关于修改〈中华人民共和国对外贸易法〉等十二部法律的决定》第二次修正，2020年6月20日第十三届全国人民代表大会常务委员会第十九次会议修订）

10. 《中华人民共和国劳动合同法》

（1994年7月5日第八届全国人民代表大会常务委员会第八次会议通过，根据2009年8月27日第十一届全国人民代表大会常务委员会第十次会议《关于修改部分法律的决定》第一次修正，根据2018年12月29日第十三届全国人民代表大会常务委员会第七次会议《关于修改〈中华人民共和国劳动法〉等七部法律的决定》第二次修正）

11. 《中华人民共和国全民所有制工业企业法》

（1988年4月13日第七届全国人民代表大会第一次会议通过，1988年4月13日中华人民共和国主席令第三号公布，自1988年8月1日起施行。根据2009年8月27日第十一届全国人民代表大会常务委员会第十次会议《关于修改部分法律的决定》修改）

12.《中华人民共和国个人独资企业法》

（1999年8月30日第九届全国人民代表大会常务委员会第十一次会议通过，1999年8月30日中华人民共和国主席令第二十号公布，自2000年1月1日起施行）

13.《中华人民共和国社会保险法》

（2010年10月28日第十一届全国人民代表大会常务委员会第十七次会议通过，根据2018年12月29日第十三届全国人民代表大会常务委员会第七次会议《关于修改〈中华人民共和国社会保险法〉的决定》修正）

14.《中华人民共和国招标投标法实施条例》

（2011年12月20日中华人民共和国国务院令第613号公布，根据2017年3月1日《国务院关于修改和废止部分行政法规的决定》第一次修订，根据2018年3月19日《国务院关于修改和废止部分行政法规的决定》第二次修订，根据2019年3月2日《国务院关于修改部分行政法规的决定》第三次修订）

15.《中华人民共和国政府采购法实施条例》

（2015年1月30日中华人民共和国国务院令第658号公布，自2015年3月1日起施行）

16.《中华人民共和国行政复议法实施条例》

（2007年5月23日国务院第177次常务会议通过，2007年5月29日中华人民共和国国务院令第499号公布，自2007年8月1日起施行）

17.《中华人民共和国市场主体登记管理条例》

（2021年4月14日国务院第131次常务会议通过，2021年7月27日中华人民共和国国务院令第746号公布，自2022年3月1日起施行）

18.《建设工程质量管理条例》

（2000年1月30日中华人民共和国国务院令第279号公布，根据2017年10月7日《国务院关于修改部分行政法规的决定》第一次修订，根据2019年4月23日《国务院关于修改部分行政法规的决定》第二次修订）

19.《政府投资条例》

（2018年12月5日国务院第33次常务会议通过，2019年4月14日中华人民共和

国国务院令第712号公布，自2019年7月1日起施行）

20. 《保障农民工工资支付条例》

（2019年12月4日国务院第73次常务会议通过，2019年12月30日中华人民共和国国务院令第724号公布，自2020年5月1日起施行）

21. 《保障中小企业款项支付条例》

（2020年7月5日中华人民共和国国务院令第728号公布，2025年3月17日中华人民共和国国务院令第802号修订）

22. 《评标委员会和评标方法暂行规定》

（2001年7月5日国家计委、国家经贸委、建设部、铁道部、交通部、信息产业部、水利部令第12号公布，自2001年7月5日起施行，根据2013年3月11日国家发展改革委、工业和信息化部、财政部、住房城乡建设部、交通运输部、铁道部、水利部、广电总局、民航局令第23号修订）

23. 《评标专家和评标专家库管理办法》

（2024年9月23日经国家发展改革委第16次委务会议审议通过，2024年9月27日国家发展改革委令第26号公布，自2025年1月1日起施行）

24. 《工程建设项目施工招标投标办法》

（2003年3月8日国家计委、建设部、铁道部、交通部、信息产业部、水利部、民航总局令第30号公布，自2003年5月1日起施行，根据2013年3月11日国家发展改革委、工业和信息化部、财政部、住房城乡建设部、交通运输部、铁道部、水利部、广电总局、民航局令第23号修订）

25. 《工程建设项目勘察设计招标投标办法》

（2003年6月12日国家发展改革委、建设部、铁道部、交通部、信息产业部、水利部、民航总局、广电总局令第2号公布，自2003年8月1日起施行，根据2013年3月11日国家发展改革委、工业和信息化部、财政部、住房城乡建设部、交通运输部、铁道部、水利部、广电总局、民航局令第23号修订）

26. 《工程建设项目招标投标活动投诉处理办法》

（2004年6月21日国家发展改革委、建设部、铁道部、交通部、信息产业部、水利部、民航总局令第11号发布，自2004年8月1日起施行，根据2013年3月11日国家发展改革委、工业和信息化部、财政部、住房城乡建设部、交通运输部、铁道部、水利部、广电总局、民航局令《关于废止和修改部分招标投标规章和规范性文件的决定》修正）

27.《工程建设项目货物招标投标办法》

（2005年1月18日国家发展改革委、建设部、铁道部、交通部、信息产业部、水利部、民航总局令第27号公布，自2005年3月1日起施行，根据2013年3月11日国家发展改革委、工业和信息化部、财政部、住房城乡建设部、交通运输部、铁道部、水利部、广电总局、民航局令第23号修订）

28.《电子招标投标办法》

（2013年2月4日国家发展改革委、工业和信息化部、监察部、住房城乡建设部、交通运输部、铁道部、水利部、商务部令第20号公布，自2013年5月1日起施行）

29.《关于废止和修改部分招标投标规章和规范性文件的决定》

（2013年3月11日国家发展改革委、工业和信息化部、财政部、住房城乡建设部、交通运输部、铁道部、水利部、广电总局、民用航空局令第23号公布，自2013年5月1日起施行）

30.《公共资源交易平台管理暂行办法》

（2016年6月24日国家发展改革委、工业和信息化部、财政部、国土资源部、环境保护部、住房城乡建设部、交通运输部、水利部、商务部、卫生计生委、国资委、国家税务总局、国家林业局、国管局令第39号公布，自2016年8月1日起施行）

31.《企业投资项目核准和备案管理办法》

（2017年3月8日国家发展改革委令第2号公布，自2017年4月8日起施行，根据2023年3月23日国家发展改革委令第1号修订）

32.《全国投资项目在线审批监管平台运行管理暂行办法》

（2017年5月25日国家发展改革委、工业和信息化部、国土资源部、环境保护部、住房城乡建设部、交通运输部、水利部、卫生计生委、国家安全监管总局、国家统计局、中国地震局、中国气象局、国家国防科工局、国家烟草局、国家海洋局、中国民航局、国家文物局、国家能源局令第3号公布，自2017年6月25日起施行，根据2023年3月23日《关于修订投资管理有关规章和行政规范性文件的决定》国家发展和改革委员会令第1号修订)

33. 《招标公告和公示信息发布管理办法》

(2017年11月23日国家发展改革委令第10号公布，自2018年1月1日起施行)

34. 《必须招标的工程项目规定》

(2018年3月8日国函〔2018〕56号《国务院关于〈必须招标的工程项目规定〉的批复》批准，2018年3月27日国家发展和改革委员会令第16号公布)

35. 《承装（修、试）电力设施许可证管理办法》

(2020年9月11日中华人民共和国国家发展和改革委员会令第36号，自2020年10月11日起施行)

36. 《政府采购货物和服务招标投标管理办法》

(2017年7月11日中华人民共和国财政部令第87号，自2017年10月1日起施行)

37. 《房屋建筑和市政基础设施工程施工招标投标管理办法》

(2001年6月1日中华人民共和国建设部令第89号发布，根据2018年9月28日中华人民共和国住房和城乡建设部令第43号《住房城乡建设部关于修改〈房屋建筑和市政基础设施工程施工招标投标管理办法〉的决定》第一次修正，根据2019年3月13日中华人民共和国住房和城乡建设部令第47号《住房和城乡建设部关于修改部分部门规章的决定》第二次修正)

38. 《注册建造师管理规定》

(2006年12月28日中华人民共和国建设部令第153号发布，自2007年3月1日起施行)

39. 《工程监理企业资质管理规定》

(2007年6月26日中华人民共和国建设部令第158号发布，根据2015年5月4日中华人民共和国住房和城乡建设部令第24号《住房和城乡建设部关于修改〈房地产开发企业资质管理规定〉等部门规章的决定》第一次修正，根据2016年9月13日中华人民共和国住房和城乡建设部令第32号《住房城乡建设部关于修改〈勘察设计注册工程师管理规定〉等11个部门规章的决定》第二次修正，根据2018年12月22日中华人民共和国住房和城乡建设部令第45号《住房城乡建设部关于修改〈建筑业企业资质管理规定〉等部门规章的决定》第三次修正）

40.《建设工程勘察设计资质管理规定》

（2007年6月26日中华人民共和国建设部令第160号公布，根据2015年5月4日中华人民共和国住房和城乡建设部令第24号《住房和城乡建设部关于修改〈房地产开发企业资质管理规定〉等部门规章的决定》第一次修正，根据2016年9月13日中华人民共和国住房和城乡建设部令第32号《住房城乡建设部关于修改〈勘察设计注册工程师管理规定〉等11个部门规章的决定》第二次修正，根据2018年12月22日中华人民共和国住房和城乡建设部令第45号《住房城乡建设部关于修改〈建筑业企业资质管理规定〉等部门规章的决定》第三次修正）

41.《建筑工程方案设计招标投标管理办法》

（建市〔2008〕63号，2008年3月21日住房和城乡建设部发布，根据2019年3月18日《住房和城乡建设部关于修改有关文件的通知》（建法规〔2019〕3号）修改）

42.《建筑业企业资质管理规定》

（2015年1月22日中华人民共和国住房和城乡建设部令第22号发布，根据2016年9月13日中华人民共和国住房和城乡建设部令第32号《住房城乡建设部关于修改〈勘察设计注册工程师管理规定〉等11个部门规章的决定》第一次修正，根据2018年12月22日中华人民共和国住房和城乡建设部令第45号《住房城乡建设部关于修改〈建筑业企业资质管理规定〉等部门规章的决定》第二次修正）

43.《建筑工程设计招标投标管理办法》

（2017年1月24日中华人民共和国住房和城乡建设部令第33号发布，自2017年5月1日起施行）

44.《建设工程质量检测管理办法》

（2022年12月29日中华人民共和国住房和城乡建设部令第57号发布，自2023

年3月1日起施行）

45. 《经营性公路建设项目投资人招标投标管理规定》

（2007年10月16日交通部令第8号公布，根据2015年6月24日交通运输部《关于修改〈经营性公路建设项目投资人招标投标管理规定〉的决定》修正）

46. 《公路建设项目代建管理办法》

（2015年5月7日交通运输部令第3号公布，自2015年7月1日起施行）

47. 《公路工程设计施工总承包管理办法》

（2015年6月26日交通运输部令第10号公布，自2015年8月1日起施行）

48. 《公路工程建设项目招标投标管理办法》

（2015年12月8日交通运输部令第24号公布，自2016年2月1日起施行）

49. 《铁路工程建设项目招标投标管理办法》

（2018年8月31日交通运输部令第13号公布，自2019年1月1日起施行）

50. 《水运工程建设项目招标投标管理办法》

（2012年12月20日交通运输部令第11号发布，根据2021年8月11日交通运输部《关于修改〈水运工程建设项目招标投标管理办法〉的决定》修正）

51. 《水利工程建设项目招标投标管理规定》

（2001年10月29日水利部令第14号发布，自2002年1月1日起施行）

52. 《水利工程建设监理规定》

（2006年12月18日水利部令第28号发布，根据2017年12月22日《水利部关于废止和修改部分规章的决定》修正）

53. 《水利工程建设监理单位资质管理办法》

（2006年12月18日水利部令第29号发布，根据2010年5月14日《水利部关于修改〈水利工程建设监理单位资质管理办法〉的决定》第一次修正，根据2015年12月16日《水利部关于废止和修改部分规章的决定》第二次修正，根据2017年12月22日《水利部关于废止和修改部分规章的决定》第三次修正，根据2019年5月10日《水利部关于修改部分规章的决定》第四次修正）

54.《机电产品国际招标投标实施办法（试行）》

（2014年2月21日商务部令第1号发布，自2014年4月1日起施行）

55.《违反规定插手干预工程建设领域行为处分规定》

（2010年7月8日监察部、人力资源社会保障部令第22号公布，自公布之日起施行）

56.《外国（地区）企业在中国境内从事生产经营活动登记管理办法》

（1992年8月15日国家工商行政管理局令第10号公布，自1992年10月1日起施行）

57.《关于投资体制改革的决定》

（国发〔2004〕20号，2004年7月16日成文，2008年3月28日国务院发布）

58.《关于深化"证照分离"改革进一步激发市场主体发展活力的通知》

（国发〔2021〕7号，2021年5月19日国务院发布）

59.《关于清理规范工程建设领域保证金的通知》

（国办发〔2016〕49号，2016年6月23日成文，2016年6月27日国务院办公厅发布）

60.《关于进一步完善失信约束制度构建诚信建设长效机制的指导意见》

（国办发〔2020〕49号，2020年12月7日成文，2020年12月18日国务院办公厅发布）

61.《关于印发全国深化"放管服"改革着力培育和激发市场主体活力电视电话会议重点任务分工方案的通知》

（国办发〔2021〕25号，2021年7月11日成文，2021年7月20日国务院办公厅发布）

62.《关于创新完善体制机制推动招标投标市场规范健康发展的意见》

（国办发〔2024〕21号，2024年5月2日成文，2024年5月8日国务院办公厅发布）

63.《关于深化公共资源交易平台整合共享的指导意见》

（国办函〔2019〕41号，2019年5月19日国务院办公厅发布）

64.《全国一体化在线政务服务平台电子证照二级建造师注册证书》

（C 0215－2019，2019年12月12日国务院办公厅电子政务办公室发布，自2019年12月12日起实施）

65.《关于印发〈全国民事审判工作会议纪要〉的通知》

（法办〔2011〕442号，2011年10月9日最高人民法院办公厅发布）

66.《关于适用〈中华人民共和国民事诉讼法〉的解释》

（法释〔2015〕5号，2014年12月18日最高人民法院审判委员会第1636次会议通过，根据2020年12月23日最高人民法院审判委员会第1823次会议通过的《最高人民法院关于修改〈最高人民法院关于人民法院民事调解工作若干问题的规定〉等十九件民事诉讼类司法解释的决定》第一次修正，根据2022年3月22日最高人民法院审判委员会第1866次会议通过的《最高人民法院关于修改〈最高人民法院关于适用《中华人民共和国民事诉讼法》的解释〉的决定》第二次修正，该修正自2022年4月10日起施行）

67.《关于审理建设工程施工合同纠纷案件适用法律问题的解释（一）》

（法释〔2020〕25号，2020年12月25日最高人民法院审判委员会第1825次会议通过，自2021年1月1日起施行）

68.《关于适用〈中华人民共和国民法典〉合同编通则若干问题的解释》

（法释〔2023〕13号，2023年5月23日最高人民法院审判委员会第1889次会议通过，自2023年12月5日起施行）

69.《关于在招标投标活动中全面开展行贿犯罪档案查询的通知》

（高检会〔2015〕3号，2015年5月8日最高人民检察院、国家发展改革委联合发布）

70.《关于在招标投标活动中对失信被执行人实施联合惩戒的通知》

（法〔2016〕285号，2016年8月30日最高人民法院、国家发展改革委、工业和信息化部、住房和城乡建设部、交通运输部、水利部、商务部、国家铁路局、中国民用航空局联合发布）

71.《关于印发〈标准设备采购招标文件〉等五个标准招标文件的通知》

（发改法规〔2017〕1606号，2017年9月4日国家发展改革委、工业和信息化部、住房城乡建设部、交通运输部、水利部、商务部、国家新闻出版广电总局、国家铁路局、中国民用航空局发布，自2018年1月1日起实施）

72.《必须招标的基础设施和公用事业项目范围规定》

（发改法规规〔2018〕843号，2018年6月6日国家发展改革委发布）

73.《关于进一步做好〈必须招标的工程项目规定〉和〈必须招标的基础设施和公用事业项目范围规定〉实施工作的通知》

（发改办法规〔2020〕770号，2020年10月19日国家发展改革委办公厅发布）

74.《关于严格执行招标投标法规制度进一步规范招标投标主体行为的若干意见》

（发改法规规〔2022〕1117号，自2022年9月1日起施行，有效期至2027年8月31日，2022年7月18日国家发展改革委、工业和信息化部、公安部、住房城乡建设部、交通运输部、水利部、农业农村部、商务部、审计署、国家新闻出版广电总局、国家能源局、国家铁路局、民航局发布）

75.《全国统一大市场建设指引（试行）》

（发改体改〔2024〕1742号，2024年12月4日国家发展改革委发布）

76.《企业国有资本与财务管理暂行办法》

（财企〔2001〕325号，2001年4月28日财政部发布）

77.《建设工程价款结算暂行办法》

（财建〔2004〕369号，2004年10月20日财政部、建设部发布）

78.《国有金融企业集中采购管理暂行规定》

（财金〔2018〕9号，2018年2月5日财政部发布）

79.《关于完善建设工程价款结算有关办法的通知》

（财建〔2022〕183号，2022年6月14日财政部、住房城乡建设部发布）

80.《国有企业、上市公司选聘会计师事务所管理办法》

（财会〔2023〕4号，2023年2月20日财政部、国务院国资委、证监会发布）

81.《关于外国企业在中华人民共和国境内从事建设工程设计活动的管理暂行规定》

（建市〔2004〕78号，2004年5月10日建设部发布）

82.《建设工程项目管理试行办法》

（建市〔2004〕200号，2004年11月16日建设部发布）

83.《工程设计资质标准》

（建市〔2007〕86号，2007年3月29日建设部发布）

84.《注册建造师执业工程规模标准（试行）》

（建市〔2007〕171号，2007年7月4日建设部发布）

85.《注册建造师执业管理办法（试行）》

（建市〔2008〕48号，2008年2月26日建设部发布）

86.《建筑业企业资质标准》

（建市〔2014〕159号，2014年11月6日住房城乡建设部发布，自2015年1月1日起实施）

87.《建筑工程施工发包与承包违法行为认定查处管理办法》

（建市规〔2019〕1号，2019年1月3日住房和城乡建设部发布）

88.《关于进一步加强房屋建筑和市政基础设施工程招标投标监管的指导意见》

（建市规〔2019〕11号，2019年12月19日住房和城乡建设部发布）

89.《建设工程质量保证金管理办法》

（建质〔2017〕138号，2017年6月20日住房和城乡建设部、财政部发布）

90.《房屋建筑和市政基础设施项目工程总承包管理办法》

（建市规〔2019〕12号，2019年12月23日住房和城乡建设部、国家发展改革委发布）

91.《关于进一步加强建设工程企业资质审批管理工作的通知》

（建市规〔2023〕3号，2023年9月6日住房城乡建设部发布）

92.《关于停止住房城乡建设领域现场专业人员统一考核发证工作的通知》

（建办人〔2018〕60号，2018年12月13日住房城乡建设部办公厅发布）

93.《关于全面实行一级建造师电子注册证书的通知》

（建办市〔2021〕40号，2021年9月18日住房城乡建设部办公厅发布）

94.《关于实施〈建设工程质量检测管理办法〉〈建设工程质量检测机构资质标准〉有关问题的通知》

（建办质〔2024〕36号，2024年7月26日住房城乡建设部办公厅发布）

95.《建设工程施工合同（示范文本）》

（GF—2017—0201，住房城乡建设部、工商总局2017年9月22发布，自2017年10月1日起施行）

96.《建设工程工程量清单计价标准》

（GB/T 50500—2024，2024年11月26日住房城乡建设部、国家市场监督管理总局发布，自2025年9月1日起实施）

97.《建筑工程施工质量验收统一标准》

（GB 50300—2013，2013年11月1日住房和城乡建设部、国家质量监督检验检疫总局发布，自2014年6月1日起实施）

98.《民用建筑设计统一标准》

（GB 50352—2019，2019年3月13日住房和城乡建设部、国家市场监督管理总局发布，自2019年10月1日起实施）

99.《民用建筑通用规范》

（GB 55031—2022，2022年7月15日住房和城乡建设部、国家市场监督管理总局发布，自2023年3月1日起实施）

100.《建设工程分类标准》

（GB/T 50841—2013，2012年12月25日住房和城乡建设部、国家质量监督检验检疫总局发布，自2013年5月1日起实施）

101.《工程造价术语标准》

(GB/T 50875—2013，2013年2月7日住房和城乡建设部、国家质量监督检验检疫总局发布，自2013年9月1日起实施)

102.《关于发布公路工程标准施工招标文件及公路工程标准施工招标资格预审文件2018年版的公告》

(交通运输部公告2017年第51号，2018年2月27日交通运输部发布，自2018年3月1日起施行)

103.《公路工程建设项目评标工作细则》

(交公路规〔2022〕8号，2022年9月30日交通运输部发布)

104.《关于水利工程建设项目代建制管理的指导意见》

(水建管〔2015〕91号，2015年2月16日水利部发布)

105.《关于暂时调整实施〈水利工程建设项目招标投标管理规定〉有关条款的通知》

(水建设〔2022〕346号，2022年9月6日水利部发布)

106.《民航专业工程建设项目招标投标管理办法》

(民航规〔2024〕22号，2024年2月26日中国民用航空局发布，自2024年5月1日起实施)

107.《关于发布〈民航专业工程标准施工招标文件（2010年版第二修订案）〉的通知》

(2019年10月8日中国民用航空局发布，自2020年1月1日起实施)

108.《关于优化中央企业资产评估管理有关事项的通知》

(国资发产权规〔2024〕8号，2024年1月12日国务院国资委发布)

109.《关于规范中央企业采购管理工作的指导意见》

(国资发改革规〔2024〕53号，2024年7月18日国务院国资委、国家发展改革委发布)

110.《特种设备生产和充装单位许可规则》

（TSG 07—2019，2019年5月13日国家市场监督管理总局颁布）

111.《招标投标电子文件归档规范》

（DA/T 103—2024，2024年8月16日国家档案局发布，自2025年2月1日起实施）

112.《国有企业采购管理规范》

（T/CFLP 0027—2020，2020年5月25日中国物流与采购联合会发布，自2020年6月15日起实施）

113.《国有企业采购操作规范》

（T/CFLP 0016—2023，2023年4月20日中国物流与采购联合会发布，自2023年5月15日起实施）

附录B 中华人民共和国招标投标法

（1999年8月30日第九届全国人民代表大会常务委员会第十一次会议通过，根据2017年12月27日第十二届全国人民代表大会常务委员会第三十一次会议《关于修改〈中华人民共和国招标投标法〉、〈中华人民共和国计量法〉的决定》修正）

第一章 总 则

第一条 为了规范招标投标活动，保护国家利益、社会公共利益和招标投标活动当事人的合法权益，提高经济效益，保证项目质量，制定本法。

第二条 在中华人民共和国境内进行招标投标活动，适用本法。

第三条 在中华人民共和国境内进行下列工程建设项目包括项目的勘察、设计、施工、监理以及与工程建设有关的重要设备、材料等的采购，必须进行招标：

（一）大型基础设施、公用事业等关系社会公共利益、公众安全的项目；

（二）全部或者部分使用国有资金投资或者国家融资的项目；

（三）使用国际组织或者外国政府贷款、援助资金的项目。

前款所列项目的具体范围和规模标准，由国务院发展计划部门会同国务院有关部门制订，报国务院批准。

法律或者国务院对必须进行招标的其他项目的范围有规定的，依照其规定。

第四条 任何单位和个人不得将依法必须进行招标的项目化整为零或者以其他任何方式规避招标。

第五条 招标投标活动应当遵循公开、公平、公正和诚实信用的原则。

第六条 依法必须进行招标的项目，其招标投标活动不受地区或者部门的限制。任何单位和个人不得违法限制或者排斥本地区、本系统以外的法人或者其他组织参加投标，不得以任何方式非法干涉招标投标活动。

第七条 招标投标活动及其当事人应当接受依法实施的监督。

有关行政监督部门依法对招标投标活动实施监督，依法查处招标投标活动中的违法行为。

对招标投标活动的行政监督及有关部门的具体职权划分，由国务院规定。

第二章 招 标

第八条 招标人是依照本法规定提出招标项目、进行招标的法人或者其他组织。

第九条 招标项目按照国家有关规定需要履行项目审批手续的，应当先履行审批手续，取得批准。

招标人应当有进行招标项目的相应资金或者资金来源已经落实，并应当在招标文件中如实载明。

第十条 招标分为公开招标和邀请招标。

公开招标，是指招标人以招标公告的方式邀请不特定的法人或者其他组织投标。

邀请招标，是指招标人以投标邀请书的方式邀请特定的法人或者其他组织投标。

第十一条 国务院发展计划部门确定的国家重点项目和省、自治区、直辖市人民政府确定的地方重点项目不适宜公开招标的，经国务院发展计划部门或者省、自治区、直辖市人民政府批准，可以进行邀请招标。

第十二条 招标人有权自行选择招标代理机构，委托其办理招标事宜。任何单位和个人不得以任何方式为招标人指定招标代理机构。

招标人具有编制招标文件和组织评标能力的，可以自行办理招标事宜。任何单位和个人不得强制其委托招标代理机构办理招标事宜。

依法必须进行招标的项目，招标人自行办理招标事宜的，应当向有关行政监督部门备案。

第十三条 招标代理机构是依法设立、从事招标代理业务并提供相关服务的社会中介组织。

招标代理机构应当具备下列条件：

（一）有从事招标代理业务的营业场所和相应资金；

（二）有能够编制招标文件和组织评标的相应专业力量。

第十四条　招标代理机构与行政机关和其他国家机关不得存在隶属关系或者其他利益关系。

第十五条　招标代理机构应当在招标人委托的范围内办理招标事宜，并遵守本法关于招标人的规定。

第十六条　招标人采用公开招标方式的，应当发布招标公告。依法必须进行招标的项目的招标公告，应当通过国家指定的报刊、信息网络或者其他媒介发布。

招标公告应当载明招标人的名称和地址、招标项目的性质、数量、实施地点和时间以及获取招标文件的办法等事项。

第十七条　招标人采用邀请招标方式的，应当向三个以上具备承担招标项目的能力、资信良好的特定的法人或者其他组织发出投标邀请书。

投标邀请书应当载明本法第十六条第二款规定的事项。

第十八条　招标人可以根据招标项目本身的要求，在招标公告或者投标邀请书中，要求潜在投标人提供有关资质证明文件和业绩情况，并对潜在投标人进行资格审查；国家对投标人的资格条件有规定的，依照其规定。

招标人不得以不合理的条件限制或者排斥潜在投标人，不得对潜在投标人实行歧视待遇。

第十九条　招标人应当根据招标项目的特点和需要编制招标文件。招标文件应当包括招标项目的技术要求、对投标人资格审查的标准、投标报价要求和评标标准等所有实质性要求和条件以及拟签订合同的主要条款。

国家对招标项目的技术、标准有规定的，招标人应当按照其规定在招标文件中提出相应要求。

招标项目需要划分标段、确定工期的，招标人应当合理划分标段、确定工期，并在招标文件中载明。

第二十条　招标文件不得要求或者标明特定的生产供应者以及含有倾向或者排斥潜在投标人的其他内容。

第二十一条　招标人根据招标项目的具体情况，可以组织潜在投标人踏勘项目现场。

第二十二条　招标人不得向他人透露已获取招标文件的潜在投标人的名称、数量以及可能影响公平竞争的有关招标投标的其他情况。

招标人设有标底的，标底必须保密。

第二十三条　招标人对已发出的招标文件进行必要的澄清或者修改的，应当在招标文件要求提交投标文件截止时间至少十五日前，以书面形式通知所有招标文件收受人。该澄清或者修改的内容为招标文件的组成部分。

第二十四条　招标人应当确定投标人编制投标文件所需要的合理时间；但是，依法必须进行招标的项目，自招标文件开始发出之日起至投标人提交投标文件截止之日止，最短不得少于二十日。

第三章　投　　标

第二十五条　投标人是响应招标、参加投标竞争的法人或者其他组织。

依法招标的科研项目允许个人参加投标的，投标的个人适用本法有关投标人的规定。

第二十六条　投标人应当具备承担招标项目的能力；国家有关规定对投标人资格条件或者招标文件对投标人资格条件有规定的，投标人应当具备规定的资格条件。

第二十七条　投标人应当按照招标文件的要求编制投标文件。投标文件应当对招标文件提出的实质性要求和条件作出响应。

招标项目属于建设施工的，投标文件的内容应当包括拟派出的项目负责人与主要技术人员的简历、业绩和拟用于完成招标项目的机械设备等。

第二十八条　投标人应当在招标文件要求提交投标文件的截止时间前，将投标文件送达投标地点。招标人收到投标文件后，应当签收保存，不得开启。投标人少于三个的，招标人应当依照本法重新招标。

在招标文件要求提交投标文件的截止时间后送达的投标文件，招标人应当拒收。

第二十九条　投标人在招标文件要求提交投标文件的截止时间前，可以补充、修改或者撤回已提交的投标文件，并书面通知招标人。补充、修改的内容为投标文件的组成部分。

第三十条　投标人根据招标文件载明的项目实际情况，拟在中标后将中标项目的部分非主体、非关键性工作进行分包的，应当在投标文件中载明。

第三十一条　两个以上法人或者其他组织可以组成一个联合体，以一个投标人的身份共同投标。

联合体各方均应当具备承担招标项目的相应能力；国家有关规定或者招标文件对投标人资格条件有规定的，联合体各方均应当具备规定的相应资格条件。由同一专业的单位组成的联合体，按照资质等级较低的单位确定资质等级。

联合体各方应当签订共同投标协议，明确约定各方拟承担的工作和责任，并将共同投标协议连同投标文件一并提交招标人。联合体中标的，联合体各方应当共同与招标人签订合同，就中标项目向招标人承担连带责任。

招标人不得强制投标人组成联合体共同投标，不得限制投标人之间的竞争。

第三十二条　投标人不得相互串通投标报价，不得排挤其他投标人的公平竞争，损害招标人或者其他投标人的合法权益。

投标人不得与招标人串通投标，损害国家利益、社会公共利益或者他人的合法权益。

禁止投标人以向招标人或者评标委员会成员行贿的手段谋取中标。

第三十三条　投标人不得以低于成本的报价竞标，也不得以他人名义投标或者以其他方式弄虚作假，骗取中标。

第四章　开标、评标和中标

第三十四条　开标应当在招标文件确定的提交投标文件截止时间的同一时间公开进行；开标地点应当为招标文件中预先确定的地点。

第三十五条　开标由招标人主持，邀请所有投标人参加。

第三十六条　开标时，由投标人或者其推选的代表检查投标文件的密封情况，也可以由招标人委托的公证机构检查并公证；经确认无误后，由工作人员当众拆封，宣读投标人名称、投标价格和投标文件的其他主要内容。

招标人在招标文件要求提交投标文件的截止时间前收到的所有投标文件，开标时都应当当众予以拆封、宣读。

开标过程应当记录，并存档备查。

第三十七条　评标由招标人依法组建的评标委员会负责。

依法必须进行招标的项目，其评标委员会由招标人的代表和有关技术、经济等方面的专家组成，成员人数为五人以上单数，其中技术、经济等方面的专家不得少于成员总数的三分之二。

前款专家应当从事相关领域工作满八年并具有高级职称或者具有同等专业水

平，由招标人从国务院有关部门或者省、自治区、直辖市人民政府有关部门提供的专家名册或者招标代理机构的专家库内的相关专业的专家名单中确定；一般招标项目可以采取随机抽取方式，特殊招标项目可以由招标人直接确定。

与投标人有利害关系的人不得进入相关项目的评标委员会；已经进入的应当更换。

评标委员会成员的名单在中标结果确定前应当保密。

第三十八条　招标人应当采取必要的措施，保证评标在严格保密的情况下进行。

任何单位和个人不得非法干预、影响评标的过程和结果。

第三十九条　评标委员会可以要求投标人对投标文件中含义不明确的内容作必要的澄清或者说明，但是澄清或者说明不得超出投标文件的范围或者改变投标文件的实质性内容。

第四十条　评标委员会应当按照招标文件确定的评标标准和方法，对投标文件进行评审和比较；设有标底的，应当参考标底。评标委员会完成评标后，应当向招标人提出书面评标报告，并推荐合格的中标候选人。

招标人根据评标委员会提出的书面评标报告和推荐的中标候选人确定中标人。招标人也可以授权评标委员会直接确定中标人。

国务院对特定招标项目的评标有特别规定的，从其规定。

第四十一条　中标人的投标应当符合下列条件之一：

（一）能够最大限度地满足招标文件中规定的各项综合评价标准；

（二）能够满足招标文件的实质性要求，并且经评审的投标价格最低；但是投标价格低于成本的除外。

第四十二条　评标委员会经评审，认为所有投标都不符合招标文件要求的，可以否决所有投标。

依法必须进行招标的项目的所有投标被否决的，招标人应当依照本法重新招标。

第四十三条　在确定中标人前，招标人不得与投标人就投标价格、投标方案等实质性内容进行谈判。

第四十四条　评标委员会成员应当客观、公正地履行职务，遵守职业道德，对所提出的评审意见承担个人责任。

评标委员会成员不得私下接触投标人，不得收受投标人的财物或者其他好处。

评标委员会成员和参与评标的有关工作人员不得透露对投标文件的评审和比较、中标候选人的推荐情况以及与评标有关的其他情况。

第四十五条　中标人确定后，招标人应当向中标人发出中标通知书，并同时将中标结果通知所有未中标的投标人。

中标通知书对招标人和中标人具有法律效力。中标通知书发出后，招标人改变中标结果的，或者中标人放弃中标项目的，应当依法承担法律责任。

第四十六条　招标人和中标人应当自中标通知书发出之日起三十日内，按照招标文件和中标人的投标文件订立书面合同。招标人和中标人不得再行订立背离合同实质性内容的其他协议。

招标文件要求中标人提交履约保证金的，中标人应当提交。

第四十七条　依法必须进行招标的项目，招标人应当自确定中标人之日起十五日内，向有关行政监督部门提交招标投标情况的书面报告。

第四十八条　中标人应当按照合同约定履行义务，完成中标项目。中标人不得向他人转让中标项目，也不得将中标项目肢解后分别向他人转让。

中标人按照合同约定或者经招标人同意，可以将中标项目的部分非主体、非关键性工作分包给他人完成。接受分包的人应当具备相应的资格条件，并不得再次分包。

中标人应当就分包项目向招标人负责，接受分包的人就分包项目承担连带责任。

第五章　法律责任

第四十九条　违反本法规定，必须进行招标的项目而不招标的，将必须进行招标的项目化整为零或者以其他任何方式规避招标的，责令限期改正，可以处项目合同金额千分之五以上千分之十以下的罚款；对全部或者部分使用国有资金的项目，可以暂停项目执行或者暂停资金拨付；对单位直接负责的主管人员和其他直接责任人员依法给予处分。

第五十条　招标代理机构违反本法规定，泄露应当保密的与招标投标活动有关的情况和资料的，或者与招标人、投标人串通损害国家利益、社会公共利益或者他人合法权益的，处五万元以上二十五万元以下的罚款；对单位直接负责的主管人员和其他直接责任人员处单位罚款数额百分之五以上百分之十以下的罚款；有违法所得的，并处没收违法所得；情节严重的，禁止其一年至二年内代理依法必须进行招标的项目并予以公告，直至由工商行政管理机关吊销营业执照；构成犯罪的，依法追究刑事责任。给他人造成损失的，依法承担赔偿责任。

前款所列行为影响中标结果的，中标无效。

第五十一条　招标人以不合理的条件限制或者排斥潜在投标人的，对潜在投标人实行歧视待遇的，强制要求投标人组成联合体共同投标的，或者限制投标人之间竞争的，责令改正，可以处一万元以上五万元以下的罚款。

第五十二条　依法必须进行招标的项目的招标人向他人透露已获取招标文件的潜在投标人的名称、数量或者可能影响公平竞争的有关招标投标的其他情况的，或者泄露标底的，给予警告，可以并处一万元以上十万元以下的罚款；对单位直接负责的主管人员和其他直接责任人员依法给予处分；构成犯罪的，依法追究刑事责任。

前款所列行为影响中标结果的，中标无效。

第五十三条　投标人相互串通投标或者与招标人串通投标的，投标人以向招标人或者评标委员会成员行贿的手段谋取中标的，中标无效，处中标项目金额千分之五以上千分之十以下的罚款，对单位直接负责的主管人员和其他直接责任人员处单位罚款数额百分之五以上百分之十以下的罚款；有违法所得的，并处没收违法所得；情节严重的，取消其一年至二年内参加依法必须进行招标的项目的投标资格并予以公告，直至由工商行政管理机关吊销营业执照；构成犯罪的，依法追究刑事责任。给他人造成损失的，依法承担赔偿责任。

第五十四条　投标人以他人名义投标或者以其他方式弄虚作假，骗取中标的，中标无效，给招标人造成损失的，依法承担赔偿责任；构成犯罪的，依法追究刑事责任。

依法必须进行招标的项目的投标人有前款所列行为尚未构成犯罪的，处中标项目金额千分之五以上千分之十以下的罚款，对单位直接负责的主管人员和其他直接责任人员处单位罚款数额百分之五以上百分之十以下的罚款；有违法所得的，并处没收违法所得；情节严重的，取消其一年至三年内参加依法必须进行招标的项目的投标资格并予以公告，直至由工商行政管理机关吊销营业执照。

第五十五条　依法必须进行招标的项目，招标人违反本法规定，与投标人就投标价格、投标方案等实质性内容进行谈判的，给予警告，对单位直接负责的主管人员和其他直接责任人员依法给予处分。

前款所列行为影响中标结果的，中标无效。

第五十六条 评标委员会成员收受投标人的财物或者其他好处的，评标委员会成员或者参加评标的有关工作人员向他人透露对投标文件的评审和比较、中标候选人的推荐以及与评标有关的其他情况的，给予警告，没收收受的财物，可以并处三千元以上五万元以下的罚款，对有所列违法行为的评标委员会成员取消担任评标委员会成员的资格，不得再参加任何依法必须进行招标的项目的评标；构成犯罪的，依法追究刑事责任。

第五十七条 招标人在评标委员会依法推荐的中标候选人以外确定中标人的，依法必须进行招标的项目在所有投标被评标委员会否决后自行确定中标人的，中标无效，责令改正，可以处中标项目金额千分之五以上千分之十以下的罚款；对单位直接负责的主管人员和其他直接责任人员依法给予处分。

第五十八条 中标人将中标项目转让给他人的，将中标项目肢解后分别转让给他人的，违反本法规定将中标项目的部分主体、关键性工作分包给他人的，或者分包人再次分包的，转让、分包无效，处转让、分包项目金额千分之五以上千分之十以下的罚款；有违法所得的，并处没收违法所得；可以责令停业整顿；情节严重的，由工商行政管理机关吊销营业执照。

第五十九条 招标人与中标人不按照招标文件和中标人的投标文件订立合同的，或者招标人、中标人订立背离合同实质性内容的协议的，责令改正；可以处中标项目金额千分之五以上千分之十以下的罚款。

第六十条 中标人不履行与招标人订立的合同的，履约保证金不予退还，给招标人造成的损失超过履约保证金数额的，还应当对超过部分予以赔偿；没有提交履约保证金的，应当对招标人的损失承担赔偿责任。

中标人不按照与招标人订立的合同履行义务，情节严重的，取消其二年至五年内参加依法必须进行招标的项目的投标资格并予以公告，直至由工商行政管理机关吊销营业执照。

因不可抗力不能履行合同的，不适用前两款规定。

第六十一条 本章规定的行政处罚，由国务院规定的有关行政监督部门决定。本法已对实施行政处罚的机关作出规定的除外。

第六十二条　任何单位违反本法规定，限制或者排斥本地区、本系统以外的法人或者其他组织参加投标的，为招标人指定招标代理机构的，强制招标人委托招标代理机构办理招标事宜的，或者以其他方式干涉招标投标活动的，责令改正；对单位直接负责的主管人员和其他直接责任人员依法给予警告、记过、记大过的处分，情节较重的，依法给予降级、撤职、开除的处分。

个人利用职权进行前款违法行为的，依照前款规定追究责任。

第六十三条　对招标投标活动依法负有行政监督职责的国家机关工作人员徇私舞弊、滥用职权或者玩忽职守，构成犯罪的，依法追究刑事责任；不构成犯罪的，依法给予行政处分。

第六十四条　依法必须进行招标的项目违反本法规定，中标无效的，应当依照本法规定的中标条件从其余投标人中重新确定中标人或者依照本法重新进行招标。

第六章　附　　则

第六十五条　投标人和其他利害关系人认为招标投标活动不符合本法有关规定的，有权向招标人提出异议或者依法向有关行政监督部门投诉。

第六十六条　涉及国家安全、国家秘密、抢险救灾或者属于利用扶贫资金实行以工代赈、需要使用农民工等特殊情况，不适宜进行招标的项目，按照国家有关规定可以不进行招标。

第六十七条　使用国际组织或者外国政府贷款、援助资金的项目进行招标，贷款方、资金提供方对招标投标的具体条件和程序有不同规定的，可以适用其规定，但违背中华人民共和国的社会公共利益的除外。

第六十八条　本法自2000年1月1日起施行。

附录C 中华人民共和国招标投标法实施条例

（2011年12月20日中华人民共和国国务院令第613号公布，根据2017年3月1日《国务院关于修改和废止部分行政法规的决定》第一次修订，根据2018年3月19日《国务院关于修改和废止部分行政法规的决定》第二次修订，根据2019年3月2日《国务院关于修改部分行政法规的决定》第三次修订）

第一章 总 则

第一条 为了规范招标投标活动，根据《中华人民共和国招标投标法》（以下简称招标投标法），制定本条例。

第二条 招标投标法第三条所称工程建设项目，是指工程以及与工程建设有关的货物、服务。

前款所称工程，是指建设工程，包括建筑物和构筑物的新建、改建、扩建及其相关的装修、拆除、修缮等；所称与工程建设有关的货物，是指构成工程不可分割的组成部分，且为实现工程基本功能所必需的设备、材料等；所称与工程建设有关的服务，是指为完成工程所需的勘察、设计、监理等服务。

第三条 依法必须进行招标的工程建设项目的具体范围和规模标准，由国务院发展改革部门会同国务院有关部门制订，报国务院批准后公布施行。

第四条 国务院发展改革部门指导和协调全国招标投标工作，对国家重大建设项目的工程招标投标活动实施监督检查。国务院工业和信息化、住房城乡建设、交通运输、铁道、水利、商务等部门，按照规定的职责分工对有关招标投标活动实施监督。

县级以上地方人民政府发展改革部门指导和协调本行政区域的招标投标工作。县级以上地方人民政府有关部门按照规定的职责分工，对招标投标活动实施监督，依法查处招标投标活动中的违法行为。县级以上地方人民政府对其所属部门有关招标投标活动的监督职责分工另有规定的，从其规定。

财政部门依法对实行招标投标的政府采购工程建设项目的政府采购政策执行情况实施监督。

监察机关依法对与招标投标活动有关的监察对象实施监察。

第五条　设区的市级以上地方人民政府可以根据实际需要，建立统一规范的招标投标交易场所，为招标投标活动提供服务。招标投标交易场所不得与行政监督部门存在隶属关系，不得以营利为目的。

国家鼓励利用信息网络进行电子招标投标。

第六条　禁止国家工作人员以任何方式非法干涉招标投标活动。

第二章　招　　标

第七条　按照国家有关规定需要履行项目审批、核准手续的依法必须进行招标的项目，其招标范围、招标方式、招标组织形式应当报项目审批、核准部门审批、核准。项目审批、核准部门应当及时将审批、核准确定的招标范围、招标方式、招标组织形式通报有关行政监督部门。

第八条　国有资金占控股或者主导地位的依法必须进行招标的项目，应当公开招标；但有下列情形之一的，可以邀请招标：

（一）技术复杂、有特殊要求或者受自然环境限制，只有少量潜在投标人可供选择；

（二）采用公开招标方式的费用占项目合同金额的比例过大。

有前款第二项所列情形，属于本条例第七条规定的项目，由项目审批、核准部门在审批、核准项目时作出认定；其他项目由招标人申请有关行政监督部门作出认定。

第九条　除招标投标法第六十六条规定的可以不进行招标的特殊情况外，有下列情形之一的，可以不进行招标：

（一）需要采用不可替代的专利或者专有技术；

（二）采购人依法能够自行建设、生产或者提供；

（三）已通过招标方式选定的特许经营项目投资人依法能够自行建设、生产或者提供；

（四）需要向原中标人采购工程、货物或者服务，否则将影响施工或者功能配套要求；

（五）国家规定的其他特殊情形。

招标人为适用前款规定弄虚作假的，属于招标投标法第四条规定的规避招标。

第十条　招标投标法第十二条第二款规定的招标人具有编制招标文件和组织评标能力，是指招标人具有与招标项目规模和复杂程度相适应的技术、经济等方面的专业人员。

第十一条　国务院住房城乡建设、商务、发展改革、工业和信息化等部门，按照规定的职责分工对招标代理机构依法实施监督管理。

第十二条　招标代理机构应当拥有一定数量的具备编制招标文件、组织评标等相应能力的专业人员。

第十三条　招标代理机构在招标人委托的范围内开展招标代理业务，任何单位和个人不得非法干涉。

招标代理机构代理招标业务，应当遵守招标投标法和本条例关于招标人的规定。招标代理机构不得在所代理的招标项目中投标或者代理投标，也不得为所代理的招标项目的投标人提供咨询。

第十四条　招标人应当与被委托的招标代理机构签订书面委托合同，合同约定的收费标准应当符合国家有关规定。

第十五条　公开招标的项目，应当依照招标投标法和本条例的规定发布招标公告、编制招标文件。

招标人采用资格预审办法对潜在投标人进行资格审查的，应当发布资格预审公告、编制资格预审文件。

依法必须进行招标的项目的资格预审公告和招标公告，应当在国务院发展改革部门依法指定的媒介发布。在不同媒介发布的同一招标项目的资格预审公告或者招标公告的内容应当一致。指定媒介发布依法必须进行招标的项目的境内资格预审公告、招标公告，不得收取费用。

编制依法必须进行招标的项目的资格预审文件和招标文件，应当使用国务院发展改革部门会同有关行政监督部门制定的标准文本。

第十六条　招标人应当按照资格预审公告、招标公告或者投标邀请书规定的时间、地点发售资格预审文件或者招标文件。资格预审文件或者招标文件的发售期不得少于5日。

招标人发售资格预审文件、招标文件收取的费用应当限于补偿印刷、邮寄的成本支出，不得以营利为目的。

第十七条 招标人应当合理确定提交资格预审申请文件的时间。依法必须进行招标的项目提交资格预审申请文件的时间，自资格预审文件停止发售之日起不得少于5日。

第十八条 资格预审应当按照资格预审文件载明的标准和方法进行。

国有资金占控股或者主导地位的依法必须进行招标的项目，招标人应当组建资格审查委员会审查资格预审申请文件。资格审查委员会及其成员应当遵守招标投标法和本条例有关评标委员会及其成员的规定。

第十九条 资格预审结束后，招标人应当及时向资格预审申请人发出资格预审结果通知书。未通过资格预审的申请人不具有投标资格。

通过资格预审的申请人少于3个的，应当重新招标。

第二十条 招标人采用资格后审办法对投标人进行资格审查的，应当在开标后由评标委员会按照招标文件规定的标准和方法对投标人的资格进行审查。

第二十一条 招标人可以对已发出的资格预审文件或者招标文件进行必要的澄清或者修改。澄清或者修改的内容可能影响资格预审申请文件或者投标文件编制的，招标人应当在提交资格预审申请文件截止时间至少3日前，或者投标截止时间至少15日前，以书面形式通知所有获取资格预审文件或者招标文件的潜在投标人；不足3日或者15日的，招标人应当顺延提交资格预审申请文件或者投标文件的截止时间。

第二十二条 潜在投标人或者其他利害关系人对资格预审文件有异议的，应当在提交资格预审申请文件截止时间2日前提出；对招标文件有异议的，应当在投标截止时间10日前提出。招标人应当自收到异议之日起3日内作出答复；作出答复前，应当暂停招标投标活动。

第二十三条 招标人编制的资格预审文件、招标文件的内容违反法律、行政法规的强制性规定，违反公开、公平、公正和诚实信用原则，影响资格预审结果或者潜在投标人投标的，依法必须进行招标的项目的招标人应当在修改资格预审文件或者招标文件后重新招标。

第二十四条 招标人对招标项目划分标段的，应当遵守招标投标法的有关规定，不得利用划分标段限制或者排斥潜在投标人。依法必须进行招标的项目的招标人不得利用划分标段规避招标。

第二十五条　招标人应当在招标文件中载明投标有效期。投标有效期从提交投标文件的截止之日起算。

第二十六条　招标人在招标文件中要求投标人提交投标保证金的，投标保证金不得超过招标项目估算价的2%。投标保证金有效期应当与投标有效期一致。

依法必须进行招标的项目的境内投标单位，以现金或者支票形式提交的投标保证金应当从其基本账户转出。

招标人不得挪用投标保证金。

第二十七条　招标人可以自行决定是否编制标底。一个招标项目只能有一个标底。标底必须保密。

接受委托编制标底的中介机构不得参加受托编制标底项目的投标，也不得为该项目的投标人编制投标文件或者提供咨询。

招标人设有最高投标限价的，应当在招标文件中明确最高投标限价或者最高投标限价的计算方法。招标人不得规定最低投标限价。

第二十八条　招标人不得组织单个或者部分潜在投标人踏勘项目现场。

第二十九条　招标人可以依法对工程以及与工程建设有关的货物、服务全部或者部分实行总承包招标。以暂估价形式包括在总承包范围内的工程、货物、服务属于依法必须进行招标的项目范围且达到国家规定规模标准的，应当依法进行招标。

前款所称暂估价，是指总承包招标时不能确定价格而由招标人在招标文件中暂时估定的工程、货物、服务的金额。

第三十条　对技术复杂或者无法精确拟定技术规格的项目，招标人可以分两阶段进行招标。

第一阶段，投标人按照招标公告或者投标邀请书的要求提交不带报价的技术建议，招标人根据投标人提交的技术建议确定技术标准和要求，编制招标文件。

第二阶段，招标人向在第一阶段提交技术建议的投标人提供招标文件，投标人按照招标文件的要求提交包括最终技术方案和投标报价的投标文件。

招标人要求投标人提交投标保证金的，应当在第二阶段提出。

第三十一条　招标人终止招标的，应当及时发布公告，或者以书面形式通知被邀请的或者已经获取资格预审文件、招标文件的潜在投标人。已经发售资格预审文件、招标文件或者已经收取投标保证金的，招标人应当及时退还所收取的资格预审文件、招标文件的费用，以及所收取的投标保证金及银行同期存款利息。

第三十二条　招标人不得以不合理的条件限制、排斥潜在投标人或者投标人。

招标人有下列行为之一的，属于以不合理条件限制、排斥潜在投标人或者投标人：

（一）就同一招标项目向潜在投标人或者投标人提供有差别的项目信息；

（二）设定的资格、技术、商务条件与招标项目的具体特点和实际需要不相适应或者与合同履行无关；

（三）依法必须进行招标的项目以特定行政区域或者特定行业的业绩、奖项作为加分条件或者中标条件；

（四）对潜在投标人或者投标人采取不同的资格审查或者评标标准；

（五）限定或者指定特定的专利、商标、品牌、原产地或者供应商；

（六）依法必须进行招标的项目非法限定潜在投标人或者投标人的所有制形式或者组织形式；

（七）以其他不合理条件限制、排斥潜在投标人或者投标人。

第三章　投　　标

第三十三条　投标人参加依法必须进行招标的项目的投标，不受地区或者部门的限制，任何单位和个人不得非法干涉。

第三十四条　与招标人存在利害关系可能影响招标公正性的法人、其他组织或者个人，不得参加投标。

单位负责人为同一人或者存在控股、管理关系的不同单位，不得参加同一标段投标或者未划分标段的同一招标项目投标。

违反前两款规定的，相关投标均无效。

第三十五条　投标人撤回已提交的投标文件，应当在投标截止时间前书面通知招标人。招标人已收取投标保证金的，应当自收到投标人书面撤回通知之日起5日内退还。

投标截止后投标人撤销投标文件的，招标人可以不退还投标保证金。

第三十六条　未通过资格预审的申请人提交的投标文件，以及逾期送达或者不按照招标文件要求密封的投标文件，招标人应当拒收。

招标人应当如实记载投标文件的送达时间和密封情况，并存档备查。

第三十七条　招标人应当在资格预审公告、招标公告或者投标邀请书中载明是否接受联合体投标。

招标人接受联合体投标并进行资格预审的，联合体应当在提交资格预审申请文件前组成。资格预审后联合体增减、更换成员的，其投标无效。

联合体各方在同一招标项目中以自己名义单独投标或者参加其他联合体投标的，相关投标均无效。

第三十八条　投标人发生合并、分立、破产等重大变化的，应当及时书面告知招标人。投标人不再具备资格预审文件、招标文件规定的资格条件或者其投标影响招标公正性的，其投标无效。

第三十九条　禁止投标人相互串通投标。

有下列情形之一的，属于投标人相互串通投标：

（一）投标人之间协商投标报价等投标文件的实质性内容；

（二）投标人之间约定中标人；

（三）投标人之间约定部分投标人放弃投标或者中标；

（四）属于同一集团、协会、商会等组织成员的投标人按照该组织要求协同投标；

（五）投标人之间为谋取中标或者排斥特定投标人而采取的其他联合行动。

第四十条　有下列情形之一的，视为投标人相互串通投标：

（一）不同投标人的投标文件由同一单位或者个人编制；

（二）不同投标人委托同一单位或者个人办理投标事宜；

（三）不同投标人的投标文件载明的项目管理成员为同一人；

（四）不同投标人的投标文件异常一致或者投标报价呈规律性差异；

（五）不同投标人的投标文件相互混装；

（六）不同投标人的投标保证金从同一单位或者个人的账户转出。

第四十一条　禁止招标人与投标人串通投标。

有下列情形之一的，属于招标人与投标人串通投标：

（一）招标人在开标前开启投标文件并将有关信息泄露给其他投标人；

（二）招标人直接或者间接向投标人泄露标底、评标委员会成员等信息；

（三）招标人明示或者暗示投标人压低或者抬高投标报价；

（四）招标人授意投标人撤换、修改投标文件；

（五）招标人明示或者暗示投标人为特定投标人中标提供方便；

（六）招标人与投标人为谋求特定投标人中标而采取的其他串通行为。

第四十二条　使用通过受让或者租借等方式获取的资格、资质证书投标的，属于招标投标法第三十三条规定的以他人名义投标。

投标人有下列情形之一的，属于招标投标法第三十三条规定的以其他方式弄虚作假的行为：

（一）使用伪造、变造的许可证件；

（二）提供虚假的财务状况或者业绩；

（三）提供虚假的项目负责人或者主要技术人员简历、劳动关系证明；

（四）提供虚假的信用状况；

（五）其他弄虚作假的行为。

第四十三条　提交资格预审申请文件的申请人应当遵守招标投标法和本条例有关投标人的规定。

第四章　开标、评标和中标

第四十四条　招标人应当按照招标文件规定的时间、地点开标。

投标人少于3个的，不得开标；招标人应当重新招标。

投标人对开标有异议的，应当在开标现场提出，招标人应当当场作出答复，并制作记录。

第四十五条　国家实行统一的评标专家专业分类标准和管理办法。具体标准和办法由国务院发展改革部门会同国务院有关部门制定。

省级人民政府和国务院有关部门应当组建综合评标专家库。

第四十六条　除招标投标法第三十七条第三款规定的特殊招标项目外，依法必须进行招标的项目，其评标委员会的专家成员应当从评标专家库内相关专业的专家名单中以随机抽取方式确定。任何单位和个人不得以明示、暗示等任何方式指定或者变相指定参加评标委员会的专家成员。

依法必须进行招标的项目的招标人非因招标投标法和本条例规定的事由，不得更换依法确定的评标委员会成员。更换评标委员会的专家成员应当依照前款规定进行。

评标委员会成员与投标人有利害关系的，应当主动回避。

有关行政监督部门应当按照规定的职责分工,对评标委员会成员的确定方式、评标专家的抽取和评标活动进行监督。行政监督部门的工作人员不得担任本部门负责监督项目的评标委员会成员。

第四十七条 招标投标法第三十七条第三款所称特殊招标项目,是指技术复杂、专业性强或者国家有特殊要求,采取随机抽取方式确定的专家难以保证胜任评标工作的项目。

第四十八条 招标人应当向评标委员会提供评标所必需的信息,但不得明示或者暗示其倾向或者排斥特定投标人。

招标人应当根据项目规模和技术复杂程度等因素合理确定评标时间。超过三分之一的评标委员会成员认为评标时间不够的,招标人应当适当延长。

评标过程中,评标委员会成员有回避事由、擅离职守或者因健康等原因不能继续评标的,应当及时更换。被更换的评标委员会成员作出的评审结论无效,由更换后的评标委员会成员重新进行评审。

第四十九条 评标委员会成员应当依照招标投标法和本条例的规定,按照招标文件规定的评标标准和方法,客观、公正地对投标文件提出评审意见。招标文件没有规定的评标标准和方法不得作为评标的依据。

评标委员会成员不得私下接触投标人,不得收受投标人给予的财物或者其他好处,不得向招标人征询确定中标人的意向,不得接受任何单位或者个人明示或者暗示提出的倾向或者排斥特定投标人的要求,不得有其他不客观、不公正履行职务的行为。

第五十条 招标项目设有标底的,招标人应当在开标时公布。标底只能作为评标的参考,不得以投标报价是否接近标底作为中标条件,也不得以投标报价超过标底上下浮动范围作为否决投标的条件。

第五十一条 有下列情形之一的,评标委员会应当否决其投标:

(一)投标文件未经投标单位盖章和单位负责人签字;

(二)投标联合体没有提交共同投标协议;

(三)投标人不符合国家或者招标文件规定的资格条件;

(四)同一投标人提交两个以上不同的投标文件或者投标报价,但招标文件要求提交备选投标的除外;

(五)投标报价低于成本或者高于招标文件设定的最高投标限价;

（六）投标文件没有对招标文件的实质性要求和条件作出响应；

（七）投标人有串通投标、弄虚作假、行贿等违法行为。

第五十二条 投标文件中有含义不明确的内容、明显文字或者计算错误，评标委员会认为需要投标人作出必要澄清、说明的，应当书面通知该投标人。投标人的澄清、说明应当采用书面形式，并不得超出投标文件的范围或者改变投标文件的实质性内容。

评标委员会不得暗示或者诱导投标人作出澄清、说明，不得接受投标人主动提出的澄清、说明。

第五十三条 评标完成后，评标委员会应当向招标人提交书面评标报告和中标候选人名单。中标候选人应当不超过3个，并标明排序。

评标报告应当由评标委员会全体成员签字。对评标结果有不同意见的评标委员会成员应当以书面形式说明其不同意见和理由，评标报告应当注明该不同意见。评标委员会成员拒绝在评标报告上签字又不书面说明其不同意见和理由的，视为同意评标结果。

第五十四条 依法必须进行招标的项目，招标人应当自收到评标报告之日起3日内公示中标候选人，公示期不得少于3日。

投标人或者其他利害关系人对依法必须进行招标的项目的评标结果有异议的，应当在中标候选人公示期间提出。招标人应当自收到异议之日起3日内作出答复；作出答复前，应当暂停招标投标活动。

第五十五条 国有资金占控股或者主导地位的依法必须进行招标的项目，招标人应当确定排名第一的中标候选人为中标人。排名第一的中标候选人放弃中标、因不可抗力不能履行合同、不按照招标文件要求提交履约保证金，或者被查实存在影响中标结果的违法行为等情形，不符合中标条件的，招标人可以按照评标委员会提出的中标候选人名单排序依次确定其他中标候选人为中标人，也可以重新招标。

第五十六条 中标候选人的经营、财务状况发生较大变化或者存在违法行为，招标人认为可能影响其履约能力的，应当在发出中标通知书前由原评标委员会按照招标文件规定的标准和方法审查确认。

第五十七条 招标人和中标人应当依照招标投标法和本条例的规定签订书面合同，合同的标的、价款、质量、履行期限等主要条款应当与招标文件和中标人的投标文件的内容一致。招标人和中标人不得再行订立背离合同实质性内容的其他协议。

　　招标人最迟应当在书面合同签订后 5 日内向中标人和未中标的投标人退还投标保证金及银行同期存款利息。

　　第五十八条　招标文件要求中标人提交履约保证金的，中标人应当按照招标文件的要求提交。履约保证金不得超过中标合同金额的 10%。

　　第五十九条　中标人应当按照合同约定履行义务，完成中标项目。中标人不得向他人转让中标项目，也不得将中标项目肢解后分别向他人转让。

　　中标人按照合同约定或者经招标人同意，可以将中标项目的部分非主体、非关键性工作分包给他人完成。接受分包的人应当具备相应的资格条件，并不得再次分包。

　　中标人应当就分包项目向招标人负责，接受分包的人就分包项目承担连带责任。

第五章　投诉与处理

　　第六十条　投标人或者其他利害关系人认为招标投标活动不符合法律、行政法规规定的，可以自知道或者应当知道之日起 10 日内向有关行政监督部门投诉。投诉应当有明确的请求和必要的证明材料。

　　就本条例第二十二条、第四十四条、第五十四条规定事项投诉的，应当先向招标人提出异议，异议答复期间不计算在前款规定的期限内。

　　第六十一条　投诉人就同一事项向两个以上有权受理的行政监督部门投诉的，由最先收到投诉的行政监督部门负责处理。

　　行政监督部门应当自收到投诉之日起 3 个工作日内决定是否受理投诉，并自受理投诉之日起 30 个工作日内作出书面处理决定；需要检验、检测、鉴定、专家评审的，所需时间不计算在内。

　　投诉人捏造事实、伪造材料或者以非法手段取得证明材料进行投诉的，行政监督部门应当予以驳回。

　　第六十二条　行政监督部门处理投诉，有权查阅、复制有关文件、资料，调查有关情况，相关单位和人员应当予以配合。必要时，行政监督部门可以责令暂停招标投标活动。

　　行政监督部门的工作人员对监督检查过程中知悉的国家秘密、商业秘密，应当依法予以保密。

第六章 法律责任

第六十三条 招标人有下列限制或者排斥潜在投标人行为之一的，由有关行政监督部门依照招标投标法第五十一条的规定处罚：

（一）依法应当公开招标的项目不按照规定在指定媒介发布资格预审公告或者招标公告；

（二）在不同媒介发布的同一招标项目的资格预审公告或者招标公告的内容不一致，影响潜在投标人申请资格预审或者投标。

依法必须进行招标的项目的招标人不按照规定发布资格预审公告或者招标公告，构成规避招标的，依照招标投标法第四十九条的规定处罚。

第六十四条 招标人有下列情形之一的，由有关行政监督部门责令改正，可以处10万元以下的罚款：

（一）依法应当公开招标而采用邀请招标；

（二）招标文件、资格预审文件的发售、澄清、修改的时限，或者确定的提交资格预审申请文件、投标文件的时限不符合招标投标法和本条例规定；

（三）接受未通过资格预审的单位或者个人参加投标；

（四）接受应当拒收的投标文件。

招标人有前款第一项、第三项、第四项所列行为之一的，对单位直接负责的主管人员和其他直接责任人员依法给予处分。

第六十五条 招标代理机构在所代理的招标项目中投标、代理投标或者向该项目投标人提供咨询的，接受委托编制标底的中介机构参加受托编制标底项目的投标或者为该项目的投标人编制投标文件、提供咨询的，依照招标投标法第五十条的规定追究法律责任。

第六十六条 招标人超过本条例规定的比例收取投标保证金、履约保证金或者不按照规定退还投标保证金及银行同期存款利息的，由有关行政监督部门责令改正，可以处5万元以下的罚款；给他人造成损失的，依法承担赔偿责任。

第六十七条 投标人相互串通投标或者与招标人串通投标的，投标人向招标人或者评标委员会成员行贿谋取中标的，中标无效；构成犯罪的，依法追究刑事责任；尚不构成犯罪的，依照招标投标法第五十三条的规定处罚。投标人未中标的，对单位的罚款金额按照招标项目合同金额依照招标投标法规定的比例计算。

投标人有下列行为之一的，属于招标投标法第五十三条规定的情节严重行为，由有关行政监督部门取消其1年至2年内参加依法必须进行招标的项目的投标资格：

（一）以行贿谋取中标；

（二）3年内2次以上串通投标；

（三）串通投标行为损害招标人、其他投标人或者国家、集体、公民的合法利益，造成直接经济损失30万元以上；

（四）其他串通投标情节严重的行为。

投标人自本条第二款规定的处罚执行期限届满之日起3年内又有该款所列违法行为之一的，或者串通投标、以行贿谋取中标情节特别严重的，由工商行政管理机关吊销营业执照。

法律、行政法规对串通投标报价行为的处罚另有规定的，从其规定。

第六十八条　投标人以他人名义投标或者以其他方式弄虚作假骗取中标的，中标无效；构成犯罪的，依法追究刑事责任；尚不构成犯罪的，依照招标投标法第五十四条的规定处罚。依法必须进行招标的项目的投标人未中标的，对单位的罚款金额按照招标项目合同金额依照招标投标法规定的比例计算。

投标人有下列行为之一的，属于招标投标法第五十四条规定的情节严重行为，由有关行政监督部门取消其1年至3年内参加依法必须进行招标的项目的投标资格：

（一）伪造、变造资格、资质证书或者其他许可证件骗取中标；

（二）3年内2次以上使用他人名义投标；

（三）弄虚作假骗取中标给招标人造成直接经济损失30万元以上；

（四）其他弄虚作假骗取中标情节严重的行为。

投标人自本条第二款规定的处罚执行期限届满之日起3年内又有该款所列违法行为之一的，或者弄虚作假骗取中标情节特别严重的，由工商行政管理机关吊销营业执照。

第六十九条　出让或者出租资格、资质证书供他人投标的，依照法律、行政法规的规定给予行政处罚；构成犯罪的，依法追究刑事责任。

第七十条　依法必须进行招标的项目的招标人不按照规定组建评标委员会，或者确定、更换评标委员会成员违反招标投标法和本条例规定的，由有关行政监督部门责令改正，可以处10万元以下的罚款，对单位直接负责的主管人员和其他直接责任人员依法给予处分；违法确定或者更换的评标委员会成员作出的评审结论无效，依法重新进行评审。

国家工作人员以任何方式非法干涉选取评标委员会成员的，依照本条例第八十条的规定追究法律责任。

第七十一条　评标委员会成员有下列行为之一的，由有关行政监督部门责令改正；情节严重的，禁止其在一定期限内参加依法必须进行招标的项目的评标；情节特别严重的，取消其担任评标委员会成员的资格：

（一）应当回避而不回避；

（二）擅离职守；

（三）不按照招标文件规定的评标标准和方法评标；

（四）私下接触投标人；

（五）向招标人征询确定中标人的意向或者接受任何单位或者个人明示或者暗示提出的倾向或者排斥特定投标人的要求；

（六）对依法应当否决的投标不提出否决意见；

（七）暗示或者诱导投标人作出澄清、说明或者接受投标人主动提出的澄清、说明；

（八）其他不客观、不公正履行职务的行为。

第七十二条　评标委员会成员收受投标人的财物或者其他好处的，没收收受的财物，处 3000 元以上 5 万元以下的罚款，取消担任评标委员会成员的资格，不得再参加依法必须进行招标的项目的评标；构成犯罪的，依法追究刑事责任。

第七十三条　依法必须进行招标的项目的招标人有下列情形之一的，由有关行政监督部门责令改正，可以处中标项目金额 10‰ 以下的罚款；给他人造成损失的，依法承担赔偿责任；对单位直接负责的主管人员和其他直接责任人员依法给予处分：

（一）无正当理由不发出中标通知书；

（二）不按照规定确定中标人；

（三）中标通知书发出后无正当理由改变中标结果；

（四）无正当理由不与中标人订立合同；

（五）在订立合同时向中标人提出附加条件。

第七十四条　中标人无正当理由不与招标人订立合同，在签订合同时向招标人提出附加条件，或者不按照招标文件要求提交履约保证金的，取消其中标资格，投标保证金不予退还。对依法必须进行招标的项目的中标人，由有关行政监督部门责令改正，可以处中标项目金额10‰以下的罚款。

第七十五条　招标人和中标人不按照招标文件和中标人的投标文件订立合同，合同的主要条款与招标文件、中标人的投标文件的内容不一致，或者招标人、中标人订立背离合同实质性内容的协议的，由有关行政监督部门责令改正，可以处中标项目金额5‰以上10‰以下的罚款。

第七十六条　中标人将中标项目转让给他人的，将中标项目肢解后分别转让给他人的，违反招标投标法和本条例规定将中标项目的部分主体、关键性工作分包给他人的，或者分包人再次分包的，转让、分包无效，处转让、分包项目金额5‰以上10‰以下的罚款；有违法所得的，并处没收违法所得；可以责令停业整顿；情节严重的，由工商行政管理机关吊销营业执照。

第七十七条　投标人或者其他利害关系人捏造事实、伪造材料或者以非法手段取得证明材料进行投诉，给他人造成损失的，依法承担赔偿责任。

招标人不按照规定对异议作出答复，继续进行招标投标活动的，由有关行政监督部门责令改正，拒不改正或者不能改正并影响中标结果的，依照本条例第八十一条的规定处理。

第七十八条　国家建立招标投标信用制度。有关行政监督部门应当依法公告对招标人、招标代理机构、投标人、评标委员会成员等当事人违法行为的行政处理决定。

第七十九条　项目审批、核准部门不依法审批、核准项目招标范围、招标方式、招标组织形式的，对单位直接负责的主管人员和其他直接责任人员依法给予处分。

有关行政监督部门不依法履行职责，对违反招标投标法和本条例规定的行为不依法查处，或者不按照规定处理投诉、不依法公告对招标投标当事人违法行为的行政处理决定的，对直接负责的主管人员和其他直接责任人员依法给予处分。

项目审批、核准部门和有关行政监督部门的工作人员徇私舞弊、滥用职权、玩忽职守，构成犯罪的，依法追究刑事责任。

第八十条　国家工作人员利用职务便利，以直接或者间接、明示或者暗示等任何方式非法干涉招标投标活动，有下列情形之一的，依法给予记过或者记大过处分；情节严重的，依法给予降级或者撤职处分；情节特别严重的，依法给予开除处分；构成犯罪的，依法追究刑事责任：

（一）要求对依法必须进行招标的项目不招标，或者要求对依法应当公开招标的项目不公开招标；

（二）要求评标委员会成员或者招标人以其指定的投标人作为中标候选人或者中标人，或者以其他方式非法干涉评标活动，影响中标结果；

（三）以其他方式非法干涉招标投标活动。

第八十一条　依法必须进行招标的项目的招标投标活动违反招标投标法和本条例的规定，对中标结果造成实质性影响，且不能采取补救措施予以纠正的，招标、投标、中标无效，应当依法重新招标或者评标。

第七章　附　　则

第八十二条　招标投标协会按照依法制定的章程开展活动，加强行业自律和服务。

第八十三条　政府采购的法律、行政法规对政府采购货物、服务的招标投标另有规定的，从其规定。

第八十四条　本条例自2012年2月1日起施行。